U0868787

材料表面工程中的分形

王　瑞　王海斗　陈书赢　孙晓峰　编　著

哈尔滨工程大学出版社
Harbin Engineering University Press

内容简介

本书是一本深入探讨分形理论在材料表面工程中应用的著作。分形理论作为现代数学的重要分支,是目前非线性科学领域的三大热点及前沿之一,广泛应用于自然科学、工程技术和材料科学等领域。本书在相关项目研究的基础上,梳理总结分形在材料表面工程中的相关成果,系统介绍了分形理论的基本概念、数学基础及其在材料表面工程中的具体应用。全书共分为7章,内容涵盖分形的起源与几何概念、分形图案的构造与模拟、分形维数的定义与测定方法、分形结构设计、分形与表面膜层、分形与表面摩擦学以及分形在高分子材料、非晶晶化、断裂等领域的典型应用。

本书不仅提供了分形理论的全面概述,还通过丰富的实例展示了分形在材料表面工程中的实际应用,可以为相关领域的研究人员和工程技术人员提供宝贵的参考。

图书在版编目(CIP)数据

材料表面工程中的分形 / 王瑞等编著. -- 哈尔滨 : 哈尔滨工程大学出版社, 2025. 1. -- ISBN 978-7-5661-4679-3

Ⅰ. TG17

中国国家版本馆 CIP 数据核字第 2025V62H19 号

材料表面工程中的分形
CAILIAO BIAOMIAN GONGCHENG ZHONGDE FENXING

选题策划　田　婧
责任编辑　唐欢欢
封面设计　李海波

出版发行　哈尔滨工程大学出版社
社　　址　哈尔滨市南岗区南通大街 145 号
邮政编码　150001
发行电话　0451-82519328
传　　真　0451-82519699
经　　销　新华书店
印　　刷　哈尔滨午阳印刷有限公司
开　　本　787 mm×1 092 mm　1/16
印　　张　15. 5
字　　数　362 千字
版　　次　2025 年 1 月第 1 版
印　　次　2025 年 1 月第 1 次印刷
书　　号　ISBN 978-7-5661-4679-3
定　　价　69. 80 元
http://www. hrbeupress. com
E-mail:heupress@ hrbeu. edu. cn

前　　言

随着科学技术的飞速发展,材料表面工程作为材料科学的重要分支,日益受到学术界和工业界的关注。材料表面的微观结构和形貌对其性能有着至关重要的影响,而传统的欧几里得几何学在描述复杂表面结构时往往显得力不从心。正是在这样的背景下,分形理论应运而生,为理解和描述自然界中复杂、不规则的结构提供了全新的视角和工具。

分形理论起源于 20 世纪中期,由数学家曼德勃罗特(Benoît B. Mandelbrot)首次提出。分形几何学通过自相似性、分数维数等核心概念,成功解释了自然界中的许多复杂现象,如海岸线的曲折、山脉的起伏、云朵的形状等。分形理论不仅在数学领域中取得了重要突破,还在物理学、化学、生物学、经济学等多个学科中得到了广泛应用。特别是在材料科学和表面工程领域,分形理论为材料表面的微观结构表征、性能优化和设计提供了新的思路和方法。

本书旨在系统介绍分形理论的基本概念及其在材料表面工程中的应用,全书共分为 7 章,主要由王瑞、王海斗、陈书赢和孙晓峰等人编写。

第 1 章为绪论,由王瑞、李嘉杞、李洋编写,主要介绍了分形理论的起源、几何概念、分形维数以及自然界中的分形现象。通过对分形理论的简要回顾,读者可以了解分形几何学的基本原理及其在描述复杂结构中的独特优势。

第 2 章由赵海朝、孙晓峰、陈书赢编写,详细介绍了分形图案的构造与模拟方法。分形图案的生成通常通过递归、迭代和几何变换等方法实现,具有自相似性和结构复杂的特点。通过 Cantor 集、Koch 曲线、Sierpinski 垫片等经典分形图案的构造过程,展示了分形图案的生成原理及其在计算机图形学中的应用。

第 3 章重点讨论了分形维数的定义与测定方法,介绍了 Hausdorff 维数、盒计数维数、关联维数等多种分形维数的定义及其计算方法,并通过实例展示了分形维数在材料表面形貌表征中的应用,该章节由王海斗、蔡志海、李占明编写。

第 4 章由刘亚卓、王喜仁、李洋、孙晓峰编写,探讨了分形结构设计在材料表面工程中的应用。详细介绍了分形表面结构、吸能结构、换热器结构、声学结构等的设计方法及其在实际工程中的应用。分形结构设计通过自相似性和多层次性,能够有效优化材料表面的功能性,如改善摩擦、磨损、流体流动和光学性能。

第 5 章讨论了分形与表面膜层的关系,由王海斗、王瑞、马国政编写。通过薄膜材料、热喷涂涂层的分形表征,展示了分形理论在表面膜层研究中的应用。表面膜层是材料表面工程中的重要组成部分,其微观结构和形貌对材料的性能有着重要影响。

第 6 章深入探讨了分形与摩擦学的关系。通过分形维数的计算和摩擦学实验,展示了分形理论在摩擦学中的应用。摩擦学是研究材料表面摩擦、磨损和润滑的学科,分形理论为摩擦学中的表面形貌表征和摩擦行为分析提供了新的工具。该章节由陈书赢、李洋、黄克宁、赵佳编写。

第7章由柳建、霍明亮、李军旗、王瑞编写，介绍了分形在高分子材料、非晶晶化、断裂等领域的典型应用。分形理论在这些领域的应用不仅丰富了材料科学的研究内容，还为材料性能的优化和设计提供了新的思路。

本书旨在为材料科学、表面工程及相关领域的研究人员和工程技术人员提供系统、全面的分形理论参考，通过对分形理论的深入探讨和实际应用的详细介绍，可以使读者更好地理解分形理论在材料表面工程中的重要性，并将其应用于实际研究和工程设计中。全书由王瑞、陈书赢审校定稿。

本书以前人成果为基础，力求将理论与实践相结合，既注重理论基础的阐述，又强调实际应用的案例分析，参考了大量国内外相关文献和研究成果。希望本书能够为材料科学、表面工程及相关领域的研究人员、工程师和研究生提供有益的参考和启发。

本书的出版得到了国家自然科学基金项目（52105234，52205225）的资助，再次感谢所有为本书编写提供支持和帮助的同事和朋友。由于分形理论及其应用领域仍在不断发展，书中难免存在不足之处，恳请读者批评指正。

编著者

2025年1月

目　　录

第1章　绪　　论

1.1　分形的起源

分形理论享有“大自然的几何学”的美称，是现代数学界新的分支。分形的起源可以追溯到19世纪，当时一些数学家在不经意间触及了这一概念。德国数学家卡尔·魏尔斯特拉斯在1861年构造了一个处处连续却不可导的函数，即魏尔斯特拉斯函数，这个函数展示了复杂的、自相似的结构，成为分形思想的早期体现。紧接着，德国数学家格奥尔格·康托尔在1872年提出了著名的康托尔集，这是一种通过无限迭代过程构造的分形，它具有无限的结构和有限的长度，这些特性都是分形理论的核心。

然而，分形作为一个明确的概念和术语，是在20世纪中期由美国IBM(International Business Machine)公司研究中心物理部研究员、哈佛大学数学系教授曼德勃罗特提出的。曼德勃罗特在1967年发表的论文《英国的海岸线有多长？统计自相似性和分数维度》中，首次引入了“分形”一词，用以描述那些在任意小的尺度上都具有相似结构的复杂形状。其原义是“不规则的、分数的、支离破碎的”物体，这个名词是参考拉丁文fractus(弄碎的)后造出来的，它既是英文又是法文，既是名词又是形容词。曼德勃罗特的研究灵感来自他对自然界中各种现象的观察，如海岸线的曲折、植物的生长模式、星系的分布等，这些现象都无法用传统的欧几里得几何来完全描述。

曼德勃罗特继续深入探索分形的世界，1977年，他出版的第一本著作《分形：形态，偶然性和维数》(*fractal: form, chance and dimension*)，标志着分形理论的正式诞生。五年后，他出版了著名的专著《自然界的分形几何学》(*The Fractal Geometry of Nature*)，至此，他系统地阐述了分形几何学的原理和应用，分形理论已初步形成。他提出了分数维度的概念，这是一种描述分形对象复杂性的新维度，它介于传统的整数维度之间。例如，曼德勃罗特集合，一个在复平面上通过迭代函数生成的分形，就具有非整数的豪斯多夫维度。

曼德勃罗特对科学做出的杰出贡献，使他荣获了1985年的Barnard奖，该奖由全美科学院推荐，每五年选一人，是非常权威的。在过去的获奖者中，爱因斯坦名列第一，其余的也全部是著名科学家。目前，分形是非线性科学中的一个前沿课题，在不同的文献中，分形被赋予不同的名称，如“分数维集合”“豪斯多夫测度集合”“S集合”“非规整集合”以及“具有精细结构集合”等。一般可把分形看作大小碎片聚集的状态，是没有特征长度的图形和构造以及现象的总称。由于在许多学科中的迅速发展，分形已成为一门描述自然界中许多不规则事物的规律性的学科。

分形理论诞生后,人们意识到应该把它作为工具,从新的角度来进一步了解自然界和社会,范围包括所有的自然科学和社会科学领域。本书的目的就是向读者介绍分形的基本概念、数学基础、研究方法,以及分形理论的应用和最新进展。

1.2 分形几何概念

分形几何学产生于 20 世纪 70 年代末,是一种探讨自然界和社会现象中不规则和复杂结构的数学分支,是一门以非规则几何形态为研究对象的新兴科学,分形几何的核心特征包括自相似性、分数维度、无限细节和简单生成规则。与传统欧几里得几何学相比,它更注重于描述现实世界中的非规则形态。由于自然界中普遍存在不规则的对象或现象,因此分形几何又被称为描述大自然的几何学。分形几何学与欧几里得几何学的差异见表 1.2.1。

表 1.2.1 分形几何学与欧几里得几何学的差异

	分形几何学	欧几里得几何学
研究对象	自然界中普遍存在的复杂、不规则、自相似的形状,如海岸线、树枝、云朵等	理想化的、平滑的、规则的几何形状,如直线、圆、多边形等,现实世界很难找到完全精确的对应物
维度	引入了分形维度,用以描述介于整数维度之间的复杂结构,如科赫曲线的维度是介于一维和二维之间的	基于整数维度,即一维的线、二维的面、三维的体等
结构与复杂性	形状复杂且通常具有自相似性,这意味着局部与整体在某种程度上相似,这种复杂性通常无法用简单的几何公式来描述	形状通常是简单和规则的,可以通过基本的几何公式和定理来描述
生成和构造	形状的生成通常通过迭代过程,即重复应用简单的规则或公式来构造复杂的结构	形状的构造通常基于直线、圆等基本元素,以及它们的组合
度量和计算	度量和计算更为复杂,通常需要使用分数维度、豪斯多夫维数等更为高级的概念	使用传统的度量方法,如长度、面积、体积等,这些度量是直观和易于计算的
应用领域	在自然科学、生物学、计算机图形学、经济学等领域有广泛的应用,特别是在描述和模拟自然界和社会现象中的复杂性时	广泛应用于工程、建筑、设计等领域,特别是在需要精确度量的场合

分形几何中有许多经典的例子,如曼德勃罗特集合、朱利亚集合、科赫曲线和谢尔平斯基地毯等。这些分形对象均可以通过简单的迭代过程生成,以展现出丰富的结构和美妙的视觉效果,如图 1.2.1 所示。曼德勃罗特集合和朱利亚集合是通过迭代复数公式在复平面上生成的,而科赫曲线和谢尔平斯基地毯则是通过迭代地修改线段和正方形来构造的。

图 1.2.1 分形艺术

近年来,随着研究的不断深入,分形几何在自然科学、生物学、计算机图形学、经济学、医学、地质学、化学、气象学等多个领域具有广泛的应用。在自然科学中,分形用于模拟地形、云彩、河流网络等自然现象;在生物学中,分形模型有助于描述血管系统、肺泡结构等生物组织;在计算机图形学中,分形几何为生成自然景观和复杂纹理提供了强有力的工具;在经济学中,分形理论有助于分析金融市场中的价格波动和风险管理。研究表明,材料表面、截面以及界面形貌具有天然的分形特征,因此,众多学者对采用分形维数表征涂层表面粗糙形貌、截面孔隙以及界面结合强度进行了较为深入的探索。

总之,分形几何概念的提出为我们理解和描述自然界中的复杂性提供了一种全新的视角和方法。它揭示了自然界和社会现象中普遍存在的自相似性和标度不变性,成为现代数学和科学研究中的一个重要工具。通过对分形的研究,我们能够更好地认识世界的多样性和复杂性,为各个领域的发展提供理论支持。

1.3 自相似性与标度不变性

1.3.1 自相似性

自相似性是分形几何学中的一个核心概念,它描述了一种对象在不同尺度上呈现出相似结构的特性。一个系统的自相似性是指某种结构或过程的特征从不同的空间尺度或时间尺度来看都是相似的,或者某系统或结构的局域性质或局域结构与整体类似,另外,在整体与整体之间或部分与部分之间,也会存在自相似性。一般情况下,自相似性有比较复杂的表现形式,而不是局域放大一定倍数以后简单地和整体完全重合。但是表征自相似系统或结构的定量性质如分形维数,并不会因为放大或缩小等操作而变化(这一点被称为伸缩对称性(dilation symmetry)),所改变的只是其外部的表现形式。

自相似性的特征包括以下 3 点。

(1)尺度变换下的不变性:当一个对象被放大或缩小时,其局部与整体保持相似性。

(2)重复的模式:自相似对象通常包含重复出现的模式或结构。

(3)无限的细节：在任意小的尺度上，自相似对象都能展现出细节。

在自然界和人类社会中，自相似性是一种普遍存在的现象，它不仅体现在物理形态上，还体现在过程和行为上。人们在观察和研究自然界的过程中，认识到自相似性可以存在于物理、化学、天文学、生物学、材料科学、经济学以及社会科学等众多的学科中，也可以存在于物质系统的多个层次上，它是物质运动、发展的一种普遍的表现形式，即自然界的普遍规律之一。但是科学工作者真正把自相似性作为自然界的本质特性来进行研究还只是近一二十年的事。在自然界中，自相似性的现象无处不在。观察树枝结构，我们可以看到，无论是宏观的大树枝还是微观的小枝条，都呈现出相似的分支模式，如大树枝上生长出更小的枝条，而这些小枝条又继续长出更细的枝条，形成了一种递归的层次结构。同样，河流网络也展现了自相似性，如大河流分支出小河流，小河流再分支出更细的溪流，这种分支模式在不同尺度上不断重现。再如雪花，其晶体结构在放大观察时，分支模式在不同尺度上的重复显现构成了精致的自相似图案。这些自然界产生的形体具有自相似特性，它们不可能是严格对称的，也不存在两个完全相同的形体。

在欧几里得几何学中，点线面以及立体几何（立方体、球、锥体等）等规则形体是对自然界中事物的高度抽象，也是欧几里得几何学的研究范畴。这些人类创造出来的几何体可以是严格对称的，也可以在一定的测量精度范围，制造出两个完全相同的几何体。

在数学模型中，自相似性可以通过迭代过程来生成。以下是一些著名的自相似分形：

(1)科赫曲线：通过将线段等分为三部分，取中间部分，并在两边各加上两个等边三角形的顶点，不断迭代生成。

(2)曼德勃罗特集合：在复平面上，通过迭代公式 $z=z^2+c$ 生成的点集，其边界呈现出复杂的自相似结构。

(3)谢尔平斯基地毯：通过将正方形分成 9 个相等的小正方形，移除中间的一个，并对剩余的 8 个正方形重复这一过程，迭代生成的分形。

由于以上 3 类自分形是按一定的数学法则生成的，因此具有严格的自相似性，这类分形通常称为有规分形。而自然界里的分形，其自相似性并不是严格的，而是在统计意义下的自相似性，海岸线就是其中的一个例子。凡满足统计自相似性的分形称为无规分形，所以海岸线是无规分形，在上一节里提到的云的形状也属于无规分形，它们都不具有严格的自相似性，而只具有在统计意义下的自相似性。

自相似性的应用极为广泛，涵盖了多个学科和领域。在计算机图形学中，自相似性被用来生成逼真的自然景观、复杂的纹理以及生动的动画效果；在物理学领域，自相似性成为模拟多孔介质、粗糙表面以及湍流现象的重要工具；而在生物学研究中，自相似性则帮助科学家们深入探索细胞分裂的机制、组织的生长模式以及器官结构的形成，为理解生物体的发育和功能提供了关键性的洞察。

尽管自相似性在捕捉自然界复杂性方面极具价值，但它并非没有限制。实际上，自然对象所展现的自相似性往往是近似的，而非绝对的；在现实世界中，完全的自相似性实属罕见，大多数自然对象仅在特定的尺度区间内呈现出相似的结构。此外，自相似性的应用在计算层面也面临着挑战，因为要生成高分辨率的自相似分形，往往需要耗费大量的计算资源,这在一定程度上限制了其在某些领域的广泛应用。

1.3.2　标度不变性

标度不变性,即一个只有自相似特性的物体(系统)必定满足标度不变性,或者说这类物体没有特征长度。标度不变性是分形几何学中的另一个基本概念,它描述了一个系统或对象在改变观察尺度时,其某些性质保持不变的现象。标度不变性在物理学、经济学、生物学等多个领域都有体现,是理解复杂系统行为的关键。

所谓标度不变性,是指在分形上任选一局部区域,对它进行放大,这时得到的放大图又会显示出原图的形态特性。因此,对于分形,不论将其放大或缩小,它的形态、复杂程度、不规则性等各种特性均不会发生变化,所以标度不变性又称为伸缩对称性。通俗点说,如果用放大镜来观察一个分形,不管放大倍数如何变化,看到的情形都是一样的,通过观察到的图像无法判断所用放大镜的倍数。以前面提到的云为例,当用某一倍数的望远镜来进行观察时会看到某种复杂的不规则的凹凸形态;如果继续用较高倍数的望远镜再来观察云的一个局部,还会看到同样复杂而不规则的凹凸形态,与前面看到的图像完全类似;如果再用更高倍数的望远镜来观察,情况也是如此。

标度不变性可以定义为:当一个系统或对象的特性不随观察尺度的变化而变化时,该系统或对象表现出标度不变性。

标度不变性的特征包括:

(1)统计性质的保持:在改变尺度时,系统的统计性质(如平均值、方差等)保持不变。

(2)幂律关系:标度不变性通常与幂律关系相联系,即系统的某个量与尺度之间存在幂函数关系。

(3)无特征尺度:标度不变性意味着系统没有特定的尺度,即在任何尺度上观察,系统都呈现出相似的行为。

标度不变性是一个普遍存在于自然界和人类社会复杂系统中的现象,它反映了系统在不同尺度上的相似性和稳定性。这种特性使得标度不变性成为理解复杂系统结构和功能的关键。在城市规模与基础设施方面,人口规模与基础设施之间的关系表现出标度不变性,如大城市的人口与加油站数量、医院数量之间的关系通常遵循幂律分布;在金融市场中,资产价格的波动与交易量之间的关系也往往表现出标度不变性,例如股票价格的大幅波动与小幅波动的频次分布往往符合幂律;在网络科学中,社交网络中节点的连接数(度)的分布通常遵循幂律,即少数节点拥有大量的连接,而大多数节点则连接较少;在经济收入分布方面,个人收入和财富的分布通常表现出标度不变性,即少数人拥有大部分的财富;自然灾害(如洪水、飓风)的规模与发生频率之间也存在幂律关系,大规模灾害的发生频率较低,例如地震的震级与发生的频率之间存在幂律关系,即更大震级的地震发生的频率更低;河流的长度与其流域面积之间的关系通常符合幂律,显示出标度不变性;生态系统中物种的丰度分布,即少数物种占据生态位的大部分,而大多数物种则较为罕见,这也是一种标度不变性的体现。这些例子表明,标度不变性是自然界和人类社会复杂系统中的一个普遍现象,它在多个领域中都扮演着重要的角色,帮助我们理解系统的结构和功能。通过研究标度不变性,我们可以更好地理解复杂系统的动态行为和演化过程,为解决实际问题提供理论支持。

标度不变性可以通过数学方程来表达。例如,考虑一个分形对象,其边长与周长的关系可以表示为

$$P(L) \sim L^{\beta}$$

式中,$P(L)$ 是边长为 L 的分形对象周长,β 是标度不变性的指数。当 $\beta=1$ 时,表示分形具有标度不变性。

经典的 Koch 曲线是具有严格的自相似性的有规分形,如图 1.3.1 所示。无论按怎样的比例将它放大或缩小,它的基本几何特征都保持不变,很显然,它具有标度不变性。

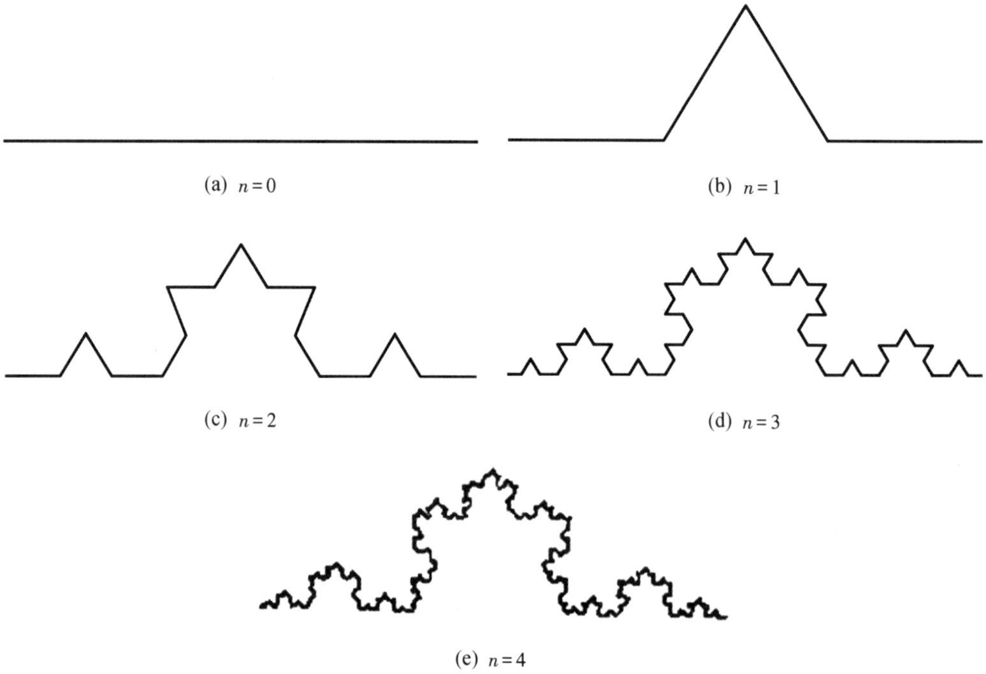

图 1.3.1 三次 Koch 曲线

除了严格的数学模型外(如 Koch 曲线),对于实际的分形体来说,这种标度不变性只在一定的范围内适用。通常把下边界取到原子尺度,上边界取到宏观实物。对一般的物体而言,标度变换的范围往往可以达到好几个数量级。人们通常把标度不变性适用的空间称为该分形体的无标度空间。

由上一节和本节所述,可以看到,自相似性与标度不变性是密切相关的。具有自相似性的结构(或图形),一定会满足标度不变性。自相似性和标度不变性是分形的两个重要特性。

1.4　分形维数概述

1975 年,曼德勃罗特创立分形理论,并给出分形的数学定义:如果一个集合在欧式空间中的豪斯多夫维数 D_H严格大于其拓扑维数 D_T,则该集合为分形集,简称为分形。1986 年,曼德勃罗特又给出另外一个比较通俗的定义:组成部分以某种方式与整体相似的形体称为分形。分形维数(Fractal Dimension)是分形几何学中的一个重要概念,用于描述分形对象在空间中的复杂性和自相似性。

在传统的欧几里得几何中,点、直线、平面和体都具有整数的维数,分别是 0、1、2、3,称为拓扑维数(D_T)。然而在自然界和几何中,还存在许多无法用拓扑维数描述的物体和图形。分形维数则通过分数维数,定量地描述了一个分形图形的"非规则程度"。在数学和物理学中,分形维数是一个介于整数和分数之间的量,它不同于欧几里得几何中的整数维度。分形维数的引入为描述自然界中的复杂性和理解分形对象的结构提供了新的工具。

分形维数可以定义为:一个分形对象在空间中的复杂程度,它反映了分形对象在空间中的填充方式。分形维数通常表示为 D。从根本上说,分形理论的主要研究对象是在不同尺度下具有相似结构的事物,包括曲线、曲面及各种时频域信号(如声发射信号、振动信号等)等。在分形理论逐渐完善的过程中,许多学者针对不同的问题提出了许多行之有效的分形维数计算方法。

分形维数的计算方法有多种,最常用的是豪斯多夫维数(Hausdorff Dimension)和盒计数维数(Box-counting Dimension)。豪斯多夫维数是通过覆盖分形所需的尺度为 ε 的集合的数量 $N(\varepsilon)$ 来计算的,其公式为

$$D=\lim_{\varepsilon\to 0}\frac{\log(N(\varepsilon))}{\log(1/\varepsilon)} \tag{1.4.1}$$

例如,Koch 曲线的分形维数约为 1.261 8,而曼德勃罗特集合的分形维数约为 2.727。

盒计数维数是通过将空间划分为边长为 ε 的盒子,计算不同尺度下非空盒子的数量 $N(\varepsilon)$,当两者关系趋于稳定时,再使用类似豪斯多夫维数的公式计算。分形维数的计算通常需要借助计算机软件和算法来实现。

分形维数在多个领域都有广泛的应用。在材料学的表征研究方面,曲线分形维数的计算主要针对材料表面形貌的轮廓曲线以及异质材料结合界面曲线,分别用于研究材料表面粗糙形貌和异质材料的界面结合行为,具体计算方法主要包括:盒计维数法、分规法、结构函数法、码尺法、协方差加权法、像素点覆盖法等。空间曲面分形维数的计算主要是针对材料表面粗糙形貌或损伤失效形貌的三维空间信息(高程)或图像色彩信息(包括 RGB 色彩信息、灰度信息等),采用的计算方法包括:立方体覆盖法、投影覆盖法、三维结构函数法、差分法等。对于具有分形特性的信号,一般的计算方法包括功率频谱法、自相关函数法等。

在物理学中,分形维数被用来描述多孔介质、粗糙表面和湍流等现象;在生物学中,分形维数被用来研究细胞分裂、组织生长和器官结构;在计算机科学中,分形维数被用来生成

自然景观和复杂纹理;在经济分析中,分形维数被用来分析股票价格波动和风险管理。在工程学领域中,分形维数可以用来描述材料的微观结构和性能,如复合材料、纳米材料等;在地质学中,分形维数可以用来描述岩石的裂缝分布和渗透性,为油气勘探和开采提供指导。

分形维数的引入为我们提供了一种新的视角,用来理解和描述自然界中的复杂性。通过研究分形维数,我们可以更好地理解复杂系统的动态行为和演化过程,为解决实际问题提供理论支持。分形维数的概念和计算方法仍在不断发展,越来越多的数学家和科学家致力于探索分形维数的奥秘,以期为科学研究和实际应用做出贡献。

1.5 分形理论的数学基础(拓扑分析)

在下面的内容中,$\boldsymbol{N}=\{1,2,3,\cdots\}$代表自然数集合,$\boldsymbol{Z}$ 表示整数环,$\boldsymbol{R}$ 表示实数域。令 K 为 $\boldsymbol{C}$(复数域)的子域,假设映射 $\alpha:\boldsymbol{C}\to\boldsymbol{C}, z=x+\mathrm{i}y\to\bar{z}=x-\mathrm{i}y$,将 K 映射到其自身(α 称为 C 的自同构)。

假设 X 和 Y 是 K 上的线性空间。

定义 1.1 (1) 映射 $\varphi:X\to K$ 称为半线性的或半线性型的,当且仅当

① $\forall x,x'\in X,\varphi(x+x')=\varphi(x)+\varphi(x')$;

② $\forall x\in X,\forall k\in K,\varphi(kx)=k\varphi(x)$。

如果 $K\subseteq\boldsymbol{R}$,则所有的半线性型都是线性的。

(2)映射 $\varphi:X\times X\to K$ 称为半双线性的或半双线性型的,当且仅当

① $\forall x,x',y\in X,\varphi(x+x',y)=\varphi(x,y)+\varphi(x',y)$;

② $\forall k\in K,\varphi(kx,y)=k\varphi(x,y)$;

③ $\forall x,y,y'\in X,\varphi(x,y+y')=\varphi(x,y)+\varphi(x,y')$;

④ $\forall k\in K,\varphi(x,ky)=\bar{k}\varphi(x,y)$。

如果 $K\subseteq\boldsymbol{R}$,则所有的半双线性型都是双线性的。

(3)半双线性型称为埃尔米特(Hermite)型,当且仅当 $\forall x,y\in X,\varphi(x,y)=\overline{\varphi(x,y)}$(如果 $K\subseteq\boldsymbol{R}$,则埃尔米特型称为对称的)。

(4)半双线性型 φ 称为正定的,当且仅当 $\forall x\in X,x\neq0,\varphi(x,x)>0$;称为半正定的,当且仅当 $\forall x\in X,\varphi(x,x)\geqslant0$。

定义 1.2 一个定义在 K 上的线性空间 X 上的内积是一个正定的埃尔米特半双线性型,$\varphi:X\times X\to K$。

符号对(X,φ)称为一个内积空间。如果 X 是 $\boldsymbol{R}$ 上的线性空间,则(X,φ)称为欧几里得(Euclid)空间;如果 X 是 $\boldsymbol{C}$ 上的线性空间,则(X,φ)称为酉空间。

X 上的内积 φ 可以用来定义一个元素 $x\in X$ 的范数和两个元素 $x,y\in X$ 之间的距离。更精确地说,一个元素 $x\in X$ 的范数定义为

$$\|x\|_{\varphi} := \sqrt{\varphi(x,x)} \tag{1.5.1}$$

两个元素 $x,y\in X$ 之间的距离定义为

$$d_{\varphi} := \|x-y\|_{\varphi} = \sqrt{\varphi(x-y,x-y)} \tag{1.5.2}$$

命题 1.1 （柯西-施瓦茨(Cauchy-Schwarz)不等式） 令(X,φ)是 K 上的一个内积空间，则对所有的 $x,y\in X$，

$$|\varphi(x,y)| \leqslant \sqrt{\varphi(x,x)}\sqrt{\varphi(y,y)} = \|x\|_{\varphi}\|y\|_{\varphi} \tag{1.5.3}$$

当且仅当存在一个 $k\in K$，使得当 $x=ky$ 时，等号才成立。

定义 1.3 假设 X 是一个定义在 K 上的线性空间。非负函数 $\|\cdot\|:X\to \boldsymbol{R}$ 称为 X 上的范数，当且仅当下列条件成立：

(1) $\forall x\in X: \|x\|\geqslant 0, \|0\|=0$;

(2) $\forall x\in X, \forall k\in K: \|kx\|=|k|\,\|x\|$;

(3) $\forall x,y\in X: \|x+y\|\leqslant \|x\|+\|y\|$;

(4) $\|x\|=0\Rightarrow x=0$。

如果只有条件(1)~(3)满足，则 $\|\cdot\|$ 称为 X 上的半范数。符号对$(X,\|\cdot\|)$称为赋范(线性)空间。

命题 1.2 假设(X,φ)是 K 上的一个内积空间，则在式(1.5.1)中所定义的 $\|\cdot\|_{\varphi}:X\to K$ 是 X 上的一个范数。

定义 1.4 假设 M 是一个集合，映射 $d:M\times M\to R$ 称为 M 上的一个度量，当且仅当下列条件满足：

(1) $\forall x,y\in M: d(x,y)\geqslant 0, d(x,x)=0$;

(2) $\forall x,y\in M: d(x,y)=d(y,x)$;

(3) $\forall x,y,z\in M: d(x,z)\leqslant d(x,y)+d(y,z)$;

(4) $d(x,y)=0\Rightarrow x=y$。

如果只有条件(1)~(3)成立，则 d 称为 M 上的半度量。如果 d 是集合 X 上的(半)度量，则符号对(X,d)称为(半)度量空间。

命题 1.3 假设 $\|\cdot\|$ 是 K 上线性空间 X 的一个范数(或半范数)，则

$$d(x,y) := \|x-y\|, \quad x,y\in X \tag{1.5.4}$$

定义为 X 上的度量(或半度量)。

定义在 K 上的线性空间 X 上的一个范数 $\|\cdot\|:X\to \boldsymbol{R}$ 以一种典型的方式导出了 X 上的拓扑，所谓范数或强拓扑。现在来回顾一下集合 M 上拓扑的定义。

定义 1.5 令 M 是一个任意的集合，又令 T 为 M 的所有子集的集合，则 T 称为 M 的拓扑，如果

(1)对于某个指标集 I 上的所有的 i，有 $T_i\in T\Rightarrow \bigcup_{i\in I} Ti\in T$;

(2) $T_1,\cdots,T_n\in T\Rightarrow \bigcap_{i=1}^{n} Ti\in T$;

(3) $M\in T, \varnothing\in T$。

T 的元素称为开集，符号对(X,T)称为拓扑空间。

对 X 上的范拓扑做如下定义：令 $A\subseteq X$，又令 $B_r(a):=\{x\in X \mid \|x-a\|<r\}$ 表示半径为 $r>0$，中心在 $a\in X$ 的球。集 A 称为开集，如果对每一个 $a\in A$，都存在一个 $B_r(a)(r>0)$ 的球整体都包含在 A 中，显然，$T_{\|\cdot\|}:=\{A\subseteq X \mid A\text{是开集}\}$ 是 X 上的拓扑。

拓扑空间$(X,T_{\|\cdot\|})$也是豪斯多夫(Hausdorff)空间。

定义 1.6 集合 M 上的一个拓扑 T 称为豪斯多夫空间，当且仅当两个不同的点 $x,y\in M$ 能被 T 中两个不相交的集合 U 和 V 分开，也就是说，$\forall x,y\in M,x\neq y$，$\exists U,V\in T$，使得 $x\in U,y\in V$ 且 $U\cap V=\varnothing$。

假设 X 是 K 上的线性空间，并且$\|\cdot\|_i:X\to R(i=1,2)$是 X 上的任意两个范数。$\|\cdot\|_1$ 和 $\|\cdot\|_2$ 称为等价的，写成$\|\cdot\|_1\approx\|\cdot\|_2$，当且仅当存在两个正实数 c_1 和 c_2，使得对所有的 $x\in X$ 有

$$\|x\|_1\leqslant c_1\|x\|_2 \text{和} \|x\|_2\leqslant c_2\|x\|_1 \tag{1.5.5}$$

命题 1.4 (1)R^n 上的所有范数都是等价的；

(2)R^n上的所有范数都产生相同的拓扑。

定义 1.7 假设(X,T)是一个拓扑空间，$B\subseteq T$ 称为 T 的基底，当且仅当每一个开集都是 B 中的元素，且

$$T_0\in T\Rightarrow T_0=\bigcup_{B*\in B'}B^*$$

其中 $B'\in B$。

下面的结果给出了对于 T 的一个子集 B 可以作为一组基底的必要条件。

命题 1.5 令(X,T)是一个拓扑空间，又令 $B\subseteq T$，如果 B 是 T 的一个基底，则

(1)$X=\bigcup_{B*\in B}B*$；

(2)$\forall B_1,B_2\in B,\forall x\in B_1\cap B_2,\exists B_x\in B:x\in B_x\subseteq B_1\cap B_2$。

拓扑的概念使得能够精确地定义其他概念，如距离、收敛和连续。

定义 1.8 令 D 是一个非空集合，D 上关系$\leqslant$称为是有向的，当且仅当它具有下列性质：

(1)自反性：$\forall\alpha\in D:\alpha\leqslant\alpha$；

(2)传递性：$\forall\alpha,\beta,\gamma\in D:\alpha\leqslant\beta,\beta\leqslant\gamma\Rightarrow\alpha\leqslant\gamma$；

(3)$\forall\alpha,\beta\in D,\exists\gamma\in D:\alpha\leqslant\gamma,\beta\leqslant\gamma$。

一个有向集就是一个具有有向次序的集合。

一个集合 $N\subseteq X$ 称为 $x\in X$ 的一个邻域，当且仅当 N 是一个包含 x 的开集的子集。

定义 1.9 令(X,T)是一个拓扑空间，并令 $\{x_\alpha\}$ 是 X 中的一个网，点 $x\in X$ 称为 $\{x_\alpha\}$ 的一个极限点，当且仅当对 x 的任意一个邻域 N，存在一个 $\alpha_0\in D$，使得对于所有的 x_α，$(\alpha_0\leqslant\alpha)$都是 N 中的点。

定义 1.10 令(X,T)是一个拓扑空间，并令 $\overline{\boldsymbol{R}}:=\boldsymbol{R}\cup\{\pm\infty\}$是完备的实线。在 $x_0\in X$ 处，函数 $f:X\to\overline{\boldsymbol{R}}$称为上半连续(或下半连续)，当且仅当对所有的 $\alpha\in\overline{\boldsymbol{R}}$，$\alpha>f(x_0)$(或 $\alpha<f(x_0)$)，在 X 中存在 x_0 的邻域 N，使得对所有的 $x\in N$ 都有 $\alpha>f(x)$(或 $\alpha<f(x)$)。

在 X 上，一个函数 f 称为上半连续(或下半连续)，当且仅当在每一个 $x_0\in X$ 上，它都是

上半连续的(或下半连续的)。

显然,如果 f 是上半连续的,那么 $-f$ 就是下半连续的,而且如果一个函数 f,在 $x_0 \in X$ 处既是上半连续的,又是下半连续的,则 f 在 x_0 点处是连续的。下面的命题刻画了下半连续函数的特征。

命题 1.6 从一个拓扑空间 (X,T) 到完备的实线 $\overline{R}$ 的函数 f 是下半连续的,当且仅当对所有的 $\alpha \in \overline{R}$,集合 $f^{-1}(\alpha,\infty]$ 在 X 中是开的。或者等价地说,集合 $f^{-1}(-\infty,\alpha]$ 在 X 中是闭的。

定义 1.11 令 (X,T) 是一个拓扑空间,并令 $\{x_\alpha\}$ 是 X 中的一个网。点 $x \in X$ 称为 $\{x_\alpha\}$ 的一个聚点,当且仅当对 x 的每一个邻域 N 和任何的 α_0,存在一个 $\alpha \geqslant \alpha_0$,使得 $x_\alpha \in N$。

网对拓扑空间 (X,T) 的紧性进行了一种简单的特性描述。

定理 1.1 令 (X,T) 是一个拓扑空间,X 是紧的,当且仅当 X 中的每一个网都有一个聚点。

下面的定理在数学的其他领域也非常重要。

定理 1.2 紧拓扑空间中任何集合的(笛卡儿)积都是紧的。

对于描述拓扑空间 (X,T) 中的集合 $A \subseteq X$ 的闭包 $\overline{A}$ 的特性,网也是一种有用的工具。

定理 1.3 $\overline{A}$ 恰恰就是由 A 中所有网的极限点组成的。一个集合 $A \subseteq X$ 是闭的,当且仅当它包含 A 中每一个网的每一个极限点。

从所谓的柯西网来描述完备性的特性,需要一致空间的概念。

令 X 是一个集合,U 是 $X \times X$ 的子集。定义 U^{-1} 是所有数据对 $(x,x') \in X \times X$ 的集合,并且 $(x',x) \in U$。又令 $D:=\{(x,x) \in X \times X \mid x \in X\}$。如果 $U,U' \in X \times X$,则定义 $UU':=\{(x,x') \in X \times X \mid \exists x'' \in X,(x,x'') \in U \wedge (X'',X') \in U'\}$。

定义 1.12 令 X 是一个集合,μ 是 $X \times X$ 子集的集合。符号对 (X,μ) 称为一致空间(具有 μ 的一致性),当且仅当下列条件成立:

(1) $\bigcap\limits_{U \in \mu} = D$;

(2) $\forall U \in \mu : U^{-1} \in \mu$;

(3) $\forall U \in \mu, \exists U' \in \mu : U'\ U' \subseteq U$;

(4) $\forall U, U' \in \mu : U \cap U' \in \mu$;

(5) $\forall U \in \mu, \forall U' \supseteq U : U' \in \mu$。

μ 的元素称为一致的。

显然,每一个度量空间,也即每一个赋范空间,都是一个一致空间(其一致性由在 $X \times X$ 中 D 的域给出)。

令 (X,μ) 是一个一致空间,在一致空间中对网的定义正如上述所定义的那样,其拓扑性被其一致性所代替。

在 (X,μ) 中的柯西网 $\{x_\alpha\}_{\alpha \in D}$ 是一个具有下列性质的网:

$\forall U \in \mu, \exists \alpha \in D$,只要 $\alpha \leqslant \alpha'$ 和 $\alpha \leqslant \alpha''$,就有 $(x_{\alpha'}, x_{\alpha''}) \in U$。

定理 1.4 一个一致空间(X,μ)是完备的,当且仅当每一个柯西网都收敛于 X 中的一个点。

下面的定义介绍了完备线性空间的两个重要类型。

定义 1.13 完备的内积空间$(X,\langle,\rangle)$称为希尔伯特(Hilbert)空间,完备的赋范线性空间$(X,\|\cdot\|)$称为巴拿赫(Banach)空间。

下面将讨论线性空间之间的映射。令 X 和 Y 是 K 上的线性空间。映射 $F:D\subseteq X\to Y$, $D\neq\varnothing$ 称为 X 上定义域为 D 的一个函数。如果 $X=Y$,则通常称 F 为 X 上定义域为 D 的一个算子。如果 $Y=K$,则 F 称为一个泛函。

现在假设 X 和 Y 是赋范线性空间。函数 $F:D\subseteq X\to Y$ 称为利普希茨(Lipschitz)连续的,当且仅当存在一个 $L>0$(称为利普希茨常数),使得 $\|F(x)-F(x')\|\leqslant L\|x-x'\|(\forall x,x'\in D)$。如果 $L<1$,则 F 称为收缩的或压缩的。令 $T:D\subseteq X\to X$ 是一个算子,点 $x\in X$ 称为 T 的一个不动点,当且仅当 $Tx=x$。假如 $TD=D$,T 的幂数或迭代值由下列定义:

$$T^0:=id_D$$

$$T^n:=T\,T^{n-1},\forall n\in N$$

式中,id_D 表示 D 上的单位元。

定理 1.5(巴拿赫不动点定理) 假设 X 是 K 上的一个赋范线性空间,T 是完备域 $D\subseteq X$ 上的一个利普希茨连续算子。假定 $TD\subseteq D$,更进一步,令 L_n 表示 $T^n(n\in N_0)$的利普希茨常数。又假定

$$\sum_{n=0}^{\infty}Ln<\infty$$

那么 T 恰有一个不动点 $x*\in D$。更进一步,如果任选 $x_0\in D$,并且如果 $x_{n+1}:=Tx_n(n\in N_0)$,那么序列 $\{x_n\}$ 收敛于与 x_0无关的点 $x*$。

现在给出赋范空间之间函数的一些性质。令 X 和 Y 是 K 上的赋范空间,令 $F:D\subseteq X\to Y$ 是 $D\neq\varnothing$ 上的连续线性函数(注意:D 必定是 x 上的线性子空间)。众所周知,每一个这样的函数都有一个最小的利普希茨常数 $L\geqslant 0$。也就是说,存在一个最小的非负数 L,具有下列性质:

$$\|Fx\|\leqslant L\|x\|,\quad\forall x\in D,\quad x\neq 0$$

这个最小的利普希茨常数等于下列集合的上确界:

$$\{M\in R\mid M=\|Fx\|/\|x\|\wedge x\in D\wedge x\neq 0\}$$

上式是在 $\dim D>0$ 的情况下(其中 dim 表示线性空间 D 的维数);否则,这个最小的利普希茨常数等于0。显然,在通常的函数加法和数量乘法定义的情况下,并且具有最小利普希茨常数的范数:

$$\|F\|=\begin{cases}0, & \dim D=0\\ \sup\limits_{x\in D}\{\|Fx\|/\|x\|\,|x\neq 0\}, & \dim D>0\end{cases}$$

则所有的连续线性函数 $F:D\subseteq X\to Y$ 的集合形成 K 上的赋范线性空间。这个赋范线性空间由 $\Lambda(D,Y)$表示。如果这里的 Y 是巴拿赫空间,则 $\Lambda(D,Y)$也是巴拿赫空间。

在 $\Lambda(D,Y)$上的一致收敛就意味着范数收敛,也就意味着点态收敛。

定义 1.14 假设 X 和 Y 是 K 上的赋范线性空间,一个连续函数 $F:D\subseteq X\to Y$ 称为同等连续的,当且仅当对于每一个有界序列 $\{x_n\}\subseteq X$,序列 $\{Fx_n\}$ 包含一个收敛子序列。

下面的不动点理论归功于绍德尔(Schauder)的工作。

定理 1.6 (绍德尔不动点理论)令 X 是一个巴拿赫空间,令 $T:D\to D$ 是一个具有有界的、闭的、凸域 $D\subseteq X$ 的同等连续算子,那么 T 在 D 中有一个不动点。

K 上一个线性空间 X 的子集 C 称为凸的,当且仅当 $x,x'\in C$,对一切 $\lambda\in[0,1]$ 都有 $\lambda x+(1-\lambda)x'\in C$。

定理 1.7 (哈恩(Hahn)-巴拿赫扩张理论)令 X 是 K 上的赋范线性空间,并令 $U\subseteq X$ 是一个线性子空间,则每一个连续线性函数。$\varphi:U\to R$ 能以保持范数的方式,被线性地、连续地扩张到整个 X。也就是说,存在一个连续的线性泛函 $\psi:X\to R$,其具有下列性质:

$$\forall u\in U,\quad \psi\, u=\varphi\, u \tag{1.5.6}$$

和

$$\|\psi\|=\|\varphi\| \tag{1.5.7}$$

现在假设 X 是 K 上的赋范空间,所有连续线性函数 $\varphi:X\to K$ 的集合称为 X 的对偶(空间)$X*$。显然,如果 $X*$ 上的加法和数量乘法以通常的方法定义,并且对它赋以最小利普希茨常数的范数,则有 $\Lambda(X,K)$,因此,$X*$ 是一个巴拿赫空间。

$X*$ 的元素通常用 $x*$ 表示。

命题 1.7 $\dim X=\dim X*$。

令 $\varepsilon>0$ 是给定的,并令 $x_1^*,\cdots,x_n^*$ 是 X^* 元素的有限集,将 X 上的拓扑定义如下:

对每一个 $x_0\in X$,令 $N(x_0;\ \varepsilon,x_1^*,\cdots,x_n^*):=\{\ x_0\in X\mid \|x_i^*(x)-x_i^*(x_0)\|<\varepsilon,i=1,\cdots,n\}$ 是邻域的基。

显然,这样就定义了 X 上的一个局部凸的拓扑——弱拓扑。

令 $\{x_n\}_{n\in N}$ 是 X 中的一个序列,这个序列称为弱收敛到 $x\in X$,当且仅当

$$\forall x*\in X*,\quad \lim_{n\to\infty} x^*(x_n)=x*(x) \tag{1.5.8}$$

元素 x 称为序列 $\{x_n\}$ 的弱极限,通常使用简洁的记号 $x_n\xrightarrow{\omega}x$,而不是式(1.5.8)。

K 上的赋范线性空间 X 的子集 U,如果每一个序列 $\{x_n\}\subseteq U$ 都有一个弱收敛到 U 的元素的子序列,就称 U 为弱紧的。

定义 1.15 赋范线性空间 X 的子集 U 称为可分的,当且仅当它满足下列等价条件:

(1)存在一个子序列 $\{x_n\}\subseteq X$,对于每一个 $u\in U$ 都是子序列 $\{x_n\}$ 的极限;

(2)存在一个子序列 $\{x_n\}\subseteq X$ 在 X 中是稠密的。

定义 1.16 令 X 是 K 上赋范线性空间 X,序列 $\{e_n\}\subseteq U$ 称为 X 的绍德尔基,当且仅当每一个元素 $x\in X$ 都有一个唯一的表示形式如下:

$$x=\sum_{n\in N}\alpha_n e_n \tag{1.5.9}$$

对于$\{\alpha_n\}\subseteq K$。

命题 1.8 具有绍德尔基的有限维赋范线性空间和无限维赋范线性空间是可分的。

令 X 是 K 上的赋范线性空间,并令 $X*$ 是它的对偶(看成巴拿赫空间),可以将 $X*$、

$X**$ 的对偶定义成所有连续线性函数 $\Phi: X*\to K$ 的集合，

$$(\Phi\varphi)(x):=\varphi x,\quad \forall x\in X, \tag{1.5.10}$$

式(1.5.10)可以简明地表示成 $\|\Phi\|=\|x\|$。

可以给出 X 对偶的一个拓扑，它甚至比 X 上的弱拓扑还要弱。这个拓扑称为 X 上的弱 * 拓扑。点 $x_0^*\in X$ 的邻域的基由下式定义：

$$N(x_0^*;\varepsilon,x_1,\cdots,x_n):=\{x*\in X*\mid \|x^*(x_i)-x_0^*(x_i)\|<\varepsilon,i=1,\cdots,n\}$$

其中 $\varepsilon>0,x_1,\cdots,x_n$ 是 X 元素的有限集，显然，这就定义了 $X*$ 上的一个局部凸的拓扑。

序列 $\{x_0^*\}\subseteq X*$ 称为弱 * 收敛于 $x*\in X*$，当且仅当

$$\lim_{n\to\infty}x_n^*(x)=x*(x),\quad \forall x\in X \tag{1.5.11}$$

称 $x*$ 为序列 $\{x_n^*\}$ 的弱 * 极限，并且记为 $x_n^*\xrightarrow{\omega *}x*$

子集 $U*\subseteq X*$ 称为弱 * 紧的，当且仅当每一个序列 $\{x_n^*\}\subseteq U*$ 都有一个弱 * 收敛子序列，它的极限在 $U*$ 中。

一般来说，$X\neq X**$。对于 $X=X**$，这样的巴拿赫空间称为自反的。

如果拓扑空间 (X,T) 的拓扑能用 X 中的度量来定义，就称它为可度量的；如果 X 中每一点都有一个紧邻域，就称它为局部紧的。

令 X 是一个紧的可度量的拓扑空间，所有连续函数 $f:X\to K$ 的代数与 $\|f\|:=\sup\limits_{x\in X}\{|X|\}$ 一起，构成一个巴拿赫空间，它们用 $C_K(X)$ 表示。X 上的测度 μ 是 $C_K(X)$ 的对偶的元素。也就是说，对于某个 $a\in R$ 和一切 $f\in C_K(X)$，$C_K(X)$ 上面的连续线性泛函 $f\to\mu(f)$ 满足：

$$|\mu(f)|\leqslant a\ \|x\| \tag{1.5.12}$$

现在假设 X 是一个可分的、可度量的和局部紧的拓扑空间。对于每一个紧子集 $K\subseteq X$，用 $K_K(X|K)$ 来表示由支集包含在 K 中的那些函数所产生的 $C_K(X)$ 的线性子空间。令 $K_K(X)$ 是具有紧支集的所有函数 $f:X\to K$ 的线性空间，即

$$K_K(X):=\bigcup_{K\subseteq X}K_K(X|K)$$

X 上的测度 μ 是 $K_K(X)$ 上的一个线性泛函。$K_K(X)$ 具有这样的性质：对每一个紧子集 $K\subseteq X$，都存在一个依赖于 K 的非负常数 α_K，使得

$$\forall f\in K_K(X),\quad |\mu(f)|\leqslant\alpha_K\|f\| \tag{1.5.13}$$

例如，$\boldsymbol{R}$ 上的勒贝格测度 λ 由如下方式得到：令 $f\in K_K(X)$，考虑 $K_K(X)$ 上的线性泛函 $f\xrightarrow{\lambda}\int_R f(t)\,\mathrm{d}t$。对于所有的 $f\in K_K(X|\boldsymbol{R})$，令 $K=[a,b]$，$a,b\in\boldsymbol{R}$，$a<b$，于是得到

$$\left|\int_R f(t)\,\mathrm{d}t\right|\leqslant(b-a)\|f\|$$

显然，如果 μ 和 ν 都是 X 上的测度，并且 $a\in K$，那么 $\mu+\nu$ 和 $a\mu$ 也都是 X 上的测度。因此，X 上所有测度的集合是 $K^{KK(X)}$ 的线性子空间。这个子空间用 $M_K(X)$ 来表示。

由于 $M_K(X)$ 是 $K^{KK(X)}$ 的线性子空间，它能赋予一个弱拓扑。因此，如果在 K 中对于所有的 $f\in K_K(X)$ 都有 $\mu_n(f)\to\mu(f)$，则 $M_K(X)$ 中测度序列 $\{\mu_n\}$ 称为弱 * 收敛于测度 $\mu\in M_K(X)$。

令 $T_*(X)$ 是在完备实线 $\overline{\boldsymbol{R}}$ 中取值的 X 上所有下半连续的数的集合。$T_*(X)$ 被 $K_R(X)$ 中的函数最小化，也就是说，如果 $f\in T_*(X)$，那么就存在一个 $g\in K_R(X)$，使得对所有的 $x\in X$ 都有 $g(x)\leqslant f(x)$。显然，集合 $T_*(X)$ 是非空的，对于任何下半连续，非负函数是 $T_*(X)$ 的一个元素。

类似地，定义在 $\overline{\boldsymbol{R}}$ 中取值的 X 上的所有上半连续函数的集 $T^*(X)$。$T^*(X)$ 被 $K_R(X)$ 中的函数最大化。注意到 $T^*(X)=-T_*(X)$。对于每一个函数 $f\in T_*(X)$，定义

$$\mu^*(f):=\sup_{g\leqslant f,g\in K_R(x)}\mu(g) \tag{1.5.14}$$

数字 $\mu^*(f)$ 是 $(-\infty,\infty)$ 的一个元素。易见，如果 $f\in K_R(X)$，那么 $\mu^*(f)=\mu(f)$，而且 μ^* 是 $T_*(X)$ 上的一个次可加的线性泛函（标量假设是正实数）。类似地，定义

$$\mu_*(f):=\inf_{g\geqslant f,g\in K_R(x)}\mu(g) \tag{1.5.15}$$

显然，对所有函数 $f:X\to\overline{\boldsymbol{R}}$ 有 $\mu_*(f)\leqslant\mu^*(f)$。

定义 1.17 函数 $f:X\to\overline{\boldsymbol{R}}$ 在 X 上是 μ 可积的，当且仅当 $\mu_*(f)$ 和 $\mu^*(f)$ 是有限的，并且相等。它们的公共值称为 f 关于 μ 的积分，用 $\int_X f(x)\mathrm{d}\mu(x)$ 表示。

如果 $(X,<,>)$ 是 K 上的希尔伯特空间，并且 $x\in X$，则

$$\varphi:=<\cdot,x> \tag{1.5.16}$$

定义了 $X*$ 上的一个线性泛函，并且 $\|\varphi\|=\|x\|$。

反之，每一个 $\varphi\in X*$ 都具有(1.5.16)的形式。元素 x 由条件 $<\mu,x>=0$，$u\in\ker\varphi$ 和 $\varphi(x)=\|\varphi\|^2$ 唯一确定（其中 $\ker\varphi=\{x\in X|\varphi(x)=0\}$）。

令 T 是在 $(X,<,>)$ 上连续的、线性的（即有界的算子），用 $B(X)$ 表示所有这种算子的集合。

命题 1.9 对于每个算子 $T\in B(X)$，存在一个唯一的有界算子 T^*，叫作 T 的伴随，使得对于所有的 $x,x'\in X$ 有 $<x',T^*x>=<Tx,x'>$。

如果 $X:=R^n$，那么 R^n 上的有界性算子 T 可以由它的相伴 $n\times n$ 矩阵 $\boldsymbol{A}=\boldsymbol{A}(T)$ 表示。$n\times n$ 对角矩阵由 $\mathrm{diag}(a_i)(a_i\in R,i=1,\ldots,n)$ 表示。

定义 1.18 (1)矩阵 $\boldsymbol{A}$ 称为正的，当且仅当它的所有元素都是正的。如果 $\boldsymbol{A}$ 是非负的，则可以写成 $\boldsymbol{A}>0$。

(2)向量 $v\in\boldsymbol{R}^n$ 称为正的，当且仅当它的所有元素都是正的。如果它是非负的，则它的所有元素都是非负的。前者可以写成 $v>0$，后者可以写成 $v\geqslant0$。

定理 1.8(佩龙(Perron)-弗罗贝尼乌斯(Frobenius)定理) 假设 $\boldsymbol{A}$ 是一个正的矩阵，那么 $\boldsymbol{A}$ 存在唯一的具有最大绝对值的特征值 $\lambda=\lambda(\boldsymbol{A})$。这个特征值是正的单一的，并且它的特征向量可以取成正的。

定理 1.9 令 $\boldsymbol{A}$ 是一个正的矩阵，并且 $\lambda(\boldsymbol{A})$ 如上述所定义，用 $S(\lambda)$ 表示所有非负数 $\lambda\in\boldsymbol{R}$ 的集合，对于 $S(\lambda)$ 存在非负向量 $x\in\boldsymbol{R}^n$，使得 $\boldsymbol{A}x\geqslant\lambda x$；用 $T(\lambda)$ 表示所有正的 $\lambda\in\boldsymbol{R}$ 的集合，对于 $T(\lambda)$ 存在非负向量 $y\in\boldsymbol{R}^n$，使得 $\boldsymbol{A}y\leqslant\lambda y$，那么

$$\lambda(\boldsymbol{A})=\begin{cases}\max\{\lambda \mid \lambda\in S(\lambda)\},\\ \min\{\lambda \mid \lambda\in T(\lambda)\}.\end{cases}$$

现在令 $T\in B(X)$，T 的谱 $\sigma(T)$ 定义成

$$\sigma(T):=\{\lambda\in K \mid \lambda I-T\text{ 是奇异的}\} \tag{1.5.17}$$

命题 1.10 令 $T\in B(X)$，那么 $\sigma(T)$ 是 K 的非空紧子集，并且 $\sigma(T)\subseteq\{\lambda\in K \mid |\lambda|\leqslant\|T\|\}$。

定义 1.19 对于 $T_{\ddot{y}} B(X)$，T 的谱半径 $r(T)$ 定义成

$$r(T):=\sup\{|\lambda| \mid \lambda\in\sigma(T)\} \tag{1.5.18}$$

定理 1.10(谱半径定理) 如果 $T\in B(X)$，那么 $r(T)=\lim\limits_{v\to\infty}\|T^v\|^{1/v}$。

1.6 自然界的分形

自然界中的分形现象是无处不在的，它们以各种形式存在于我们周围的环境中。分形在自然界中的存在不仅增加了其观赏性和复杂性，而且对于理解自然界的结构和功能至关重要。以下是一些自然界中的分形例子。

1.6.1 海岸线

从飞机上看，海岸线弯弯曲曲，有港湾，有半岛，随着观察高度的降低(相当于升高放大倍数)，可发现原来的半岛和港湾又由很多较小的半岛和港湾所组成。当沿着海岸线步行时，就会发现更为精细的结构，即海岸线是由更小的半岛和港湾构成的，这个过程类似于 Koch 曲线 n 不断增大的情况。由此可知，海岸线的某个局部和整体具有自相似性，但这种自相似性不是数学上严格的相似，而是近似的自相似，或统计意义上的自相似。即海岸线是一条近似自相似的分形曲线。

海岸线的分形特性可以通过分形维数来做数学描述。最常用的数学公式是分形维数的定义，它基于盒计数法或相似性方法。以下是描述海岸线的分形维数常用的两种方法：

(1)盒计数法(box counting method)

在盒计数法中，我们用边长为 ε 的小盒子覆盖海岸线，并计算所需盒子的数量 $N(\varepsilon)$。随着盒子尺寸的减小，覆盖海岸线的盒子数量会增加。分形维数 D 可以通过以下公式计算：

$$N(\varepsilon)\propto\varepsilon^{-D}$$

式中，符号“$\propto$”表示成正比。为了得到具体的分形维数，我们可以取对数并求解：

$$D=-\lim_{\varepsilon\to 0}\frac{\log N(\varepsilon)}{\log(\varepsilon)} \tag{1.6.1}$$

(2)相似性方法(similarity method)

在相似性方法中，我们假设海岸线在每个尺度上都有相似的结构。如果我们放大海岸线的一部分，可以看出其形状与整体海岸线相似。这种自相似性可以用以下公式描述：

$$L(\varepsilon)=L(\varepsilon/r)r^{1-D}$$

式中，$L(\varepsilon)$ 是在尺度 ε 下测量的海岸线长度，r 是放大或缩小的比例因子，D 是分形维数。通过变换尺度并测量海岸线长度，我们可以求解 D：

$$D=1-\lim_{\varepsilon\to 0}\frac{\log L\left(\frac{\varepsilon}{r}\right)-\log L(r)}{\log(r)} \tag{1.6.2}$$

1.6.2 水系

定量描述水系结构特征的前提是找到其特征尺度，而自然水系河网的空间和等级结构无特征尺度，即在整数维下，自然水系河网所展现出的不可微分性、无限性和自相似性等特点无法用欧几里得几何进行描述，如何准确定量描述水系河网和流域地形地貌的结构特征成为一大难题。将分形理论作为定量描述水系河网结构特征的方法也得到了学界的一致认同，尤其是在揭示水系河网结构中所体现的部分与整体、微观与宏观之间的联系中发挥了重要作用。

水系结构与形态研究是河流地貌学研究的重要任务之一，水系分维不仅反映了水系的分形特征，其大小更映射了水系分维与其影响因素之间的相互关系。水系是内外动力长时间综合作用的结果，是一个地区气候、地形、植被、地质等条件的综合反映。学者们通过建立回归模型分析影响水系分维的诸多因素（降水、径流、气候、地形地貌、岩性、构造活动等），认为地理环境要素及人类活动是驱动流域水系发展变化的主要原因，各要素与水系结构或流域发育状况间存在着复杂的非线性关系。

20 世纪中期，美国水文学家 Horton 通过对大量水系的分支结构进行对比，发现水系分支数与水系等级间存在着一定的规律。在随后几十年中，诸多学者不断发展与完善，揭示了水系等级与水系分支数、河流长度、流域面积间的相互关系，构成了 Horton 定律，即河流数目定律、河流长度定律、流域面积定律。Horton 定律的实质是分形递归，而分形递归恰恰是分形理论的数学表达，因此很多学者试图通过重构 Horton 定律来寻求水系结构与其分形特征之间的联系。然而 Horton 定律作为一个经验公式，公式中导出的数学参数有时并没有明确的物理意义，尽管目前有许多学者在参数表达以及物理机制方面开展了相应的研究，但尚未达成共识。

在建立具有分形特征的水系模型之后，学者们开始对表征水系分形结构的定量参数进行研究及探讨。在应用 Horton 定律揭示水系分形结构特征参数的研究中，La Barbera 等和 Rosso 等研究了意大利不同尺度下的典型流域，构建了水系分维数与水系结构特征值间的相互关系：

$$D=\min[2,\max(1,\log R_B/\log R_L)] \tag{1.6.3}$$

式中，D 表示水系分维数；R_B 和 R_L 分别代表流域河网统计意义上的平均分支比和平均河长比。

之后学者们的研究大多围绕该公式进行拓展与应用，对公式（1.6.3）中的限制边界以及 Horton 定律下发展的理论模型参数进行了诸多尝试性的讨论与分析。

1.6.3 其他分形结构

(1)云朵

云朵的形状和纹理通常呈现出分形特性。从远处看,云朵的形状可能呈现出复杂的波浪和涡旋形状,而从近处看,云朵的纹理同样具有不规则的曲线。

(2)植物生长

植物的生长模式也具有分形特性。例如,树枝和叶子的分布通常呈现出复杂的分形结构,这种结构有助于植物在有限的空间内使光合作用的效率达到最大化。

(3)动物形态

一些动物的形态也具有分形特性。例如,蜗牛壳和珊瑚的形状通常呈现出复杂的分形结构。

(4)河流网络

河流及其支流的分布通常呈现出分形特性。大河流分支出小河流,小河流再分支出更小的溪流,这种结构在不同尺度上重复出现。

(5)闪电

闪电的路径和分支也具有分形特性。从远处看,闪电的路径可能呈现出复杂的波浪和分支形状,而从近处看,闪电的分支同样具有不规则的曲线。

(6)冰晶

冰晶的形状和纹理通常呈现出分形特性。从远处看,冰晶的形状可能呈现出复杂的波浪和涡旋形状,而从近处看,冰晶的纹理同样具有不规则的曲线。

通过研究自然界中的分形现象,我们可以更好地理解自然界的动态行为和演化过程,为解决实际问题提供理论支持。

第 2 章 分形图案的构造与模拟

分形图案的构造与模拟是指通过递归、迭代和几何变换等方法生成具有自相似性和复杂结构的图形。分形图案的特点是复杂的结构在不同的尺度下都具有相似的细节。下面详细介绍分形图案的基本构造与模拟方法,包括递归构造、迭代过程和几何变换等。

递归构造是生成分形图案的核心方法之一,递归是一个函数调用自身的过程,通常用于生成具有重复结构的图形。

定义初始图形(基准情形):从一个简单的图形或结构开始,例如一条直线或一个简单的几何形状。

应用递归规则:将基准图形递归地细分为更复杂的子图形。每次递归时,将图形中的每个部分替换成更复杂的结构或细节。

终止条件:确定递归的终止条件,通常是当达到预定的递归深度或一定的复杂度时停止递归。

迭代过程是生成分形图案的另一种重要方法,通过重复应用某些规则来构建复杂的图形。迭代的每一步生成的新图形都会变得更加复杂。

定义初始状态:设置一个初始的图形或字符串。

应用迭代规则:对每次迭代中生成的图形或字符串应用预定义的规则。这些规则描述了如何修改或替换图形中的每个部分。

绘制或处理结果:通过多次迭代生成最终的分形图案。几何变换是在分形图案构造中经常使用的方法,包括缩放、旋转和平移。这些变换用于在不同位置和尺度上重复图形的结构,形成自相似的效果。

2.1 Cantor 集

Cantor 集是一种经典的数学对象,广泛用于研究集合论、拓扑学、实分析和分形几何等领域,由德国数学家 Georg Cantor 于 1883 年首次提出。Cantor 集展示了许多数学上有趣和重要的性质,如不可数性、自相似性、测度零等。这些性质使 Cantor 集成为数学中的一个重要研究对象。Cantor 集是一个分形,具有以下特点。

(1)无限性:Cantor 集是一个无限集合,但它没有长度。

(2)无间隔性:Cantor 集中任意两个不同点之间都没有相邻的部分,即它是完全不连通的。

(3)自相似性:Cantor 集具有自相似性质,即在任何尺度下,其局部结构与整体结构相似。

Cantor 集在数学的多个领域都有重要应用，如分析学、拓扑学、分形几何等。它为研究无穷集合、维度理论、自相似结构等提供了丰富的素材。Cantor 集与分形维数之间有直接的关系。分形维数是用来量化分形对象复杂性的一个量，它帮助我们理解这些对象在某种意义上的“大小”，即使它们在传统的长度、面积或体积意义上没有大小。Cantor 集的分形维数可以通过以下方式理解。

(1) 自相似性：Cantor 集是通过重复移除每个区间中间的三分之一来构造的，这个过程在每个尺度上都是相同的，即 Cantor 集是自相似的。自相似性是分形的一个关键特征，意味着无论放大多少倍，看到的结构都与整体结构相似。

(2) Hausdorff 维数：Cantor 集的 Hausdorff 维数是用来量化其复杂性的一个度量。Hausdorff 维数是基于覆盖理论的一个概念，它考虑了覆盖一个集合所需的最小数量的单元，以及这些单元的尺寸。Cantor 集的 Hausdorff 维数约为 0.6309，小于 1，表明它既不是一维的线段，也不是零维的点。

2.1.1 Cantor 集的构造

Cantor 集的构造是一个迭代过程，它从一个完整的区间开始，通过不断地去除特定部分，最终形成一个具有许多奇特性质的点集，如图 2.1.1 所示。以下是 Cantor 集的构造步骤。

(1) 从闭区间 [0,1][0,1][0,1] 开始。

(2) 移除中间的三分之一开区间(1/3,2/3)。这会留下两个闭区间：[0,1/3] 和 [2/3,1]。

(3) 对剩下的两个区间重复上述过程：移除每个区间中间的三分之一开区间。这样经过第二步后，你将得到四个区间，每个区间的长度为 1/9，以此类推。

(4) 这个过程无限重复，Cantor 集就是在无限多次迭代后剩下的点的集合。

具体来说，Cantor 集的构造可以形式化地描述：“设 $C_0=[0,1]$。对于 $n\geqslant 1$，定义 C_n 为将 C_{n-1} 中的每个区间均分为三部分，并去掉中间部分后剩下的区间集合。Cantor 集 C 是所有这些迭代步骤的交集，即 $C=\cap_{n=0}^{\infty} C_n$。”

最终，Cantor 集是由所有在构造过程中没有被去掉的点组成的集合。这些点在数轴上看起来是散布的，但它们构成了一个没有长度、没有间隔、不可数的点集。Cantor 集的构造不仅展示了数学上的抽象概念，也为我们理解无穷和连续性提供了直观的例子。

图 2.1.1 Cantor 集

2.1.2 Cantor 尘的构造

Cantor 尘(cantor dust)是一个数学概念,如图 2.1.2 所示,它是 Cantor 集的扩展。Cantor 尘的构造过程类似于 Cantor 集的构造,但是更加复杂,涉及更多层次的迭代。以下是 Cantor 尘的构造步骤。

(1)二维情况:从单位正方形 [0,1]×[0,1]开始。

(2)将这个正方形划分为 9 个相等的小正方形,并移除中间的正方形,这样会剩下 8 个小正方形。

(3)对每个剩下的小正方形重复这个过程:移除每个正方形中间的正方形。这样在每一步会得到 8 个更小的正方形,过程无限重复。

(4)这种构造在三维空间中也是类似的,只不过每次移除的是中间的立方体。

Cantor 集:一维分形,通过反复去除中间的三分之一区间构造,具有不可数、零测度和完全断裂的特性。

Cantor 尘:高维分形,通过在每次迭代中去除正方形(或立方体)中间部分构造,具有类似的特性:不可数、零测度和完全断裂。

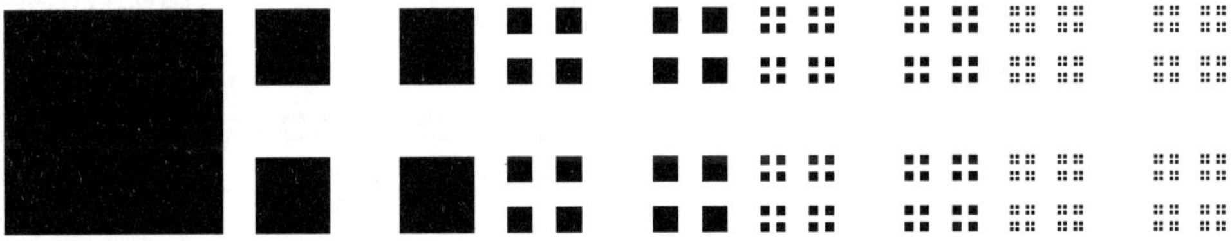

图 2.1.2 Cantor 尘

2.2 Koch 曲线

Koch 曲线(Koch curve)是一个经典的分形曲线,由瑞士数学家 Helge von Koch 于 1904 年提出。它是一种自相似的分形,常用于展示分形几何和无限细节的概念。Koch 曲线的基本构造方法可以进行各种变种和扩展,从而生成更多有趣的分形结构。

2.2.1 Koch 曲线的构造

Koch 曲线的构造方法可以简单地描述为一种迭代过程:

(1)初始阶段:从一条线直段开始,这条直线段可以是单位长度的区间。例如,取区间 [0,1]上的直线段。

(2)第一次迭代:将线段分成三等分,即每段的长度是原线段长度的三分之一。在中间的那一段上,取它的中点,并把它替换为一个等边三角形的上半部分。具体来说,将中间的那一段用两个新线段替代,这两个线段的角度形成了一个“山”的形状,线段带有“锯齿”的形状。

(3)重复迭代:对新产生的每一段线段(原始线段被分割成的每一段)重复上述过程。每次迭代都将线段替换成具有更多“锯齿”的形状。

(4)无限迭代:在理论上,迭代过程可以无限进行。随着迭代次数的增加,Koch 曲线的细节越来越复杂,形成一个高度自相似的分形曲线。

2.2.2 Koch 曲线的特性

(1)自相似性:Koch 曲线是自相似的,即它的每个部分在不同的尺度下都类似于整个曲线的形状。这种自相似性是分形的一个关键特征。

(2)非整数维度:Koch 曲线的分形维度(或赫斯特维度)是一个非整数值。对于 Koch 曲线,这个维度可以通过分形维度公式计算得出。具体来说,Koch 曲线的维度大约是 1.261 9,这说明它比一条普通直线的维度要复杂得多。

(3)处处连续但处处不光滑:Koch 曲线是连续的,但它在每个点上都是不光滑的(即每个点处的曲线具有无限的曲率)。这意味着,尽管曲线没有断裂,但在每个点上都存在“尖角”。

(4)长度无限:在无限迭代中,Koch 曲线的总长度趋向于无限。这是因为每次迭代都增加了新的线段,使得曲线变得越来越长。

(5)曲线封闭:在 Koch 曲线的基本构造中,如果将初始线段的每个边进行迭代,可以得到一个封闭的形状,这就是 Koch 雪花(Koch snowflake)。Koch 雪花是由三个 Koch 曲线组成的封闭图形,具有更复杂的分形特性。

2.2.3 Koch 雪花的构造

Koch 雪花曲线是 Koch 曲线的一个变种。Koch 雪花曲线是 Koch 曲线的二维扩展,具有类似的自相似性和分形特性,如图 2.2.1 所示。

(a)

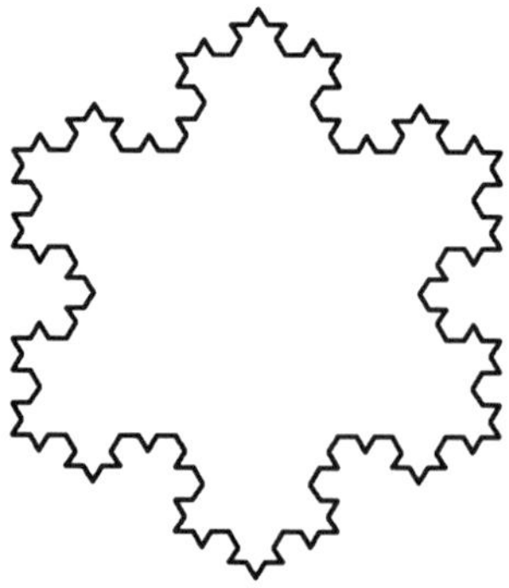

(b)

图 2.2.1 Koch 雪花曲线

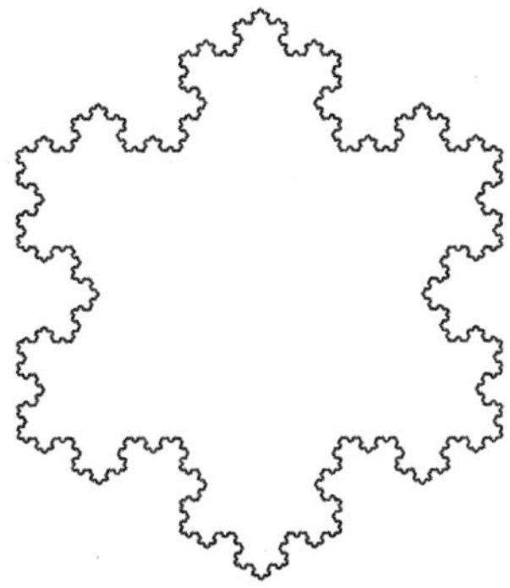

(c)

图 2.2.1(续)

Koch 雪花曲线构造步骤如下。

(1)起始三角形:从一个等边三角形开始。这是 Koch 雪花的基础形状。

(2)分割边:将等边三角形的每一条边三等分。

(3)构建小三角形:在每条边的中间部分,构建一个等边三角形,底边与原边重合。这个小三角形的顶点将会向外突出,形成一种类似雪花的形状。

(4)重复过程:对新生成的每条边(包括刚才加上去的小三角形的边)重复上述步骤。每次迭代都将边分割成三段,并在每段的中间部分插入一个小等边三角形。

(5)无限迭代:在实际绘制中,我们通常只进行有限次数的迭代,但理论上,Koch 雪花的构造是无限的。每次迭代都使得形状变得更加复杂,边缘变得更加“毛糙”。

通过这些步骤,Koch 雪花的边缘将变得越来越复杂,形成一种具有无限细节的分形图形。随着迭代次数的增加,雪花的边缘长度将无限增长,而其总面积会趋近于一个有限值。

2.2.4　随机 Koch 曲线

随机 Koch 曲线是 Koch 曲线的一个变种,如图 2.2.2 所示。它结合了 Koch 曲线的基础构造原理与随机过程,从而引入了随机性,使得其结构具有更多的变化和复杂性。为了理解随机 Koch 曲线,我们首先需要了解 Koch 曲线的基本构造,然后引入随机性的元素来探讨其如何改变最终形态。

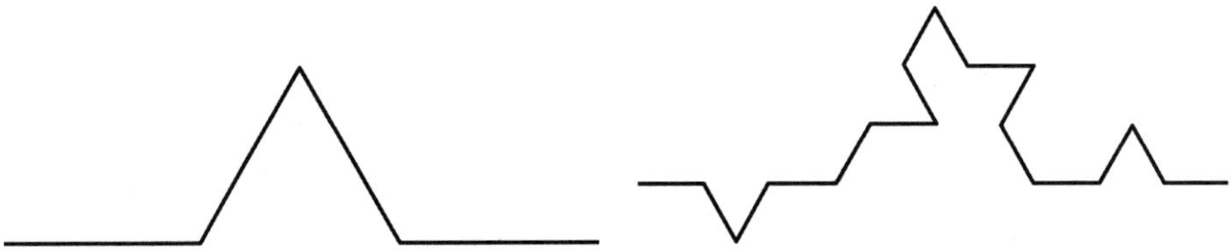

(a)　　(b)

图 2.2.2　随机 Koch 曲线

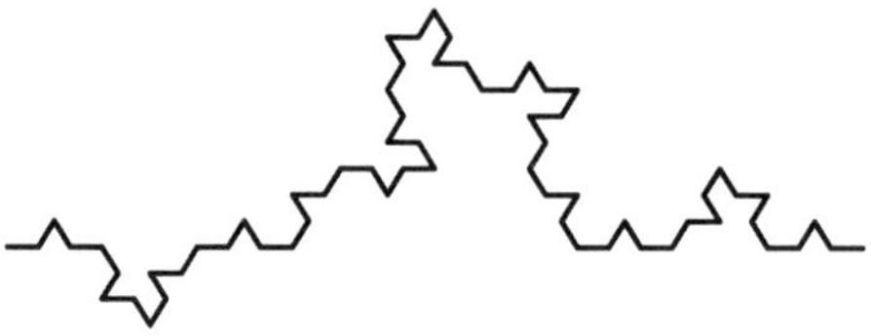

(c)

图 2.2.2(续)

随机 Koch 曲线在基本 Koch 曲线的构造上引入了随机因素。以下是随机 Koch 曲线的基本构造步骤。

(1)起始线段:与 Koch 曲线相同,从一条直线段开始。

(2)分割线段:将这条线段等分为三部分,与 Koch 曲线一样,但在分割过程中引入随机性。

(3)随机三角形:在每段的中间部分上建一个随机形状的三角形。具体而言,这个三角形的顶点位置是随机确定的。与 Koch 曲线不同的是,随机 Koch 曲线中三角形的高度、底边的长度和方向都会有所变化。

(4)替换线段:用这个随机形状的三角形的两个边替换掉原线段的中间部分。

(5)重复过程:对得到的每一段线段重复上述步骤。由于每次迭代中三角形的形状是随机的,因此每次迭代生成的线段也会有所不同。

随机 Koch 曲线的特性:

(1)变化性:随机 Koch 曲线由于引入了随机性,因此每次生成的曲线都会有所不同。这种变化性使得每条随机 Koch 曲线都具有独特的外观,没有两个完全相同的随机 Koch 曲线。

(2)自相似性:尽管是随机的,但随机 Koch 曲线依然具有某种程度的自相似性。即使每一部分的形状是随机生成的,它们在整体上仍表现出类似的细节特征和分形属性。

(3)复杂性:随着迭代次数的增加,随机 Koch 曲线的复杂性也会增加。不同于确定性 Koch 曲线的规则性,随机 Koch 曲线在每次迭代中都可能生成新的复杂结构,使得其边界更加复杂且不规则。

(4)统计特性:随机 Koch 曲线的统计特性可以通过对多个随机 Koch 曲线的集合进行分析来研究。例如,可以统计不同曲线段长度的分布或研究曲线的边界粗糙度等。

2.2.5 四次 Koch 曲线

另外,还可以将 Koch 曲线的构造方法加以推广,改变等分数目。例如,将一条欧式长度为 L_0 的线段进行四等分,保留两端的两个小段,而中间的两段改成一个向上、另一个向下的小段,使其和原来的两小段构成两个小正方形,将上述操作重复下去,得到一条具有相似结构的折线,常称为四次 Koch 曲线(图 2.2.3),这样四等分之后,当 $k=1$ 时,E_1 的长度为 8 个 $L_0/4$ 的小线段的长度。

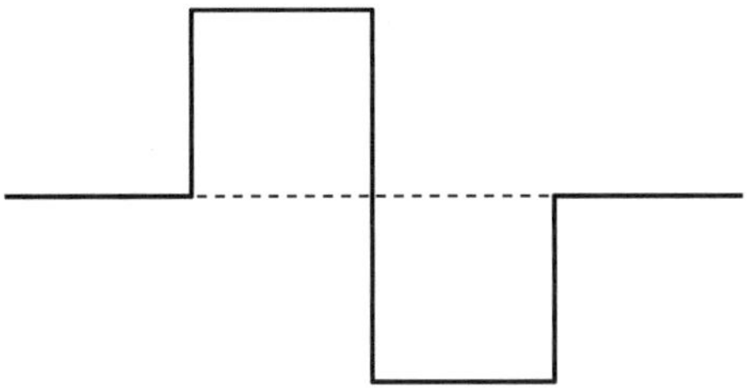

图 2.2.3　四次 Koch 曲线

2.3　Sierpinski 垫片

2.3.1　Sierpinski 三角形

Sierpinski 三角形(Sierpiński triangle),也被称为 Sierpinski gasket,是一种著名的分形图形,由波兰数学家 Wacław Sierpiński 于 1915 年首次描述。这种图形因其自相似的特性以及在分形几何中的重要性而受到广泛关注。Sierpinski 三角形不仅在数学领域具有重要意义,而且在计算机图形学、艺术和自然科学等多个领域也有广泛应用。

Sierpinski 三角形的基本构造方法是递归的。其基本形状是一个等边三角形。构造过程如下:

(1)初始形状:开始时,选择 1 个等边三角形作为初始形状。

(2)分割与去除:将这个等边三角形分割为 4 个更小的等边三角形(通过在三角形的每一边的中点连线),然后去掉中央的那个小三角形。

(3)递归应用:对剩余的 3 个小三角形重复上述步骤。每个小三角形都进行相同的分割和去除操作。

这种递归过程会不断进行,形成一个自相似的分形图形。每次递归会在原来的基础上增加复杂性,并且在每一层递归中,图形的细节会不断增加。

Sierpinski 三角形具有明显的自相似性,即图形的每一个部分都与整体在结构上相似,如图 2.3.1 所示。这种自相似性使得 Sierpinski 三角形在不同的尺度下都呈现出类似的形状。这种特性是分形几何中的重要概念,也使得 Sierpinski 三角形成为分形几何研究的经典例子。

Sierpinski 三角形在数学上具有一些有趣的特性:

(1)面积。虽然 Sierpinski 三角形的面积随着递归的进行会逐渐减少,但在理论上,经过无限次递归后,图形的总面积会收敛到一个有限值。具体来说,当递归次数趋于无限时,Sierpinski 三角形的面积趋近于初始三角形面积的部分比例。

(2)周长。虽然每次递归过程中去除的部分逐渐增加,但图形的周长却会趋于无限。

(3)分形维数。Sierpinski 三角形的分形维数是一个非整数的值,反映了它的自相似和复杂性。

Sierpinski 三角形的分形维数可以通过公式计算：

$$D=\log(3)/\log(2)$$

式中，(3)是每个递归步骤中生成的自相似部分的数量，(2)是每次递归中所用的尺度因子。

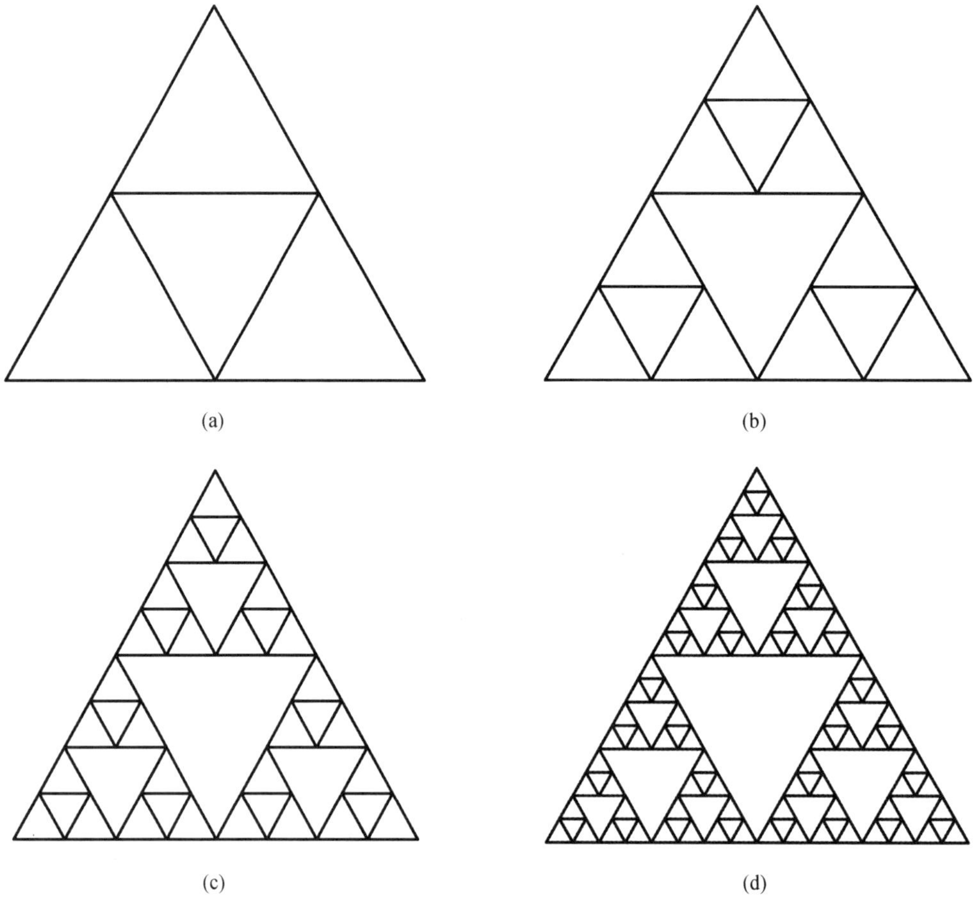

图 2.3.1　Sierpinski 三角形

2.3.2　Sierpinski 地毯

Sierpinski 地毯(Sierpinski carpet)是一个经典的分形几何图形，由波兰数学家 Wacław Sierpinski 在 1916 年提出，如图 2.3.2 所示。它是 Sierpinski 集合的一种变体，与 Sierpinski 三角形类似，但在结构和形态上有显著不同。Sierpinski 地毯的生成方法简单而富有启发性，展示了数学中递归和自相似性的重要概念。Sierpinski 地毯是通过重复填充和去除正方形来构造的。它是一个二维的分形，最初从一个正方形开始，通过一系列递归步骤生成。每一步的递归都涉及将当前的正方形分割成更小的正方形，然后从中去除某些部分。这个过程在数学上定义了一个无限自相似的结构，即每个部分都与整体在形状上相似，具有相同的分形维数。

生成 Sierpinski 地毯的过程可以通过以下步骤描述。

（1）初始正方形：从一个正方形开始。这个正方形可以是任意大小，但通常是标准的单位正方形。

（2）分割：将正方形分成 9 个相等的小正方形。具体来说，将正方形的每条边三等分，从而形成 9 个边长为原正方形三分之一的小正方形。

（3）去除中心小正方形：从 9 个小正方形中去除中间的那个小正方形。这个中间的小正方形的去除在每一步中都被执行，形成一个由剩余的 8 个小正方形组成的图案。

（4）递归：对剩余的 8 个小正方形重复上述步骤。每个小正方形都会被分割，并且中心的小正方形都会被去除。这个过程在每个剩余的小正方形中递归进行，直到达到预定的递归深度或者满足其他终止条件（如图形的大小限制）。

Sierpinski 地毯特性：

（1）自相似性：Sierpinski 地毯是自相似的，这意味着它的不同部分在不同的尺度下看起来是相似的。具体来说，Sierpinski 地毯可以被看作多个缩小版的自身的组合。这种自相似性是分形图形的一个基本特征。

（2）Sierpinski 地毯分形维数：Sierpinski 地毯的分形维数是非整数的，反映了它在二维空间中的复杂性。可以用公式计算为 $\log_3 8 \approx 1.892\ 8$，介于 1 和 2 之间。

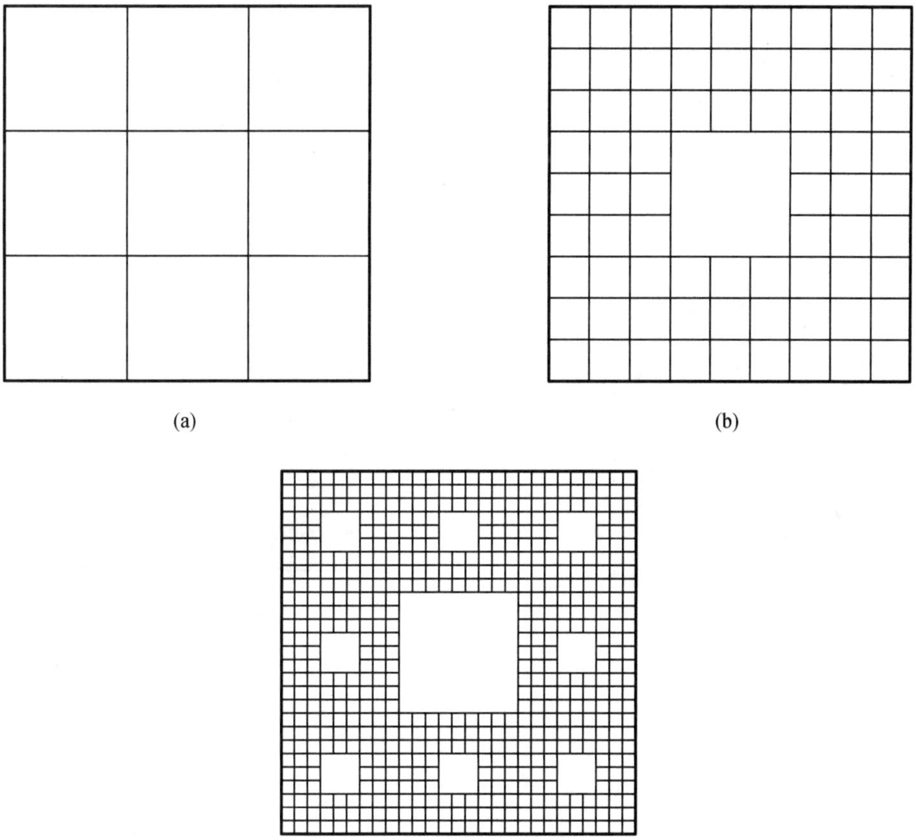

(a)　(b)

(c)

图 2.3.2　Sierpinski 地毯

2.3.3 Sierpinski 海绵

Sierpinski 海绵(Sierpinski sponge)也称为 Menger 海绵,是一种三维分形结构,它是 Sierpinski 几何的三维扩展,如图 2.3.3 所示。它的构造过程类似于 Sierpinski 三角形和 Sierpinski 地毯,但在三维空间中表现出更复杂的自相似性。Sierpinski 海绵最初由数学家 Karl Menger 在 1926 年引入,其独特的结构和性质使其成为分形几何中一个重要的研究对象。

Sierpinski 海绵是通过一种递归的删除过程来构造的,类似于 Sierpinski 地毯在二维空间中的构造过程。其基本的构造过程如下:

(1)初始立方体:从一个单位立方体开始,这个立方体可以是任意大小,但通常取为边长为 1 的标准立方体。

(2)分割:将这个立方体分成 27 个相等的小立方体,类似于在三维空间中将一个正方形分成 9 个小正方形。在这个过程中,每个边被三等分,从而形成一个 3×3×3 的立方体网格。

(3)去除中间立方体:从这 27 个小立方体中,去除中间的 9 个小立方体,这包括中央的小立方体以及每个面上中央的小立方体(共 9 个)。这样,剩下的立方体组成了一个类似"海绵"的结构。

(4)递归:对于剩余的每一个小立方体,重复上述分割和去除过程。每个小立方体都会被进一步分割成 27 个更小的立方体,然后去除这些小立方体的中间部分。这个过程可以无限递归,直到达到所需的递归深度或满足其他停止条件。

(a)

(b)

图 2.3.3 Sierpinski 海绵

Sierpinski 海绵具有以下结构特点。

(1)自相似性:Sierpinski 海绵具有自相似性。这意味着,无论你放大哪个部分,都会发现它与整体结构在形状上相似。每个去除后的部分都具有与整体相似的结构特征。

(2)分形维数:Sierpinski 海绵的分形维数介于 2 和 3 之间。

Sierpinski 海绵的分形维数 D 可以通过以下公式计算:

$$D=\log 20/\log 3\approx 2.726$$

式中,20 是每次递归中剩余的立方体数量;3 是每个立方体被分割的次数。

(3)体积和表面积:在递归过程中,Sierpinski 海绵的体积逐渐趋近于零,但其表面积则不断增加。每一步中去除的部分使得总体积减小,而每个分割后的表面增加了大量的额外表面积。这种特性使得 Sierpinski 海绵在理论和实际应用中都具有特殊的意义。

2.4 L 系统与 Peano 曲线

2.4.1 L 系统

L 系统(Lindenmayer 系统)是一种描述植物生长和分形结构的方法,由匈牙利生物学家、数学家和计算机科学家 Alan Turing 的学生 Arthur Lindenmayer 在 1968 年提出。L 系统是描述自相似结构的代数系统,它通过一系列规则来生成图形,这些规则可以用来模拟自然界中的植物形态,也可以用来生成抽象的分形图案。

L 系统是一种形式文法系统,用于生成和描述复杂的图形和形态。它的主要组成部分包括字母表、公理和重写规则。这些组成部分共同定义了 L 系统的结构和生成过程。

(1)字母表(alphabet)

字母表是 L 系统中使用的符号集合。它包含所有可能的符号,这些符号用于生成图形和形态。字母表中的符号可以是表示不同形状、动作或状态的字符。例如,在模拟植物生长的 L 系统中,字母表可能包括以下符号:

A 表示一种植物的结构部分,如枝条。

B 表示另一种植物的结构部分,如叶子。

+表示角度的增加。

-表示角度的减少。

字母表中的符号可以用来生成和描述不同的结构和模式。根据字母表的不同,L 系统可以用于建模各种类型的图形和形态。

(2)公理(axiom)

公理是 L 系统的起始状态或初始字符串。它定义了系统的初始形态,并作为后续迭代的基础。公理通常是字母表中某些符号的组合,用于表示初始的结构。例如,公理 A 可以表示一个基本的植物结构,从这个基本结构开始,L 系统将应用重写规则生成更复杂的形态。

(3)重写规则(production rules)

重写规则定义了如何将字母表中的符号替换成其他符号或字符串。每条规则都指定了一个替换操作,用于描述如何从当前的符号生成新的符号。例如,以下是一些可能的重写规则：

A→AB：将符号 A 替换为 AB。

B→A：将符号 B 替换为 A。

这些规则决定了 L 系统的递归生成过程。每次迭代过程，L 系统都将根据重写规则对当前字符串进行替换，从而生成新的字符串。

（4）迭代过程（iteration process）

L 系统的生成过程是递归的，即通过不断应用重写规则来生成新的形态。迭代过程如下。

①初始字符串：从公理开始，生成初始的字符串。例如，公理 A 表示系统的起始状态。

②应用规则：根据重写规则对当前字符串进行替换。例如，应用规则 A→AB，将字符串 A 替换为 AB。

③生成新字符串：得到新的字符串，并作为下一次迭代的基础。

④重复迭代：继续应用重写规则，对新字符串进行进一步替换。经过多次迭代，L 系统能够生成越来越复杂的形态。

L 系统的工作原理如下。

①迭代：从初始字符串开始，按照语法和生成规则进行迭代，每次迭代都会生成一个新的字符串。

②绘图：将每个字符转换成图形元素，并根据轴向量调整方向。

③重复：重复迭代和绘图过程，直到达到预定的迭代次数或达到一个终止条件。

除了经典的 L 系统，还有许多变种和扩展被提出，这些变种具有不同的特性和应用。

（1）随机 L 系统

随机 L 系统（Stochastic L-Systems）在经典 L 系统的基础上引入了随机性。在随机 L 系统中，重写规则的应用是随机选择的，而不是确定性的。这种随机性使得生成的图形具有更多的变化和不确定性。例如，在模拟植物的生长过程中，随机 L 系统能够生成具有不同形态的植物结构。

（2）上下文相关 L 系统

上下文相关 L 系统（Context-Sensitive L-Systems）是引入上下文信息的变种。在上下文相关 L 系统中，符号的替换不仅依赖于自身，还依赖于其周围的符号。例如，某个符号可能在特定上下文中被替换成不同的符号。这种上下文依赖性使得生成的图形能够更好地模拟复杂的自然结构和相互作用。

（3）结构化 L 系统

结构化 L 系统（Structured L-Systems）是针对特定结构进行优化和扩展的变种。例如，可以将 L 系统应用于三维空间，生成三维的分形结构。这些结构化 L 系统涉及更复杂的建模和计算问题，能够生成更多样化的形态。例如，三维的 Sierpinski 塔是通过结构化 L 系统生成的三维分形。

2.4.2 Peano 曲线

Peano 曲线是由意大利数学家朱塞佩·皮亚诺(Giuseppe Peano)于 1890 年提出的一种分形曲线。Peano 曲线的概念源于对空间填充曲线的研究。在 19 世纪末,数学家们开始研究如何用一条连续的曲线来填充一个多维空间区域。Giuseppe Peano 提出的曲线是第一个被证明能够填充二维空间的曲线。Peano 曲线是空间填充曲线的早期例子,后来还出现了其他类型的空间填充曲线,如 Hilbert 曲线和 Sierpinski 曲线等。Peano 曲线是数学和计算机科学中非常重要的概念,特别是在研究连续函数、分形几何和计算机图形学中应用较为广泛。

Peano 曲线是一种通过递归迭代构造的曲线,如图 2.4.1 所示。它的主要特点是可以覆盖整个二维空间,任何给定的区域都可以在足够高的迭代级别下被这条曲线覆盖。

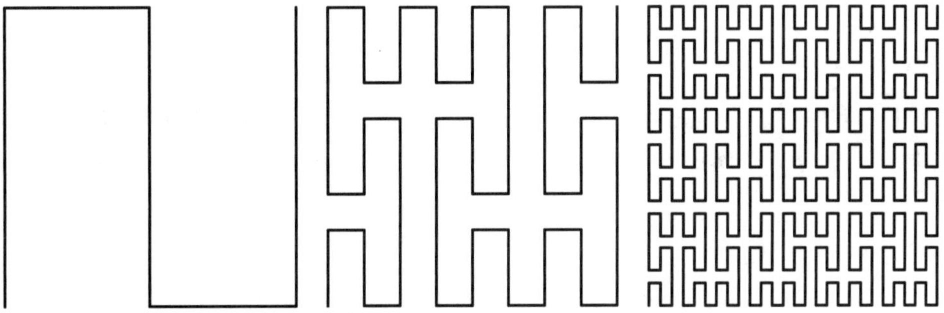

(a) (b) (c)

图 2.4.1 Peano 曲线

以下是 Peano 曲线的基本构造方法:

(1)初始构造(第一级):Peano 曲线的初始形状是一条简单的 S 形曲线。这个 S 形曲线在二维平面上覆盖了一个 3×3 的正方形的中心部分。

(2)递归步骤:在每一递归步骤中,将每个 S 形曲线的部分替换为更小的 S 形曲线,从而使曲线的复杂度逐步增加。每次迭代都会把每个曲线段替换成一个更复杂的曲线,使得最终的曲线能够覆盖更大的区域。

(3)迭代过程:Peano 曲线的迭代过程是一个递归过程,通过不断地细分和替换曲线段来构造更加复杂的曲线。每个细分的 S 形曲线都包含更多的细节,最终形成一个连续的曲线,能够在平面上填充所有的点。

Peano 曲线的性质如下。

(1)空间填充。Peano 曲线的一个重要性质是它能够完全填充一个二维平面。随着递归级别的增加,这条曲线将覆盖整个正方形区域的所有点。

(2)连续性。Peano 曲线是连续的曲线,即在其定义域内没有中断。尽管曲线非常复杂,但它是一个连续的函数,能够在平面上无缝地填充区域。

(3)自相似性。Peano 曲线具有自相似性,即它在不同的尺度下具有相似的结构。每个小的 S 形曲线在整体曲线中都有类似的形状和模式。

2.5 复杂分形图形模拟

2.5.1 字符串替换模拟法

字符串替换模拟法(string replacement method)是一种用于生成分形图形和模拟自然现象的算法。这种方法基于递归的字符串替换规则,通过对字符串的逐步替换生成复杂的结构。它广泛应用于生成L系统和一些分形图形,如科赫曲线和谢尔宾斯基三角形。

字符串替换模拟法的核心思想是通过定义一个初始字符串(也称为公设或公理)和一组替换规则,递归地将字符串中的字符替换为新的字符串,从而生成复杂的图形。以下是这一方法的基本步骤。

(1)确定初始字符串

初始字符串(公理)是生成过程的起点,通常选择一个简单的字符串作为初始状态。例如,在构造一个分形图案时,可以选择 F 作为初始字符串,其中 F 表示一个基本的分形单位。

(2)定义替换规则

替换规则定义了如何将初始字符串中的符号替换为其他符号或字符串。规则可以根据需要进行设计,通常包含以下几种类型。

简单替换:将一个符号替换为一个新的符号或字符串。例如,F→F+F-F-F+F。

条件替换:根据上下文或条件进行替换。例如,仅在符号周围有特定的符号时才进行替换。

随机替换:在替换过程中引入随机性,使生成的字符串具有更多变化。例如,F→F+F-F 或 F→F-F+F,根据随机选择的规则进行替换。

(3)进行迭代

迭代过程是字符串替换模拟法的核心。每次迭代都应用替换规则,对当前字符串进行替换。迭代过程如下。

初始迭代:从初始字符串开始,应用替换规则生成新的字符串。

后续迭代:将新生成的字符串作为下一次迭代的基础,继续应用替换规则生成更复杂的字符串。

重复迭代:不断重复迭代过程,直至达到预定的迭代次数或生成的字符串满足某些条件。

2.5.2 迭代函数系统(IFS)模拟法

迭代函数系统(iterated function system,IFS)是一种强大的数学工具,用于生成具有自相似性的分形图形。IFS 通过一组递归应用的函数来构造复杂的几何图形,这些图形在不同的尺度下呈现相似的结构。IFS 在分形几何、图像处理、计算机图形学等领域中有广泛的应用。以下将详细描述 IFS 的基本概念、构造方法、性质及其应用。

迭代函数系统是通过应用一组变换函数迭代生成图形的过程。核心思想是将一个简单的图形通过一系列变换(如缩放、旋转、平移)逐步生成复杂的结构。每个变换函数都是将空间中的点映射到另一个点的函数,IFS 通过不断迭代这些变换函数来创建分形图形。IFS 生成的分形图形具有自相似性,这意味着图形在不同的尺度下呈现相似的结构,如图 2.5.1 所示。自相似性是分形图形的一个重要特征。IFS 的基本目标是找到一组变换函数,使得这些函数的迭代可以生成具有自相似性的复杂图形。在 IFS 中,图形的生成是通过一组缩放、旋转和平移的仿射变换函数来完成的。

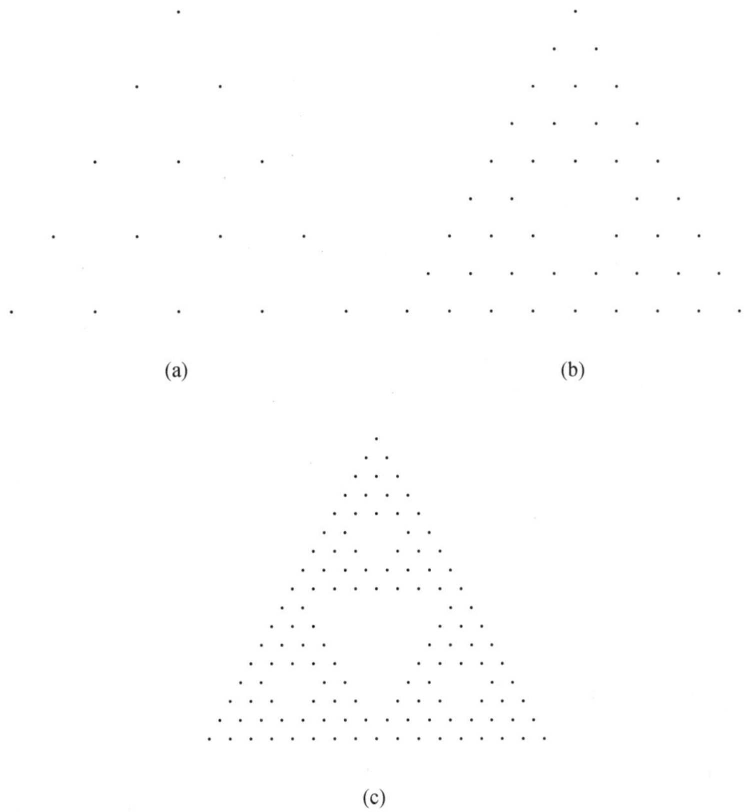

图 2.5.1　迭代函数系统模拟法

构造 IFS 涉及几个关键步骤:选择变换函数、设置初始图形、选择迭代算法。以下是详细的构造过程。

(1)选择变换函数是构造 IFS 的第一步。变换函数的选择决定了生成的分形图形的结构和特性。常见的变换函数包括:缩放变换——改变图形的大小;旋转变换——绕某一点旋转图形;平移变换——将图形在空间中移动。

(2)初始图形通常是一个简单的几何形状,例如一个单位正方形、单位圆或其他简单图形。选择初始图形对 IFS 的结果有一定影响,但最终生成的图形将是由变换函数决定的。

(3)选择迭代算法,IFS 的核心是通过迭代变换函数生成图形。常见的迭代算法包括随机选择法和加权选择法。随机选择法:每次迭代随机选择一个变换函数,并应用于当前图形。这种方法可以生成更复杂的分形图形,例如 Sierpinski 三角形和 Fern 图案。加权选择法:根据每个变换函数的权重进行选择,使得某些变换函数被选择的概率更高。这种方法可以更精确地控制生成的图形。

IFS 生成的图形具有一些独特的性质,使其在分形几何和图像处理中的应用非常广泛。

(1)分形维数:IFS 生成的分形图形通常具有非整数的维数,称为分形维数。分形维数描述了图形的复杂程度,反映了图形在不同尺度下的自相似性。可以通过分形维数的计算来量化图形的复杂性。

(2)自相似性:IFS 生成的图形在不同的尺度下具有自相似性,即图形的局部结构与整体结构相似。这种自相似性使得 IFS 成为生成复杂分形图形的有效工具。

(3)稳定性:IFS 生成的分形图形具有稳定性,即无论初始图形和变换函数的选择如何,经过足够的迭代,生成的图形都会趋向于一个稳定的分形结构。这种稳定性是 IFS 的一个重要特性,使其在生成分形图形时具有一致的结果。

IFS 在多个领域中具有广泛的应用,以下是一些主要应用领域。

(1)IFS 可以用于图像压缩和图像恢复。通过将图像表示为一组变换函数,IFS 能够有效地压缩图像数据,并在需要时恢复图像。IFS 图像压缩技术利用图像的自相似性来减少存储和传输的数据量。

(2)在计算机图形学中,IFS 用于生成复杂的分形图形和自然景观。例如,IFS 可以用于生成植物的分形图案、地形图案和纹理图案。IFS 的分形特性使得生成的图形具有自然的复杂性和细节。

(3)IFS 用于模拟自然界中的生物结构,如植物的分枝结构、树木的生长模式等。通过使用 IFS 生成的分形图形,可以更真实地模拟自然界中的生物形态。

(4)在数学研究中,IFS 用于探索和研究分形几何的性质。通过研究 IFS 生成的分形图形,可以更好地理解分形几何的基本理论和性质。

2.5.3 Mandelbrot 集和 Julia 集模拟法

Mandelbrot 集是分形几何中的一个经典例子,它是由法国数学家曼德勃罗特在 20 世纪 70 年代发现的一种复杂的几何图形。Mandelbrot 集具有无穷无尽的细节和自相似性,是数学、艺术和计算机科学领域的研究热点。在 20 世纪 80 年代,计算机图形技术的进步使得 Mandelbrot 集的可视化成为可能。通过计算机生成 Mandelbrot 集的图像,人们可以直观地观察到其复杂的结构和无穷的细节。这一发现极大地促进了分形几何的研究,并在科学和艺术界产生了广泛的影响。

Mandelbrot 集是由复数平面上的点集组成的,这些点满足以下条件:对于复数平面上的每一个点 c,从初始值 $z=0$ 开始,按照迭代公式 $Z_{n+1}=Z_{n^2}+c$,当 n 趋于无穷大时,序列 Z_n 的模不会发散到无穷大。换句话说,如果一个复数 c 属于 Mandelbrot 集,那么迭代公式产生的序列 Z_n 将始终处于有限的范围内。

Mandelbrot 集的几何形状非常独特,具有自相似性和无穷的细节。在复平面上,它呈现出一个大致的心形轮廓,其中包含许多复杂的边界和细节。这个图形的边界非常复杂且具有自相似性,即在不同的尺度下看起来非常相似,如图 2. 5. 2 所示。这种特性使得 Mandelbrot 集具有无限的细节。

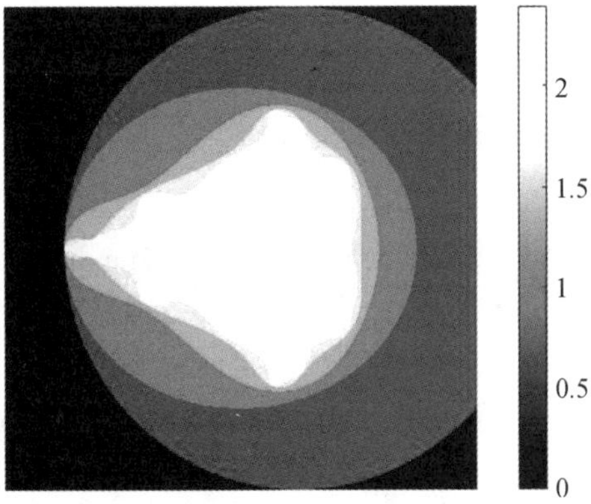

(a)

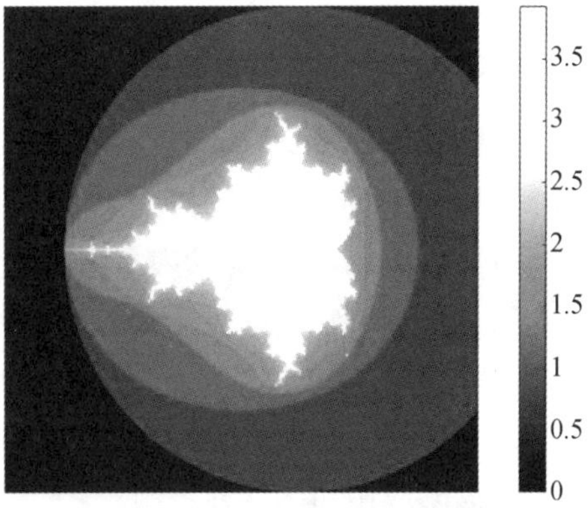

(b)

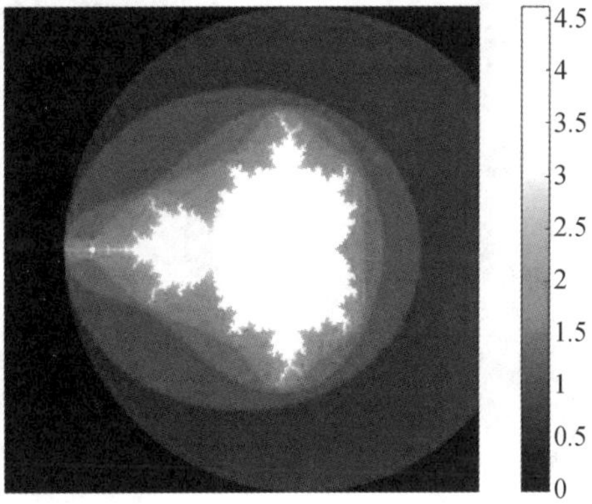

(c)

图 2. 5. 2　Mandelbrot 集

Mandelbrot 集具有以下性质。

(1)自相似性:Mandelbrot 集具有高度的自相似性,即在 Mandelbrot 集的任意尺度下,都能找到与整体相似的图形结构。这种自相似性是分形几何的基本特征。

(2)边缘无限复杂:Mandelbrot 集的边缘呈现出无限复杂的结构,复杂性体现在其边缘的精细程度和丰富的层次感。无论放大多少倍,都能看到新的细节。这种复杂的边界在数学上被称为"非解析边界",其复杂程度在实际绘制中体现为无尽的细节。

(3)面积有限:虽然 Mandelbrot 集的边缘无限复杂,但其总体面积是有限的。根据计算,Mandelbrot 集的面积约为 1. 506 591 88。

(4)单连通性:Mandelbrot 集是一个单连通区域,即在这个区域内,任意两点之间都可以找到一条完全位于该区域内的路径。

Mandelbrot 集的结构如下：

(1)主 cardioid：Mandelbrot 集中心最大的区域形似心形，称为主 cardioid。主 cardioid 内部的所有点都属于 Mandelbrot 集。

(2)bulbs：在主 cardioid 周围，分布着许多大小不一的“气泡”，称为 bulbs。这些 bulbs 也是 Mandelbrot 集的一部分。

(3)骨架：Mandelbrot 集的边缘呈现出一种骨架结构，这种结构在放大过程中不断分支，形成更加复杂的图案。

(4)外部区域：Mandelbrot 集的外部区域同样具有丰富的结构，如螺旋状、圆环状等。这些区域不属于 Mandelbrot 集，但它们与 Mandelbrot 集的边缘密切相关。

Julia 集(Julia set)是复动力系统中一个非常有趣且美丽的分形集合，它与 Mandelbrot 集紧密相关。Julia 集可以通过模拟法来生成，这种方法涉及复数的迭代过程，能够产生丰富多样的分形图案，如图 2.5.3 所示。Julia 集是复杂动力系统中的一个重要概念，由法国数学家 Gaston Julia 在 20 世纪初提出。Julia 集在分形几何、复分析以及计算机图形学等领域中具有广泛的应用和深远的影响。

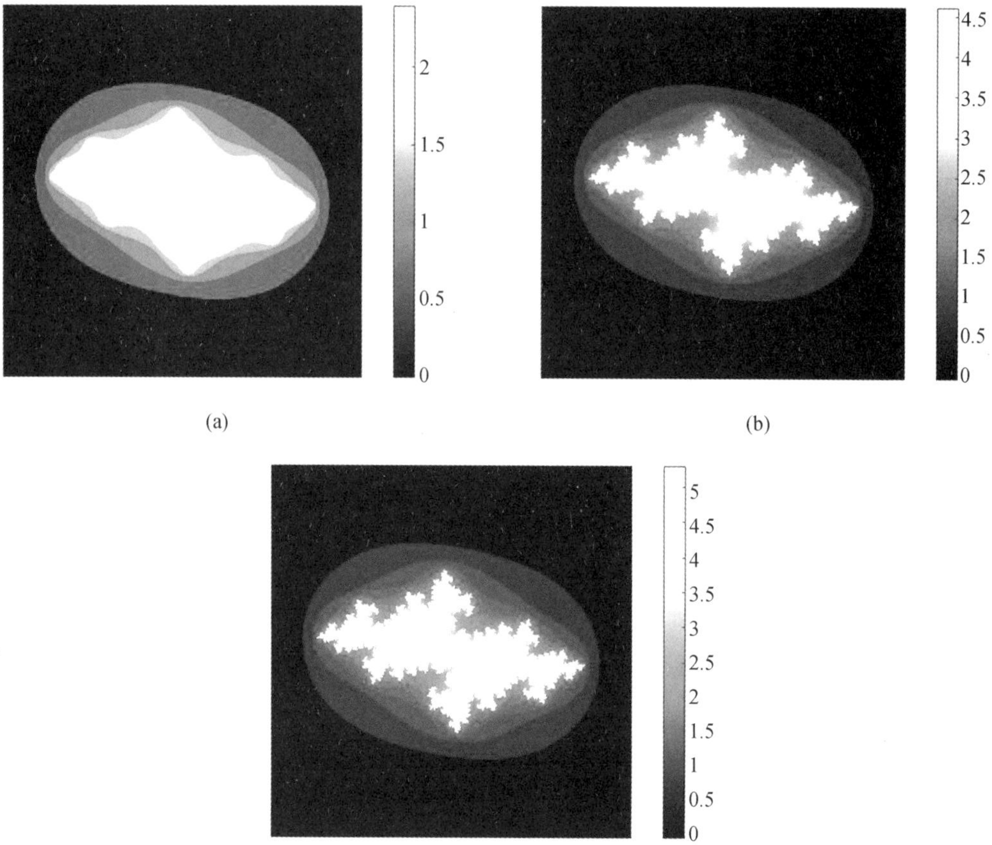

(a) (b) (c)

图 2.5.3 Julia 集

Julia 集是由复数平面上的点集组成的，这些点集对应于某个复数映射的迭代行为。对于给定的复数映射 $f(z)=z^2+c$，其中 z 和 c 都是复数，Julia 集定义为那些在迭代过程中保持有界性的复数 z 的集合。换句话说，如果一个复数 z 在迭代 $f(z)$ 的过程中永远不会发散到无穷大，那么它就属于 Julia 集。

Julia 集的模拟法通常涉及以下步骤：

(1) 选择一个固定的复数 c 作为迭代映射的参数。

(2) 在复数平面上选择一个点 z 作为迭代的初始值。

(3) 重复应用映射 $f(z)=z^2+c$ 到 z 上，观察 z 的行为。

以下是 Julia 集详细的模拟过程：

(1) 初始化。确定复数平面的大小和分辨率。选择一个复数 c 作为 Julia 集的参数。c 的不同值会产生不同的 Julia 集图案。为复数平面上的每个点 z 分配一个初始颜色或标记。

(2) 迭代过程。对于复数平面上的每个点 z，从 z 开始迭代。应用映射 $f(z)=z^2+c$ 到 z 上，得到新的值 z'。检查 z' 的模是否超过预设的逃逸半径（通常设为 2）。如果超过，则认为 z 不属于 Julia 集，停止对该点的迭代。如果 z' 的模未超过逃逸半径，则继续迭代，更新 z 为 z'。记录迭代次数，用于后续的颜色映射。

(3) 颜色映射。对于每个点 z，根据其迭代次数来分配颜色。通常，迭代次数越多，颜色越深；迭代次数越少，颜色越浅。如果 z 在达到最大迭代次数后仍未逃逸，则认为 z 属于 Julia 集，可以将其标记为黑色或其他颜色。

(4) 渲染图像：将复数平面上的每个点根据其迭代结果和颜色映射渲染到图像上。调整图像的对比度和亮度，以增强视觉效果。

Julia 集的变体和扩展：

(1) 参数空间。除了基本的 $f(z)=z^2+c$ 外，还可以考虑其他类型的复函数，如 $f(z)=z^2+c^2$ 或 $f(z)=z^3+c$，这些函数生成的 Julia 集具有不同的结构和特征。

(2) 多重分形。对 Julia 集进行多重分形分析可以揭示其更深层次的结构。多重分形理论帮助描述不同层次的自相似性和复杂性。

(3) 动态系统的结合。结合其他类型的动态系统（如混沌映射）可以生成更复杂的分形图案，进而探索更多的数学和图形学问题。

2.5.4　DLA 分形生长模拟法

许多自然界的物体都以分叉形状生长，生长过程中不断地分叉并长起更小的分支，例如树木、根系、海草等植物都呈现分叉形状，水注入黏性液体形成的黏性指状物也有分叉的分形形式，硫酸铜溶液电解沉积时在阴极的铜也以分叉形式生长。受限扩散聚集模型（diffusion-limited aggregation，DLA）是分叉分形模拟的重要方法，它是由两位物理学家 T. A. Witten 和 L. M. Sander 于 1981 年提出的。DLA 模型在物理、化学、生物学等领域有着广泛的应用，如在晶体生长、胶体聚集、城市规划和生物组织中都可以观察到类似 DLA 的分形现象。

DLA 模型基于以下基本概念：

(1)粒子扩散。在DLA模拟中,粒子从一个随机的位置开始,进行随机扩散。每个粒子在二维或三维空间中以随机的方式移动,直到碰撞到现有的聚集体或固定的核心。这种扩散行为是随机的,但粒子的移动受限于周围介质的边界和已有结构的影响。

(2)聚集规则。粒子在扩散过程中会逐渐形成聚集体。每当粒子与现有的聚集体接触时,它就会附着在上面,成为聚集体的一部分。这种聚集过程是基于局部的随机性,粒子会在接触点固定下来,改变已有结构的形态。随着时间的推移,新的粒子会不断附着,导致聚集体逐渐增长,形成复杂的分形结构。

DLA分形生长模拟法的步骤如下:

(1)初始化。DLA模拟的初始步骤包括设置模拟环境和核心。通常,模拟环境是一个二维或三维网格,其中核心是一个固定的、已经形成的初始结构。核心可以是一个点或一个小的聚集体,作为模拟的起始点。

(2)粒子生成。在模拟过程中,生成新的粒子并将其置于随机位置。这些粒子将在模拟环境中进行扩散运动。粒子的生成和运动通常遵循以下步骤:

①生成粒子。在模拟环境中生成一个新的粒子,通常从随机位置开始。

②扩散运动。粒子在模拟环境中进行随机扩散。运动方向可以是上下左右(二维情况下)或三维空间中的任意方向。

③检测碰撞。粒子在扩散过程中检查与现有聚集体的碰撞情况。如果粒子接触到已有的聚集体,它将附着上去。

(3)粒子聚集。当粒子碰撞到核心或已有聚集体时,它将附着在上面,成为聚集体的一部分。附着的粒子改变了聚集体的形状,并且成为下一次扩散的基础。每次新粒子的附着都导致聚集体的形态发生变化,最终形成复杂的分形结构。

(4)迭代过程。DLA模拟是一个递归的过程。每次生成新粒子并进行扩散、聚集后,都会更新模拟环境中的聚集体结构。这个过程不断重复,直至达到预定的模拟时间或粒子数量为止。随着迭代的进行,聚集体逐渐形成一个具有复杂分形特征的图案。

DLA分形生长模拟法具有以下性质:

(1)自相似性。DLA分形结构具有自相似性,即在不同的尺度下展现出类似的结构。自相似性是分形的重要特征,体现为分形图案的不同部分在不同尺度下都有类似的形状和细节。DLA分形的自相似性使其能够生成具有高度复杂性的结构。

(2)维数。DLA分形通常具有分形维数,这是衡量分形复杂性的一种指标。分形维度是一个介于整数和非整数之间的值,描述了分形图案在不同尺度下的自相似性和复杂性。DLA分形的维度通常大于二维,但小于三维,具体值取决于模拟的参数和环境。

(3)动态行为。DLA分形的生成过程具有动态行为,即聚集体的形状和结构随着时间的推移不断变化。粒子的随机扩散和聚集行为导致了分形图案的动态演化,形成了具有高度复杂性的分形结构。

DLA模拟法的变体如下:

(1)扩散受限聚集(DLA)。标准的DLA模型中,粒子在遇到聚集体时停止行走并附着。

(2)反应受限聚集(RLA)。在 RLA 模型中,粒子的附着不仅取决于它们的位置,还取决于它们之间的相互作用。

(3)动力受限聚集(DLCA)。在 DLCA 模型中,粒子的行走受到邻近粒子的动力影响,这可能导致聚集体的形态和结构有所不同。

2.6　粗糙表面的分形模拟

在计算机技术发展的背景下,数值模拟技术日益成为摩擦学研究领域的关键工具。表面形貌的特性,包括其随机性较强、形成机制的复杂性以及受多因素影响的特性,使得对其进行定量分析主要依赖于事后的测量数据解析。实际上,在摩擦作用过程中,表面形貌持续经历变化,其形态的演变展现出时间上的瞬时性和空间上的离散性,这使得完整追踪和记录表面形貌在摩擦过程中的动态变化变得极为困难。伴随着摩擦学研究的深入,摩擦磨损行为的描述已逐步从定性分析转向定量描述,表面形貌的研究亦广泛采用计算机辅助的仿真模拟与解析方法,从而能够在摩擦作用发生之前对表面形貌的潜在演变进行预测,实现了事前分析的可能。同时,表面形貌的数值模拟技术构成了虚拟摩擦学研究领域的重要技术基石。

2.6.1　分形布朗函数模拟法

分形布朗运动(fractal Brown motion,fBm)是一种能够有效模拟具有分形特征的随机过程,由 Mandelbrot 和 VanNess 于 1968 年提出。fBm 模拟法在摩擦学研究中具有重要意义,可以帮助我们更好地理解和预测粗糙表面的摩擦磨损行为。

fBm 的核心特性是统计自相似性,这意味着 fBm 的任意部分在统计意义上与整体相似,具有尺度不变性。这种特性使得 fBm 能够很好地模拟自然界中许多具有分形特征的物体,例如海岸线、云朵、树冠等。

除了统计自相似性,fBm 还具有以下重要特性。

(1)非平稳过程。fBm 的均值和方差随时间变化,这意味着 fBm 在不同时间尺度上的行为可能不同。

(2)增量平稳性。fBm 的增量过程是平稳的,即增量过程的均值和方差与时间无关。这意味着 fBm 在相邻时间间隔内的变化具有相同的统计特性。

(3)功率谱密度。fBm 的功率谱密度呈幂律形式,即功率谱密度与频率的幂次成反比。这种特性决定了 fBm 在不同频率上的能量分布。

fBm 的行为由以下两个主要参数控制:

(1)赫斯特指数(H)。H 是 fBm 的关键参数,它决定了 fBm 的粗糙程度。H 越大,fBm 越平滑;H 越小,fBm 越粗糙。

(2)标准差(σ)。σ 表示 fBm 的局部形状起伏特征。σ 越大,fBm 的局部起伏越剧烈。

fBm 模拟法有多种实现方式,以下列举几种常用的方法:

泊松阶跃法(poisson-step function,PF)。以泊松分布的间隔在平面上进行高斯高程位移,最早用于地形模拟。PF 法简单易行,但生成的表面可能不够平滑。其公式为

$$X(t) = \sum_{i=-\infty}^{\infty} A_i P(t - t_i)$$

式中,A_i 为一个正态分布的随机变量;t_i 为服从泊松分布的时间。

中点位移法(middle point displacement,MPD)。对线段中点处的高程进行位移,然后递归进行,可合成任意分辨率表面。MPD 法用于表面模拟存在一个构网方式问题,现已提出的构网方式有三角形网、四边形网、钻石方块网、六角形网以及参数方块网,其中三角形网和参数方块网使用较多。MPD 法合成 fBm 的速度很快,实现非常容易,代码简单,可递归进行,可以合成任意分辨率表面形貌。MPD 法的主要问题是其合成的表面不严格满足 fBm 的增量平稳性,这一非平稳性在合成的图像上将产生较明显的皱褶痕迹。

逐次随机增加法(successive random additions,SRA)。为克服 MPD 法的皱褶问题,Voss 提出了逐次随机增加法。根据采样定理,当空间分辨率提高 2 倍时,增加的高频分量将改变所有的原始点值。而 MPD 法仅改变了中点值,因此导致了非平稳问题。逐次随机增加法(SRA)同样以中点细分递归技术进行插值,但需对所有的点增高程位移。

fBm 模拟法在摩擦学研究中有着广泛的应用,主要包括以下几个方面:

(1)表面形貌模拟。利用 fBm 模拟法可以生成具有不同分形维数和粗糙度的表面形貌模型,用于研究摩擦磨损行为。

(2)摩擦磨损预测。通过模拟不同摩擦副的表面形貌,可以预测其摩擦磨损行为,为摩擦学设计提供理论依据。

(3)摩擦学试验。fBm 模拟法可以用于设计摩擦学试验,例如模拟不同粗糙度的摩擦副,研究其摩擦磨损行为。

(4)摩擦学数值模拟。fBm 模拟法可以用于构建摩擦学数值模型,例如有限元模型和分子动力学模型,从而更准确地预测摩擦磨损行为。分形布朗函数模拟法模拟的轮廓曲线如图 2.6.1 所示。

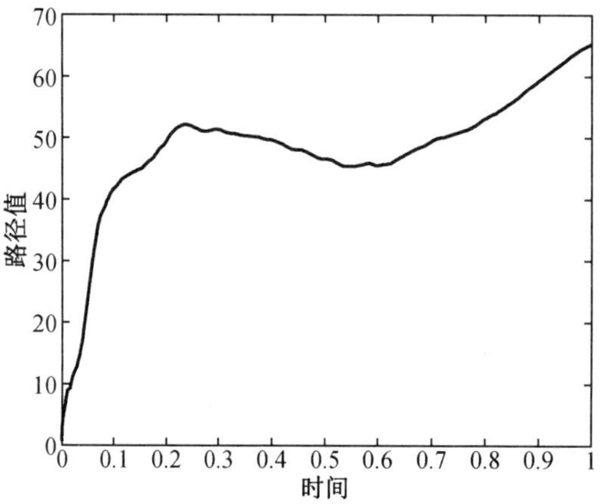

图 2.6.1 分形布朗函数模拟法模拟的轮廓曲线

fBm 模拟法具有以下优势：

(1)能够模拟具有分形特征的粗糙表面。fBm 模拟法能够生成具有不同分形维数和粗糙度的表面形貌模型，更贴近真实表面的特征。

(2)参数可控。fBm 模拟法可以通过调整赫斯特指数和标准差等参数，控制模拟表面的粗糙程度和形状。

(3)应用广泛。fBm 模拟法可以应用于摩擦学的各个方面，例如表面形貌模拟、摩擦磨损预测、摩擦学试验和数值模拟等。

2.6.2　逆傅里叶变换模拟法

逆傅里叶变换法(inverse fourier transformation，IFT)可以模拟表面轮廓和表面形貌。它模拟表面轮廓的步骤如下：生成一组{0,1}分布的高斯白噪声 h_k，$k=0,1,\cdots,N-1$，然后对其做傅里叶变换，得到傅里叶系数为

$$H_m = \sum_{k=0}^{N-1} h_k e^{\frac{2\pi ikm}{N}} \quad (m = 0,1,\cdots,N-1)$$

对傅里叶系数的实部和虚部进行修正，使其满足幂律关系，即

$$S(\omega)=c\omega^{-(5-2D)}$$

由此得修正后的傅里叶系数：

$$\begin{cases} \overline{H}_k = H_k[(k+1)\omega_L]^{-\frac{5-2D}{2}} \quad (0 \leqslant k < N/2) \\ \overline{H}_k = H_k\left[\left(k+1-\dfrac{N}{2}\right)\omega_L\right]^{-\frac{5-2D}{2}} \quad (N/2 \leqslant k \leqslant N) \end{cases}$$

最后，对修正的傅里叶系数做逆傅里叶变换，就得到一个模拟轮廓(图 2.6.2)。

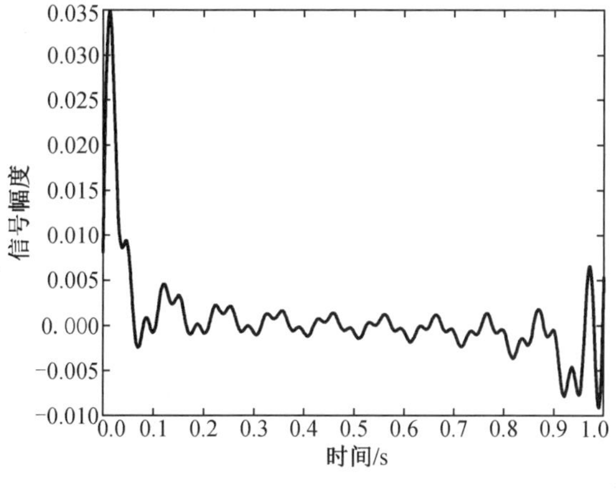

图 2.6.2　逆傅里叶变换法模拟曲线

模拟粗糙表面形貌的步骤如下：对二维高斯白噪声做傅里叶变换，使其功率谱密度满足幂律形式，对满足条件的 $S(\omega)$ 做逆傅里叶变换，即可得到 fBm 序列 $X(t)$。

IFT 方法的基本原理是将 fBm 的功率谱密度函数通过逆傅里叶变换转换为时域信号，

从而生成 fBm 序列。功率谱密度函数是描述随机过程功率在频率域分布的函数,它能够反映随机过程在不同频率上的能量分布。

IFT 方法模拟 fBm 的步骤如下。

(1)生成高斯白噪声序列。生成一组满足高斯分布且互不相关的随机数序列,作为 fBm 的初始信号。

(2)进行傅里叶变换。对高斯白噪声序列进行傅里叶变换,得到 fBm 的功率谱密度函数。

(3)修正功率谱密度函数。将功率谱密度函数修正为幂律形式,使其满足 fBm 的特征。

(4)进行逆傅里叶变换。对修正后的功率谱密度函数进行逆傅里叶变换,得到 fBm 序列。

IFT 方法具有以下优势。

(1)能够生成具有分形特征的粗糙表面。IFT 方法能够生成具有不同分形维数和粗糙度的表面形貌模型,更贴近真实表面的特征。

(2)参数可控。IFT 方法可以通过调整幂律指数和高斯白噪声序列的方差等参数,控制模拟表面的粗糙程度和形状。

(3)应用广泛。IFT 方法可以应用于摩擦学的各个方面,例如表面形貌模拟、摩擦磨损预测、摩擦学试验和数值模拟等。

IFT 方法需要进行傅里叶变换和逆傅里叶变换,计算量较大。IFT 方法需要预先确定 fBm 的幂律指数,这可能会影响模拟结果的准确性。IFT 方法难以模拟具有复杂结构的表面,例如具有裂纹、划痕等缺陷的表面。

2.6.3 W-M 函数模拟法

W-M(Weierstrass-Mandelbrot)函数模拟法是一种基于 W-M 函数的随机过程模拟方法,能够有效地生成具有分形特征的粗糙表面。W-M 函数模拟法在摩擦学研究中具有重要意义,可以帮助我们更好地理解和预测粗糙表面的摩擦磨损行为。

W-M 函数是一种具有连续性、处处不可微和自仿射等数学特性的分形函数。其原形为

$$X(t)=\sum_{n=N_{\min}}^{N_{\max}} A_n \lambda^{-nH} \sin(\lambda^n t+\varphi_n)$$

式中,A_n 是一个$\{0,1\}$的独立正态分布随机变量;φ_n是$[0,2\pi]$区间均匀分布的相位。

在一定的尺度变化范围 $N_{\min}\sim N_{\max}$ 内,W-M 法可通过预先设定的系数 A_n和 φ_n 生成 fBm 曲面。W-M 法生成的图像是由预定系数计算的,因此比较容易控制产生图像的边界,表面的分辨率可通过累加分量数调节。

Mandelbrot 根据上式的形式构造出一个分形函数,它满足连续性、处处不可微和自仿射等数学特性,该函数称为 W-M 函数,它的原形是

$$W(x)=\sum_{n=-\infty}^{\infty}\frac{(1-e^{ib^n x})e^{i\varnothing_n}}{b^{(2-D)n}}$$

式中，$\varnothing_n$ 是复数的任意相位。

取式的实部，并且设相位为 0，就得到分形余弦函数，即现在常用于表面轮廓模拟的 W-M 函数，其表达式为

$$z(x)=A^{D-1}\sum_{\omega=\omega_L}^{\omega_U}\frac{\cos(2\pi\omega x)}{\omega^{(2-D)}}(1<D<2,\gamma>1)$$

式中　$z(x)$——轮廓高度；

x——轮廓测量坐标；

A——特征尺度系数；

D——分形维数；

ω_L 和 ω_U——轮廓的截断低频和高频上限。

$\omega=b^n$，b 是大于 1 的常数，一般取 $b=1.5$。

ω_L 是与表面轮廓最低阶段频率相对应的起始频率，它与轮廓采样长度 L 有关，由下式确定：

$$\omega_L=\frac{1}{L}$$

高频上限为

$$\omega_U=\frac{1}{2\delta}$$

式中　δ——轮廓的分辨率。

W-M 函数具有以下重要特性。

(1)自相似性。W-M 函数的任意部分在统计意义上与整体相似，具有尺度不变性。

(2)分形维数。W-M 函数的分形维数与其参数 a 和迭代次数 n 有关。

(3)幂律谱。W-M 函数的功率谱密度呈幂律形式，即功率谱密度与频率的幂次成反比。

W-M 函数模拟法利用 W-M 函数来生成 fBm 曲面。其基本步骤如下。

(1)确定参数。确定 W-M 函数的特征尺度系数 a、分形维数 D 和迭代次数 n。

(2)计算 W-M 函数。利用 W-M 函数计算 fBm 曲面。

(3)截断和归一化。对 fBm 曲面进行截断和归一化处理，使其满足实际表面的尺寸和高度范围。

W-M 函数模拟法具有以下优势。

(1)能够生成具有分形特征的粗糙表面。W-M 函数模拟法能够生成具有不同分形维数和粗糙度的表面形貌模型，更贴近真实表面的特征。

(2)参数可控。W-M 函数模拟法可以通过调整特征尺度系数、分形维数和迭代次数等参数，控制模拟表面的粗糙程度和形状。

(3)计算简单。W-M 函数模拟法计算简单，易于实现。

2.6.4　分形插值模拟法

粗糙表面的轮廓高度变化是非稳定随机过程，具有多重尺度特性，因而用一定分辨率

的仪器所测得的表面形貌只反映了该分辨率水平的粗糙度,不能完全反映表面粗糙度的真实信息,这也是粗糙度测量的尺度相关性表现。显然,基于这种情况采集的数据所表征的形貌参数存在一定偏差,这会影响粗糙表面之间接触和摩擦的认识结果和计算精度。如果能用有限的试验数据模拟出更加精细的粗糙结构,则可解决仪器分辨率不足所带来的粗糙度测量尺度相关性的问题。另外,表面形貌模拟也会遇到一种情况,那就是已知轮廓基线函数时,如何模拟粗糙轮廓的问题。分形插值模拟是解决这两个问题的方法之一。

插值方法是数值模拟与数值计算中的常用方法。传统插值方法要求插值函数与被插值函数在插值基点处具有相同的函数值,甚至到某阶导数。例如,将原始数据点 $\{x,y\}$ 在坐标上标出,然后从几何层面分析数据点之间的关系,构造出一个次数尽可能低的多项式 $f(x)$ 或者是一个基本初等函数的复合函数 $p(x)$,使多项式 $f(x)$ 或复合函数 $p(x)$ 的曲线的若干坐标点处与原始数据点具有相同值。这里构造出的多项式或复合函数就称为插值函数。插值函数的选取方法很多,可以选择代数多项式、选取三角多项式或有理函数,也可以选取某区间上的任意光滑函数或者分段光滑函数。最常用、最基本的插值函数是 n 次代数多项式,即

$$P_n(x)=a_0+a_1x+a_2x^2+\cdots+a_nx^n$$

式中,$a_0,a_1,a_2,\cdots,a_n$是实数,用多项式函数的插值称为多项式插值。

当数据点的区间范围较大时,单独采用一个高次的多项式插值,拟合误差可能较大。为此,常采用分段插值方法,即对于不同的数据点范围,利用不同的插值多项式。分段插值相当于用若干条多项式曲线连接起来近似代替被逼近的函数。

经典插值方法是针对欧几里得几何描述的对象,而表面轮廓的图像有时不能用欧氏函数很好地描述,用分形插值函数就能接近于这些图像,而且它的分形维数应同这些数据的分形维数在适当尺度范围内达到一致。

分形插值实际上是构造出一个迭代函数系,使其吸引子 A 为插值函数的图形。对于粗糙表面轮廓的二维坐标点$\{(x_i,y_i),i=0,1,\cdots,N\}\in R^2$,其分形插值函数是一插值于$\{(x_i,y_i),i=0,1,\cdots,N\}$的连续函数$f[x_0,x_n]\to R$,并且其图形为一双曲迭代函数系统的吸引子。

由分形插值理论可知,插值轮廓是以一定分辨率 R 的原始轮廓为基础,再通过选取合适的垂直尺度因子 d_i 的值而得到的。因此,分形插值函数对粗糙表面的表征效果在很大程度上取决于垂直尺度因子 d_i 的选取。当 d_i 取值过小时,在小尺度上的结构函数幂律关系会偏离实测表面;但当 d_i 取值较大时,不仅出现结构函数幂律关系与实际不一致的情况,而且在一定尺度上结构函数幂律关系不存在。

获得理想分形插值效果的垂直尺度因子 d_i 取值规律为:当尺度系数 C 基本不变时,垂直尺度因子随分形维数 D 的增大而增大;而当分形维数保持不变时,垂直尺度因子 d_i 随尺度系数 C 的增大而增大;但相对于分形维数 D,尺度系数 C 对垂直尺度因子 d_i 取值的影响要小得多。高分辨率轮廓分形维数的计算值与分形插值所选垂直尺度因子 d_i 值之间的关系可以近似表达为

$$d_i=0.9D-1$$

分形插值函数的生成:通过迭代函数系中的函数对初始点进行变换,不断细分出新的三角形,并组合这些三角形的曲线,最终逼近原始曲线,生成分形插值函数。

分形插值模拟法的应用:

(1) 车削表面：对车削加工表面进行分形插值模拟，可以生成更精细的表面结构，并用于分析切削过程和切削力。

(2) 磨削表面：对磨削表面进行分形插值模拟，可以研究磨削工艺参数对表面粗糙度的影响。

(3) 磨损表面：对磨损表面进行分形插值模拟，可以分析磨损机理和磨损规律。

2.6.5　时间序列模拟法

在信号分析中，信号随着时间变化而形成的一组有序的观测数据称为时间序列。如果以记录时间为横坐标，表面轮廓记录信号的纵坐标就是一个时间序列。用时间序列分析方法来模拟表面轮廓，其基本思想是认为轮廓在随时间变化过程中任一时刻的变化与前期要素变化有关，利用这种关系建立适当的模型来描述它们变化的规律，然后再利用所建立的模型对轮廓做出预报估计。时间序列模型只适用于平稳随机过程，当表面轮廓的非平稳性不显著时，采用时间序列模拟可以得到非常逼真的轮廓结构模拟图形。

时间序列分析是一种统计学的方法，一般把时间序列看成随时间变化的随机序列。随机时间序列的常用分析模型有三种：自回归模型、滑动平均模型、自回归-滑动平均模型。

时间序列模拟法通常采用自回归模型（AR(p)模型）来建立表面轮廓的模型。AR(p)模型的表述为

$$y_i = \varnothing_1 y_{t-1} + \varnothing_2 y_{t-2} + \cdots + \varnothing_p y_{t-p} + \xi_t$$

式中　y_{t-1}——$t-1$ 时刻（前一时刻）的测值；

p——模型阶次；

$\varnothing_i$——模型参数，且 $\varnothing_i \neq 0$，ξ_t 为正态分布的白噪声序列。

时间序列的当前测值 y_i 可用自身过去观测值 $y_{t-1},\cdots,y_{t-p}$ 的线性组合来预测。AR 模型的系数需要按照一定方程去求解，首先计算出样本序列的平均值 $\bar{x}$ 和方差 S^2，以及自协方差函数 $C(\tau)$ $(\tau=0,1,2,\cdots,n/2)$ 和自相关函数 $R(\tau)$ $(\tau=0,1,2,\cdots,n/2)$，再求解 yule-walker 方程组。在计算中对时间序列 $x(t)$ $(t=1,2,\cdots,n)$ 使用平均值进行平稳化处理，即

$$x_d(t) = x(t) - \bar{x}$$

经验表明，对表面轮廓模拟来说，按 $R(\tau)$ 绝对值从大到小，选择绝对值最大的 3~5 个相关函数值 $R(i),R(j),\cdots,R(m)$ 作为预报因子来建立 yule-walker 方程。线性方程组如下：

$$\begin{cases} R(i-i)\varnothing_i + R(i-i)\varnothing_j + \cdots + R(m-i)\varnothing_m = R(i) \\ R(i-j)\varnothing_i + R(j-j)\varnothing_j + \cdots + R(m-i)\varnothing_m = R(j) \\ \qquad\qquad\qquad\vdots \\ R(i-m)\varnothing_i + R(j-m)\varnothing_j + \cdots + R(m-m)\varnothing_m = R(m) \end{cases}$$

用线性代数求解上述方程，得到自回归系数 $\varnothing_i$ $(i=1,2,\cdots,p)$，从而建立如下自回归模型：

$$x_d(t) = \varnothing_1 X_d(t-1) + \varnothing_2 X_d(t-2) + \cdots + \varnothing_m X_d(t-m) + \xi_t$$

第3章 分形维数

3.1 基本概念

3.1.1 分维概念产生的背景

分形维数是数学中的一个概念,它产生于对自然界和非线性系统中复杂形状和结构的描述需求。传统的欧几里得几何学,如直线、平面、立方体等,难以描述自然界中的许多形状,如海岸线、山脉、河流、云朵等,这些自然界的形状往往是不规则、曲折和自相似的。有些自然现象在不同尺度上呈现出相似的结构,这种现象称为自相似性。例如,一片叶子上的脉络分支结构与整棵树的分支结构在形状上具有相似性。

当我们尝试用传统的长度、面积或体积来测量这些复杂形状时,会发现在不同的尺度下测量结果会有很大的不同。例如,测量海岸线的长度,取决于测量时所使用的尺子的尺度大小,尺度越小,测得的海岸线长度越长。在此基础上,20 世纪中叶,曼德勃罗特提出了分形(fractal)这一概念,用来描述那些在任意小的尺度上都有复杂结构的形状。曼德勃罗特通过对上述自然现象的研究,发现这些现象不能用传统的维数来描述,因此提出了分形维数的概念。

在传统的几何学中,维数是整数,如零维的点、一维的线、二维的面、三维的体。分形维数则可以是分数,它能够更准确地描述一个对象在空间中的填充程度或复杂性。分形维数的提出,为人们理解和描述自然界以及许多科学和工程中的复杂系统提供了一种新的工具。它在物理学、生物学、地理学、经济学、计算机图形学等领域都有广泛的应用。分形维数的概念体现了人们对自然界复杂性认识的深化,也推动了数学及相关学科的发展。

3.1.2 分形维数的推广

普通的几何对象具有整数维数。零维的点、一维的线、二维的面、三维的体,乃至四维的"时空",是人们熟知的例子。然而,近几年来具有不必是整数的分维(fldiesion)的几何对象——分形(fractal)引起了人们的广泛注意。分形几何的主要价值在于它在极端有序和真正混沌之间提供了一种中间可能性。分形最显著的特征是本来看来十分复杂的事物,事实上,大多数均可用仅含很少参数的简单公式来描述。

维数是几何对象的一个重要特征量,直观地说,维数就是为了确定几何对象中一点的位置所需的独立坐标的数目,或者说独立方向的数目。在平直的欧氏空间中维数是自然得到的,地图上的点有经度、纬度两个坐标,一只集装箱有长、宽、高三个尺寸,它们分别是二维和三维的几何对象。欧几里得几何中的这种维数就是拓扑维数,整数维数构成了欧几里得几何学的法律。

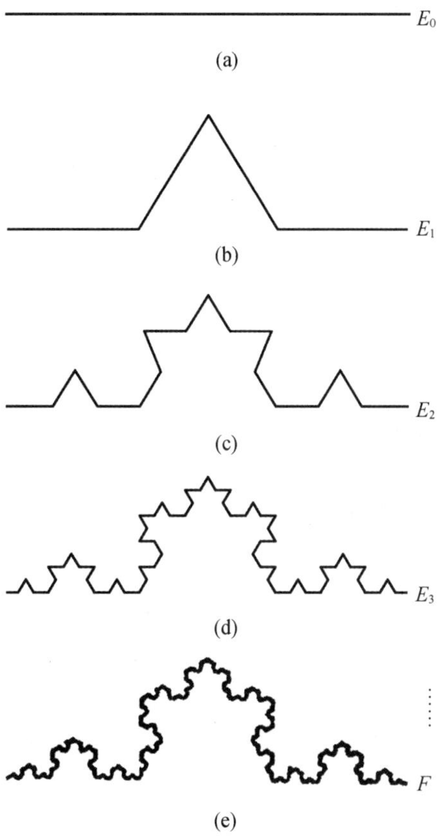

图 3.1.1　科赫曲线

欧几里得几何中的对象用整数维数来描述,而描述分形的参数则是分形维数。大家都知道,欧几里得几何中的点、直线、平面对象的描述都具有整数维数,称为拓扑维数,用 D_T 表示。例如,点的维数为 0,线的维数为 1,面的维数为 2,体的维数为 3。当我们测量几何图形的长度和面积时,必须用同样维数的单位长线段或单位面积的正方形来度量。如果用 1 维线段测量 2 维的正方形,所得结果为无穷大,则说明所用尺度太"小",反之,如果用 2 维的正方形度量 1 维的线段,所得结果为零,则说明所用尺度太"大"。这说明,对几何体进行测量所得结果与所用的尺度有关。对于如图 3. 1. 1 所示的科赫曲线,用传统的整数维数(如 1 维和 2 维)尺度测,所得结果要么为无穷大要么为零,这表明它是一个介于 1 维和 2 维之间的一个具有分数维数的几何对,只有用非整数维数的尺度去度量它才能恰如其分地表现其复杂程度,这种非整数值的维数统称为分形维数。

分形维数与欧几里得几何的拓扑数维之间有一定联系,如果我们以动态视觉来观察点、线、面之间的转变,就会发现一些几何图案并不能用数维数来描述。一条线是由许多点集合而成的，实际上是无数个 $D=0$ 的几何点图案累积组成了 $D=1$ 的直线，由此理解，从点变为直线的过程中，所形成的几何图案的维数将是介于 0 和 1 的分数数值，可称为分数维数，其几何意义是描述了直线的"点"密度。也就是说，不同密度几何点构建的直线，具有不同分数值的分数维数。同样，直线的集合构建出平面图案，不同密度直线组成的平面具有 1 和 2 之间的分数维数。进一步理解，平面的集合构成空间立体图案，不同密度平面组成的空间体就有介于 2 和 3 的分数维数。由此可见，这些由零碎图案构成的几何图形属于分形，它们的分数维数包含了整数维数。而整数维数只能描述几何图案的"静态"特征，而分数维数描述的是几何图案的"动态"变化。如果将上述理解拓展为自然界的动态行为或现象，那么分数维数就描述了自然现象中细小零碎的局部特征构成整体系统行为的相关性。

分形维数是用来量化分形特征的一个参数，它通常是一个非整数值。分形维数可以描述分形如何随着尺度的变化而变化，以及它在空间中的填充程度、复杂性和自相似性。自相似性是指一个物体的局部与整体在某种方式下相似的性质。在分形中，自相似性可以是严格的（如谢尔宾斯基地毯），也可以是统计的（如实际的海岸线）。

分形维数描述了分形的复杂性，通常维数越高，分形越复杂。描述了分形的空间填充能力：分形维数可以告诉我们分形在空间中的分布情况。还提供了一种度量分形特征的方法，通过比较不同分形的维数，可以区分它们的结构和性质。分形维数的概念是现代数学的一个重要发展，它为描述自然界和社会科学中的复杂系统提供了一种新的数学工具。

分形维数是定量刻画分形特征的参数，在一般情况下是一个分数（包括整数），它表征了分形体的复杂程度，分形维数越大，其客体就越复杂，反之亦然。分维的计算分为有规分形和无规分形两类，对于有规分形，欧几里得几何中的维数 D 可以用以下公式表达：

$$D=\ln K/\ln L$$

式中 K——规则图形的长度、面积或体积增大（缩小）的比例；

L——规则图形的每个独立方向皆扩大（缩小）的比例。

对于无规分形，其自相似性是通过大量的统计抽象出来的，而且它们的自相似性只存在于所谓的无标度区间内。因此其分形维数的计算要比有规分形维数的计算复杂得多。目前还没有适合计算各类无规分形维数的方法。

3.2 Hausdorff 维数

维数是分形几何的中心概念。粗略看来，维数表明一个集合几乎占据的空间有多大。在经常使用的多种多样的"分形维数"中，最古老的也可能是最重要的一种是以卡拉泰奥多里为基础的 Hausdorff 维数（豪斯多夫维数）。Hausdorff 维数具对任何集都有定义的优点，由于它建立在相对比较容易处理的测度概念的基础上，因此在数学上也是较方便的。它的主要缺点是在很多情形下，用计算的方法很难计算或估计它的值。然而，要理解分形的数学机理，熟悉 Hausdorff 维数测度和维数是必不可少的。

3.2.1　Hausdorff 维数测度

回忆一下,如果 U 为 n 维欧几里得空间 R^n 中的非空子集,U 的直径定义为 $|U|=\sup\{|x-y|:x,y\in U\}$,即 U 内任何两点距离的最大值。如果$\{U_i\}$是可数(或有限个)直径不超过 δ 的集构成的覆盖 F 的集类:即 $F\subset\bigcup\limits_{i=1}^{\infty}U_i$,且对任意 i,都有 $0\leqslant|U_i|\leqslant\delta_i$,则称$\{U_i\}$为 F 的一个覆盖。

设 F 为 R^n 中的子集,s 为一非负数,对任意 $\delta>0$,定义

$$H_\delta^s(F)=\inf\{\sum_{i=1}^{\infty}|U_i|^s:\{U_i\}\text{ 是 }F\text{ 的 }\delta\text{ 覆盖}\}\tag{3.2.1}$$

即考察所有直径不超过 δ 的 F 的覆盖,并试图使这些直径的 s 次幂的和达到最小(图 3.2.1)。当 δ 减少时,式(3.2.1)中能覆盖 F 的集类是减少的,所以下确界$\mathcal{H}_\delta^s(F)$相应增加,且当 $\delta\to0$ 时趋于一极限,记为

$$H^s(F)=\lim_{\delta\to0}\mathcal{H}_\delta^s(F)\tag{3.2.2}$$

对 R^n 中的任何子集 F,这个极限都存在,但极限值可以是(并且通常是)0 或∞,称 $H^s(F)$为集 F 的 s 维 Hausdorff 测度。

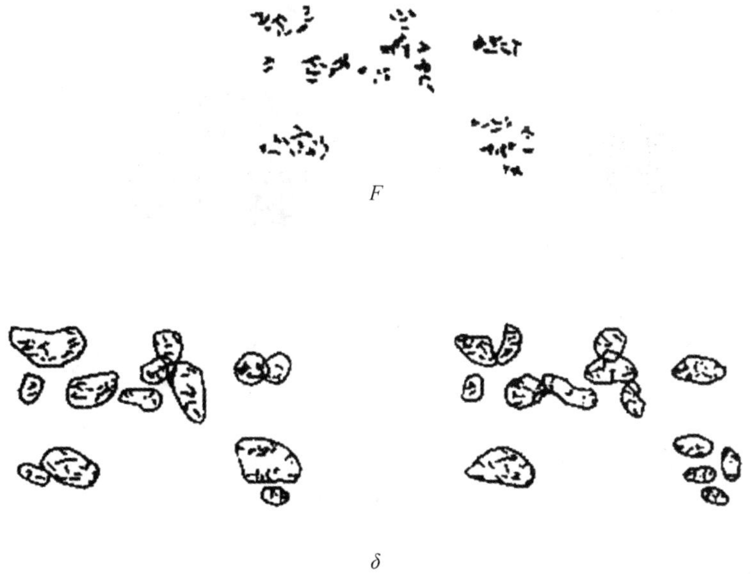

图 3.2.1　集 F 和 F 的两个可能的 δ - 覆盖,取遍所有这样的 δ - 覆盖$\{U_i\}$而得的 $\sum|U_i|^s$ 的下确界给出$\mathcal{H}^s(F)$

通过一定的努力可以说明$\mathcal{H}^s$ 为一测度。特别地$\mathcal{H}^s(\varnothing)=0$;如果 E 包含于 F 内,则 $\mathcal{H}^s(E)\leqslant\mathcal{H}^s(F)$;如果$\{F_i\}$是任意可数个集序列,则

$$\mathcal{H}^s(\bigcup_{i=1}^{\infty}F_i)\leqslant\sum_{i=1}^{\infty}\mathcal{H}^s(F_i)\tag{3.2.3}$$

当$\{F_i\}$是不交的博雷尔集序列时,要证明式(3.2.3)中等号成立是相当困难的。

Hausdorff 测度推广了长度、面积和体积等常见的概念。可以证明 R 中任何子集的 n 维 Hausdorff 测度与 n 维勒贝格测度,即通常的 n 维体积相差一常数倍。更精确地,若 F 是 R^n 中博雷尔子集,则

$$\mathcal{H}^s(F)=c_n^{-1}\mathrm{vol}^n(F) \tag{3.2.4}$$

式中,常数 c_n 是直径为 1 的 n 维球的体积。

所以当 n 是偶数时, $c_n=\pi^{n/2}/2^n(n/2)!$。而当 n 是奇数时,$c_n=\pi^{(n-1)/2}/2^n(n/2)!$。类似地,对于 R^n 中"好的"低维子集,$H^0(F)$是 F 中点的数目;$H^1(F)$给出了光滑曲线 F 的长度;若 F 为中光滑曲面,则 $H^2(F)=4/\pi\times\mathrm{area}(F)$;而 $H^3(F)=6/\pi\times\mathrm{vol}(F)$;若 F 为 R^n 中光滑 m 维子流形(即经典意义下的 m 维曲面),则 $H^m(F)=c_m^{-1}\ \mathrm{vol}^m(F)$

长度、面积和体积的比例性质是众所周知的。当比例为原来的 λ 倍时,曲线的长度为原长度的 λ 倍,平面区域的面积是原面积的 λ^2 倍,而 3 维物体的体积是原体积的 λ^3 倍。可以推测,s 维 Hausdorff 测度应当是原来的 λ^s 倍(图 3.2.2),这个比例性质是分形理论的基础。

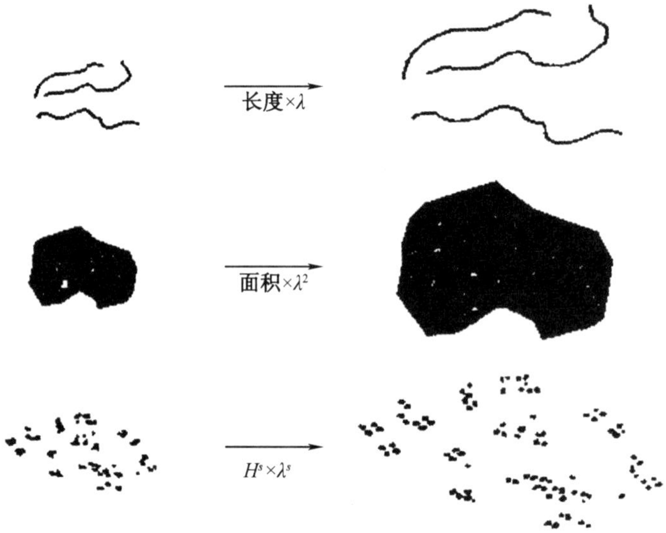

图 3.2.2 用比例 λ 放大集合,长度放大 λ 倍,面积放大 λ² 倍,S 维的 Hausdorff 测度放大 λ′倍

比例性质 3.1 设 S 是相似比为 $\lambda>0$ 的相似变换,如果 $F\subset R^n$,则

$$\mathcal{H}^s(S(F))=\lambda^s\,\mathcal{H}^s(F) \tag{3.2.5}$$

证明若$\{U_i\}$为 F 的一个 δ 覆盖,则$\{S(U_i)\}$为 $S(F)$的一个 δ 覆盖,所以

$$\sum |S(U_i)|^s=\lambda^s\sum |U_i|^s$$

故取下界有

$$\mathcal{H}^s_{\lambda\delta}(S(F))\leqslant\lambda^s\,\mathcal{H}^s(F)$$

令 $\delta\to0$,即得 $H^s(S(F))\leqslant\lambda^s\,\mathcal{H}^s(F)$,用 S^{-1} 替代 S,上式的 λ 成了 $1/\lambda$,则集 F 由 $S(F)$ 得到了需要的反向不等式。

对一般变换作用下集合的 Hausdorff 测度类似的讨论给出了下面的基本估计。

命题 3.1 设 $F\subset R^n$,$f:F\to R^m$ 为一映射,使得对常数 $c>0$ 和 $\alpha>0$,有

$$|f(x)-f(y)|\leqslant c|x-y|^\alpha(x,y\in F) \tag{3.2.6}$$

则对每一 s,有

$$\mathcal{H}^{s/\alpha}(f(F))\leqslant c^{s/\alpha}\mathcal{H}^s(F) \tag{3.2.7}$$

证明:若$\{U_i\}$为 F 的 δ 覆盖,因为$|f(F\cap U_i)|\leqslant c|F\cap U_i|^\alpha\leqslant c|U_i|^\alpha$,故知$\{f(F\cap U_i)\}$为$f(F)$的 ε 覆盖,这里 $\varepsilon=c\delta^\alpha$。于是 $\sum_i|f(F\cap U_i)|^{s/\alpha}\leqslant c^{s/\alpha}|U_i|^s$,所以$\mathcal{H}_\varepsilon^{s/\alpha}(f(F))\leqslant c^{s/\alpha}\mathcal{H}_\delta^s(F)$。当 $\delta\to 0$ 时,有 $\varepsilon\to 0$,即得式(3.2.7)。

条件(3.2.6)称为指数为 α 的 Hölder 条件,这是一个使 f 连续的条件。特别重要的是 $\alpha=1$ 的情形,即

$$|f(x)-f(y)|\leqslant c|x-y|(x,y\in F) \tag{3.2.8}$$

这里的 f 称为利普希茨映射,此时

$$H^s(f(F))\leqslant c^sH^s(F) \tag{3.2.9}$$

特别指出,对任何具有有界导数的可微函数,式(3.2.9)均成立:作为中值定理的一个推论,这样的函数都为利普希茨映射。若 f 是保距的,即$|f(x)-f(y)|\leqslant c|x-y|$,则有$\mathcal{H}^s(f(F))=\mathcal{H}^s(F)$。于是,正如所期望的,Hausdorff 测度是平移不变的(即$\mathcal{H}^s(F+z)=\mathcal{H}^s(F)$),这里,$F+z=\{x+z:x\in F\}$,而且是旋转不变的。

3.2.2 Hausdorff 维数定义

Hausdorff 维数是分形维数中最基本和最广泛使用的一种。它基于 Hausdorff 测度的概念,用于测量一个集合的“大小”或“复杂度”。回到方程(3.2.1),容易看出对任何给定的集 $F\subset R^n$ 且 $\delta<1$,$\mathcal{H}_\delta^s(F)$对 s 是不增的,因此由式(3.2.2)可知,$\mathcal{H}^s(F)$也是不增的。令事实上,有更进一步的结论:若 $t>s$,且$\{U_i\}$为 F 的一个 δ 覆盖,则有

$$\sum_i|U_i|^t\leqslant\sum_i|U_i|^{t-s}|U_i|^s\leqslant\delta^{t-s}\sum_i|U_i|^s \tag{3.2.10}$$

取下确界得$\mathcal{H}_\delta^t(F)\leqslant\delta^{t-s}\mathcal{H}_\delta^s(F)$,令 $\delta\to 0$,可见对于 $t>s$,若 $H^s(F)<\infty$,$\mathcal{H}^t(F)=0$,所以$\mathcal{H}^s(F)$关于 s 的图 3.2.2 表明,存在 s 的一个临界点,使得$\mathcal{H}^s(F)$从∞“跳跃”到 0。这个临界值称为 F 的 Hausdorff 维数,记为$\dim_H F$(注意:有些作者将 Hausdorff 维数称为 Hausdorff-Besicovitch dimension(豪斯多夫-布科维奇维数))

图 3.2.3 是集 F 的$\mathcal{H}^s(F)$的图。Hausdorff 维数是使得从∞“跳跃”到 0 发生的 s 的值。这个定义可以用下式表达:

$$\dim_H F=\inf\{s\geqslant 0:\mathcal{H}^s(F)=0\}=\sup\{s:\mathcal{H}^s(F)=\infty\} \tag{3.2.11}$$

(取空集的上确界为 0)。所以:

若 $0\leqslant s<\dim_H F$,则$\mathcal{H}^s(F)=\infty$;若 $s>\dim_H F$,则$\mathcal{H}^s(F)=0$;若 $s=\dim_H F$,则$\mathcal{H}^s(F)$可以是 0 或者∞或者满足 $0<\mathcal{H}^s(F)<\infty$。满足这个条件的博雷尔集称为 s 集。在数学上,s 集是最适合于研究的,幸运的是经常遇到的集大都是 s 集。

举一个很简单的例子,设 F 为 R^3 中具有单位半径的平圆盘,由已经熟悉的长度、面积、

体积性质可以知道：$\mathcal{H}^1(F)=\text{length}(F)=\infty$，$0<\mathcal{H}^2(F)=4/\pi\times\text{area}(F)=4<\infty$，$\mathcal{H}^3(F)=6/\pi\times\text{vol}(F)=0$。由于当 $s<2$ 时，$\mathcal{H}^2(F)=\infty$，当 $s>2$ 时，$\mathcal{H}^2(F)=0$，故 $\dim_H F=2$。

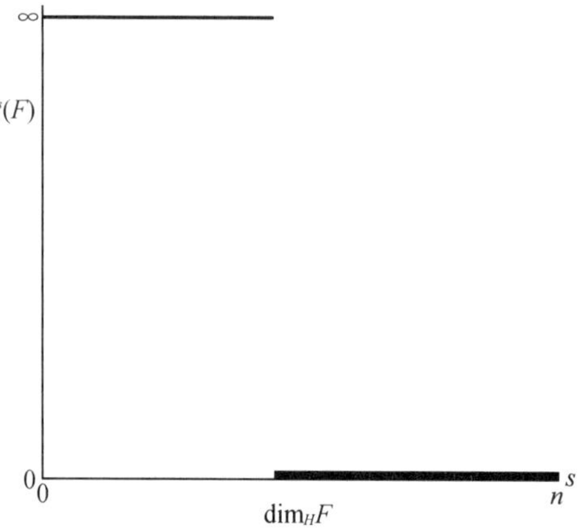

图 3.2.3 $\mathcal{H}^s(F)$

3.2.3 Hausdorff 维数定理

Hausdorff 维数定理描述了 Hausdorff 维数的一些基本性质，如下所示（这是对任何合理的维数定义都期望成立的）：

单调性 若 $E\subset F$，则 $\dim_H E\leqslant\dim_H F$；这可从对每一 s，$\mathcal{H}^s(E)\leqslant\mathcal{H}^s(F)$ 这个测度性质立即得到。

可数稳定性 如果 $F_1,F_2,F_3,\cdots$ 为一（可数）集序列，则 $\dim_H\bigcup\limits_{i=1}^{\infty}F_i=\sup\limits_{1\leqslant i<\infty}\{\dim_H F_i\}$ 由单调性可知，对于每一 j，显然有 $\dim_H\bigcup\limits_{i=1}^{\infty}F_i\geqslant\dim_H F_j$。另一方面，若对所有的 i，都有 $s>\dim_H F_i$，则 $\mathcal{H}^s(F_i)=0$，所以 $\mathcal{H}^s(\bigcup\limits_{i=1}^{\infty}F_i)=0$，从而给出反向不等式。

可数集 若 F 是可数的，则 $\dim_H F=0$；若 F_i 是一单点，则 $H^0(F_i)=1$，即 $\dim_H F_i=0$，所以由可数稳定性可知，有 $\dim_H\bigcup\limits_{i=1}^{\infty}F_i=0$。

开集 若 $F\subset R^n$ 为开集，则 $\dim_H F=n$，这是因为 F 包含一个具有正 n 维体积的球，所以 $\dim_H F\geqslant n$；又因为 F 包含在可数个球的并里，所以利用可数稳定性和单调性，可得 $\dim_H F\leqslant n$，即得结论。

光滑集 若 F 为 R^n 中的光滑（即连续可微）m 维子流形（即 m 维曲面），则 $\dim_H F=m$。特别地，光滑曲线维数为 1，光滑曲面维数为 2。本质上，这可从 Hausdorff 测度与勒贝格测度之间的关系得到。

Hausdorff 维数的变换性质，可以从命题 3.1 中的 Hausdorff 测度的相应性质立即得到。

命题 3.2 设 $F\subset R^n$，$f:F\to R^m$ 满足 Hölder 条件

$$|f(x)-f(y)|\leqslant c|x-y|^{\alpha}(x,y\in F)$$

则$\dim_H f(F)\leqslant\frac{1}{\alpha}\dim_H F$。

证明 若$s>\dim_H F$,由命题3.2得$\mathcal{H}^{s/\alpha}(f(F))\leqslant c^{\frac{s}{\alpha}}H^s(F)=0$,这意味着对所有的$s>\dim_H F$,有$\dim_H f(F)\leqslant s/\alpha$。

推论3.1 (a)若$f:F\to R^m$为利普希茨变换(式(3.2.8)),则$\dim_H f(F)\leqslant\dim_H F$。

(b)若$f:F\to R^m$为双利普希茨变换,即

$$c_1|x-y|\leqslant|f(x)-f(y)|\leqslant c_2|x-y|(x,y\in F) \tag{3.2.12}$$

式中,$0<c_1\leqslant c_2<\infty$,则$\dim_H f(F)=\dim_H F$。

证明 (a)中的结论在命题3.2中取$\alpha=1$得到,利用这个结论得到函数$f^{-1}:f(F)\to F$,进而得到满足(b)要求的反向不等式。

这个推论揭示了Hausdorff维数的基本性质:Hausdorff维数是双利普希茨变换下的不变量。于是若两集有不同的维数,则两集之间不存在双利普希茨映射。这类似于在拓扑情形中,多种“不变量”(如同调群或者同伦群)的建立是用来区分不同态的集:若两集的拓扑不变量不同,则两集之间不存在同胚(连续的、一一对应的且有续逆的)映射。

在拓扑中,两集被认为是“同一”的,假如它们之间存在一同胚映射,在分形几何中的结果是:若两集之间存在双利普希茨映射,则认为两集是“同一”的。如同拓扑不变量用来区分不同态的集,在分形几何中可以选取参数,包括维数这样的量来区分非双利普希茨等价的集。双利普希茨变换(3.2.12)必然是连续的,拓扑参数只提供了区分集类的开始,而Hausdorff维数(及其他维数定义)提供了分形集之间更进一步的特征区别。

一般地,一个集的维数只告诉读者很少的拓扑性质;然而,任何维数小于1的集必定是如此稀疏,以至于是全不连通的,即它的任意两点都不在同一个连通区城内。

命题3.3 若集$F\subset R^n$,且$\dim_H F<1$,则它是全不连通的。

证明 设x,y是F中不同的两点,$f(z)=|z-x|$,定义映射$f:R^n\to[0,\infty)$。因为f不增加距离,即$|f(z)-f(w)|=||z-x|-|w-x||\leqslant|(z-x)-(w-x)|=|z-w|$,由推论3.1(a),得$\dim_H f(F)\leqslant\dim_H F<1$;于是$f(F)$为$R$中$H^1$测度或长度为零的子集,所以有稠密余集。选取$r$使$r\notin f(F)$且$0<r<f(y)$,则有

$$F=\{z\in F:|z-x|<r\}\cup\{z\in F:|z-x|>r\}。$$

所以,F包含于两个不交的开集中,而x与y分别属于其中之一,所以x与y在F的不同连通部分内。

3.2.4 Hausdorff维数的等价定义

在这里需要指出的是,由其他类型覆盖集定义的测度也可以导出Hausdorff维数。例如,用球来覆盖,设:

$$B_\delta^s(F)=\inf\left\{\sum|B_i|^s:\{B_i\}\text{ 为 }F\text{ 的 }\delta\text{ 球覆盖}\right\} \tag{3.2.13}$$

可得到一测度$B^s(F)=\lim_{\delta\to 0}B_\delta^s(F)$及一个“维数”,在这一“维数”点上,$B^s(F)$从$\infty$跳跃到0。显然$H_\delta^s(F)\leqslant B_\delta^s(F)$,因为$F$的$\delta$球覆盖都是$H_\delta^s$定义中容许的覆盖。而且,若

$\{U_i\}$ 为 F 的 δ 覆盖,如果对每个 i,选取半径 $|U_i|\leqslant\delta$,且包含 U_i 的某个球作为 B_i 则 $\{B_i\}$ 是 F 的 2δ 覆盖。所以 $\sum|B_i|^s\leqslant\sum(2|U_i|)^s=2^s\sum|U_i|^s$,取下确界得 $B_{2\delta}^s(F)\leqslant 2^s H_\delta^s(F)$。令 $\delta\to 0$ 得到 $H^s(F)\leqslant B^s(F)\leqslant 2^s H^s(F)$。这意味 H^s 与 B^s 在同一数值 s 上从 ∞ 跃跳到 0,所以,由这两个测度定义的维数是等价的。

容易验证,如果在式(3.2.1)中只用开集或只用闭集的 δ 覆盖,得到的也是与 Hausdorff 测度及维数相同的值。而且,若 F 是紧的,通过轻微扩展,使覆盖集为开集,再取有限的子覆盖,如果只考虑由有限个集构成的 δ 覆盖,也可以得到与 $H^s(F)$ 同样的值。

网测度是另一个有用的变量。简单起见,设 F 为区间[0,1)的子集,二进制区间是指 $[r2^{-k},(r+1)2^{-k}]$ 形式的区间,其中 $k=0,1,2\cdots$ 且 $r=0,1,\cdots,2^k-1$,则定义

$$M_\delta^s(F)=\inf\left\{\sum|U_i|^s:\{U_i\}\ \text{为}\ F\ \text{二进制区间的}\ \delta\ \text{球覆盖}\right\} \tag{3.2.14}$$

由此导出网测度

$$M^s(F)=\lim_{\delta\to 0}M_\delta^s(F) \tag{3.2.15}$$

因为任何区间 $U\subset[0,1)$,都包含在每个长度至多为 $2|U|$ 的两个连续的二进制区间内,用对于测度 B^s 的同样方法,可以知道:

$$H^s(F)\leqslant M^s(F)\leqslant 2^{s+1}H^s(F) \tag{3.2.16}$$

由此得出使得 $M^s(F)$ 从 ∞ 跳跃到 0 的数值 s 等于 F 的 Hausdorff 维数,即两个度的定义给出了同个维数。

对于某些场合来说,网测度比 Hausdorff 测度更方便,这是因为两个二进制区间或者不交或者一个包含另一个,对于任何二进制区间覆盖可以简化为不交的二进区间覆盖。

3.3 其他分形维数的定义

3.3.1 自相似维数

分形几何中常出现相似维数 D_s,其定义比较直观易懂,下面简单介绍相似维数。对于一条单位长度线段,若将它等分 $N=4$ 段,那么每段的长度为 $r=1/N=1/4$,显然有 $N_r=1$。从测量角度理解,相当于用 r 去测量线段的长度,那么测量的尺度数 $N(r)$ 与尺度之间具有下列关系:

$$N(r)=1/r=r^{-1} \tag{3.3.1}$$

同样,若测量一块单位面积的二维正方形平面,将其等分成 $N=16$ 份,则分割的小正方形边长为 $r=1/N^{\frac{1}{2}}=1/4$,那么二维平面的小正方形测量数目为

$$N(r)=1/r^2=r^{-2} \tag{3.3.2}$$

对于图 3.3.1(c)所示的单位立方体而言,等分 $N=64$ 之后的小立方体边长为 $r=1/N^{1/3}=1/4$,于是,三维立体的测量数目为

$$N(r)=\frac{1}{r^3}=r^{-3} \tag{3.3.3}$$

我们已经知道线、面、体的维数分别是 1、2、3，因此可以把以上三个例子归纳为

$$N(r)=r^{-D_s} \tag{3.3.4}$$

对上式两边进行对数运算，可以得到以下数学计算式：

$$D_s=\frac{\ln N(r)}{\ln(1/r)} \tag{3.3.5}$$

式中，D_s 被称为相似维数，它可以是整数，也可以是分数。

由此引出相似维数的普遍定义，设 $N(A,r)$ 是直径为 r 的球覆盖 A 集的最小数目，那么相似维数 D_s 确定为

$$D_s=\lim_{\varepsilon\to 0}\frac{\ln N(A,r)}{\ln(1/r)} \tag{3.3.6}$$

习惯中，人们通常把相似维数是分数的对象当成分形，把它的 D_s 值称为分形维数，一般用 D 表示。但是严格地说，确定一个对象是否属于分形，不仅要根据维数的数值来判断，而且还要对其自相似性和无标度性进行检验。

3.3.2 盒计数维数

盒计数维数或称计盒维数(box-counting dimension 或 box dimension)是应用最广泛的维数之一，它的普遍应用主要是由于这种维数的数学计算及经验估计相对容易一些。对这种维数定义的研究可以追溯到 20 世纪 30 年代，并且对它有各种各样的不同称呼，比如 Kolmogo-rov 熵、熵维数、容度维数(考虑到可能联想到位势理论，最好避免使用这个术语)度量维数、对数密度和信息维数等。本书中将始终称它为盒计数维数或计盒维数以避免混乱。

设 F 是 R^n 上任意非空的有界子集，$N_\delta(F)$ 是直径最大为 δ，可以覆盖 F 的集的最少个数，则 F 的下计盒维数和上计盒维数分别定义为

$$\underline{\dim}_B F=\underline{\lim}_{\delta\to 0}\frac{\ln N_\delta(F)}{-\ln\delta} \tag{3.3.7}$$

$$\overline{\dim}_B F=\overline{\lim}_{\delta\to 0}\frac{\ln N_\delta(F)}{-\ln\delta} \tag{3.3.8}$$

如果这两个值相等，则称这个共同的值为 F 的盒计数维数或计盒维数，记为

$$\dim_B F=\lim_{\delta\to 0}\frac{\ln N_\delta(F)}{-\ln\delta} \tag{3.3.9}$$

本书中都假定 $\delta>0$ 充分小，这样可以保证 $-\ln\delta$ 以及类似的量都是严格正的。为了避免出现“ln 0”或者“ln ∞”这样的问题，一般只考虑非空有界集的盒计数维数，在研究盒计数维数的一般理论中，总是假定考虑的集都是非空且有界的。

有时，一些盒计数维数的等价定义更适合应用考虑 R^n 中 δ 坐标网立方体，即下列形式的立方体：

$$[m_1\delta,(m_1+1)\delta]\times\cdots\times[m_n\delta,(m_n+1)\delta]$$

式中，$m_1,\cdots,m_n$ 都是整数（回顾一下，在 R^1 的"立方体"为区间，而在 R^2 上为方形），设 $N'_\delta(F)$ 是 δ 网立方体与 F 相交的个数，显然这是 $N'_\delta(F)$ 个直径为 $\delta\sqrt{n}$ 的覆盖 F 的集类，因此有

$$N_{\delta\sqrt{n}}(F)\leqslant N'_\delta(F)$$

如果 $\delta\sqrt{n}<1$，则

$$\frac{\ln N_{\delta\sqrt{n}}(F)}{-\ln\delta\sqrt{n}}\leqslant\frac{\ln N'_\delta(F)}{-\ln\sqrt{n}-\ln\delta'}$$

令 $\delta\to0$，取下极限和上极限，有

$$\underline{\dim}_B F\leqslant\varliminf_{\delta\to0}\frac{\ln N'_\delta(F)}{-\ln\delta}\tag{3.3.10}$$

$$\overline{\dim}_B F\leqslant\varlimsup_{\delta\to0}\frac{\ln N'_\delta(F)}{-\ln\delta}\tag{3.3.11}$$

另一方面，任何直径最大为 δ 的集合包含在 3^n 个边长为 δ 的网立方体内（由包这个集的一些点的一个立方体以及与此立方体相邻的全部立方体组成），因此

$$N'_\delta(F)\leqslant3^nN_\delta(F)$$

取对数并取当 $\delta\to0$ 时的极限可以得到与式(3.3.10)和式(3.3.11)反向的不等式。因此为求出由式(3.3.7)～式(3.3.9)定义的盒计数维数，可以等价地取 $N_\delta(F)$ 为与 F 相交的边长为 δ 的网立方体的个数。

盒计数维数的这个形式的定义在实际中有广泛的应用，为计算一个平面集 F 的盒计数维数，可以构造一些边长为 δ 的正方形（或称为盒子）。然后计算不同 δ 值的"盒子"与 F 相交的个数 $N_\delta(F)$（计盒维数由此得名）。这个维数是当 $\delta\to0$ 时，$N_\delta(F)$ 增加的对数速率，或者可以由函数 $\ln\ N_\delta(F)$ 相对于 $-\ln\delta$ 图的斜率值来估计。

这个定义给出了盒计数维数定义的一个解释，与集 F 相交的边长为 δ 的网立方体的个数正好表示了这个集是如何展开的，或者说是以尺度 δ 度量时这个集的不规则程度。维数反映了当 $\delta\to0$ 时，集合的不规则性是如何迅速表现出来的。

盒计数维数的另一个经常应用的定义还具有式(3.3.7)～式(3.3.9)的形式，不过把其中的 $N_\delta(F)$ 取为覆盖所需要的边长为 δ 的任意立方体的最少个数。这个定义的等价性基于网立方体的性质，注意到任意一个边长为 δ 的立方体外接球的直径都为 $\delta\sqrt{n}$，并且任意的直径最大为 δ 的集一定包含在一个边长为 δ 的立方体内。

类似地，如果在式(3.3.7)～式(3.3.9)中取 $N_\delta(F)$ 为覆盖 F 的半径为 δ 的最少闭球数，所得的维数值与原值也完全相等。

盒计数维数的另一个等价定义就不那么显而易见了，它等于球心在 F 上、半径为 δ 的相互不交球的最多个数。用 $N'_\delta(F)$ 表示这个个数，用 $B_1,\cdots,B_{N'_\delta(F)}$ 表示半径为 δ、球心在 F 上相互不交的球。如果 x 属于 F，则 x 至少与 B_i 中的一个球的距离小于 δ，否则可以把以 x 为球心、半径为 δ 的球加进去，而组成更多的不交的球。这样，$N'_\delta(F)$ 个与 B_i 同心，但半径

为 2δ(直径为 4δ)的球覆盖 F,而有

$$N_{4\delta}(F) \leqslant N'_{\delta}(F) \tag{3.3.12}$$

另一方面,设 $B_1, \cdots, B_{N'_{\delta}(F)}$ 是球心在 F 上、半径为 δ 的相互不交的球,设 $U_1, \cdots, U_k$ 是任意直径最大为 δ,且覆盖 F 的集类。由于 U_j 必然覆盖 B_i 的球心,所以每个 B_i 至少包含 U_j 的一个点。由于 B_i 是不交的,知 U_j 至少与 B_i 一样多,因此

$$N'_{\delta}(F) \leqslant N_{\delta}(F) \tag{3.3.13}$$

对式(3.3.12)和式(3.3.13)取对数并取极限,表明如果用这样的 $N'_{\delta}(F)$ 取代原来的 $N_{\delta}(F)$,式(3.3.7)~式(3.3.9)的值是不变的。

这些不同方式的定义概括如下,并用图 3.3.1 表示。

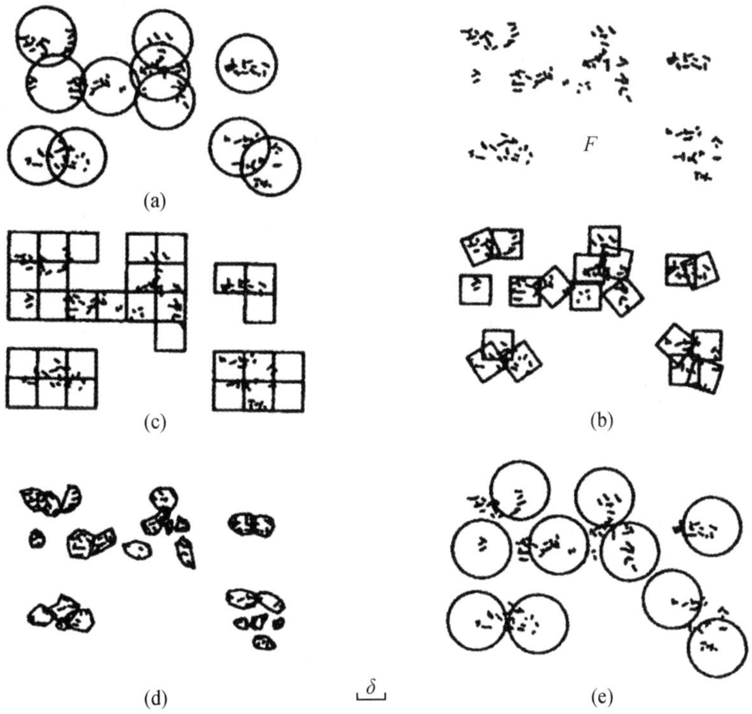

图 3.3.1 求子集 F 的盒维数的 5 种方法

图 3.3.1 求 F 的盒维数的 5 种方法,见等价定义 3.1。数 $N_{\delta}(F)$ 可以取为:

(1)覆盖 F 的半径为 δ 的最少闭球数。

(2)覆盖 F 的边长为 δ 立方体的最少个数。

(3)与 F 相交的 δ 网立方体的个数。

(4)覆盖 F 的直径最大的 δ 的集的最少个数。

(5)球心在 F 上、半径为 δ 的不交球的最多个数。

等价定义 3.1 R^n 的子集 F 的下盒计数维数和上盒计数维数由以下两式给出:

$$\underline{\dim}_B F = \varliminf_{\delta \to 0} \frac{\ln N_{\delta}(F)}{-\ln \delta} \tag{3.3.14}$$

$$\overline{\dim}_B F = \overline{\lim_{\delta \to 0}} \frac{\ln N_\delta(F)}{-\ln \delta} \tag{3.3.15}$$

F 的盒计数维数由下式定义：

$$\dim_B F = \lim_{\delta \to 0} \frac{\ln N_\delta(F)}{-\ln \delta} \tag{3.3.16}$$

（如果这个极限存在的话），其中 $N_\delta(F)$ 是下列 5 个数中的任意一个。

（1）覆盖 F 的半径为 δ 的最少闭球数；

（2）覆盖 F 的边长为 δ 的最少的立方体数；

（3）与 F 相交的 δ 网立方体的个数；

（4）覆盖 F 的直径最大为 δ 的集的最少个数；

（5）球心在 F 上、半径为 δ 的相互不交的球的最多个数。

这个清单还可以进一步扩大，在实际应用中，可以采用一种对每一个特殊问题最适合应用的定义。

还应当指出，在式（3.3.14）~式（3.3.16）中，为考虑当 $\delta \to 0$ 时的极限，只要考虑通过任一满足 $\delta_{k+1} \geqslant c\delta_k$ 的递减序列 δ_k 趋于零时的极限，其中 $0<c<1$；特别是在 $\delta_k = c^k$ 的情形。为看清这一点，注意到如果 $\delta_{k+1} \leqslant \delta \leqslant \delta_k$，且 $N_\delta(F)$ 是 F 的 δ 覆盖集的最少个数，则

$$\frac{\ln N_\delta(F)}{-\ln \delta} \leqslant \frac{\ln N_{\delta_{k+1}}(F)}{-\ln \delta_k} \leqslant \frac{\ln N_{\delta_{k+1}}(F)}{-\ln \delta_{k+1} + \ln \dfrac{\delta_{k+1}}{\delta_k}} \leqslant \frac{\ln N_{\delta_{k+1}}(F)}{-\ln \delta_{k+1} + \ln c'}$$

因此有

$$\overline{\lim_{\delta \to 0}} \frac{\ln N_\delta(F)}{-\ln \delta} \leqslant \overline{\lim_{k \to \infty}} \frac{\ln N_{\delta_k}(F)}{-\ln \delta_k} \tag{3.3.17}$$

相反的不等式是显然成立的，下极限也可用同样的方法处理。

还应当指出一种与盒计数维数定义形式相当不同，但却完全等价的定义。称 F_δ 为 R^n 的子集 F 的 δ 平行体，如果

$$F_\delta = \{x \in R^n : |x-y| \leqslant \delta \text{ 对某个 } y \in F \text{ 成立}\} \tag{3.3.18}$$

即与集 F 距离小于 δ 的点的集合。考虑当 $\delta \to 0$ 时 F_δ 的 n 维体积收缩的速度，在 R^3 中，如果 F 是一个单点，则 F_δ 是一个体积 $\mathrm{vol}(F_\delta) = \frac{3}{4}\pi\delta^3$ 的球；如果 F 是长度为 l 的线段，则 F_δ 像根“红肠”，且 $\mathrm{vol}(F_\delta) \sim \pi l \delta^2$；如果 F 是面积为 a 的平面区域，则 F_δ 本质上是 F 的加厚，$\mathrm{vol}(F_\delta) \sim 2a\delta$。在以上每种情形中都有 $\mathrm{vol}(F_\delta) \sim c\delta^{3-s}$，其中整数 s 是 F 的维数，所以 δ 的指数是维数的标志。δ^{3-s} 的系数 c 被称为 F 的 Minkowski 容量，也就是相应集的长度、面积和体积的量度。

这个思想可以推广到分数维数。设 F 是 R^n 的子集，对某个常数 s，当 $\delta \to 0$ 时，如果 $\mathrm{vol}(F_\delta)/\delta^{n-s}$ 趋向于正的常数，其中vol^n 表示 n 维容量，则可以认为 F 是 s 维的。这个极限值称为 F 的 s 维容度，这是一个用起来较少限制的概念，因为在不交集上它不必满足可加性，即它不是测度。即使这个极限不存在，也可以求 δ 的临界指数，并且这个结果关系到盒

计数维数。

命题 3.4 如果 F 是 R^n 的子集，则

$$\underline{\dim}_B F = n - \overline{\lim_{\delta\to 0}} \frac{\ln \operatorname{vol}^n(F_\delta)}{\ln \delta}$$

$$\overline{\dim}_B F = n - \underline{\lim_{\delta\to 0}} \frac{\ln \operatorname{vol}^n(F_\delta)}{\ln \delta}$$

式中，F_δ 是 F 的 δ 平行体。

证明 如果 F 能被 $N_\delta(F)$ 个半径为 $\delta<1$ 的球覆盖，则 F_δ 能被同样多的半径为 2δ 与前面的球同心的球覆盖，因此

$$\operatorname{vol}^n(F_\delta) \leqslant N_\delta(F) c_n (2\delta)^n$$

式中，c_n 是 R^n 上单位球的体积，取对数

$$\frac{\ln \operatorname{vol}^n(F_\delta)}{-\ln \delta} \leqslant \frac{\ln 2^n c_n + n\ln \delta + \ln N_\delta(F)}{-\ln \delta}$$

得

$$\underline{\lim_{\delta\to 0}} \frac{\ln \operatorname{vol}^n(F_\delta)}{-\ln \delta} \leqslant -n + \underline{\dim}_B F \tag{3.3.19}$$

对上极限也可以得到类似的不等式，另一方面如果有 $N_\delta(F)$ 个球心在 F 上、半径为 δ 的互不相交的闭球，则通过增加它们的容量，得

$$N_\delta(F) c_n(\delta)^n \leqslant \operatorname{vol}^n(F_\delta)$$

取对数，并令 $\delta\to 0$，可以得到与式(3.3.16)反向的不等式，再利用等价定义 3.1，命题即得证。

由于命题 3.4，盒计数维数有时被称为 Minkowski 维数或 Minkowski-Bouligand 维数。

理解盒计数维数与 Hausdorff 维数之间的关系是非常重要的，如果 F 能被 $N_\delta(F)$ 直径为 δ 的集覆盖，则由等价定义 3.1 得

$$H^s_\delta(F) \leqslant N_\delta(F)\delta^s$$

如果 $1<H^s(F)=\lim_{\delta\to 0} H^s_\delta(F)$，那么只要 δ 充分小，就有 $\ln N_\delta(F)+s\ln \delta>0$，于是 $s\leqslant \underline{\lim_{\delta\to 0}} \frac{\ln N_\delta(F)}{-\ln \delta}$，所以

$$\dim_H F \leqslant \underline{\dim}_B F \leqslant \overline{\dim}_B F$$

对任意的 $F\subset R^n$ 成立，一般这里不能得到等号。虽然对许多“相当规则”的集，Hausdorff 维数与盒计数维数是相等的，然而，也有大量使不等式严格成立的例子。

如果 $s=\dim_B F$ 从式(3.3.19)粗略地可以看出，当 δ 充分小时，$N_\delta(F)\simeq\delta^{-s}$。确切地说：如果 $s<\dim_B F$，则 $N_\delta(F)\delta^s\to\infty$；如果 $s>\dim_B F$，则 $N_\delta(F)\delta^s\to 0$。

但是

$$N_\delta(F)\delta^s = \inf\left\{ \sum_i \delta^s : \{U_i\} \text{ 是 } F \text{ 的(有限的)} \delta \text{ 覆盖} \right\}$$

它应当与

$$H_{\delta}^{s}(F)=\inf\left\{\sum_{i}|U_i|^s:\{U_i\}\text{ 是 }F\text{ 的(有限的)}\delta\text{ 覆盖}\right\}$$

进行比较,这是出现在 Hausdorff 测度和维数的定义中的。在计算 Hausdorff 维数中,我们给每个覆盖集 U_i 以不同的分量 $|U_i|^s$,而在盒计数维数的计算中,我们给每个覆盖集以相同的分量 δ^s,盒计数维数可以被认为是表示一个集合能被相同形状的小集合覆盖的效率,而 Hausdorff 维数涉及的可能是不同形状的小集合的覆盖。

这就会引起人们求出数值 $v(F)=\lim\limits_{\delta\to 0}N_{\delta}(F)\delta^s$ 的愿望,但由此给出的不是 R^n 上子集的测度。下面马上可以看到有关这个问题的一个推论。那就是盒计数维数有些不好的性质,有时难以进行数学处理。

由于盒计数维数是由相同形状集的覆盖所确定的,所以它计算起来比 Hausdorff 维数容易。正像 Hausdorff 维数计算一样,盒计数维数的计算通常也是分别涉及求维数的下界和上界,而每个界取决于几何观察,并通过代数估计而得到。

盒计数维数的下列基本性质反映了 Hausdorff 维数类似的性质,同时也可以用许多同样方法验证。

(1)对 R^n 上光滑的 m 维子流形 F,$\dim_B F=m$。

(2)$\underline{\dim}_B$ 与$\dim_B$ 是单调的。

(3)$\overline{\dim}_B$ 是有限稳定的,即$\overline{\dim}_B(E\cup F)=mx\{\overline{\dim}_B E,\overline{\dim}_B F\}$;然而,对$\underline{\dim}_B$,相应的等式却不成立。

(4)$\underline{\dim}_B$ 和$\overline{\dim}_B$ 是双利普希茨不变的,这是因为,如果$|f(x)-f(y)|\leqslant c|x-y|$,且 F 能被 $N_{\delta}(F)$个直径最大为 δ 的集覆盖,则在映射 f 之下,这个 $N_{\delta}(F)$ 集的像也组成 $f(F)$ 的一个直径最大为 $c\delta$ 的覆盖。因此,$\dim_B f(F)\leqslant\dim_B F$。类似地,盒计数维数也有像 Hausdorff 维数在双利普希茨和 Hölder 变换下的性质。

现在介绍一些盒计数维数的不好性质。

命题 3.5 用 $\overline{F}$ 表示 F 的闭包(即包含 F 的 R^n 的最小闭子集)则

$$\underline{\dim}_B\overline{F}=\underline{\dim}_B F$$
$$\overline{\dim}_B\overline{F}=\overline{\dim}_B F$$

证明 设 $B_1,\cdots,B_k$ 是半径为 δ 的闭球族,如果闭集$\bigcup\limits_{i=1}^{k}B_i$ 包含 F,它同时也包含 $\overline{F}$,因此覆盖 F 的半径为 δ 的最少的闭球也足够覆盖稍大的集 $\overline{F}$,结论获证。

这个命题的一个直接推论是,如果 F 是 R^n 上的开区域的稠子集,则$\underline{\dim}_B F=\overline{\dim}_B F=n$。例如,设 F 是 0,1 之间的有理数集(可数集),则 $\overline{F}=\{0,1\}$,因此$\underline{\dim}_B F=\overline{\dim}_B F=1$。于是可数集可以有非零的盒计数维数,作为单点集的每一个有理数的盒维数显然是零,但这些单点集的可数并维数却为 1。于是,对这种维数$\dim_B(\bigcup\limits_{i=1}^{\infty}F_i)=\sup\limits_i\dim_B F_i$ 一般不真。

上面引出的一个小集,即可数点集,破坏了维数的概念,这就严格限制了盒计数维数的应用。如果只把注意力限制在闭集上,也许情况会好一些,但困难依旧存在。

3.3.3 容量维数

若 $N(\delta)$是能够覆盖住一个点集的直径为 δ 的小球(称 δ 球)的最小数目,则点集的容量维数定义为

$$D_0=-\lim_{\delta\to 0}\frac{\ln N(\delta)}{\ln\delta} \tag{3.3.20}$$

由于容量维数基本上就是 Hausdorff 于 1919 年引入的广义维数定义,所以在许多实际问题中,可以不管容量维数与 Hausdorff 维数的细微差别,一律称为分数维数。

容量维数就是计算盒子法。这是一种常用的计算分形图形分形维数的实用方法,取边长为 δ 的小盒子(可理解为拓扑维数为 d 的小盒子),把分形覆盖起来。由于分形内部有各种层次的空洞和缝隙,所以有些小盒子是空的。有些小盒子覆盖了分形的一部分。数数多少小盒子不是空的,所得的非空盒子数记为 $N(\delta)$,然后缩小盒子的尺寸 δ,所得 $N(\delta)$ 自然要增大。当 $\delta\to 0$ 时,得到盒子法定义的分形维数,这里要强调的是,式(3.3.20)必须存在标度关系为

$$N(\delta)\sim\delta^{-D}$$

如果不存在这种标度关系,就不能使用分形维数的概念。

Kaplan 和 Yoke 在 1979 年利用 Lyapunov 指数给出了式(3.3.20)的另一种形式:

$$D_0=K+\frac{1}{|\lambda_{K+1}|}\sum_{i=1}^{K}\lambda_i \tag{3.3.21}$$

式中,$\lambda_i(i=1,2,\cdots,K)$是 Lyapunov 指数;$K$ 是满足 $\sum_{i=1}^{K}\lambda_i\geqslant 0$ 的最大整数。

3.3.4 关联维数

数盒子方法概念清楚,但实用性有限,只有当分形维数小于二维或在二维附近时,计算才是可行的。当空间维数增高时,计算量迅速上升。目前实践中使用最多的是简便易算的关联维数。

若在空间中某一集合由 N 个点组成,每个点的空间坐标是 $x_i(i=1,2\cdots,N)$,凡空间距离小于 δ 的点对称为有关联的点对。数一下有多少对关联点对,它在一切可能的 N^2 配对中所占的比例称为关联函数,有

$$C(\delta)=\frac{1}{N^2}\sum_{i,j=1}^{N}\theta(\delta-|x_i-x_J|)$$

其中 $\theta(\cdot)$为 Heaviside 函数,

$$\theta(\cdot)=\begin{cases}1,r>0\\0,r\leqslant 0\end{cases}$$

Grassbergr 和 Procaccia 在 1983 年应用关联函数 $C(\delta)$给出关联维数的定义如下:

$$D_2=-\lim_{\delta\to 0}\frac{\ln C(\delta)}{\ln\delta} \tag{3.3.22}$$

在关联维数计算中能否求出 D_2,关键在于 δ 的取值范围。若 δ 取值太大,则 $C(\delta)=1$,任何两点都发生关联。取对数后为 0,$\ln C(\delta)=0$。这样的 δ 反映不了系统内部的性质。适当地缩小 δ,可能在一段区间内有 $C(\delta)\sim\delta^D$,其中 D 就是 D_2 的一种逼近。若 δ 取得太小,则周围一切偶然行为对系统性质的影响都将表现出来。只有当 δ 取值恰到好处时,才会出现标度区间。

3.3.5 信息维数

式(3.3.20)的主要缺点在于只考虑了所需球的个数,而对每个球所覆盖的点数的多少却未加区别,故容量维数的定义没有反映研究对象的不均匀性,含有一个点和多个点的盒子在式(3.3.20)中具有同样的权重。因此,人们提出了修改容量维数的定义,并相应修改数盒子方法。

具体做法是把小盒子编号,如果第 i 个盒子落入 $N_i(\delta)$ 个点,就可以知道分形中的点落入第 i 个盒子的概率为

$$p_i(\delta)=\frac{N_i(\delta)}{N(\delta)}$$

式中,$N(\delta)$ 为总的点数。

然后,利用信息量的式得到了信息维数的定义为

$$D_1=-\lim_{\delta\to 0}\frac{1}{\ln\delta}\sum_{i=1}^{N(\delta)}P_i(\delta)\ln\left(\frac{1}{P_i(\delta)}\right) \tag{3.3.23}$$

不难看出,当每个盒子具有相同的权重,即 $p_i(\delta)=1/N(\delta)$ 时,$D_1=D_0$。由此可见,信息维数是容量维数的一个推广。

3.4 几种经典分形集的维数

3.4.1 Cantor 集合的维数

从 Cantor 集合的构造可见, Cantor 集合是一分布在区间[0,1]内的离散点集,其拓扑维数 $D_T=0$。现在来估算其分形维数;由于 Cantor 集合的构造中每一步生成均严格自相似于前一步的生成,所以由自相似维数的定义很容易确定,其相似比 $r=1/3$,$N=2$,则 Cantor 集合的自相似维数为

$$D_s=\frac{\ln N}{\ln(1/r)}=\frac{\ln 2}{\ln 3}=0.630\ 9$$

关于 Cantor 集合有以下两点值得强调:

第一,以上三分 Cantor 集合是把单位线段分成三段,舍去一段,保留两段,不断重复这种做法而生成的。倘若将单位线段等分 3^k 段,保留任意的 2^k 段,并不断重复这种做法,也可以得到一个分形的 Cantor 集合。它是与三分 Cantor 集合不同的集合,它的分维 D_s 为

$$D_s=\frac{\ln 2^k}{\ln 3^k}=\frac{\ln 2}{\ln 3}=0.630\,9$$

与三分 Cantor 集合相同，因此，不同的分形图形可以具有相同的分形维数。由此可见，分维虽然可表征分形的基本特征，但要完全确定地描述分形，在目前意义下用单一参数——分形维数是不够的，需要使用多个（甚至无穷个）参数来描述。

第二，数学分形经常是用来解释复杂现象的简单数学模型。仍以 Cantor 集合为例，Cantor 集合是由无穷多个点组成的，相邻点之间存在着“空区”，如果把单位线段看成时间轴，每个点看成发生在时间轴上的一次“点”事件，则可以把相邻事件之间的“空区”看成事件的间隔时间 Δt_i。从 Cantor 集合可以看出，存在着各种大小的 Δt_i。可以证明，比 Δt_0 间隔长的“空区”Δt_i 的数目 $N(\Delta t_i>\Delta t_0)$ 与 Δt_0 之间存在着幂指数关系，其幂指数即为 Cantor 集合的分维 D，即

$$N(\Delta t_i>\Delta t_0)\sim(\Delta t_0)^{-D}$$

它提供了描述自然界中许多演化过程的一种有用的数学模型。分形的创始人 Mandelbrot 研究了电子通信线路中出现误差的规律，发现它与 Cantor 集合如此相似，误差是一簇簇不连续出现的，一段无误差的通信之后紧跟着一段有误差的通信。通过仔细观察可以看到，一簇簇的误差中仍含有无误差的段落。如此下去，构成了分形时间的实例。Mandelbrot 发现一小时与一秒的不同水平上无误差与有误差段的比值相同，是一常量，这正是 Cantor 集合在现实中的一个典型例子。因此 Cantor 集合在模拟间断性时是不可缺少的工具。正是利用了 Cantor 集合的这种特性，Kagan 和 Knopoff 于 1981 年、Smalley 等于 1987 年、陈颙等于 1997 年分别构造了地震发生时间演化的数学模型。

从 Cantor 集合还可以看到，一种复杂图形可以由非常简单的规则（生成规则）经过持续并不断重复的迭代过程（演化过程）而生成。这种简单过程可以生成复杂图形。复杂图形中包含着简单的规则，是理解和应用分形几何的核心思想。

以三分 Cantor 集合为例，若以 1 表示存在（保留），以 0 表示不存在（去掉），则

$n=1$	1	0	1
$n=2$	101	000	101
$n=3$	101000	101000000000	101000101
⋮	⋮	⋮	⋮

不难看出 Cantor 集合的生成原则为

$$0\rightarrow 000$$
$$1\rightarrow 101$$

3.4.2　Koch 曲线的维数

从 Koch 曲线的构造可知，将图形放大 3 倍以后，得到下一步的曲线，所以其相似比 $r=1/3$，每下一步的图形是由 4 个原来的图所组成的，故 $N=4$，则 3 次 Koch 曲线的自相似维数为

$$D_s=\frac{\ln 4}{\ln 3}=1.2618$$

对于 4 次 Koch 曲线，每次迭代变换以后，得到 8 条小线段，$N=8$；每个小线段的长度都是原来(上一步)长度的 1/4，即相似比 $r=1/4$，则 4 次 Koch 曲线的自相似维数为

$$D_s=\frac{\ln 8}{\ln 4}=1.5000$$

3.4.3 Sierpinski 垫片的维数

由 Sierpinski 三角形(或垫片)生成过程可和，每一次操作，将三角形 4 等分，保留 3 个小三角形，即 $N=3$；每次变换后，小三角的边长为上一步的 1/2，即相似比 $r=1/2$，则 Sierpinski 三角形(或垫片)的自相似维数为

$$D_s=\frac{\ln 3}{\ln 2}=1.5850$$

类似地，Sierpinski 地毯由正方形生成，每次操作保留 8 个小正方形，即 $N=8$，每次变换后小正方形的边长是原来正方形边长的 1/3，即相似比 $r=1/3$，则 Sierpinsk 地毯的自相似维数为

$$D_s=\frac{\ln 8}{\ln 3}=1.8928$$

对于 Vicsek 图形，每一次操作保留 5 个小正方形，即 $N=5$，小正方形的边长是原来正方形边长的 1/3，即相似比 $r=1/3$，则 Vicsek 图形的自相似维数为

$$D_s=\frac{\ln 5}{\ln 3}=1.4650$$

对一个用正六面体构造出来的 Sierpinski 海绵，它每次变换后保留 20 个小正方体，即 $N=20$，小立方体的边长是原来立方体边长的 1/3，即相似比 $r=1/3$，则 Sierpinski 海绵的自相似维数为

$$D_s=\frac{\ln 20}{\ln 3}=2.7268$$

3.4.4 Peano 曲线的维数

Peano 曲线每次变换后，保留 9 条小直线段，即 $N=9$；小直线段的长度是原来长度的 1/3，即相似比 $r=1/3$，所以 Peano 曲线的自相似维数为

$$D_s=\frac{\ln 9}{\ln 3}=2.0000$$

这个自相似维数也就证明了 Peano 曲线是能够充满整个平面的曲线。

3.5 表面轮廓线分形维数的测定方法

确定分形维数是表征表面形貌分形特征的关键问题,计算分形维数的常用方法有尺码法、盒子计数法、差方法、功率谱法、结构函数法、均方根法、R/S 分析法和小波分析法等。

3.5.1 尺码法

尺码法(yad stick method)用某个选定尺码以分规方式沿着轮廓曲线测量,保持尺码分规两端的落点始终在轮廓曲线上,如图 3.5.1(a)所示。如此测量全部曲线后,所得曲线长度就是选定尺码与分规度量步数之积。选择 n 个尺码 $r_i(i=1,2,\cdots,n)$ 测量表面轮廓曲线,每个尺码测得的曲线长度为 L_i,因此得到一组数据 $[r_1,L_1],[r_2,L_2],\cdots,[r_n,L_n]$。在双对数坐标中以最小二乘法原理进行尺码和曲线长度两参数的直线回归,根据回归直线的斜率就可以得到轮廓曲线的分形维数估计值,如图 3.5.1(b)所示,轮廓曲线的分形维数是

$$D=1-\alpha \tag{3.5.1}$$

式中,α 为回归直线的斜率。

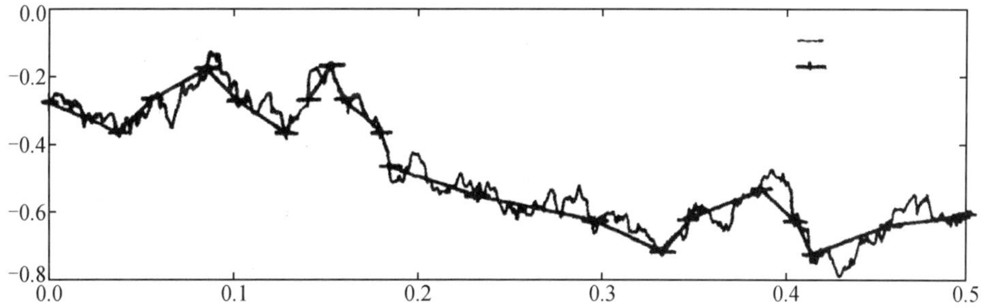

(a)

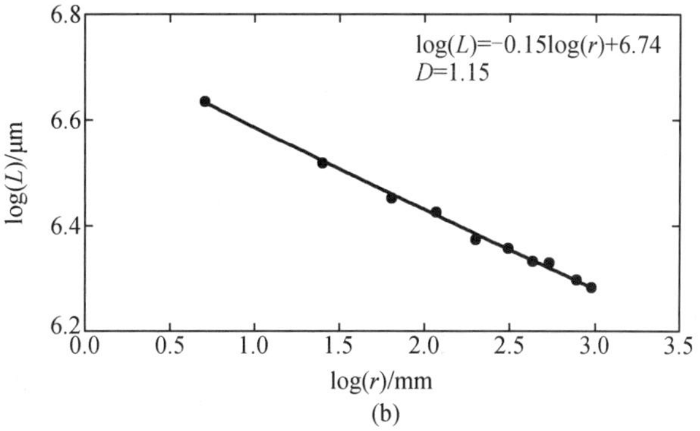

(b)

图 3.5.1 尺码法计算表面轮廓分形维数的原理

3.5.2 盒计数法

盒计数法在测量具有精确自相似性图形的分形维数时具有显著的优势,再结合其测量分形维数时表现出来的简易性,其成为最普遍的计算分形维数的主要方法之一。如图3.5.2所示为盒计数法的原理:将一条具有分形特征的曲线用边长为单位1的小正方形来覆盖,再将之前的方格分为 2^n 个小方格,此时的小方格的边长与初始小方格边长的比为 $1/2^n$,最后将那些与曲线的边界有相互重叠部分的小方格的数量 $M(n)$ 统计出来,则该曲线的分形维数为

$$D=\lim_{n\to\infty}\frac{\ln M(n)}{n\ln 2} \tag{3.5.2}$$

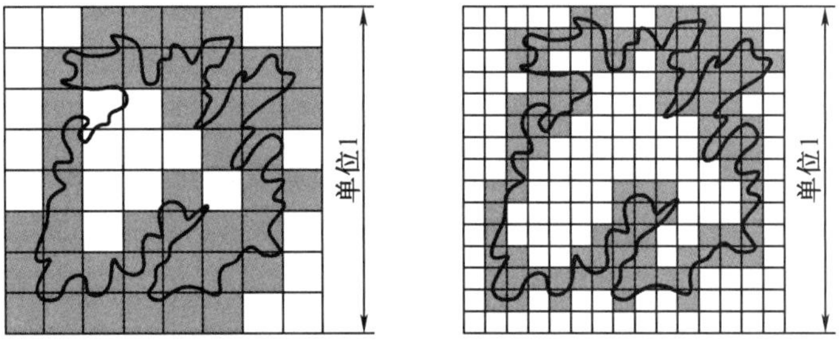

(a)以初始方格的尺度测量分形曲线　(b)以小方格的尺度测量分形曲线

图 3.5.2　盒计数法计算分形维数

3.5.3 变差法

变差法(variation method)计算表面轮廓分形维数的原理如图3.5.3所示,这种计算方法是尺码法的一种变异方法,以宽为 r 的矩形框首尾相接,将表面轮廓曲线覆盖起来,令第 i 个框内表面轮廓的最大值与最小值之差为 H,若尺度 r 很小,则 H_i 值就逼近曲线的长度。因此,等价的测度数 $V(r)$ 的表达式为

$$V(r)=\frac{\sum rH_i}{r^2}=\frac{\sum H_i}{r} \tag{3.5.3}$$

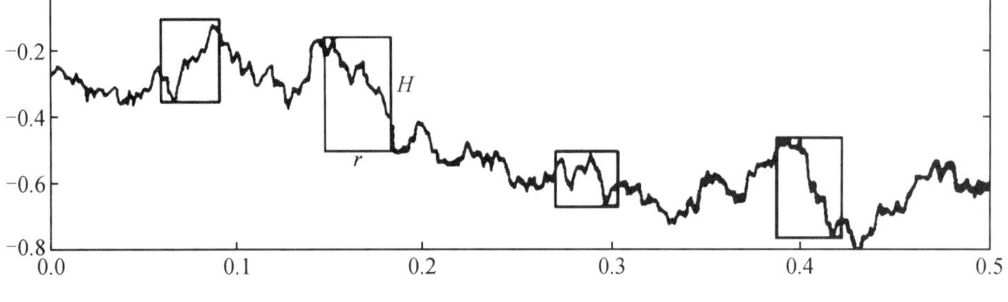

图 3.5.3　方差法计算表面轮廓分形维数的原理

将 $V(r)$ 与 r 在双对数坐标中做直线回归分析，由直线斜率可以得到轮廓曲线的分形维数

$$D=2-\alpha \tag{3.5.4}$$

3.5.4 功率谱法

功率谱法（power spectrum method）是将分形曲线以功率谱 $S(w)$ 为测度，以频率 w 为尺度，则有

$$S(w)\propto w^{-(5-2D)} \tag{3.5.5}$$

那么，所拟合的 $\lg S(w)-\lg w$ 直线的斜率 α 与 D 的关系为

$$D=\frac{5+\alpha}{2} \tag{3.5.6}$$

3.5.5 结构函数法

结构函数法（structure functio method）将表面轮廓曲线视为一个时间序列 $z(x)$，则具有分形特征的时间序列能使其采样数据的结构函数满足：

$$S(\tau)=\overline{[z(x+\tau)-z(x)]^2}=c\tau^{4-2D} \tag{3.5.7}$$

式中，$\overline{[z(x+\tau)-z(x)]^2}$ 表示差方的算术平均值；τ 是数据间隔的任意选择值。

针对若干尺度 τ 对轮廓曲线的离散信号计算出相应的 $S(\tau)$，然后在对数坐标中得 $\lg S-\lg\tau$ 直线的斜率 α，如此则分形维数 D 与斜率 α 的转换关系为

$$D=2-\frac{\alpha}{2} \tag{3.5.8}$$

3.5.6 均方根法

均方根法（root mean square method）是由葛世荣在1997年提出的，并用于加工表面的分形研究。该方法的物理意义更明确，对表面轮廓曲线有较好的表征作用。研究表明，具有分形性质的时间序列 $Z(\tau)$ 满足以下标度关系：

$$Z(\tau)-Z(\tau_0)=\zeta\,|\tau-\tau_0|^{2-D} \tag{3.5.9}$$

设 $\tau_0=0, Z(0)=0$，则时间序列的方差或协方差为

$$\mathrm{Var}(\tau)=E[Z(\tau)-\overline{Z(\tau)}]^2\sim\tau^{4-2D} \tag{3.5.10}$$

或者

$$\sigma(\tau)=\mathrm{Var}(\tau)^{1/2}=c\tau^{2-D} \tag{3.5.11}$$

上式表达了时间序列的协方差与时间区间的标度律，它表明时域 τ 内的协方差与时域尺度 τ 成幂指数关系，而这个幂指数与分形维数有关。对一条数字化的表面轮廓曲线，将其视为时间序列，用 n 个时域 $\tau_i(i=1,2,\cdots,n)$ 来计算它的协方差 $\sigma(\tau)$，在对数坐标中回归出 $\lg\sigma-\lg\tau$ 直线，于是回归直线的斜率 α 与分形维数的转换关系为

$$D=2-\alpha \tag{3.5.12}$$

需要指出的是,只有在采样尺度小于轮廓的相关长度的时候,式(3.5.11)表达的标度率关系才准确成立。因此,使用均方根法计算分形维数时,最大时域尺度以0.9倍相关长度为佳。

3.5.7 R/S 分析法

1951年,赫斯特(H. E. Hurst)研究非线性时间序列分析时,提出了一个描述随机变量的增量与时间增量的前后相关性模型,给出了以下经验幂律关系式:

$$\frac{R}{\sigma}=cn^{H} \tag{3.5.13}$$

式中,R 为调整极差;σ 为标准差;n 是样本容量;c 为常数;H 为 Hurst 指数。

该式之后被用来对 fBm 及自仿射分形曲线进行研究,称为 R/S(rescaled range analysis)分析。Hurst 指数与时间序列曲线的分形维数有关联。因此计算出 Hurst 指数,就可以得到分形维数。

Hurst 指数的计算方法如下:考虑一个时间序列 $z(t)$,则 $z(t)$ 在区间 τ 内的均值为

$$\overline{x_{\tau}} = \frac{1}{\tau}\sum_{u=1}^{\tau} x(u) \tag{3.5.14}$$

标准差为

$$S(\tau) = \left[\frac{1}{\tau}\sum_{u=1}^{\tau}\{x(u) - \overline{x_{\tau}}\}^{2}\right]^{1/2} \tag{3.5.15}$$

时间序列在区间 τ 内的累积偏差为

$$X(t,\tau) = \sum_{u=1}^{\tau}\{x(u) - \overline{x_{\tau}}\} \tag{3.5.16}$$

那么,该时间序列的极差为

$$R(\tau)= \max_{1\leqslant t\leqslant\tau} X(t,\tau) - \min_{1\leqslant t\leqslant\tau} X(t,\tau) \tag{3.5.17}$$

将极差与标准差之比 $R(\tau)/S(\tau)$ 表示为 R/S,赫斯特在分析 R/S 的统计规律时发现具有如下关系:

$$R/S=c\tau^{H} \tag{3.5.18}$$

对上式两边取对数,就有

$$\lg(R/S)=\lg(c)+H\lg(\tau) \tag{3.5.19}$$

对于一条轮廓曲线,计算出不同区间的极差后,根据式(3.5.19),用最小二乘法可得到 H,则有分形维数 $D=2-H$。

3.5.8 小波变换法

小波变换(wavelet transformation)是傅里叶分析的重要发展,它通过从大到小不同尺度的变换,在越来越小的尺度上观察越来越丰富的细节,类似于数学“放大镜”,具有放大和移位功能,是分析局部奇异性的有效工具。因此,小波变换是分析分形结构的有效手段之一。小波分析实际上是一组等 Q 结构的带通滤波器,它使不同尺度、不同频率的信号通过不同

的频带通道分离开来。分形信号 $x(t)$ 可以分解为一组满足一定条件的不相关随机变量的小波，其分解形式为

$$x(t)=\sum_m\sum_n d_n^m\varphi_n^m(t) \tag{3.5.20}$$

式中，d_n^m 是小波系数；$\varphi_n^m(t)$ 是小波函数，它满足以下形式：

$$\varphi_n^m(t)=2^{\frac{m}{2}}\varphi(2^n t-n) \tag{3.5.21}$$

对于一个分形信号 $x(t)$，若其方差为 σ_x^2，则有

$$\mathrm{Var}(d_n^m)=2^{-m}\frac{1}{2\pi}\int_{-\infty}^{\infty}\frac{\sigma_x^2}{|w|'}|\varphi(w)|^2\mathrm{d}w \tag{3.5.22}$$

由此可知，若对分形信号做小波变换，并求各尺度下小波系数的方差而得到的双对数曲线 $\lg(\mathrm{Var}(d_n^m))-\lg(m)$ 在理想情况下应为一条直线。对于一条轮廓曲线的随机信号，通过小波变换计算出一组 m 的小波系数之后，在双对数坐标上进行 $\mathrm{Var}(d_n^m)$ 与 m 的线性回归分析，得到直线的斜率为 α，那么分形维数为 $D=2-\alpha$。

3.6 表面结构的分形维数测定

表面结构物理化学性能测定的吸附法、小角散射法、孔度法都可以用于表面分形维数的测定。

3.6.1 吸附法

吸附法是最常用的表面结构研究方法之一，也是最早的表面分形维数测定方法。吸附法包括单分子层吸附法和多分子层吸附法两种。

当吸附质分子以单分子层覆盖在一定体积内的分形维数为 D 的吸附剂表面时，设吸附质分子的截面积为 σ，吸附剂微粒半径为 R，那么被吸附的物质量 V 为

$$V=k\sigma^{-D_s/2}R^{D_s} \tag{3.6.1}$$

式中，D_s 是表面的分形维数。

对式(3.6.1)做对数变换，则有

$$\lg V=\lg k-\frac{D_s}{2}\lg\sigma+D_s\lg R \tag{3.6.2}$$

固定 σ 或 R 两个参数中的一个，就可以从 $\lg V-\lg\sigma$ 或 $\lg V-\lg R$ 的线性回归中求出表面结构的分形维数 D_s，这就是单分子层吸附法。

经典 BET 模型扩展到分形表面 BET 方程修改为

$$\frac{V_m}{V_{0m}}=\frac{cx\ g_D(x)}{1-xg_D(0)} \tag{3.6.3}$$

式中，x 为相对压力，设 m 为分子层数，则有

$$g_D(x)=\int_1^{\infty} m^{1-D}\frac{1-(1+m)x^m+mx^{m+1}}{1+(c-1)x-cx^{m+1}}\mathrm{d}m \tag{3.6.4}$$

通过测定吸附剂对某吸附质的吸附等温线，根据式(3.6.3)可以求出 $g_D(x)$，再由式(3.6.4)求出分形维数值。

3.6.2 小角散射法

X 射线及中子小角散射是测量表面结构的一种主要方法。设粒子的回转半径为 R，X 射线中子的波长为 λ，散射角为 θ，则定义散射向量 q 为

$$q=4\pi\lambda^{-1}\sin\left(\frac{\theta}{2}\right) \tag{3.6.5}$$

当表面电子密度变化不连续，而且 $qR\gg1$ 时，则有散射角 θ 下的散射光强

$$I(q)\propto q^{-\alpha} \tag{3.6.6}$$

从一组散射角下的散射光强可以求得 α，若粒子大小均一，则有

$$\alpha=2D_{\text{mass}}-D_{\text{surf}} \tag{3.6.7}$$

对于面分形，$D_{\text{mass}}=3$，有 $\alpha>3$，$D=6-\alpha$；对于体分形，$D_{\text{mass}}=D_{\text{surf}}$，有 $\alpha<3$，$D=\alpha$。因此通过 α 值的大小可以判别表面是面分形还是体分形，并求出相应的分形维数。

3.6.3 孔度法

对于一个固体表面，其面分形维数可以从孔分布曲线求得，即

$$\frac{\mathrm{d}V_{\text{pore}}(r)}{\mathrm{d}r}\propto r^{2-D} \tag{3.6.8}$$

对微孔固体做毛细管填充试验，填充分数 θ 与相对压力的关系方程为

$$\theta=K\left[\ln\left(\frac{p_0}{p}\right)\right]^{D-3} \tag{3.6.9}$$

根据此式就可以求得分形维数。

3.6.4 投影面积法

投影面积法是一种常用的试验方法，用于评估表面粗糙度或复杂性的分形特性。这种方法特别适用于测量三维物体表面的分形维数。当一个具有复杂表面结构的物体从不同角度投影到一个平面上时，所形成的投影面积会随着观察角度的变化而变化。对于具有分形性质的表面，这种变化遵循一定的规律，可以用来计算表面的分形维数。

准备具有复杂表面结构的样品，确保样品表面干净且没有明显的污染物或损伤。从多个不同的角度拍摄样品的投影图像。根据投影角度 θ 和相应的投影面积 $A(\theta)$ 构造数据点。通常使用对数坐标系绘制 $\lg(A(\theta))$ 对 $\lg(\cos(\theta))$ 的图，其中 θ 是从垂直于表面的角度变化到平行于表面的角度。

对这些数据点进行线性回归分析，得到一条直线的斜率 α。分形维数 D_{f} 可以通过直线

的斜率来计算。对于理想情况下的分形表面,分形维数 D_f 与直线的斜率 α 之间的关系为

$$D_f = 2+\alpha$$

式中,2 表示二维平面的拓扑维数,反映了投影面积随角度变化的规律。

3.6.5　立方体覆盖法

立方体覆盖法适用于三维空间中的分形结构。分形维数衡量了物体在不同尺度上的复杂性和自相似性。在三维空间中,如果一个物体具有分形特性,那么随着尺度的减小,覆盖该物体表面所需要的立方体数量将以特定的方式增加。这个增加的比例与分形维数密切相关。

确定要分析的三维物体或者表面的边界,选取一系列不同的尺度 r,这些尺度应该涵盖从大到小的范围,以充分描述物体在不同尺度下的特性。根据选定的尺度 r,在整个研究区域内建立一个由边长为 r 的立方体组成的三维网格。统计在每一个尺度 r 下,完全覆盖物体表面所需的最小立方体数量 $N(r)$。使用对数坐标系绘制 $\lg(N(r))$ 对 $\log(1/r)$ 的图,在双对数图上寻找线性区域,并对该区域的数据进行线性回归分析。线性回归的结果给出一条直线的斜率 α。分形维数 D 通常可以通过斜率 α 来计算,其数学关系为

$$D=\alpha$$

第 4 章 分形结构设计

分形结构是一种在自然界中广泛存在的几何形状，它们具有自相似性，即在不同的尺度上重复出现相似的模式。而分形结构设计是一种创新的设计方法，它基于分形几何学原理，通过自相似性和递归性在不同尺度上重复的模式，创造出具有无限复杂性的结构。这种设计不仅用于模拟自然界中的形态，如树木、河流等，还广泛应用于艺术、建筑、工程设计等领域。利用计算机辅助设计，可以精确控制分形的参数，优化性能，如提高材料强度或改善热传递效率。分形结构设计代表了一种对自然界复杂性深刻理解的现代设计语言。

4.1 分形表面结构设计

分形表面结构设计是一种利用分形几何原理来创建具有自相似性和复杂性的微观表面结构的设计方法。这种设计通过在不同尺度上重复相似的图案，增强表面的功能性，如改善摩擦、磨损、流体流动和光学性能。分形表面在工程应用中表现出独特的物理特性，使其适用于密封、光学器件和流体管理等领域。

目前国内有很多研究者开始研究利用分形理论框架分析材料表面织构以及摩擦学性能。为了更准确有效地描述活塞组件-缸套系统减摩织构的物理特征，从而优化摩擦学性能和表面减摩织构的加工，陈卓以活塞环-缸套系统为研究对象，针对高性能内燃机在开发中对活塞环-缸套系统提出的高摩擦学性能要求，围绕活塞环-缸套系统摩擦副表面织构的减摩性能以及减摩织构表面形貌的分形表征方法开展研究。通过有限元分析瞬态动力学与 Archard 磨损模型理论基础，介绍有限元分析理论以及基于三维问题的加权残值法的计算原理，并对瞬态动力学原理及其常用的计算方法进行论述，详细阐述使用 Archard 磨损模型计算磨损量的方法，为后续有限元分析提供理论依据。这项研究通过实际的摩擦磨损试验，结合高精度的表面测量技术，来验证表面织构对活塞环-缸套系统摩擦系数的降低效果，并分析了不同工况下表面形貌的变化，以评估减摩织构的性能。研究结果表明，加工减摩织构虽然在初期会产生更多磨屑，但能够有效减少整个磨合阶段的平均摩擦系数，并保护表面形貌不受磨损。其中，活塞环与缸套耦合织构表现出最佳的减摩性能，其次是单一活塞环织构，而单一缸套织构的效果最差。此外，加工减摩织构还能显著减小磨合末期的摩擦系数，尤其是在高载荷条件下更为明显。同时建立 Archard 磨损模型，并结合 ANSYS Workbench 软件研究了不同织构对活塞环-缸套系统摩擦副的等效应力、应变与磨损量的影响。对活塞环-缸套系统中的减摩织构进行优化，以减少摩擦和磨损，并验证了分析结果的可靠性。结果表明，加工单一缸套织构会显著增加等效应力的最大值，而加工单一活塞环织构和活塞环、缸套耦合织构对此影响较小。加工减摩织构能够显著减小磨损量，其中活塞环、缸套耦合织构的效果最佳，单一活塞环织构次之，单一缸套织构效果最差。由于加工单一缸套织构会导致活塞环磨损量增加且容易被磨损，因此建议在活塞环表面加工减摩织构以提升系统的减摩抗磨性能。

最后，针对缸套减摩织构表面，使用平顶珩磨工艺进行粗珩与平顶珩磨加工试验，通过无损图像采集系统获取粗珩与平顶珩磨后的缸套减摩织构表面图像，使用分块迭代函数系统方法、差分盒计数维数法和功率谱密度法计算粗珩与平顶珩磨后的缸套减摩织构表面图像的分形维数以计算分形维数的均方误差为研究对象，比较三种分形维数计算方法的准确性。在此基础上，使用激光打标机在缸套减摩织构表面加工具有不同物理特征的凹坑织构并采集图像，使用三种方法计算各组图像的分形维数并比较相应的均方误差，得到针对缸套减摩织构表面计算精度最高的分形维数计算方法。结果发现，在计算缸套减摩织构表面图像的分形维数时，分块迭代函数系统方法的计算精度最高，差分盒计数维数法次之，而功率谱密度法的误差最大。

张永芳提出了一种新的方法来描述活塞组件-缸套系统减摩织构的物理特征。该方法结合了曲波变换和分块迭代函数系统（PIFS），通过曲波变换分离多尺度、各向异性的织构表面信息，并利用 PIFS 方法进行分形表征。研究发现，曲波变换方法能够有效地对减摩织构表面的灰度图像信息进行多尺度和各向异性分离，从而准确提取出减摩织构的物理特征以实现其物理特征的 PIFS 分形定量表征，包括网纹织构和凹坑织构。然后将 PIFS 方法计算得到的分形维数与差分盒计数维数方法（DBC）进行比较，验证了 PIFS 方法计算得到的分形维数能够更为敏感和有效地反映减摩织构物理特征的变化。表 4.1.1 和表 4.1.2 分别展示了 PIFS 分形维数和 DBC 在表征具有不同截面尺寸和不同深度的凹坑织构物理特征方面的效果。如表 4.1.1 所示，随着凹坑截面尺寸的增大，PIFS 分形维数的变化幅度明显大于差分盒计数维数。例如，当截面尺寸从 50 μm 增加到 100 μm 时，PIFS 分形维数从 2.124 增加到 2.509，变化了 18.12%；而差分盒计数维数从 2.579 增加到 2.422，变化了 6.09%。这说明 PIFS 分形维数能够更有效地捕捉凹坑截面尺寸的变化，从而更准确地反映凹坑织构的物理特征。表 4.1.2 展示了 PIFS 分形维数和差分盒计数维数在表征不同深度凹坑织构物理特征方面的效果对比。发现随着凹坑深度的增大，PIFS 分形维数的变化幅度明显大于差分盒计数维数。例如，当凹坑深度从 50 μm 增加到 100 μm 时，PIFS 分形维数从 2.783 减小到2.765，变化了 0.64%；而差分盒计数维数从 2.238 增加到 2.247，变化了 0.40%。这说明 PIFS 分形维数能够更有效地捕捉凹坑深度的变化，从而更准确地反映凹坑织构的物理特征。相比之下，差分盒计数维数由于主要反映图像的粗糙度和自相似性，而凹坑截面尺寸的变化对图像粗糙度的影响相对较小。因此，差分盒计数维数的变化幅度较小，表明其对凹坑截面尺寸变化的敏感性较低。

摩擦对机械设备的工作性能和寿命有着直接影响。通过在摩擦副表面加工微织构可以显著改善润滑性能并减少磨损。然而，当前的表面织构设计大多依赖经验和仿生学，缺乏系统的理论支持和设计准则。因此夏雅兵研究了基于分形几何的表面织构设计及摩擦学性能。通过引入分形几何理论，利用其自相似性和多尺度特征，为表面织构设计提供新的思路和方法。

表 4.1.1 不同截面尺寸时,凹坑织构物理特征的分形维数

凹坑织构表面		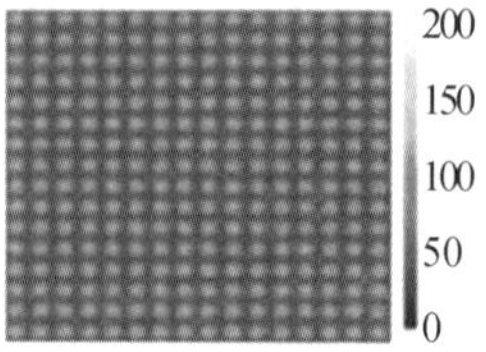	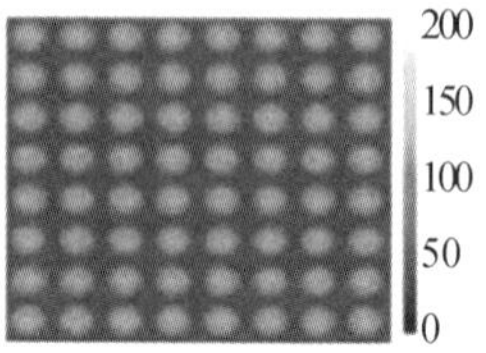
PIFS	2. 124	2. 509	2. 783
DBC	2. 579	2. 422	2. 238

表 4.1.2 不同织构深度时,凹坑织构物理特征的分形维数

凹坑织构表面	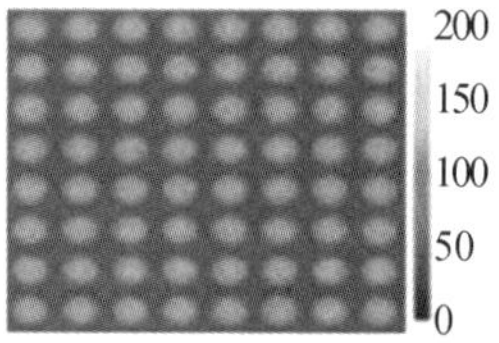	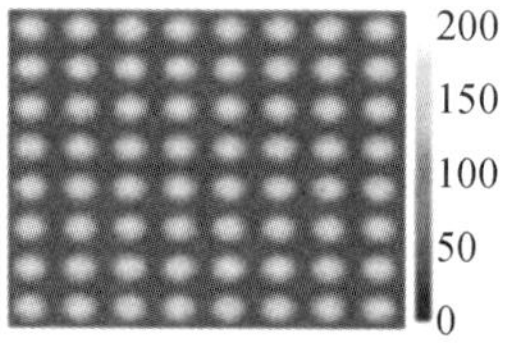	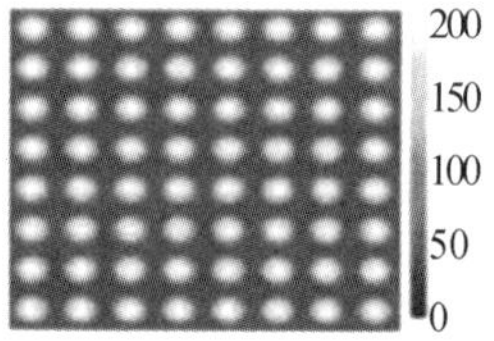
PIFS	2. 783	2. 765	2. 749
DBC	2. 238	2. 247	2. 252

首先介绍了分形几何的基本理论,以常见的分形图形为例浅析了分形图像的自相似性和多尺度性,并对其维数进行求解。并应用 W-M 函数构建了二维和三维粗糙表面形貌。然后阐述了表面织构的设计思想,介绍了常见的分形几何函数。并选取了谢尔宾斯基三角和地毯为本次设计的基础,用方形、三角形、五角星、五边形及圆形为微几何单元设计了 40 种图像,初步分析了如何应用 GA-SQP 混合算法寻求微织构的最优几何参数和分布位置。通过对比其孔隙率及分形维数的大小,选取了最佳的 5 个图案,为后续的仿真和试验提供了微织构模型。接着应用流体仿真软件 COMSOL 对所选取的 5 种分形图像进行仿真渗入研究。通过建立几何模型,设置边界条件,得出不同分形特征的表面织构的渗透速率。仿真结果表明,在粗糙表面加工具有分形特征的表面织构,可以影响表面流体的渗入。渗透速度随着迂曲度的减少而增加,渗透速度越大其储油能力越强,应用到机械接触中,其摩擦力就越小。流体的渗透速度除了和迂曲度有关外,还和入口出口的压力有关,两侧压差越大,流体渗透速度越快。通过比较五种类型的微织构单元的渗流速度,发现圆形凹坑的渗流速度最大,因此在实际工况中,可在界面加工具有分形特征的圆形微织构形貌,以改善界面的润滑性能。

最后将试验所得织构图案利用激光加工方法在 45 钢表面制备出相关试样,开展表面形貌的测量试验,并提取了表面轮廓数据;然后在多功能摩擦磨损试验机上,对织构化和未织构的 45 钢样块进行摩擦试验,采用 TPF-1 扫描电子显微镜和 TSRP-150 粗糙度轮廓仪一体机对试样表面的磨痕形貌进行分析;对织构减磨效果进行分析与评价,并与微流体渗入

仿真关联,得出其参数关联规律。结果发现,在相同载荷下,与无织构样貌的试件对比,具有分形特征的织构化粗糙表面的摩擦系数较低,主要原因是具有分形特点的凹坑具有相互关联性使得流体的迂曲度减少,所以渗透速度增加。因此在粗糙表面加工微织构可以减少摩擦,降低磨损。同时在相同的载荷下,平均摩擦系数的曲线图初期有较大的波动,主要原因是初期试样表面接触不充分,尤其是具有凹坑的分形图形,造成了局部压力增大,因此初期摩擦系数急剧增加。此外,在相同载荷下,有织构的试样的摩擦系数由波动到稳定的时间最短的为圆形微几何单元,即润滑油在圆形织构界面平铺的速度最快,这与渗透仿真结果一致。在相同载荷下,因为圆形织构其储存润滑油及磨粒的性能优于其他织构,所以其摩擦系数最小。因此,实际工况中,在界面加工出具有分形特征的圆形微凹坑可以改善界面摩擦性能。

圆柱面接触密封是机械工业常用的一种密封形式,广泛应用于旋塞阀、液压滑阀、柱塞泵等石化装备。相较于线密封和平面密封,圆柱面接触密封的加工工艺更复杂,密封面精度难以保证。目前,以宏观的密封比压评价圆柱面机械密封可靠性与实际工况存在较大的差异,而应用分形理论能更全面地评价密封表面微观结构对密封面接触行为和密封效果的影响。但关于接触密封泄漏量的研究主要聚焦于低维平面副,考虑微观结构的圆柱曲面密封模型和相关泄漏分析鲜有报道。鉴于此,李龙飞等基于分形理论,依据圆柱密封面表面粗糙度分形函数,建立圆柱面密封泄漏数学模型,分析表面粗糙度、接触系数、过盈量和材料表面硬度等参数对圆柱面密封泄漏量的影响规律,为圆柱面接触密封设计和泄漏评价提供参考。结果发现,密封构件表面粗糙度是影响圆柱面接触密封的主要参数,通过数值模拟发现:在足够初始密封预紧力下,表面粗糙度小于 1.6 μm 时,改变密封介质压力对泄漏量影响甚微,可保证密封要求。其次,综合弹性模量及过盈量均与泄漏量成反比。增大综合弹性模量可提高过盈量对密封面泄漏量的敏感性, 扩大过盈量对泄漏量的调控范围。软质密封件表面布氏硬度小于 300 N/mm^2 时,合理减小表面硬度可有效减小泄漏量;当表面硬度大于 300 N/mm^2 时,减小硬度对泄漏量影响并不明显,应先考虑接触磨损。最大泄漏孔隙是描述密封件使用寿命的重要参数,尤其是密封介质含有硬颗粒杂质时,减小最大泄漏孔隙可提高密封件使用寿命。

理论和试验研究证明,在摩擦副表面设计织构能够有效地增加表面的抗磨性能和承载能力,减小表面间的摩擦力。对比研究证明:相对于平行沟槽和交叉网格型织构,具有离散特征的各种形貌的凹坑织构对摩擦副动压润滑性能的提升有较大贡献,其中尤以几何形状简单、对称性高的球形、柱形和方形织构备受重视,而且大量的研究结果也显示此类几何形貌的织构在减小摩擦力和增加承载能力方面确实具有一定的优势。鉴于此,王洪涛等依据典型的谢尔宾斯基方毯结构,设计了具有分形特征的表面织构,并利用计算流体力学仿真方法系统分析讨论了油润滑条件下织构的深度、大小等几何参数,以及相对滑动速度对织构表面的摩擦力和动压承载能力的影响。研究发现,增加分形织构的深度能小幅度地减小表面摩擦系数,而缩小织构的尺度则可以明显降低表面的摩擦系数。分形织构和规则阵列织构的对比研究发现,相同面积比条件下二者的摩擦系数基本一致,而分形织构在承载能力上明显优于规则阵列织构。结论是在材料表面设计具有分形特征的织构能有效地改善摩擦副表面的滑动摩擦性能,为表面减摩织构设计提供了一种新思路。

4.2 分形吸能结构设计

分形吸能结构设计是一种利用分形几何原理来创建具有高效能量吸收能力的结构设计方法。这种结构通过自相似性和多层次性,在受到冲击或压力时能有效吸收和分散能量,减少结构损伤。分形吸能结构广泛应用于抗震建筑、汽车安全部件和军事装备等领域,以提高这些结构在极端条件下的安全性和耐久性。

随着汽车数量的增加,汽车碰撞事故频发,汽车吸能盒作为重要的安全部件,其吸能性能直接影响乘客安全。目前,采用传统金属薄壁结构的吸能特性已难以提升,因此需要探索新的设计方法。自然界中许多动植物拥有优异的吸能防护结构,为仿生设计提供灵感。甲虫鞘翅是自然界中轻质高强的结构,具有很高的比强度和比刚度,是理想的仿生对象。而分形几何学为描述自然界不规则现象提供有力工具,可以应用于薄壁管结构设计。

为了提高汽车吸能盒的吸能性能,林守强设计了基于仿生甲虫鞘翅的分形结构。首先,基于甲虫鞘翅微观结构和分形原理,设计出三种系列的仿生多胞薄壁圆管,并采用 LS-DYNA 对模型仿真计算。结果表明,仿真模拟与试验结果的相对误差最大为 4.16%,有限元模型具有足够高的精度,可以应用于后续研究。然后为了验证本书仿真模型的准确性,制备 A6061-O 试样,并进行拉伸试验,获取其材料性能,为仿真分析设置参数提供数据基础。对不同网格尺寸进行了网格收敛性分析,得出了最佳网格尺寸是 1.5 mm。

随后分析了三个系列的吸能特性,不同特征结构对薄壁管吸能的影响,不同分支数下的载荷波动度,并选取三系列中吸能效果最好的薄壁管与同质量的传统肋板结构做了比较;最后,深入分析了不同位置的中心小柱对变形模式的影响规律。结果发现,分支数为 3 时具有优异的变形模式和吸能特性,与传统肋板结构相比,运用仿生与分形原理相结合所设计的仿生薄壁管能有效提高比吸能,最高可达 36.75%。这是由于其中间小柱在压缩过程中吸收了额外耗散能量,从而提高了仿生薄壁管的吸能特性。其次,同一结构、不同位置的中心小柱,在压缩过程中抵抗变形的能力大小不同。其中,与中心小柱直接连接的肋板数为 3 时,中心小柱抵抗变形的能力最好,中心小柱压溃过程更加稳定的原因是,它们周围的肋板约束呈三角形分布,这是由于三角形约束具有更好的稳定性。

对超叠缩原理和简化超叠缩原理进行整理分析;然后,基于简化超叠缩原理把结构分为三个基础单元,预测不同壁厚 t 和不同中心小柱外径 d 下结构的平均载荷,提出了适用于仿生多胞圆管的平均载荷公式,并分析结构参数对吸能特性的影响;最后,通过仿真分析,验证轴向压缩下的仿生薄壁管平均载荷公式的准确性。该方法为仿生多胞薄壁圆管平均理论研究推导提供参考,也可用于推导其他圆形结构的理论表达式。结果表明,仿生薄壁结构的平均载荷随材料的流动应力 σ_0、壁厚 t、分枝数 N 和所有基本单元的总长度 L_c 的增大而增大;仿生薄壁圆管的结构参数对吸能特性的影响大小为:壁厚 t>中心小柱外径 d>分枝数 N,且影响因素之间有交互作用,彼此关联。基于 LS-DYNA,运用有限元分析验证了所提出的平均载荷公式的准确性，理论计算结果和仿真模拟结果吻合良好，最大误差为9.56%。

依据之前的仿真所得数值结果，基于壁厚、中心小柱外径对仿生甲虫鞘翅薄壁管开展多目标优化设计，并采用最优超拉丁方法进行方案设计，使每个样本点在设计空间中均匀分布；然后，本书采用Kriging模型来模拟局部个别点的结果并使用克里金法插值到全局，此外，通过分析结构参数该结构的吸能特性的影响，对仿生多胞薄壁管进行多目标优化设计；最后，对仿生多胞薄壁管展开试验，验证了最优结构的可行性。通过进一步优化得到的最优仿生多胞薄壁管。优化结果表明，最优仿生多胞薄壁管具有较高比吸能和较低初始峰值载荷，与传统肋板结构相比，最优BMCT比吸能提高45.50%，初始峰值载荷降低18.54%。通过代理模型和仿真分析相结合的方式进行了精度评估。结果表明，多目标优化值与仿真值的对比验证，两者的初始峰值载荷与比吸能的相对误差均小于5%，证明了本书采取的代理模型的准确性与可行性。采用Pareto前沿提供轴向压缩下一系列最优解的集合，为工程设计提供指导。结果表明，中心小柱外径d的增大有利于增加结构的稳定性与吸能能力，壁厚t的增大会增加结构的刚度。因此，在具有Pareto前沿之后，在从非占优集合中挑选解之前，能够获悉因为改善一个目标而恶化其他目标的程度。

随着科学技术与社会进程的迅速发展，振动和噪声问题日益突显，军事、航空航天等领域以及日常生活方面存在的振动噪声问题尤为突出。而常规材料难以同时实现减振降噪和更佳力学性能，因此对多功能材料的需求迫切。这其中出现的声学超材料为弹性波传播的调控和抑制提供了新的方向，可应用于减振降噪。但通过对国内外相关研究的分析，可以发现声学超材料的研究在实践应用中还存在一些不足，主要是以下几个问题：一是结构设计复杂，针对不同目标的设定所需的几何参数和材料参数较为复杂，会带来一系列生产成本问题。二是所设计的结构较为单一，能得到较好带隙特性的结构较少。三是应用场景多为军事领域或者大型工业项目，真正贴近生活的应用较少。

针对工程中的减振问题，张晨设计了一种新型蜂窝分形结构声学超材料，对其能带结构进行分析，首先研究了其在二维平面内的带隙特性，同时研究了不同参数对其带隙特性的影响，并通过试验检验仿真计算的正确性；其次利用谱元法求解其透射率，与有限元法进行对比研究；最后针对分形结构的声学特性进行了研究，对其声传输特性和吸声系数进行计算分析，同时对其鲁棒性展开研究，进一步验证其声传输特性。

张晨首先针对所研究分形结构带隙进行了超材料理论基础的介绍，详细阐述了弹性波基本方程以及能带理论和布洛赫定理，然后通过说明有限元理论为分形结构建模提供有效的方法，最后通过介绍谱元法相关理论为后续计算结构带隙以及传输损失奠定了基础。其次针对所设计的分形结构采用有限元法对二维平面带隙进行计算，并依据计算结构进行优化，对优化后的结构结合模态振型进行带隙机理分析，研究了不同阶分形结构对带隙结果的影响；最后对所设计的分形结构带隙进行调控，主要从结构几何尺寸参数和材料参数进行优化。运用COMSOL Multiphysics软件对几何尺寸参数（结构分形比、结构壁厚、结构内凹角度和结构局部缺陷）和材料参数（结构材料密度、结构弹性模量和结构泊松比）进行仿真计算。通过合理的参数设计，使所提出的超材料实现宽频带隙。之后推导了杆单元和梁单元的动力学刚度矩阵,为后续分形结构组装求解整体结构动力学刚度矩阵奠定了基础。运用谱元法对分形结构进行动力学响应分析,通过不同阶分形结构进行动力学刚度矩阵的求解,计算了不同阶分形结构的固有频率和振动透射率,将计算结果与有限元仿真结果进行对比,验证了谱元法计算分形结构的正确性。接着对分形结构声学特性进行研究,运用有限元软件建立分形结构有限元模型,改变通道的有效长度和通道宽度探究分形结构的声传输特性;最后进行了分形结构鲁棒性,通过分析发现其在不同水平方向、垂直方向和旋转角度都具有较好的鲁棒性,可以实现稳定宽频隔声。最后对分形结构的带隙进行试验验证,通过 3D 打印制备了不同阶蜂窝分形结构,运用试验研究测得其频响曲线,将试验结果与仿真计算进行对比,验证了仿真计算的准确性。

试验研究所得结论如下:

(1)所提出的分形结构声学超材料具有优良的带隙特性。通过有限元法计算了不同阶分形结构的能带结构,得到了结构带隙。结果表明随着分形阶数的增加,结构中带隙数量增加,表现出更好的宽频特性。二阶结构的带隙效果最好,单条带隙宽度可达到 3 005 Hz,整体带隙所占比例也达到了整个频率的 58.7%。随着分形阶数的增加,方向带隙所占比例也逐渐增加,一阶结构到三阶结构比例分别为 34.1%、84.1%和 90.5%,说明分形结构在 Γ-X 方向上具有很好的隔声特性。

(2)结构尺寸和材料参数的优化可以实现对带隙分布的调控。通过对分形结构带隙调控特性进行研究,从结构几何尺寸参数和材料参数方面得出以下结论:结构分形比例对结构带隙的影响比较明显,随着结构分形比的增加,带隙范围向高频移动;随着结构壁厚的增大,带隙分布并没有较大的变化,产生带隙的数量也基本不变,但带隙产生的起始频率和终止频率都出现一定程度的增大;结构内凹角度的增大对带隙频率范围的增大起到促进作用;结构局部缺陷对带隙的影响效果并不明显。随着材料参数的增大,结构材料密度、弹性模量和泊松比带隙分布范围分别降低、增大和增大。

(3)谱元法能有效对分形结构进行求解,计算量小且计算速度快。利用谱元法求解不同阶分形结构的动力学刚度矩阵,并通过 Matlab 软件计算结构的频响透射率。通过与有限元法计算带隙结果相比较,发现带隙总体分布基本一致,计算结果很好地验证了谱元法计算带隙的准确性。一阶结构带隙主要集中在 1 000~4 000 Hz 区域,高频区域并没有较宽的带隙。二级分形结构效果最好,能产生最宽的带隙,主要在 4 000~9 000 Hz 范围内。三阶分形结构仅在 4 000~6 000 Hz 和 9 000~10 000 Hz 范围内形成较宽的带隙。

(4)所设计的分形结构具有良好的声学特性,呈现出更好的低频、宽频隔声特性。通过对分形结构声学特性的研究得到如下结论:声通道长度和宽度是影响分形结构传输特性的主要影响因素,随着分形阶数的增加,在频率范围内将会出现更多的传输损失峰,随着结构单元的增加,声波传输的隔声性能更好,结构表现出更好的低频、宽频隔声特性;不同阶分形结构在水平方向、垂直方向以及旋转角度等方面都具有很好的鲁棒性,为其更好地应用于工程领域奠定了基础。

随着汽车数量的增加,交通安全事故的发生率也越来越高,严重威胁着乘员的生命。因此,有必要对汽车的被动安全进行研究,以减少事故对乘员的伤害。为了提高汽车的被动安全，最常用的方法之一是在汽车前部安装吸能装置。薄壁结构由于其质量小、制造成本低、吸能效率高等优点，在航空航天、交通运输、民用和军事设施等许多领域被广泛用作能量吸收器。其通过自身的压溃变形来缓冲吸能，从而达到保护乘员生命安全的作用。近几十年来，国内外研究人员通过理论、数值和试验等不同方法对不同截面形状薄壁管的耐撞性进行了研究。

其中吴斌等以树状分形结构为灵感，依据树枝生长规律，设计了两种树状分形结构，并绘制了其横截面演变图；建立了仿生薄壁管的平均冲击力理论模型，并推导了相应的公式；利用有限元软件建立了两类仿生薄壁结构的模型，并进行轴向压缩的动态仿真；对比分析了不同结构的耐撞性指标，并验证了理论模型的可靠性。研究结果表明，树状分形设计通过控制薄壁管的截面构型和材料分布，增加了截面折角，使更多的材料分布在折角附近来促进结构的变形稳定性。树状分形设计的理论计算与数值模拟结果吻合较好。因此，所建立的理论模型可以有效地预测仿生薄壁管的能量吸收性能。树状分形设计的高阶仿生管能量吸收能力优于单胞方管。本书设计的三阶 TFS-B3 在能量吸收方面是单胞结构的 3.45 倍，载荷效率较单胞结构提升了 97.7%。因此，设计合理的高阶仿生管在车辆能量吸收结构等方面有良好的应用前景。

此外，侯玉波也针对汽车的安全防护问题，对其薄壁结构进行了改良研究。他基于谢尔宾斯基三角形分形方法提出一种具有分形设计的薄壁结构，并根据薄壁结构的材料属性设计出具有厚度梯度的分形薄壁结构，充分研究分形梯度薄壁结构的力学性能，并通过改变结构的厚度配置来探索出最佳的梯度形式，旨在为分形梯度薄壁结构在工程中的应用中提供一定的理论支撑与应用前景。

首先简要概述了谢尔宾斯基三角形分形梯度薄壁结构中所采用的方法和理论依据，主要研究了谢尔宾斯基三角形分形梯度薄壁结构的轴向力学性能。采用试验和数值仿真的方法对该薄壁结构的抗冲击性能进行研究，对比分形设计和厚度梯度设计与传统的薄壁结构的耐撞性差异，接着通过理论预测的方法分析了同质量下均匀厚度和厚度梯度谢尔宾斯基三角形薄壁结构的力学性能。最后详细研究不同的分形阶数以及厚度梯度的设计形式对薄壁结构耐撞性的影响。之后进一步研究了谢尔宾斯基三角形分形梯度薄壁结构在倾斜冲击下力学性能。采用数值仿真和多目标优化的研究方法分析了分形设计和厚度梯度对薄壁结构倾斜冲击下的影响，对比了厚度梯度和均匀厚度谢尔宾斯基三角形薄壁结构的吸能机理以及分形和梯度设计的优势所在，并且针对其厚度参数进行相应的多目标优化，旨在找出最佳的设计参数以提高结构的耐撞性。最后将这种分形和厚度梯度相结合的设计方法应用在其他的几何结构中，研究并对比了同质量下三角形、正方形、五边形和六边形分形梯度薄壁结构在多工况下各自的力学性能，进一步加强了分形梯度设计方法对于提高薄壁结构耐撞性的理论依据。

综合以上试验，最终得出的结果为厚度梯度的设计能够有效地改善薄壁结构在多工况冲击过程中的屈曲失稳现象，保证薄壁结构在碰撞过程中能够产生稳定的塑性褶皱，同时，厚度梯度薄壁结构相比均匀厚度薄壁结构具有更低的初始峰值力 IPCF，可以有效降低碰撞过程中产生较大的冲击力。结合分形和厚度梯度设计的方法能充分发挥几何与材料在薄壁结构耐撞性设计中的优势,在具有低初始碰撞力的前提下依然能够大幅提高薄壁结构的能量吸收能力,最大限度地提高结构的抗冲击稳定性以及防护能力。分形梯度方法的拓展结构在多工况冲击下,相比传统单壁结构同样可以有效提高结构的能量吸收能力和降低初始峰值力,充分证明该方法对于提高薄壁结构耐撞性的可行性,对于设计出一种具有轻量且高效吸能的防护结构具有重要的实用价值和很大的应用潜力。

塑料托盘在物流运输中应用广泛,但其质量较大,运输成本较高。针对这一问题,王铭等基于科赫分形理论,利用有限元方法建立尼龙 12 材质托盘垫块的有限元模型,研究了不同分形阶数、高度、壁厚对科赫分形结构力学性能的影响,并将优化后的结构应用于托盘垫块的设计。然后利用 ANSYS Workbench 软件进行仿真分析,分析托盘在不同工况条件下的力学性能,包括均布载荷、局部载荷和跌落冲击。试验结果表明,当分形阶数为 2、分形厚度为 0.21cm、垫块高度为 11.5 cm 时,垫块的应力降低了 79.0%,质量降低了 4.2%。科赫分形垫块托盘在均布、局部载荷和跌落时最大变形量为 0.966 mm、1.382 mm、1.650 cm,满足托盘标准中静压和跌落工况时的力学性能要求,为塑料托盘的轻量化设计提供了新的思路。

随着全球能源安全和气候问题的加剧,世界范围内各国亟须推动能源转型。与传统能源相比,新能源资源丰富、再生可持续、环境友好,具有较大的发展潜力。风电作为一种清洁的新型能源,具有很高的环保价值。海上风力机多分布在近海区域,海上风电布置日益密集的同时,船舶与其碰撞的风险也逐渐提高,因此,研究海上风力机碰撞的动态响应对降低风力机受损和事故损失具有重要意义。据 Global offshore Wind Health and Safety Organization 统计数据显示,2020 年全年共发生 743 起近海风电事故,其中 178 起为船舶事故,高风险潜在事故占比高达 37.5%,对风力机安全稳定运行造成严重威胁。因此研究海上风力机防护装置对海上风力机安全稳定运行具有重要意义。现有对风力机防护装置的研究主要集中分布于不同材料类型和简单结构变换,对于防护装置结构深入的研究相对较少。由于分形仿生结构具有空间填充性和自相似性等特性,能够有效提升结构的吸能能力和抗撞性能。且基于分形仿生理论设计新型防护装置,能够为海上风力机碰撞防护提供新的思路和方法。

因此,王瑀珺等基于分形仿生理论设计了一种新型防护装置,并探究其防护性能,以期为海上风力机防护研究提供设计参考。首先通过理论分析,建立了船舶与风力机碰撞过程的控制方程;选择合适的材料本构模型进行描述,包括钢的本构模型和橡胶的本构模型;分析分形理论的应用,并将其应用于防护装置结构设计,提出王莲叶脉仿生分形防护装置的设计方案。其次进行有限元分析,利用 LS-DYNA 软件建立船舶与风力机碰撞的有限元模型,包括风力机、船舶和防护装置等。对比分析仿生分形防护装置和普通传统防护装置的防护性能,其中包括分析系统接触力以及两种防护装置在碰撞过程中的接触力变化情况,评估其吸能效果;塔架应力情况,分析两种防护装置保护下风力机塔架的应力分布情况,评估其抗撞性能;立柱与基础连接高应力区应力情况,分析两种防护装置对立柱与基础连接处的防护能力,评估其安全性;最后是能量转化,分析两种防护装置在碰撞过程中的能量转化情况,评估其能量耗散能力。

通过对比分析仿真结果，评估仿生分形防护装置的防护性能。结果表明，普通防护装置及仿生分形防护装置的最大接触力分别为 23.94 MN、22.97 MN，仿生叶脉结构可起到降低最大接触力的作用。较普通防护装置，仿生防护装置接触区域更高、应力区域范围更小，且整体最大应力更低。仿生叶脉结构可以提升防护装置对立柱与基础连接处的防护能力，普通防护装置及仿生分形防护装置连接处最大应力分别为 440.5 MPa、363.7 MPa，且平均应力明显降低。仿生分形防护使系统内能吸收最高值提升 6.2%，吸能速度较快。此外仿生分形防护装置保护下系统动能曲线回弹后最高点为 5.01 MJ，内能曲线下降最低点为 4.36 MJ，而普通防护装置分别为 5.50 MJ、3.20 MJ，仿生结构使回弹最大动能下降 10.0%、内能耗散率提升 10.2%。较普通防护装置，仿生分形防护装置主体防护材料内能最大值下降，但能量耗散数值提升，钢壳吸能效果显著提升，且能量耗散率提升 31.29%。

4.3　分形换热器设计

分形换热器设计是指运用分形几何理论来优化换热器表面结构的设计方法。这种设计通过在换热表面创建自相似、多尺度的几何图案，增大表面积，增强流体扰动，从而提高换热效率。分形换热器适用于各种热交换场合，如空调、热泵和工业加热冷却系统，能够有效提升能源利用率和设备性能。

近年来，基于相变材料（phase change material，PCM）的储热技术广泛应用于建筑节能、燃料电池热控、电子设备冷却和暖通空调等领域。然而，由于大多数 PCM 的导热系数低，因此严重制约了相变储热技术在实际工程中的应用推广。考虑到易操作和成本低的优势，添加翅片强化固液相变传热在实际工程应用中最为普遍。然而，由于添加翅片削弱了储热容量的潜力，因而优化翅片的几何结构对于相变储热装置的性能提升具有重要的意义。目前，国内外对相变储热装置几何结构优化的理论研究开展较少，而且传统换热装置的几何结构过于单一，亟须对其空间配置进行优化以提升相变储热的效率。

为此，徐灏研究了将分形几何拓展应用于固液相变强化传热，构建了十字分形多孔金属结构和雪花分形换热器，为固液相变换热器的效能提升提供了新思路。首先设计了十字分形结构的多孔金属，并建立了该结构的二维物理模型进行数值计算，从表面平均温度和液相率变化这两个角度分析了相变过程中的传热规律，并通过改变初始温差、孔隙率和分形维数等影响因素，探索分形结构多孔金属的优越性。得出的结论为在十字分形结构多孔金属中，PCM 分散分布在多孔金属中，并且由于金属基体的存在，在水平和垂直方向上为 PCM 的熔化提供了快速的换热通道，并为 PCM 提供了大面积的固体接触表面，导致在固体基体和 PCM 之间的热量传递增强。十字分形结构中，PCM 的熔化性能要优于十字对称结构。填充在分形结构中 PCM 的熔化速率比十字对称结构中 PCM 的熔化速率要快，同时分形结构中 PCM 完成熔化的时间也比十字对称结构要短，整体的温度分布更加均匀。初始温差和孔隙率是影响熔化传热的两个重要参数。在多孔金属中，初始温差的增大或孔隙率的降低都会导致熔化相变过程的加快。当多孔金属的孔隙率相同时，分形维数也会影响它的熔化相变过程。分形维数的减小会导致孔隙分布的不均匀程度变大,分形维数越大,熔化时间越长,温度到达稳态的时间也越长。

其次,设计了雪花分形结构的金属肋片,建立了该结构的二维物理模型,并进行了数值模拟,分析了换热器各个地方的温度和液相率分布,并与直肋式换热器进行对比,研究了不同 Murray's law 的指数 α 对传热性能的影响。结果表明,雪花分形结构换热器中由于金属肋片的导热系数远大于 PCM,因此中心热源的热量先传递给金属肋片,再由金属肋片将热量传递给 PCM,雪花分形结构金属肋片为 PCM 提供了更大的接触面积,且合理的空间配置提供了由点及面的快速传热通道,强化了整个系统的传热效果。在熔化过程中,随着熔化时间的增加,金属肋片上的温度梯度明显减小,主要温差发生在空隙内的 PCM 上,导致传热速率降低。同时熔化过程初期液相率急剧下降,随着熔化过程的进行,下降趋势也越来越慢。在熔化相变过程中,Murray's law 的指数 α 对传热性能存在一定的影响,指数 α 的减小强化了雪花分形换热器的熔化传热性能。需要注意的是,随着指数 α 减小,最后一级肋片的尺寸相应减小,增大了实际加工的难度,因而,选择合适的指数 α,考虑高传热性能和合理加工难度之间的权衡,对雪花分形换热器的实际工程应用具有十分重要的意义。雪花分形结构换热器的传热性能要明显地优于传统的直肋结构,一方面雪花分形结构换热器中 PCM 的熔化速率要比直肋结构换热器中 PCM 的快,另一方面雪花分形结构换热器中 PCM 完成熔化的时间要短于直肋结构。这是由于分形理论的设计理念,在体积不变的情况下,尽可能充分地扩大了肋片的表面积。

接着根据 Murray's law 设计了雪花分形结构换热器,搭建了可进行观测的熔化相变传热试验平台,并在换热器的金属肋片区域和 PCM 区域分别布置了热电偶,对相变过程中雪花分形结构换热器特定位置的动态温度进行监测,以便研究整个换热器在相变传热过程中的相关规律。同时改变初始温差和流量这两个因素,研究外界初始条件变化对换热器换热性能的影响;并改变试验装置的放置方向,以探究自然对流对换热器中 PCM 相变过程的影响。结果表明在雪花分形结构换热器中加入 PCM,在相变过程中,PCM 的相变潜热相比于热传导和对流的显热量已经成为总热量的重要部分。合理地利用 PCM 的相变潜热可以有效提升换热器的传热性能。轴向角度分析,在熔化过程中,换热器中最上层的 PCM 最先完成熔化过程,这是由于温度高的液态 PCM 密度小,浮在换热器的上方,使得最上层的 PCM 最先开始熔化。径向角度分析,在熔化过程中,换热器中靠近最外层的 PCM 与靠近中心的 PCM 温度相差不大,一方面径向距离相比于轴向距离更短,热量传输快,使得整个熔化过程的温度均匀性更好。另一方面雪花分形结构金属肋片的设计,提供了由点及面的快速热扩散通道,使得热量传输的路径和方向得到了合理的优化,使得每个区域的热量传输更加均匀。通过改变雪花分形结构换热器与套管内换热流体的初始温差,可以发现换热器内 PCM 完成熔化的时间与之呈负相关。初始温差变大,换热器内部的温度梯度也随之增大,加快了换热器中 PCM 的相变传热速率,完成相变的时间也相应缩短。改变换热套管内换热流体的流量,可以发现换热器内 PCM 完成熔化的时间与之也呈负相关。流量越大,单位时间内传递给雪花分形结构换热器的热量越多,换热器中 PCM 吸收的热量也相应增多,加快了 PCM 达到相变临界温度的速度,完成相变的时间也会随之减少。将横向试验与竖向试验相比,由于雪花分形结构换热器中的金属肋片垂直于 PCM 的重力方向,在熔化过程中一定程度上阻碍了液态 PCM 的自然对流,使得液态 PCM 不能在大空间形成完整的自然对流,热传导成为主要的热量传递方式,减缓了整个熔化相变传热的速率。

最后,设计了与雪花分形换热器体积相等的直肋式换热器,搭建了可观测的熔化相变试验平台,在与雪花分形结构换热器金属肋片表面相同的位置布置了热电偶测点,并在保证与雪花分形结构换热器相同的试验工况下进行直肋式换热器的熔化相变试验。通过布置的热电偶采集的换热器各个特定位置的温度变化,从完成熔化的时间、进出口温差、金属肋片表面轴向温度变化以及金属肋片表面径向温度变化等角度进行对比分析,进一步探究直肋式换热器和雪花分形结构换热器的传热性能。

结果表明,直肋式换热器中各层 PCM 的相变时间与雪花分形结构换热器中各层 PCM 的相变时间基本一致,熔化过程都是上层的 PCM 最先熔化完全,下层的 PCM 最后熔化结束。而整体来看,雪花分形结构换热器中 PCM 完成熔化的时间远远少于直肋式换热器,这说明雪花分形结构金属肋片的设计增大了直肋型换热器的换热面积,优化了换热器的换热性能。直肋式换热器的进出口温差曲线与雪花分形结构换热器的进出口温差曲线的趋势类似,但在相同时间内温差大小不同,经过计算可以求得相同熔化时间内,换热管给雪花分形结构换热器输送的总换热量为 380. 8 kJ,而给直肋式换热器输送的总换热量为 306. 6 kJ,这表明雪花分形结构换热器的换热性能相较于直肋式换热器提升了 24. 2%。从换热器金属肋片表面轴向温度的角度分析,在熔化过程中,直肋式换热器的金属肋片表面的平均温度随时间变化趋势与雪花分形结构换热器不完全一样。雪花分形结构换热器金属肋片的轴向温度曲线存在明显的“相变台阶”,这说明雪花分形结构金属肋片的设计提供了由点及面的快速热扩散通道,进一步放大了换热器内 PCM 相变过程的优化作用,有效改善了换热器温度分布的均匀性。从换热器金属肋片表面径向温度的角度分析,在熔化过程刚开始的时候,直肋式换热器金属肋片表面的温度升高的速率远大于雪花分形结构换热器,这说明直肋式换热器对温度变化的敏感性更好,能够迅速做出热响应。

平面电机作为光刻机中双工作平台使用的主要电机类型,其定位、运动精度很大程度上决定了光刻机的加工精度,而平面电机工作时绕组阵列通电电流产生热损耗引起电机的温升是导致平面电机定位精度下降的原因,且随着平面电机向更高速度、更大加速度和更高定位精度的方向发展,温升会更加剧烈,带来的问题也将更严重。

因此,孙帅政针对平面电机温升及温度分布不均匀问题提出了一种射流结合仿生分形通道散热器。首先分析了平面电机的热损耗和温度分布,确定了高温区域,并研究了射流冲击的传热特性。为后续设计射流部分提供了参考依据。之后主要研究了仿生分形通道的结构,对各结构参数进行了定义;接着描述了对于仿生分形通道的进出口压降以及带走热量的数学计算方法,为后续仿真分析结果提供了理论参考;同时还将流体带走热量与所需泵浦功率之比定义为综合评价系数,为评价仿生分形通道的流动与换热综合性能提供了评价标准。然后利用商业仿真软件 Fluent 分别进行了初始通道长度 L_0、初始通道宽度 w_0、通道厚度 e、各级通道长度比 β 以及分形角 θ 对仿生分形通道流动与换热性能的影响。结果表明,其他结构参数不变的情况下,较低的雷诺数和较小的初始通道长度 L_0 更利于仿生分形通道的流动与换热。在相同雷诺数下,仿生分形通道流动与换热综合评价系数随初始通道宽度 w_0 的增加而增加,即较大初始通道宽度 w_0 的仿生分形通道有更好的传热传质效率;在相同雷诺数下,综合评价系数随通道厚度 e 的增加而增加,即较大的通道厚度 e 值更利于仿生分形通道的流动与换热;在相同雷诺数下,仿生分形通道流动与换热综合评价系数 α 随着 β 值的增大而呈现先增大后减小的趋势,在所考虑的四种各级通道长度比 β 值中,当 $\beta=0.5$ 时,其综合性能最佳。对于分形角 θ,综合评价系数 α 随着分形角 θ 的增大而减小,且在分形角 θ 值不变时,雷诺数 Re 增加,α 会减小,这意味着较低的雷诺数以及较小的分形角 θ 更利于仿生分形通道的流动与换热。这部分仿生分形通道各结构参数对其流动与换热性能影响的研究,为后续平面电机散热器的仿生分形通道部分的设计提供参考依据。

最后对射流结合仿生分形通道散热器进行结构设计,根据对射流和仿生分形通道的流动换热特性的探究结果确定散热器各结构参数值,然后仿真分析其流动与换热特性,并将所设计的射流结合仿生分形通道散热器与传统并联平行通道散热器和射流耦合平行通道散热器进行对比,以此来验证所设计散热器的优越性;将所设计的散热器加工制造出来,并设计试验方案,搭建液冷散热试验系统,对所设计的射流结合仿生分形通道散热器在不同进口流量下进行了试验测量,得到试验结果并将其与仿真结果进行对比,验证仿真结果的准确性,并说明设计结果的有效性和可行性。如图 4.3.1 所示为射流结合仿生分形通道散热器流动与换热性能的试验测量系统。该试验系统主要包括冷却循环水机、温升测试台、射流结合仿生分形通道散热器、红外热像仪、直流电源、高精度多路测温仪、陶瓷发热片、温度传感器以及各设备之间的连接管道和连接线,其中冷却循环水机提供恒定温度的去离子水,温升测试台则可以调节流体流量并测量进出水的压力以及温度,陶瓷发热片作为模拟热源为散热器提供热载荷,直流电源为陶瓷发热片提供电源,红外热像仪则监控散热器顶面的温度分布情况,温度传感器测量进出水管路的流体温度,高精度测温仪则连接温度传感器显示所测温度值。

通过仿真试验,结果表明,在相同热载荷以及入口流量的条件下,相较于传统并联平行通道散热器,本书设计的射流结合仿生分形通道散热器的进出口压降减小了 75.47%,所冷却对象的平均温升降低了 78%,且散热器底面的最大温差减小了 28.8%,相较于射流耦合平行通道散热器,冷却对象的平均温升降低了 41.24%,散热器底面的最大温差减小了 77.4%,散热器进出口压降减小了 72.1%,表明了所设计散热器在换热与进出口压降方面的优越性。最后搭建液冷散热试验测量系统,对所设计的射流结合仿生分形通道散热器进行了不同入口流量下的试验测量,得到试验结果并将其与仿真结果进行对比;结果显示出口流体温度、散热器顶面的最高温度的仿真结果与试验结果的误差不超过 6%,进出口压降的仿真结果与试验结果不超过 20%,验证了仿真结果的准确性,并表明设计结果的有效性和可行性。

近年来,随着微电子设备的飞速发展,如何为其网络节点高效地供电已经成为新的研究热点。为了能够克服传统电池和有线电源在各种微型电子器件中存在的问题,能自发采集环境能量的自供能技术越来越受到人们的关注。振动换能器是能够自发地采集环境中的振动能量,并将其转化为电能的发电装置,传统的振动换能器存在频率响应带宽较窄、能量转换不稳定以及能量转换效率不高的问题。

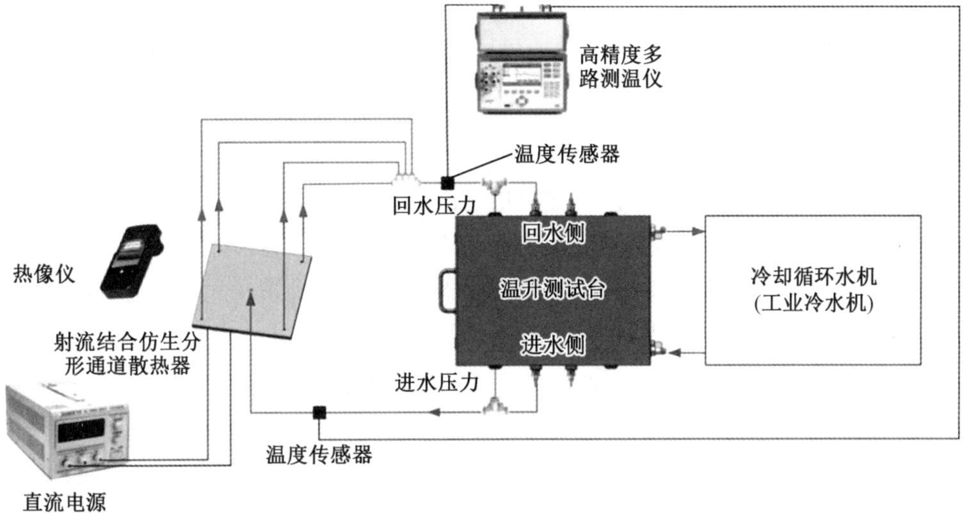

图 4.3.1　试验测量系统设计图

针对上述问题,刘瑞华根据分形的结构特征设计了压电振子,利用分形的自相似性与结构多样性增加了能量采集密度,拓宽了频率响应带宽。首先根据 Sierpinski 分形的分类和维数,将十字一层单元结构等效成附加质量块的一般悬臂梁结构,对二层单元结构进行优化改进以保证一层单元结构的互不粘连,并对整体结构进行加固结构优化,最终设计出基于 Sierpinski 分形结构的压电振子换能结构。其次选取了压电材料聚偏二乙烯氟化物(PVDF),根据设计给出的分形结构压电振子结构对压电材料用激光进行加工切割,对其进行有效封装,接入导线制作了成型的压电振动换能器件,同时测试了换能原型的封装效果,最后提出了能量采集电路的相关模型。最后搭建了试验测试系统平台,从频率以及振动源强度两个方面测试输出电压与二者的关系,并在 0~200 Hz 内进行扫频测试。验证了基于 Sierpinski 分形结构的压电振动换能器具有低频、宽带特性,并可以保持换能器件输出电压的稳定性。在此基础上,刘瑞华对于整体结构设计方面还提出了一些展望。本设计为三层单元结构的分形压电振动换能原型,由于分形结构是可以无限迭代下去的,因此可以在能够满足实用加工的基础上迭代出四层结构或者是更换其他类型的分形结构进行压电振子结构方面的改进。

近年来,几何分形理论及其应用发展迅速,已然渗入到自然科学和社会科学的几乎所有领域中,尤其是在微通道散热领域,分形理论为解决微型器件冷却问题提供了一条良好的途径。目前,诸多研究学者以分形的思维指导微尺度下制冷换热器的优化改进,研究表明分形结构对微尺度换热通道的传热效率具有很强的促进作用,然而该结构在宏观尺度下的应用研究仍较为匮乏。

因此,冯孟丽利用分形树状通道具有结构紧凑、换热均匀性好、压力损失小等特点,针对传统蛇形换热器存在的压力损失大、温度分布不均匀等弊端,创新性地将分形结构应用到宏观换热器的优化研究中。通过简单分析流动换热过程的理论、特点及控制方程;介绍了数值计算求解的步骤,确定了分形制冷换热器的仿真模型参数,计算了不同流量工况下的管内工质流动状态为层流,符合流动阻力计算的假设,为后续制冷换热器的模拟研究做铺垫。之后利用数值模拟软件 FLUENT 对分形通道的传热性能和流动性能进行了模拟研究,并对比分析了在相同的外界参数下分形通道与传统蛇形通道的传热和流动性能。数值模拟过程中设置了三种冷却工质进口流量,关于分形级数、长度比、水力直径比对通道性能的影响是在三种工况下得到的。

目前太阳能利用技术主要包括光伏发电、光热利用、太阳能光伏光热综合利用等。虽然太阳能分布广泛,但是能量密度低,因此采用聚光光伏(CPV)技术,可以提高单位面积太阳光的能量密度和电池的输出功率。与此同时,聚集的阳光投射在太阳能电池板上的焦点处会产生很高的热量,会使光伏电池表面温度急剧升高,影响电池性能和寿命。针对高热流密度问题,使用现有的散热方法如风冷、液冷、热管冷却等。但这些方法存在效率低、压降大等缺点,难以满足 CPV 电池的散热需求。而微通道换热技术具有比表面积大、结构紧凑、传热温差小、传热效率高等优点,在散热领域具有广阔的应用前景。此外,射流冲击冷却具有很高的换热系数,能够有效解决高热流密度换热问题。分形微通道换热器具有换热均匀、压降小等特点,可以有效降低 CPV 电池的局部温度,提高温度均匀性。

因此,徐阳等针对聚光光伏(CPV)电池高热流密度散热问题,提出了射流冲击与分形微通道散热相结合的解决方案,对其流动和换热进行了模拟。首先对分形微通道的分形级数进行分析,四级相比三级分形微通道换热系数只增加了 4.62%,压降却升高了 54.37%;接着对管道截面形状进行优化,对圆形截面、方形渐缩截面和扁管截面内流体的流动进行了模拟,结果表明在换热量相近的情况下,扁管拥有最低的压降;随后对比分叉处倒圆角、倒角和 Y 形三种布置形状,结果表明 Y 形布置有效地减少了内部流体的涡旋区,能够在牺牲较少的换热面积的条件下,将压降降低 85.51%。最后在相同水力直径条件下研究单个喷嘴、均匀喷嘴阵列、非均匀喷嘴阵列射流冲击分形微通道的换热性能,模拟结果表明,非均匀喷嘴阵列分形微通道拥有最佳的换热性能,且压降降低了 25.99%。

随着微电子机械系统(MEMS)技术的快速发展,微型器件如微电子芯片、微反应器和微燃料电池等受到了研究者广泛的关注,并在航空航天、核能建设、热能工程、化学工程、机械制造和新能源产业中呈现出重大的应用潜力。微型器件的应用不仅对加工工艺和材料具有较高的要求,而且需要高效的热管理来维持其性能。特别是对于高集成度和高频化的高性能微电子芯片,特征尺寸的不断减小会导致芯片的热流密度不断提高。超高的热流密度不仅会严重制约芯片的性能,而且会显著影响电子芯片的寿命和可靠性。因此,耗能与散热问题已成为限制微型器件规模化应用的关键瓶颈。由于体积、噪声以及换热性能的局限性,传统的风冷和液体单相对流换热冷却方式已无法满足散热需求。微通道换热技术自提出以来,以其结构紧凑和换热效率高的优势得到了快速的发展,并逐渐成为解决微型器件散热问题的重要途径。然而,尽管微通道可以有效地提高散热器局部换热面积和对流换热系数,但是常规的直形微通道换热技术在实际应用过程中存在着两个普遍的缺点:一是微尺度的结构尺寸造成直形通道两侧较大的压降,引起泵功率上升,并导致封装、驱动和噪声等问题;二是沿流动方向冷媒工质的温升大,引起壁面温差大,并导致器件设备工作的稳定性和可靠性等问题。

近年来,受自然界山脉、河流、植物叶脉、根系、树干、动物血管和肺气管等分形结构的启发,研究者开发出一系列新型的分形微通道技术用于换热过程强化,并对分形微通道的设计参数和结构优化做了大量的模拟和试验研究。与直形微通道相比,分形微通道具有更低的压降和泵功消耗以及更高的换热系数和温度分布均一性。

因此,陈真真等对分形微通道换热过程强化技术的研究现状进行了系统分类和总结,包括 Y、H、T、Ψ、康托、科赫等分形结构,同时结合理论模拟与试验验证对分形结构的原理进行了讨论,并通过对比常规微通道来着重介绍分形微通道的优势。结果发现,分形微通道换热的研究仍以数值模拟分析为主,试验装置相关的研究仍然很少,为了充分验证分形微通道热沉的优异性能,研究者应逐步侧重试验装置的研制并对微型器件的实际冷却性能进行观察。对于不同类型的分形微通道热沉,Y 形分形结构受到了研究者较多的关注,而其他类型分形结构的研究相对较少,鉴于有研究证实这些分形结构比 Y 形分形结构具有更高效的换热性能,未来的研究可以着重于开发一系列新型的分形微通道网络结构体系。对于分形微通道换热的理论分析研究,目前大量的研究证实了分形微通道比传统的直形微通道具有更优异的换热性能,但是也有少数研究具有截然相反的结论,这就需要研究者在建模分析过程中注重数值模型和参数的一致性以得到更可靠的结论。目前大部分的分形微通道网络是单层的形式,为了进一步提高分形微通道热沉的换热性能,研究者探索了多层分形微通道的结构设计并证实了其具有更有效的换热强化能力,因此今后的研究可以对多层分形微通道热沉进行更系统的理论与试验分析。分形微通道一般利用深反应离子刻蚀或者微铣削技术在硅、铜和铝基底进行加工,深反应离子刻蚀技术精度较高但是受到刻蚀深度的限制,微铣削技术适用范围广但受到加工精度的限制,3D 打印技术近年来也成功应用到了分形微通道换热管道的加工,但是对打印材料的局限性很大,这些加工技术亟须不断发展以满足不同分形微通道热沉的制造。精确地调控分形微通道的换热性能,除了对分形结构(如分形级数、分叉角、通道深度、通道长度和通道宽度等)进行合理设计外,研究者也提出了利用热敏性水凝胶进行灵活的调控,未来高性能的微通道热沉研究需要不同学科之间的深入交叉与合作。

4.4 分形天线设计

分形天线设计是一种利用分形几何原理来创建的天线设计方法。这种设计通过分形结构的自相似性和空间填充特性,使天线在有限尺寸内具有多重频带、宽频带或小型化的特性。分形天线适用于移动通信、卫星通信和无线传感等领域,能够有效提高天线的性能和适应性,减少体积和质量,满足现代通信设备对天线小型化和多功能性的需求。

随着现代化通信设备的普及,对天线的应用也越来越广泛。目前为止,在无线通信领域中,通常所采用的天线的几何外观大都是占据一定三维空间的欧几里得图形。通信设备的发展，使得对具有多频段和宽频带特性的天线的需求日益增加，出现了很多形状各异的天线，新型微带分形天线就是其中之一。自从1970年出现第一批实用微带天线以来，微带天线以其体积小、质量轻、馈电方式灵活、成本低、易于与目标共形、易与微波集成电路集成等优点而深受人们青睐，在高性能飞机、卫星以及全球定位系统、移动通信和无线通信等诸多领域得到广泛的应用。但微带天线本质上所具有的窄平带、低效率等缺点也大大限制了它们的应用。尽管微带天线体积小，但为了实现宽频带或多频段，其尺寸往往较大，不利于小型化应用。并且传统微带天线的增益普遍较低，难以满足某些高性能应用的需求。目前，人们对微带天线的宽频带小型化、圆极化、双频以及多频等技术进行了广泛而深入的研究，诸如遗传算法、神经网络等新的研究方法也相继引入。

但这些设计方法或多或少都存在一定的缺陷，因此，设计出一种体积小、频带宽、多频段的微带天线成为当下需要解决的问题。分形结构是更加灵活的几何结构，其自相似特性往往会在整个工作频带上产生多个有规律的谐振点。目前已有大量基于分形结构的研究在诸多领域涉及获得了创造性的成果，但分形结构在天线领域起步较晚，1995年才出现第一个表面意义上的分形天线，国内的研究亦跟国外有一定差距。

针对上述问题，朱德进结合理论分析，利用有限积分算法，将分形技术应用到微带天线设计中，设计和优化了一种新型多频段 Sierpinski 微带分形天线。在设计微带分形天线的过程中研究比较了目前分形天线的各种设计形式和原理。针对 Sierpinski 微带分形天线，具体分析计算了天线辐射单元的尺寸、天线内的场分布、天线输入阻抗、天线远场方向函数等参数，给出了一种新的分形天线多个谐振频率的近似计算方法。结合 FI 数值仿真，优化了这种 Sierpinski 微带分形天线。最后具体加工制作了一个 Sierpinski 微带分形天线，探讨了增大天线带宽的途径。在对天线进行调试之后，实际测试了天线的部分电路参数与辐射参数，给出了测试结果并和仿真结果进行了比较。结果表明，所设计的天线在频率分别为 8.5 GHz、14.45 GHz、17.32 GHz 时的增益分别为 6.86 dB、7.78 dB、7.46 dB 左右，带宽在 1.6 GHz~1.85 GHz 之间，基本上满足了设计的要求。

此外，刘禹墨尝试设计并重点研究了一种组合分形结构天线，分析天线的回波损耗、方向性等性能，探讨其潜在价值及应用前景。首先分别研究了两种不同类型的分形天线，一种是单极立体 Sierpinski 三角分形天线，另一种是平面式非频变正弦天线，且这两种天线完全属于不同类型的分形结构。Sierpinski 三角分形是一种很经典的分形，属于迭代式分形结构，升阶时通过迭代增加低阶的基元，低阶与高阶呈自相似性。第二种是结构高度与角度（极坐标的极角）相关，但是与径向距离无关的平面螺旋曲线结构，当极角旋转到第 n 圈时，第 n 圈的曲线与第1圈一样，只是等比例放大，所以这种曲线也有自相似性，且这种结构有自互补的特性。结合非频变天线理论，用麦克斯韦方程组推导出非频变天线的结构特征方程，可以看到是这种分形结构属于非频变天线。

对于单极 Sierpinski 三角分形天线，首先对2阶 Sierpinski 三角分形天线进行仿真，观察回波损耗 S11 曲线，可以看到此时只是单一频点，对天线进行等比例放大2倍，发现回波损耗曲线的频点为正好为原先的一半，Sierpinski 三角单极天线的尺寸和主要工作波长成一定的比例关系，设三角形外部边长为 l，工作波长为 λ，l/λ 为一定值约为 0.162，这就是缩比理论。然后研究 3 阶 Sierpinski 三角分形天线,对于 3 阶结构仿真结果可以看到多个频点,并且通过表面电流和体电场的分布图来看,在低频点频点和高频段的频点产生原因不同,一个是局部产生,一个是整体结构产生。对于正弦天线,保持了分形结构的自相似性,且类似于阿基米德螺旋天线完全由角度觉得天线的结构。利用上述 Sierpinski 三角分形天线的缩比理论,可以由内圈向外圈进行自相似缩放,正弦曲线由 8 段自相似曲线结构构成,并围成面构成单臂正弦天线,再绕 z 轴旋转 3 周得到四臂正弦天线。通过仿真四壁正弦天线发现在预设的工作频段内有多个频点且 S11 几乎全在-10 dB 以下,说明这种天线在整个频段内都能正常工作,大幅拓宽了带宽。由于四臂正弦天线是自互补的结构,根据巴比涅原理可知天线的对地阻抗并不是传统的 50 Ω,约为 188 Ω,对天线的输入阻抗进行仿真进行小幅优化以适应在全频段的阻抗匹配。然后再分别对双臂正弦天线和加载螺纹的四臂正弦天线进行研究,双臂正弦天线由于丧失了部分自相似性回波损耗曲线不再是全在-10 dB 以下,但是依然是保持多频的特性,且是宽带天线。加载螺纹后的天线再次充分利用了表面空间,让电流蜿蜒回流减少终端效应,使得电流在天线末端衰减到可以忽略不计,这样就不会产生过多的回波影响 S11 参数。最后观察天线的方向图,发现四臂正弦天线基本保持双向辐射特性,且波瓣宽度较小,基本将辐射能量局限在一个较小的角度范围内,说明这款天线可以做定向辐射天线。综上,利用缩比原理,通过角度控制的自相似结构构成正弦曲线,最终在较宽的频段保证 S11 小于-10 dB,实现了拓宽带宽和倍频程的目的。

下一步在之前的基础上进一步探求将两种分形结构组合而成的分形天线的性质。选取两种不同类型的分形结构,勾股树分形和 Sierpinski 地毯分形,让 Sierpinsk 地毯分形内嵌在勾股树分形结构中构成组合分形结构。首先对单极 Sierpinski 地毯分形进行仿真,发现单极 Sierpinski 地毯分形的辐射性能尚可,通过观察它的体电场和表面电流分布发现他的在四周形成局部热点,说明这种结构在边缘处有较强的电流可以对与其相连的结构进行较好的馈电。勾股树分形是由 Sierpinski 地毯分形构成的,对勾股树分形和地毯分形分别进行 2 阶和 3 阶的组合,即首先研究 2 阶勾股树分形内嵌套 2 阶地毯分形的结构天线,再研究 3 阶勾股树内嵌套 2 阶地毯分形的天线以及 3 阶勾股树内嵌套 3 阶地毯分形的天线。当勾股树的阶数过高时,可能会发生末端电流衰减,意义不大,且尺寸会超出预设研究的频带范围。对对称勾股树和非对称勾股树的结构进行仿真,发现对称的勾股树频点的分布更有规律,呈现周期性,而非对称勾股树往往频点会集中式分布。通过仿真发现,升阶后天线的频点更多。最后对天线贴片的尺寸进行扫描,对天线的结构进行优化,并且对 3 阶勾股树 3 阶地毯组合分形结构天线的增益图进行分析。组合分形结构天线通常不会因为尺寸改变谐振态频点的频率大小,结果比较稳定。改变分形的阶数或者对称结构往往会让结构在不同频率下出现不同的响应,从而产生谐振,完成多频天线的设计。

曾宪峰等提出了一种新型树状分形天线结构。该天线基于叶脉状分形结构,属于类分形结构,具有空间填充特性和自相似性。从零阶单极子天线开始,通过在三等分点处加载分支线,形成一阶和二阶分形天线。分支线长度与被加载线段长度之比为 $a/3$。天线长度 60 mm,宽度 1.9 mm,介质板介电常数 4.3,厚度 1 mm,介质损耗角正切 0.035。微带线长度 20 mm,宽度 1.9 mm。导带连接长度 $h=10$ mm,分支线与天线臂夹角 $\beta=69°$。然后利用

Ansoft HFSS 软件对天线进行仿真,考虑天线结构和高次谐波对天线的影响,不同分形阶数天线研究频段不同。从仿真结果可知,随着分形阶数的提高,天线的工作频带数量增加,每提高一个阶数,增加一个工作频带。谐振频率随着分形阶数的提高而略有下移,实现天线小型化。二阶分形天线具有 3 个工作频带,方向图仿真结果显示天线在 3 个频带内均可正常工作。最后对仿真设计的二阶分形天线进行加工制作。发现天线反射系数 S11 的测试结果与仿真结果基本吻合。通过调整参数,其多频特性可以应用于 GSM900、GSM1800 等频段。在天线设备日益小型化的今天,该天线结构具有广泛的应用前景。

周文平等也结合了分形技术的优点,研究了 2 种新型分形天线。分别对这 2 种天线进行了 0 阶、1 阶、2 阶仿真分析比较。其中一种新型树状分形结构应用于传统印刷偶极子天线,研究表明 2 阶分形天线的工作频点相对于 0 阶工作频点下降了 59.7%,具有非常好的尺寸减缩性。另一种将圆弧应用于单极子天线中,具有良好的多频性,相邻谐振频点的比值是变化的,这也使得天线设计更加灵活。这 2 种树状分形结构设计简单、易制作。设计的分形天线能工作在 GSM90、DCS1800 等频段和射频识别等领域,对于天线的小型化和多频性的研究和设计提供了较好的参考价值。

作为一种新型高增益天线,微带反射阵列天线兼具了传统微带阵列天线与抛物面天线的优点。它不仅剖面低、质量轻、加工成本低、定向性高,而且采用了空间馈电方式,省去了复杂的馈电网络,降低了天线设计的难度。所以在电子对抗、卫星通信、深空探测等应用领域已被广泛应用,并越来越受到人们的重视。

微带反射阵列天线由反射面上相位补偿单元和馈源天线构成。其基本工作原理是通过调整每个单元的结构参数来对馈源到反射面不同位置处的相位差进行补偿,从而在指定方向上获得高定向性的辐射波束。天线辐射性能主要取决于相位补偿单元在口径面上的排列布局,以及相位变化曲线的范围和线性度,所以相位补偿单元的选取是微带反射阵列天线设计的重要环节。长久以来,相位补偿单元主要以尺寸可变型为主,方形、圆形、十字形等结构较为常见。但是这些单元的等效电长度较小,单元间距较大,容易产生栅瓣并降低天线口径效率。而分形单元具有无限迭代、自相似的特性,可以在有限的空间内无限填充,增大单元等效电长度,减小阵元间距。

因此,田楚设计了一种款基于 Minkowski 分形单元微带反射阵列天线,验证了分形结构实现反射阵列天线小型化。在此基础上提出双 Minkowski 环结构,进一步减小了单元尺寸,提高了相移特性曲线的线性度,改善了天线的辐射性能,同时将馈源替换为 4 层耦合贴片天线,拓宽了天线的带宽。首先采用双 Minkowski 分形环作为基本单元,设计了一款 13×13 的微带反射阵列天线。分形单元具有结构自相似和空间无限填充的特性,可以实现更小的单元间距和更好的相位补偿。采用双 Minkowski 分形反射单元,单元间距减少到 $0.29\lambda_0$,反射面口径为 195 mm×195 mm。仿真结果表明,-10 dB 的阻抗带宽为 3%(5.74 GHz~5.91 GHz),工作在 5.8 GHz 处,天线增益为 19.1 dBi,旁瓣电平小于-15.5 dB,交叉极化小于-30 dB。天线性能满足实际应用要求,印证了用双 Minkowski 分形结构设计反射单元的可行性,为设计小型化的微带反射阵列天线提供了一种有效的新方法。其次基于 Minkowski 分形环和频率选择表面结构设计了一款宽频带的微带反射阵列天线,工作频率为 5.8 GHz。

反射单元实现了417°的反射相位范围，比传统的方形环相移范围多206°，这样减少了反射单元的物理尺寸，允许在相同尺寸的反射面上容纳更多的反射单元。同时分析比较了反射单元地板采用FSS和PEC的相移特性曲线，仿真结果表明加载FSS地板的反射单元的反射损耗仍然很低。通过采用圆形贴片天线进行馈电，天线的-10 dB的阻抗带宽达到了14%，相比之前采用矩形微带贴片天线作为馈源的阵列天线的阻抗带宽提升了3.6倍。仿真和测量结果显示微带反射阵列天线在5.8 GHz处的增益为18.5 dBi，旁瓣电平小于-13 dB，交叉极化水平小于-20 dB，天线性能满足实际应用的要求。

但本次研究工作还存在一些不足可以改进。首先分形单元的引入，缩减了微带反射阵天线的尺寸，提升了增益，但是天线的阻抗带宽比较窄。此外，采用FSS作为地板的微带反射阵列天线，虽然改变馈源天线使得天线的阻抗带宽提升了3.6倍，但是增益有所降低，其次FSS的加入可以实现双频的微带反射阵列天线，这还需要做进一步的研究。

从GSM900/1800到3G，移动通信技术发展迅速，频段划分越来越细，运营商提供的服务越来越全面，对设备的技术要求也越来越高。双频甚至多频通信成为趋势，以满足不同国家和地区以及不同通信标准的需求。便携、小型化是电子设计的另一个巨大驱动力。但大多数无线通信设备使用单极子或螺旋天线，它们是线性模型，只能工作于单一频率，无法满足多频通信的需求。传统的单极子天线和螺旋天线尺寸较大，无法满足小型化需求。而分形天线具有自相似性和空间填充性，可以实现天线的宽频带（多频带）和小型化，是解决传统天线局限性的重要技术。并且分形天线可以直接蚀刻在电路板或主板上，成本较低，易于制作，更符合便携、小型化的设计需求，在无线通信、卫星和移动通信方面具有巨大的发展潜力和广阔的市场前景。

因此，姚娜从理论和实践两步法重点研究了分形天线在多频无线通信中的应用。首先分别讨论了Positive结构的Sierpinski毯式偶极子天线和Negative结构的Sierpinski毯式微带天线。通过对两种天线的不同迭代次数形成天线的电磁特性的分析发现，这两种天线，前者由于分形在结构上没有截断表面电流载流区域，不能像Sierpinski三角偶极子天线那样具有多频特性；后者虽然具有多频特性，但并不是因为分形本身，而是激励的矩形贴片所起的作用。所以说，虽然对Sierpinski毯式天线的研究都围绕其多频特性，但是根据本书对两种典型的Sierpinski毯式天线的深入研究可以看出，并不是所有形式的Sierpinski毯式天线都可以实现多频。总之，可以这样来定义Sierpinski毯式天线：它是从Sierpinski三角家族中衍生出来的，将三角形替换为了四边形，在形式上称作分形天线，丰富了分形天线的类型，而在实际应用中并没有完全实现分形天线真正的意义。现在已有学者将这种衍生继续，形成了五边形、六边形的分形天线，分别如图4.4.1、4.4.2所示。而后两种天线因为在结构上满足了上述要求，均可实现多频。Sierpinski三角、五边形、六边形分形天线的频率比如表4.4.1所示。

在仿真计算过程中，根据天线的对称性，引入了电壁、磁壁边界条件，大大减小了计算时间和所占内存。因为，对于Ansoft HFSS软件来说，计算所需的内存与天线大小的平方成正比，时间与天线大小的立方成正比。以图4.4.3所示的Sierpinski毯式分形偶极子天线为例，天线结构以馈电点为中心对称，引入电壁、磁壁后，计算区域就减小为原来的1/4。方法是,将天线沿对称轴截断,所截面分别用电壁、磁壁代替,示意图见图 4.4.5。图 4.4.4 所示为 Sierpinski 毯式分形微带天线,在馈电点处左右对称,计算时也可以只计算一半,方法同上,只需要引入一个磁壁。

表 4.4.1 Sierpinski 系列分形天线频率比

分形天线	频率比(f_{n+1}/f_n)
Sierpinski 三角	2
五边形	2.59
六边形	3

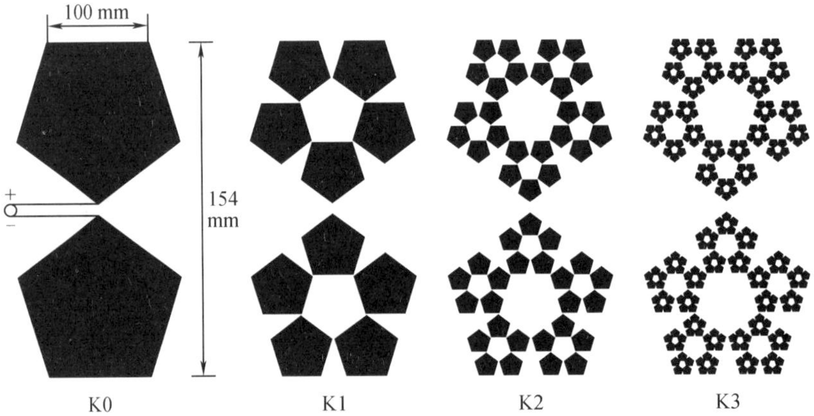

图 4.4.1 五边形分形偶极子天线

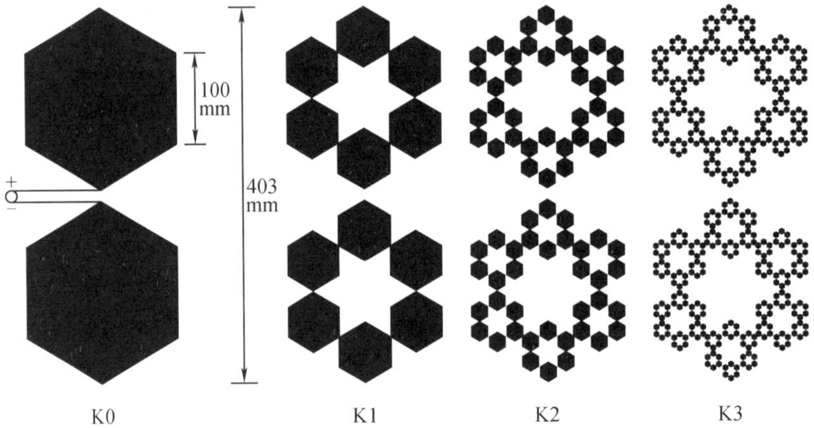

图 4.4.2 六边形分形偶极子天线

图 4.4.3　Sierpinski 毯式分形偶极子天线

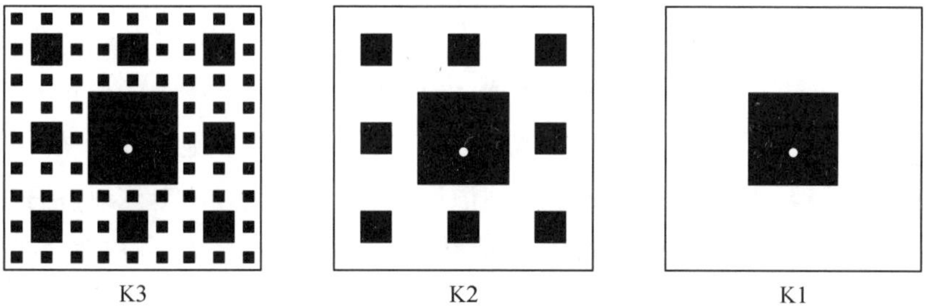

图 4.4.4　Sierpinski 毯式分形微带天线

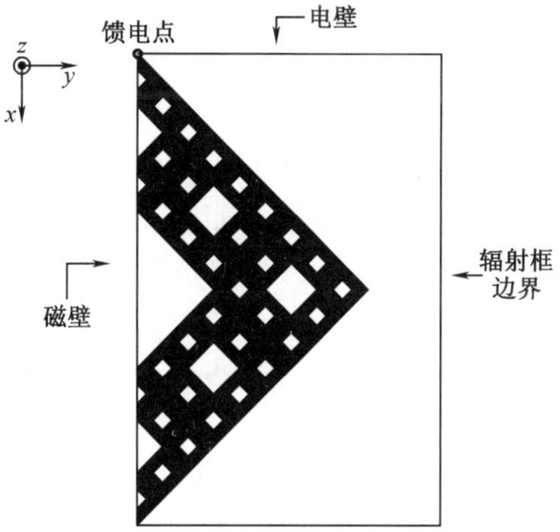

图 4.4.5　在计算中引入电壁、磁壁边界条件以减小计算量

随后将分形天线技术引入到手机天线的设计中,为天线的小型化设计提供一种新的并且非常有效的途径。首先,设计了一种新的,结合了 Koch 分形边界和 PIFA 结构的天线以实现三波段工作。该天线完全满足手机天线的要求:小的面积($100\times45\ mm^2$),小的贴片单元(在长度上比普通的矩形贴片小 38%),辐射方向图无很强的方向性,与此同时,在完全覆盖 DCS+PCS+UMTS 三个波段的情况下匹配良好。在对该天线进行深入研究的基础上,又设计了一款可工作于四个波段的手机天线,在原天线的基础上寻找合适的位置开 U 形槽实现, 试验结果完全满足要求。本章设计均为 PIFA 结构的天线,较传统的全向鞭状天线,表现出相对较小的指向手机使用者的后向辐射,可以在一定程度上减少人脑对电磁辐射的吸

收。另外,该分形天线表现出的显著特性,如小的贴片面积,非常适合于多入多出(MIMO)天线系统。可以将分形贴片置于地板的两端,使其相距较远,减少相互间的干扰。已有学者做了这方面的探索,这也是本书要做的进一步工作。

最后针对传统 Sierpinski 单极子天线存在的缺陷,设计了一种改进型的 Sierpinski 平面单极子天线,相对传统的 Sierpinski 天线,它的体积减小了,可以印制于便携通信器材的电路板上,并使它最低的两个谐振频率的比值从 3.5 减小到 2.28,而带宽、辐射方向图等性能却没有退化,从而更有效地体现出分形显著减小天线尺寸的优势。利用该设计方案,设计了一种可以用于笔记本电脑的 PCMCIA 无线网卡天线,该天线双频工作,既满足 802.11a 标准,享受 5.8 GHz 频带上高速传送,又可后向兼容目前占主流的 802.11b 标准,工作在 2.4 GHz。实测与仿真结果吻合较好,满足设计要求。

目前,各种综合信息系统发展的重要方向之一是:大容量、多功能、超宽带。现代大容量、多功能、超宽带综合信息系统的迅猛发展,使得在同一平台上搭载的信息子系统数量增加。作为无线系统中信息出入的必然通道的天线,其数量也相应地增加。从降低综合信息系统的整体成本、减轻质量、减小系统的雷达散射截面、实现良好的电磁兼容特性等方面来看,这种现象非常有害,也成为制约综合信息系统进一步向大容量、多功能、超宽带方向发展和应用的一大"瓶颈"。为了突破这个"瓶颈",使整个信息系统的特性尽可能少地受到信息出入必然通道——天线的制约,"可重构天线"的概念被提出并获得了发展。可重构天线的研究旨在使天线能根据实际环境需要实时重构天线特性。这种天线能够在不改变其机械结构的情况下,通过非机械的手段改变其关键的特性参数,如工作频率、辐射方向图、极化方式、雷达散射截面和输入阻抗等。这样可重构天线能够在没有机械变换天线部件的情况下适应不同的电磁环境。可重构天线的研究带来了天线技术的一次革命,为提高无线综合信息系统的容量、扩展系统功能、增加系统工作带宽等方面提供重要的技术保障,将对现代通信技术带来深远影响。此外,因为辐射方向图是天线的关键特性之一,因此方向图可重构天线必然成为可重构天线研究的重要方向。目前,科研工作者对在同一工作频率下方向图可重构天线进行了一些有意义的研究。研究表明,方向图可重构天线能够实现相控阵天线的功能。由于可重构天线通过实时改变天线结构来控制辐射方向图,从而仅使用一个或很少几个信号馈入端口,减少了多端口天线系统信号合成的麻烦,也消除了由于多端口信号合成过程引入的信号损耗和噪声。方向图可重构天线可以满足智能武器寻的、汽车和飞机雷达、无线和卫星通信网络以及空间遥感等要求,有广泛的应用前景。

分形曲线具有空间填充特性和多谐振特性,可以增加天线长度、拓宽带宽、实现多频工作等。目前分形天线研究主要集中在频率可重构天线和分形阵列天线,在方向图可重构分形天线方面的研究相对较少。

因此,张泳研究分形曲线的特征及其在天线设计中的应用,并将其有效地结合到方向图可重构天线的设计中。他主要从两方面研究,一方面利用三阶 Hilbert 曲线构成贴片天线,设计出能够实现方向图扫描的可重构天线,通过调控开关的不同状态,该天线能够在上半空间实现大约 120°空间覆盖,并实现两个大约 55°波瓣的波束切换。设计了二阶的 Hilbert 贴片天线,该天线能够在上半空间实现大约 100°空间覆盖,并实现两个大约 50°波瓣的连续扫描。两天线均以沿 θ 方向极化作为主要极化工作方式。Hilbert 分形曲线具有空间压缩的特性,这在一般线天线的设计中已经得到体现,用于增加天线的电长度、降低谐振频率,并用于可重构线天线的设计。在此设计的平面天线中,尺寸压缩特性没有体现,所设计的三阶和二阶微带天线的尺寸分别大约是 $1.2\lambda_g \times 1.3\lambda_g$ 和 $0.69\lambda_g \times 1.38\lambda_g$,与一般半波长工作的贴片天线相比尺寸较大。分形曲线的特点在方向图可重构天线设计中的没有得到很好的体现,其应用还需要进一步探索和研究。此外,三阶微带天线实测方向图中天线副瓣电平较高。实测天线的副瓣电平优于-4 dB,仿真结果是优于-6 dB。天线方向图在测试过程中非常敏感,周围环境对测试结果影响很大。

仿真值与实测值存在差异,分析认为主要有以下几方面的因素。天线结构以及安装所产生的误差,该天线底板较小,天线安装时螺钉、底板、介质基片的平整度、馈电接头的焊接等因素都可能是导致副瓣电平升高的原因。另外由于天线测试是外协解决,没有合适的夹具,所采用的夹具是用一种介电常数不为 1 的介质材料制成的,试验过程中也观察到夹具对方向图测试的影响较大。但试验作为原理性验证,试验结果能够满足设计要求。实测天线 S 参数的谐振频率点发生漂移。实测得到两天线的谐振工作频点值均小于仿真值,分析认为这与加工精度、接头损耗以及介质基片的稳定性等因素有关。介质厚度的不均匀、介电常数的变化,这都将直接影响天线的 S 参数。在 S 参数的测试过程中没有扣除接头的损耗,这对 S 参数的幅值有影响。天线底板的加工精度和天线安装过程中所产生的误差也不能忽略。所设计的两种方向图可重构天线的扫描角度基本都只是在上半空间的 120°范围以内,而且从目前所查阅的有关资料来看,单元天线的方向图可重构天线的扫描一般也是局限在这个范围内,这也是此类天线的缺陷,需要进一步探索新的技术、新的结构以改善此类天线的性能,如增大扫描范围、改变波束宽度等。另外,目前已有的一些方向图可重构贴片天线的尺寸较一般的贴片天线尺寸大,在增益不变的情况下,如何有效压缩天线尺寸也是研究的重要方向。

另一方面的研究针对二阶 Hilbert 贴片形式做了一定的调整,设计了简单的贴片天线,并利用不同的介质材料对天线加以设计,改善了天线的匹配以及方向图特性。本章中的天线结构具有宽带特性。这是利用两贴片具有相近的谐振频率,通过耦合的方法激励寄生贴片,尽量使得两贴片都能产生谐振,这样可以拓宽天线的工作频带。利用空气介质,可以在较宽的频带范围内,保证天线方向图具有较好的定向特性,可用于宽带定向通信天线。利用一般的介质基片,可以大大改善上一章中二阶 Hilbert 贴片天线的匹配特性,且在较低的谐振频率点能够获得非常好的方向图可重构效果,在上半空间大约 120°范围内实现两个 60°的波瓣切换,天线以 E_θ 分量为主要极化。在本章中,从 Hilbert 二阶贴片与一般方形贴片的结果对比来看,仅 S 参数的频率点发生一定的偏移,其他电磁特性基本一致。分析认为这主要是由于天线谐振时,电场主要集中在槽两边贴片的边缘,而两端仅顶角处的电场较大,两端中间处的场较小,对天线整体的性能影响不大,两端的变化仅对天线的匹配特性有所扰动。

4.5 分形声学结构设计

分形声学结构设计是一种应用分形几何原理来创造具有特定声学功能的结构设计。这种设计利用分形的自相似性和空间填充能力,通过调整结构参数来控制声波的传播、反射、吸收和散射,实现隔音、吸音、声聚焦或声波导向等效果。分形声学结构广泛应用于建筑声学、噪声控制、声学检测和声学器件等领域,以提高声学性能和优化声环境。

随着船舶行业的发展,噪声污染的问题也逐渐成为全世界关注的重点问题。船舶噪声的主要来源是船上的推进系统、机械噪声和通风系统,此类系统在运转时,会由于撞击、振动等原因产生噪声。船舶噪声会影响船员的生活质量、船舶的运行安全、海洋的生存环境、军船的声隐身性能等,因此对采用有效措施限制船舶噪声的传播,已经成为急需解决的焦点问题。船舶噪声难以解决的主要是低频噪声,低频噪声由于其穿透强、传播远等原因,成为噪声控制的一大难题。在应用传统声学材料,如泡棉、尼龙等对此类噪声进行控制时,往往只能通过增加厚度、体积等方式实现,因此此类材料很难满足工程中的经济性、质量等要求。近些年提出的声学超材料可以实现亚波长吸隔声,为低频噪声控制问题提供新途径。

一些学者将具有特殊声学性能的人为制造材料定义为声学超材料。此种材料因本身负的质量密度、负的体积模量等特性从而有了实现亚波长吸隔声的可能性。目前的声学超材料主要分为薄膜型、盘绕型、Helmholtz 腔型等,此类声学超材料都具有亚波长吸隔声的性能,能够在小尺寸的情况下对低频噪声进行有效控制,因此加深对声学超材料的研究,对船舶噪声控制具有十分重要的意义。自相似分形盘绕型声学超材料在低频范围内具有良好的吸声性能,而将自相似分形设计理念与超材料结构内部卷绕通道层的结合可以优化超材料的结构设计。

因此刘承韬将自相似分型理论应用于盘绕型声学超材料卷绕通道的设计理念之中,将自相似分形理论、穿孔板、盘绕型声学超材料结合,设计了一种新型的 Hilbert 自相似分形盘绕型声学超材料。所设计的声学超材料具有良好的低频吸声性能,可以应用于低频噪声控制领域,为超低频噪声控制提供了一种手段,为后续的低频噪声控制研究提供了一种新方向。其通过对所应用的 Hilbert 自相似分形理论进行介绍,并结合分形理论对盘绕型声学超材料的卷绕通道进行设计,然后对所设计分形盘绕型声学超材料进行数值分析,研究了分形阶数、结构参数、结构层数、穿孔板开孔形式对超材料吸声性能的影响,绘制了超材料的吸声系数曲线图,并在最后对超材料具有吸声性能的机理进行分析,绘制了相应的声场图、质点粒子运动速度分布图、热黏性损耗分布图,对分形盘绕型声学超材料的吸声机理进行解释。结果表明,随着分形阶数的增加,超材料的吸声峰数量成倍增加,吸声峰向低频移动,吸声系数有所下降。随着通道宽度的减小,超材料的吸声峰向低频移动,吸声系数有所下降。随着卷绕通道层厚度的增加,超材料的吸声峰向高频移动,吸声系数有所提高。随着通道层数的增加,超材料的吸声峰向低频移动,吸声系数有所下降。随着穿孔板开孔形式的改变,超材料的吸声峰向低频移动。所设计的超材料控制声波卷曲传播,具有更长的路径长度和更高的折射率,能够激发多阶共振模态,使超材料内部声波产生反相振动,使超材料结构内部的质点粒子急速运动,进而产生较大的声损耗。此外,针对所设计的超材料结构模型,进行了吸声性能试验,采用了三种模型制备方式制备了分形盘绕型声学超材料,采用 SW422 阻抗管测试系统对所制备的声学超材料模型结构进行试验,验证了所设计的声学超材料结构具有良好的亚波长吸声性能,能够对低频噪声进行有效控制。

声学超材料作为一类周期性排列,可以对振动波的散射特性进行操控的人工结构,展现出自然材料中未发现的、独特的声学特性,为亚波长尺度上的声调控提供了可行性。人工设计的超材料具有特殊的声学性能,原因在于其特殊的结构而不是材料成分,展现出广泛的应用前景,如声聚焦、声学隐身等。声波的调控基于布拉格散射机理和局域共振机理,前者在低频范围内产生带隙时,需要很大的结构尺寸,后者是由亚波长尺度的共振单元引起的,可以不受空间尺寸的限制,产生低于传统的布拉格散射带隙的频带。基于局域共振机理的人工声学超材料,可以在低频范围内进行声波调控,因而成为人们关注的焦点。基于结构共振机理设计的声学超材料会导致能量的高损耗,同时还有一些缺点,如结构不稳定、使用寿命短以及产生的带隙窄等。基于有效介质理论设计的空间卷曲超材料,结构简单,具有高对称性,可以产生负的色散关系,实现负折射。卷曲空间作为一种可以实现声学反常参数的方法,为超材料的设计提供了一种简单可靠的方法。

分形曲线作为一种空间填充曲线,因其曲线排列的规律性和自相似性,受到了广泛的关注。因此,吴光华等基于 Peano 曲线,构建出一个对称的、具有亚波长内部通道的声学超材料,通过卷曲空间和增加分形阶数的方法,延长声波传播路径,实现超低声速的人工介质。然后通过有限元法分析了分形结构的带隙分布,发现随着分形阶数的增加,带隙出现在更低的频段中,带隙占比也相应增加。通过模态分析,解释了禁声带隙的产生机理,发现单极共振和偶极共振分别对应负等效体积模量和负等效质量密度。同时利用 S 参数提取法和传递矩阵法,计算了分形结构的等效质量密度和体积模量,验证了负等效声学参数的存在。通过周期排列分形结构单元,分析了等效质量密度近零频率点的选取,并与带隙分布进行了对比。通过仿真分析,研究了分形结构在不同场景下的声波调控特性,例如近零密度传输、波前整形、声隐身和声隧穿等。发现分形结构可以在质量密度近零频率点及其附近频率下规整声波,并且可以实现声波的全透射,声能量几乎无损耗。最后对试验进行分析,采用 3D 打印技术制作了一阶分形结构的三维模型,并进行了阻抗管测试。发现试验结果与有限元分析结果总体趋势一致,验证了有限元分析方法的可靠性。

通过这一系列的研究试验,最终得出结论,在[0,1 600] Hz 频率范围内,一阶、二阶分形结构在各自的单极共振频率附近产生负体积密度,在偶极共振频率附近产生负体积模量,当结构的体积模量和质量密度中任意一个参数为负时,声波无法在其中传播,产生传播带隙。随着分形阶数的增加,分形结构产生的带隙数量增加,带隙面积从 20. 3%增加到 21. 6%,并逐渐向着更加低频的范围内移动,可以用于低频下的滤波。在质量密度接近于 0 的频率点处,周期排列的分形结构可以进行声波调控,如近零密度传输、波前整形、声隐身以及声隧穿,调控后声波以近似平面波的形式传播,且透射系数接近于 1,声能量接近无损耗。

目前声学超材料的设计主要基于两种思路，一种为设计具有局域谐振特性的声学超材料单元，这种方法设计的声学超材料能实现极其特殊的等效参数，但由于局域谐振特性仅在极小频率范围内响应，故这种方法很难实现宽带宽的声学器件设计。另一种为利用等效媒质理论设计声学超材料，这种方法设计的声超材料通常为非谐振元，在较宽的频段能具有稳定的性质。但该方法所设计的声超材料较难实现良好的等效参数取值。

对于声学超材料的设计，曹宇杰结合了分形理论，设计了一种新型声学超材料，并以此设计了一种宽带宽声学聚焦透镜。首先就分形在声学超材料领域的应用做了详细探讨，并提出了 H 分形在声学超材料中应用的可能性与优势。在实际应用中，为了更好地对目标波长声波进行响应，于 COMSOL 中构建了双层 H 分形，并由第 2 章中推导所得有效参数提取方法仿真得到其有效参数。由仿真结果可知，H 分形在 2 000 Hz 和 5 000 Hz 之间表现出谐振单元特性，谐振频率随着分形阶数的提高具有红移特性。提出了开口中缝设计应用于 H 分形中，并于 COMSOL 中做了对比仿真。由仿真可见，在 H 分形中开设具有一定宽度的中缝后，H 分形在 2 000 Hz 至 5 000 Hz 频率区间内展现出良好的非谐振特性。且做出开口中缝设计后，分形结构的等效声阻抗有了极大的降低。最后，就结构参数对开口中缝设计 H 分形性能参数的影响进行了探究。结果表明开口中缝宽度与一级结构尺寸对 H 分形超材料等效折射率、等效声阻抗与有效参数均有不同程度的调制。这些调制大多近似线性，且由于分形阶数的变化，能够在较小的空间范围内通过有限的结构参数取值，获得较广的有效参数取值范围。这为后续的声学器件设计提供了极大的便利，也是分形结构应用于声学超材料设计所带来的优势。

随后在 H 分形超材料设计的基础上进一步研究设计了一种声学聚焦透镜。基于对 H 分形的性能探究所得到的一级结构参数与开口中缝宽度对 H 分形声学超材料的性能调制，可以得到广域的透射相位取值。特别的，由于分形结构高级阶数的存在，可以在有限的空间实现复杂的构型，从而实现性能参数的阶跃。在 1.5 mm 开口宽度的三阶至一阶 H 分形情形下研究一级结构长度对透射相位的调制，可实现-3.25 至-27.29 的透射相位调制。一级结构长度为 5.6 mm 的三阶 H 分形，通过改变开口中缝宽度可实现-27.30 和-36.38 之间的透射相位调制。结合两者，可以通过调制结构参数实现-3.25 和-36.38 之间的极宽透射相位取值。这为声学聚焦透镜的实现铺垫了良好基础。通过 COMSOL 仿真具体得到了一级结构尺寸、中缝宽度与 H 分形透射相移量的一一对应关系。利用这一关系所示规律，在二维空间内，沿 x 方向设计了圆弧状的透射相移分布，并得到每一处声学超材料单元应具有的结构参数取值。COMSOL 中设计 19 个声学超材料单元并代入之前计算的结构参数，实现了不同位置处的透射相位调制，经仿真验证，成功实现了一种宽带宽、低阻抗的声学聚焦透镜。该声聚焦透镜可在 2 000 Hz 和 5 000 Hz 的宽频段内实现较好的声学聚焦效应，且焦距位于 240 mm 和 330 mm 之间。3 500 Hz 下焦距最远，随着频率远离 3 500 Hz，焦距逐渐降低。该透镜各组件最大等效声阻抗不超过 1.900 0，且基本满足阻抗匹配。至此，该宽带宽、低阻抗声聚焦透镜已基本证明分形理论以及 H 分形结构应用于声学超材料领域的良好前景。

随着木材加工技术的提升和可持续发展观念的普及，近年来木材作为建筑材料再次得到广泛使用,木构建筑以现代形式重回大众视野,木质材料以及木构建筑的相关研究也得以蓬勃发展。从宏观视角来看,现代木构建筑的发展无疑是愈来愈多样化的,从微观角度来看,木材作为界面构成要素特别是室内界面要素的发展却较为单一。作为建筑材料,木材的优势不仅仅在于自然的视觉感受,作为建筑空间,所关注的也不只是视觉效果。木材因其环境友好性和受人喜爱的自然视觉效果而备受建筑设计师的青睐,木质材料的声学性能也广受认可,因此在音乐厅、影剧院等以听闻为主要功能的音质空间中应用颇多。扩散体是厅堂建筑声学设计的重要组成部分,设计者通常选用木质材料设计扩散体及扩散界面以提升室内环境质量,然而由声学设计人员为主导的扩散体设计往往难以满足建筑设计及空间塑造的需求。随着界面设计理论的发展以及大众对室内环境要求的提升,从建筑学角度出发,设计兼顾视觉需要与声学性能的扩散体已成为厅堂建筑设计需要关注的问题之一。

针对此问题,倪方文结合建筑声学、分形几何、心理学等多学科交叉领域,综合试验测试与主观评价研究方法,将模块化木质扩散体作为研究对象,以分形理论为设计依据,对模块化木质扩散体的声学性能及受众接受度进行深入研究,旨在发现其变化规律以获得声学与视觉感知综合效果最佳的扩散体设计方案,为拓展声学结构的设计方法和开发模块化声学结构提供方法论基础和技术支持。

倪放首先通过对声扩散理论以及分形理论的研究,分析扩散体在影剧院空间中的应用现状及存在的问题,从声学性能、大众接受度以及生产实践角度论证了分形理论在声扩散体设计中的适用性。从易操作性以及将本研究作为基础性研究的定位出发,选定谢宾斯基三角作为扩散体方案设计的原型,谢宾斯基三角的生形逻辑为方案设计提供了可借鉴的操作方法。接着运用 QRDude 计算器确定合理的模块设计参数,最后通过文献阅读,综合 QRD 扩散体性能的影响因素,室内木材使用对心理感受的影响以及分形几何的内在特征将迭代次数、模块排列及覆盖密度确定为模块化扩散体的设计要素并生成设计方案,为后续研究提供试验对象。

有限元分析法是将物理模型的偏微分方程运用到由数量有限的点组成的几何系统中求解的数值模拟方法,数值模拟方法能够不受试验仪器和环境的限制,高效地计算出多种物理指标。因此倪方文通过 COMSOL 软件有限元分析验证设计方案的声学性能的合理性。首先选择具有典型性的扩散体在 COMSOL 软件的声学模块中进行预模拟,然后制作 1:1的试件实体模型在全消声室中进行测试,接着比较试验测试与数值模拟中扩散体表面的声压级分布情况。结果显示,数值模拟与试验测试结果所反映的扩散体性能随设计要素的变化趋势相近,因此 COMSOL 数值模拟具有有效性。接着优化模拟流程,对 A、C 组扩散体进行数值模拟,最后,处理模拟数据得到声场分布图像并分析迭代次数、排列方式和覆盖密度对扩散体声学性能的影响。最后通过眼动追踪试验及 SD 问卷调查测试大众对设计方案的评价偏好。首先进行眼动试验,通过受试者眼球运动轨迹获取能够直观反映其对视觉图片的偏好程度的注视次数、注视持续时间、热点图等,接着通过 SD 问卷调查受试者对设计方案的心理评价获得受试者主观感受的量化数据,问卷调查结果与眼动测试结果互为佐证。通过对试验结果的统计,比较设计方案与常规 QRD 扩散体的优劣,分析设计要素对设计方案评价偏好的影响及其原因。最后综合声学性能模拟及评价偏好测试总结兼顾声学性能及评价偏好的模块化木质扩散体的设计策略。理想的分形扩散体设计方案应当在满足声学性能的同时具有较高的大众接受度。综合分析试验结果可得:迭代次数的合理取值区间为迭代三次~迭代四次,排列形式的合理取值范围为分散式~半分散式,覆盖密度的合理取值区间为 43.8%~73%。

但本次研究依然存在一定的局限性。本书通过改变单个设计要素的取值来探究扩散体性能与设计要素之间的关系,从每个设计要素中仅选取四个值进行方案设计,取值数量较少,测试结果仅能定性反映设计要素与扩散体性能之间的关系。COMSOL 数值模拟以声场分布图像的形式呈现,能够得出同一设计要素指导下生成的扩散体的优劣,但无法得出扩散体性能的量化结果,此外,本研究仅以谢宾斯基三角为原型设计扩散体,无法概括分形扩散体全部内涵,因此本研究能够初步总结分形扩散体的设计方法,但不足以得出有说服力的定量结论。

声扩散体在音乐厅等观演建筑中被广泛应用于改善声场均匀度、提供丰富的侧向反射声及避免声聚焦等。声扩散体可以被设计成多种形式,例如,半球形和立方体块的集合、一维和二维槽、弯曲的表面或任何其他拓扑结构。随着建筑品味的转变,单调的声扩散体形式也不再满足现代建筑的诉求。因此,根据不同的空间需求,灵活生成个性化声扩散界面的设计方法亟须被提出。施罗德(Schroeder)扩散体是由 1/4 波长的谐振阱组成的周期性扩散表面。多项研究聚焦于对其性能的改善,包括优化阱的深度与超材料的运用。然而,施罗德扩散体仍然存在带宽受限和周期性导致的声能聚集等性能缺陷。自分形被引入声扩散体设计以来,其多聚焦于声学评价,而忽略了使用者的审美需求。分形中的谢宾斯基分形是由 Waclaw Sierpinski 在 20 世纪发现的自相似结构,也被认为是一种最常应用于界面设计的分形图案。结合参数化的设计方法,这种富有层次的模块结构为个性化界面的生成提供了可能。然而,分形结构的声学性能和视觉偏好尚未被综合考量。

因此,基于前期对谢宾斯基三角扩散体的声学性能与视觉偏好的分项研究,徐洪澎等聚焦于模块形状、模块高度和随机排布程度等分形参数,从声学、视觉和经济等角度对分形结构进行综合评价。在声学性能的评测中,选择扩散系数对声扩散体的散射性能进行量化。采用边界元素法(boundary element method,BEM)的数值仿真、结合虚拟仿真(virtual reality,VR)技术的主观调查与多目标综合分析,探究设计要素的作用机制和最佳阈值范围。

首先基于谢宾斯基分形的垫片和地毯结构,提出不同模块形状(直角三角形棱柱、正方形棱柱、直角三角形棱锥、正方形棱锥)、高度(浅表面、中间面、深表面)和随机排布程度(分散、半分散、半集中、集中)的声扩散结构方案。其次利用边界元素法(BEM)进行数值仿真,并设置声源和接收点,模拟声波在分形结构表面的散射情况,计算不同模块形状、高度和随机排布程度对扩散系数的影响以及不同模块形状、高度和随机排布程度对扩散系数的影响。同时,将分形模块布置于中小型会议室的侧墙上,利用 VR 技术模拟真实场景,让受试者进行沉浸式体验。采用五分制 Likert 量表调查受试者对不同分形结构的视觉偏好程度,同时监测受试者的皮肤电导水平变化,验证主观评价的可靠性,并采用方差分析法探究不同分形参数对视觉偏好评分的影响。最后采用层次分析法对声学性能、视觉偏好和用材量

进行多目标综合评价。通过这一系列试验,得出如下结论:

在声学性能方面,相比于 QRD($N=7$),由不同尺寸模块构成的分形结构在带宽和中低频(<1 kHz)性能方面表现出更佳的声散射能力。将模块形状从棱柱转变为棱锥,能够显著地改善分形结构在高频段(2~5 kHz)的声学性能,这种改善对于生成元为三角形的试件更为有效。增加棱锥模块高度并缩小模块间的夹角将有效提升试件在中低频(<1 kHz)的扩散能力,但会削弱中高频(>1 kHz)声学性能。由截锥模块组成的扩散体展现出宽频的扩散性能。通过改变散射面的拓扑结构,发现模块分布处于低随机程度时,扩散系数相对较高。在视觉偏好方面,模块形状和随机排布程度对受试者的视觉偏好产生显著影响,而模块高度产生的影响并不显著。当模块的形状由棱柱转化为棱锥时,偏好评分显著下降,并在三角形的生成元中更为明显,而将棱锥模块的顶端截断后,能够显著地提升偏好评分。打破典型的拓扑表面可以有效地提升视觉偏好评价。当模块随机排布程度较低时,呈现出更佳的偏好评价。但随着随机程度的逐渐增加,评分变得不规则并与随机程度的变化无明显的线性关系。

综合上述结果进行层次分析,提出以下分形结构的设计策略:

(1)基于谢宾斯基分形的声扩散结构,将模块的形状由棱柱转换为棱锥,可以显著地改善在中高频段的声学性能,并对经济性起到增益作用,但不利于视觉评价。相比于棱锥体,在设计中采用三角截锥模块,能够有效地平衡矛盾。

(2)与传统扩散体相比,具有不同平面尺寸和截面高度模块的分形结构能够显著地改善声散射性能,尤其是在中低频范围。采用截面高度较大(本书中各级模块高度的阈值分别为 200 mm、150 mm、100 mm)的棱锥模块,将有效提升试件在中低频的扩散能力,但会削弱其高频性能。而截锥模块(各级模块高度分别为 200 mm、100 mm、60 mm)具有实现宽频的潜力。

(3)打破典型的分形拓扑结构,对模块进行一定程度的随机排布将显著地提升结构的视觉偏好度,但对于声学性能的改善会产生一定的妥协。在设计中采用模块低随机($P=0.25$)排布的结构可以兼顾两项需求。限于设备和时间等原因尚存在不足,本书拟将分形扩散结构置于实际尺度的房间内,研究提升空间音质的扩散体最佳组合方式,并对视听交互的影响进行研究。希望可以对此进行更为深入的探讨,为兼顾声学和视觉需求的声扩散结构设计提供切实的建议。

声学超材料作为一种新兴的声学技术,在医学成像、无损检测、信息传输等领域具有广阔的应用前景。但现有的声学超材料存在一些问题,如缺乏小尺寸、简单稳定、便于制造的声波调控结构;不适于空气流通场景下的隔声降噪;在包含狭缝的波导系统中,面临低能量透射率以及装配等问题。

为了解决这些问题,吴光华提出了几种新型的声学超材料结构,并通过理论分析和试验验证了其有效性。首先基于集成化的理念、空间卷曲的原理和多单元集总耦合的理念,提出了一种结构稳定、整体结构小的新型类亥母霍兹声学超材料,为声学超材料提供了一种新的结构形式和设计理念来调控声波。超材料在近零密度和不严格近零密度频率下,都可以实现声波的调控,区别在于不严格近零密度频率下会产生一定的相位累积。为了解决阻抗不匹配和调波频率偏移等问题,提出了一种对隐藏物体的边界条件不敏感的新策略来实现声学上的隐身,可以通过调节超材料板与物体间的间距来控制能量的传输效率。最后,类亥母霍兹结构可以在保证通风性的同时实现宽带的隔声特性,具体为以反共振的模式产生负等效体积模量响应,可以在保证有 40%的空气流通的情况下,在 761 Hz 附近产生声波的高反射。该结构的有效性通过试验测试结果进行了验证。

此外,采用了新的方式来增强狭缝-波导系统中的声能量透射率,很好地解决了以往近零超材料需要放置于狭窄波导中存在的尺寸和装配问题;试验测试结果表明,尽管存在热黏性导致的能量损耗现象,但相比于单狭缝系统,声能量仍然得到了大幅度的提升;进一步,将波导进行弯曲并嵌入刚性边界的缺陷,通过调整两超材料板中间区域的质量密度,可以很好地使得声能量发生完全传输,类似于"吸收-投射"的效应,具有很高的鲁棒性;最后,在采用新的增强声能量方式的前提下,狭缝的 FP 振动增强透射效应会对声能量传输产生增益的效果,主要体现在透射率的进一步增加和产生全透射的频段的增宽。

4.6 其他分形设计

分形结构设计作为一种广泛应用的设计方法,其独特的自相似性和复杂性使其在多个工程和科学领域中都有应用。除了在分形声学结构设计、分形天线设计、分形换热器设计、分形吸能结构设计、分形表面结构设计这些领域外,在其他领域,例如医学、计算机学、电子学等领域也得到广泛应用。

分形医学结构设计是将分形几何学的概念应用到医学和生物工程领域的一种研究方向,即利用分形理论的精确性和复杂性,模拟和优化医学领域的复杂结构,从而提高诊断的准确性和治疗的有效性。这有助于推动医学领域的创新和发展,为人类健康带来更多福祉。在医学领域,分形结构可以用于模拟人体骨骼或是器官的复杂形态,如肺泡结构、血管网络等。其中邓念斌针对人体骨微观结构仿生模型应该满足的基本要求,将分形理论引入人体骨仿生设计,首先对人体骨图像进行处理,利用 OpenCV 工具包进行图像格式转换、边缘检测、边缘增强和轮廓提取等操作,得到人体骨边缘轮廓图。同时计算人体骨的整体分维数和各边界轮廓的分维数,分析其分形特性。然后进行分形模型设计,分析人体骨二维微观结构仿生设计的基本要求,包括比表面积、孔隙率、连通性和多样性等。最后基于分形理论和蒙特卡洛方法,提出了一种设计人体骨二维仿生微观结构的算法。

试验结果表明,人体骨整体不具有自相似性,但其多区域上的边缘轮廓具有自相似性,这为分形设计提供了依据。利用人体骨边缘轮廓作为生成元,并通过蒙特卡洛方法随机播种不同类型的生成元,可以有效地模拟人体骨的二维仿生微观结构。所模拟的结构与原始人体骨结构具有一定的相似性,其分形特性与人体骨相符,基本满足仿生设计的要求。该研究为生物医用材料的仿生设计提供理论指导,尤其是为克服生物活性陶瓷脆性的仿生微观结构设计和功能梯度设计提供重要依据,同时为后续三维仿生微观结构的设计及最终产品的快速成型做准备。

通过分形理论的精确性和复杂性，可以模拟和优化新能源器件的结构，提高其性能和效率。这有助于推动新能源领域的创新和发展，为人类社会提供更加可持续和高效的能源解决方案。分形设计可以用于太阳能电池、风能转换器、电池和电容器等新能源器件，通过优化其结构，提高能源转换效率，减少能源浪费，降低环境影响，为人类社会的可持续发展做出贡献。

郭弯弯通过模仿分形结构，设计制备了具有高比面积的类分形结构基底，然后在基底表面生长纳米阵列，并镀覆金属，成功制备出具有类分形结构的微纳复合电极，并探究该电极在 TENG 和全固态 DSSC 的应用。首先探究了类分形微纳复合电极制备的工艺，微尺度电极能够通过激光刻蚀工艺形成，系统探究了还原剂用量、添加剂浓度、反应时间等因素对镀层形貌的影响。结果发现：当还原剂的甲醛的用量为 12 g/L，2、2′-联吡啶的用量为 20 mg/L、反应时间为 30 min、反应温度为 65℃时，所制得镀层均匀、致密，形貌较好；采用水热法制备 ZnO 纳米阵列，探究了[Zn^{2+}]浓度、生长时间等因素对生长 ZnO 纳米阵列形貌的影响。结果得出：当[Zn^{2+}]浓度为 0.03 M，生长时间为 12 h 时，生长的 ZnO 纳米阵列形貌较好，垂直于基底生长，是规整有序的纳米棒结构。纳米棒平均直径约 150 nm，长度最长约达 6 μm。针对一些复合基底，如高分子聚合物薄膜，PBT/Cu/ZnO 复合基底，粉体上能够采用的简单的化学沉积方法和电沉积的方法在其表面沉积金属层。探讨了镀锰电压，镀锰时间改变时，PBT/Cu/ZnO/Mn 复合电极结构形貌的变化，当电镀电压越小，电镀的时间越短，在 ZnO 纳米阵列表面越易有金属锰层的沉积。但最终未制备出高度有序金属纳米刷阵列的复合金属电极，在接下来的工作会采用化学沉积的方法进一步优化镀锰工艺参数，以制备高度有序的金属纳米刷阵列复合电极。

其次，分析了基于类分形微纳复合电极的摩擦纳米发电机性能，通过探究摩擦纳米发电机的工作原理，解释了利用这种类分形结构的好处。利用发电机测试系统对所制备器件的性能进行了测试，并对类分形电极结构、尺寸，器件工作特性以及功能化展示进行了研究。得出如下结论：

(1)利用线性马达制备了自动模式的摩擦纳米发电机，对类分形结构的电极进行优化得出：器件的输出信号随着微纳复合电极的分形维数的增大而逐渐增大，随着电极层开孔率的增大而逐渐减小，随着接触的有效面积的增大而增大。[Zn^{2+}]浓度为 0.03 M 时，纳米棒直径约 150 nm，长度最长约达 5 μm，器件的输出性能最好，开路电压为 600 V，短路电流为 28 μA。

(2)通过对摩擦纳米发电机的工作特性的研究得出：在相同的测试条件下，作用的外力使电极垂直上下接触和分离时，器件的输出性能最佳；当外力的作用频率改变时，器件的输出也会改变，频率在 1~5 Hz 范围内，TENG 的输出信号是增强的，而超过 5 Hz 以后，器件的输出信号是逐渐减弱的；随着驱动冲击力的增大，器件输出信号是增大的。通过 TENG 工作条件的优化，器件的输出性能最好，开路电压为 900 V，短路电流为 100 μA。

(3)将本书中制备的电极与传统的 ITO 电极的透光性进行对比。结果表明，制备的电极分形维数越高，透光性越好，比传统的 ITO 电极透光性好，这为未来该电极的应用前景提供了可能性，可以代替太阳能电池中的封装层——ITO 电极。通过探究器件的输出电压和输出电流，以及输出功率与外加负载电阻的关系，得到 TENG 本身的阻抗为 10 MΩ；用本书制备的电极组装的 TENG 的输出信号经过整流桥整流后可转变为直流电，为一些微小型的器件充电。

最后，基于高分子纤维的制备的复合 PBT/Cu/Mn 金属电极以及具有金属纳米刷阵列结构的 PBT/Cu/ZnO/Mn 复合金属电极为基底分别制备了 DSSC 的光阳极。由 DSSC 性能的测试表明，当电镀锰的电压为 3.2 V、电镀时间为 3 min、[Zn^{2+}]浓度为 0.03 M 时，PBT/Cu/Mn 金属电极为基底制备的全固态 DSSC 性能最好，短路电流为 2.8 mA/cm^2，开路电压为 0.35 V，光电转换效率为 0.38%，与金属钛基底制备全固态 DSSC 性能相当。而以具有金属纳米刷阵列结构的 PBT/Cu/ZnO/Mn 复合金属电极为基底制备的全固态 DSSC，由于金属镀覆工艺的限制，器件出现短路情况。分析认为，下一步研究中，需要进一步改进镀覆工艺，减少短路，以发挥金属纳米刷阵列的复合金属电极的结构优势。

声子晶体作为一种新型的功能性人工材料，其诸多优于天然材料的物理特性是基于其带隙性质而衍生的。结构设计是力学工作者实现材料超常物理特性的主要手段，通过结构设计完成对声子晶体带隙的调控工作不仅可以激发声子晶体更多超常物理特性的实现，同时还可以促进声子晶体在工业中的实际应用。基于经验化的声子晶体结构设计已逐渐成熟，而借鉴自然界中天然进化的结构以及拓扑优化设计对声子晶体带隙的结构调控方兴未艾。为了突破人工经验的限制，使声子晶体带隙特性逼近物理极限，王凯通过引入大自然自我拓扑迭代而衍生的分形结构以及拓扑优化算法，从正反两个结构设计方向对声子晶体带隙进行系统的结构设计，以期为声子晶体材料的带隙调控、波动物理性质探索、器件设计以及工业应用提供全面的指导。

首先通过引入分级结构，建立了分级多孔声子晶体，研究了基于分级结构的多孔声子晶体带隙特性。相比标准结构，分形多孔结构降低了带隙打开的临界孔隙率。通过调节分级多孔声子晶体中的结构参数，可对声子晶体带隙进行带隙的开合、宽度以及中心频率等调节，实现了基于正向结构设计的多孔声子晶体带隙调控，为声子晶体带隙调控提供了新的思路和方法。同时，基于 Sierpinski 三角形分形结构，设计了多种分形声子晶体，研究了基于分形结构的声子晶体带隙调控。通过设计分形声子晶体，获取了位于低频段内的超宽带隙，澄清了分形等级和孔隙率对分形声子晶体的带隙影响。通过引入自然界中的分形结构，突破了声子晶体正向结构设计的人工经验限制，获得了较好的带隙调控效果。此外，通过结合双向渐进式拓扑优化算法，提出了基于二维声子晶体带隙优化的 BESO/FEM 拓扑优化算法，讨论了基于静力学问题的优化算法稳定性方案在解决波动优化问题时的有效性以及计算效率。针对不同的材料系统和不同的约束条件，对声子晶体进行了带隙最大化的结构优化设计，实现了无须人工设计经验的基于逆向结构设计的声子晶体带隙调控。最后基于含有既定结构（夹杂）的材料进行了声子晶体带隙优化设计。通过改进 BESO/FEM 声子晶体优化设计方案，引入设计区域以及隔离区域，在保留既定结构的同时，实现了带隙的打开和最大化设计。讨论了不同的结构方案以及材料配比对声子晶体带隙优化结果的影响。发现既定结构在声子晶体拓扑优化的结构演变过程中对填充材料具有材料吸引现象，材料吸引现象同隔离区域面积以及既定结构材料和填充材料声阻抗有关，隔离区域面积越小，材料声阻抗越大,材料吸引效应越明显。

本次主要针对多孔声子晶体和固体弹性材料声子晶体在结构设计的角度上进行了带隙调控研究,由于声子晶体同时涉及结构问题和材料问题,因此其带隙的调控工作还有一些问题值得深入研究,如三维分级分形多孔声子晶体的加工和试验研究。本次研究提出的分级分形声子晶体,探究了在二维空间上的孔洞的分布模式以及对带隙的调控工作,可以尝试通过 3D 打印技术,对更加复杂的三维问题分级分形多孔声子晶体进行制作和试验,分析和验证其对带隙的调控工作。

在计算机学领域,通过分形理论的精确性和复杂性,还可以模拟和优化计算机硬件和软件的结构,提高其性能和效率。这有助于推动计算机科学领域的创新和发展,为人类社会提供更加高效和便捷的计算解决方案。分形结构设计可以用于计算机处理器、数据压缩、加密算法、图像生成、网络以及一些复杂操作系统等计算机结构,通过优化其结构,提高计算速度、降低能耗、增强系统稳定性和安全性,为人类社会的信息化发展做出贡献。

吴运兵研究了分形理论在计算机图形设计中的应用。首先通过介绍一些常见的经典分形,如三分 Cantor 集、Koch 曲线、Sierpinski 集、Julia 集和 Mandelbrot 集的生成原理和实现的算法,以及牛顿法迭代用于分形图形的生成和 L 系统、IFS 迭代系统的主要思想和实现的方法等。通过这些分形实现的原理和算法,我们能够在计算机上实现十分精美的分形图形,为进一步研究分形图形提供的发展空间,同时也为下章实现分形图形的计算机生成程序提供了良好的理论基础。其次,介绍了基于 Visual C++6.0 环境下进行分形软件开发的总体思路和具体实现过程。阐述了从开发环境到开发分形软件的总体设计思路,给出了软件设计的框架图,接着对分形软件开发设计中的一些类的框架与功能进行说明。最后,对分形软件生成的用户界面以及一些有关的实现功能进行了阐述,体现了分形理论在计算机图形设计领域的广阔的应用前景。此外,李可也探讨了分形理论在计算机图案设计中的应用,利用计算机迭代运算生成图案的设计方法,与传统自上而下的设计方法形成对比。介绍了常用的分形图案生成方法,包括 L-系统、迭代函数系统等,并以编程语言 Processing 为例,展示了如何利用这些方法进行分形图案的设计。通过具体的案例,例如城市交通、雪花、树丛等,说明了分形图案的生成过程和特点。同时还通过在 context free 平台上的编程,体现出了分形的重要思想自相似和无限细分,生成的图形有令人吃惊的精细度与秩序感,而风格因生长方式的推导公式的不同而有不同的表现,又具有一定的随机性。在放大无 数倍后仍然具有与整体风格一致的细节也体现了宏观与微观的一致性。并且得到一个重要发现,在编程过程中,对于参数控制使得最终结果有令人感兴趣的变化,而改变来自初始常数和变量的变化,因此可控生长的理念体现了出来。

从关注设计结果到关注设计过程,利用设计中的初始限定条件的各种结合方式,从而影响设计的结果,实现探索性的设计方式。这样的设计理念无疑是具有创新性的尝试,虽然实践是从视觉设计的角度出发,这种理念却具有普遍的意义,这种自下而上的设计思路在现今高度发展的各个设计领域也是具有实用价值的。

第 5 章　分形与表面膜层

5.1　薄膜材料中的分形特征

5.1.1　薄膜材料的基本特点

薄膜材料是一种具有特殊性能的材料，广泛应用于电子、光学、磁性、包装、装饰等领域。薄膜材料的厚度一般在几纳米到几十微米之间，这种微观尺度使得其物理性能，如力学性能、热学性能、电学性能等，与块体材料存在较大差异。例如，薄膜材料具有高的强度和韧性，良好的热稳定性和化学稳定性以及优异的电子传输性能。这些性能使得薄膜材料在许多领域具有广泛的应用前景。薄膜的制备和研究由来已久，20 世纪 30 年代中期，德国学者马克斯-奥维将教授开始研究和制备薄膜，是现代薄膜技术的开拓者。薄膜的研究依赖于薄膜的制备技术，高效先进的薄膜制备技术有利于薄膜性能的改善和薄膜器件的发展。薄膜的制备方法以气相沉积法为主，主要包括化学气相沉积（chemical vapor deposition，CVD）和物理气相沉积（physical vapor deposition，PVD）两种。

PVD 是指在真空条件下，利用各种物理方法，将镀料汽化成原子、分子或使其电离成离子，直接沉积到基体（工件）表面形成固态薄膜的方法。一般 PVD 包括三个过程：气相物质的产生、气相物质的运输以及气相物质的沉积。相对于 CVD，PVD 具有以下优点：镀膜材料局限性小，镀膜材料可以是金属也可以是非金属，可以是固体也可以是液体，可以是粉末也可以是块状，可以是导体也可以非导体等；对环境污染少，排放污染性气体少；沉积温度低，对工件热影响小；镀膜的结合强度高，薄膜致密性较好。所以 PVD 成为工艺上比较普遍的镀膜方法。一般根据粒子的发射方式不同，PVD 镀膜可以分为真空蒸发镀膜、溅射镀膜和离子镀镀膜。

真空蒸发制备的镀膜沉积的生长机理与基体和镀膜材料有关，蒸镀时沉积粒子凝聚力大于基体材料原子与沉积粒子的结合力，并且粒子到达基体后能量如果小于 1 eV，粒子容易形成岛状晶核，这种生长方式是三维生长方式，大部分薄膜的生长属于此类方式。真空溅射镀膜是指具有足够高能量的粒子轰击靶材表面，使原子发射出来，沉积于基体上形成薄膜的技术，属于 PVD 的一种。真空蒸发镀膜真空条件下，加热蒸发物质，使之汽化，蒸发粒子流直接射向基体并在基体表面沉积成固态涂层，图 5.1.1 是真空蒸镀设备示意图，图中 1 是真空罩，2 是基片架和加热器，3 是基片，4 是挡板，5 是蒸发源。

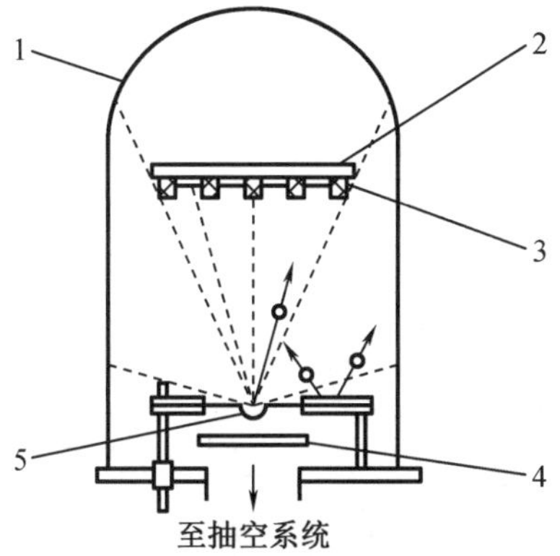

图 5.1.1　真空蒸镀设备示意图

根据溅射的工作原理不同,一般分为直流溅射和射频溅射。实际应用中,一般会对溅射设备辅以磁场,提高溅射效率,被称为磁控溅射,包括磁控直流溅射和磁控射频溅射。磁控溅射采用磁场,等离子体中的电子受电磁洛伦兹力的影响,螺旋轨迹飞行,使更多工作气体的原子发生电离。图 5.1.2 是磁控溅射镀膜的原理图。磁控溅射优点是可以制备大面积均匀、致密的硬质膜层,因其低温、高效、成膜效率高、膜层质量好等诸多优点被广泛应用于工业镀膜当中。

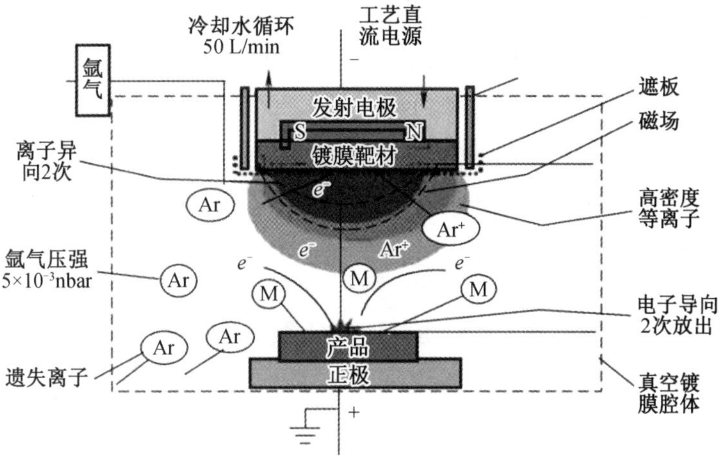

图 5.1.2　磁控溅射镀膜的原理图

真空离子镀是指利用气体放电及被蒸发物质部分离子化,在被蒸发物质离子轰击作用的同时,把蒸发物质或其他反应物质沉积在基底上。要运用真空离子镀技术,一般需要满足两个条件,需要制造一个能够放电的空间,使气体能够放电;能将气体引入放电空间中,使金属或非金属原子部分离化沉积在表面。图 5.1.3 为离子镀沉积原理图。真空离子镀镀膜一般具有以下优点:薄膜结合力较高;沉积速率高;能镀膜的基体材料限制少,可以在金属、非金属、陶瓷以及塑料等材料上镀膜;薄膜的致密性好。

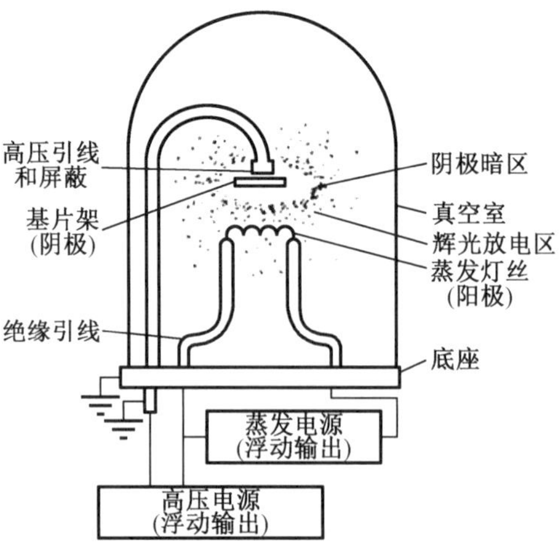

图 5.1.3 离子镀的沉积原理图

化学气相沉积(CVD)既包括气相内部的化学反应,也包括沉积在基底表面上的化学反应。在典型的 CVD 工艺中,衬底暴露于挥发性前驱体中,前驱体在衬底表面分解(与之反应)并沉积以获得所需成分,挥发性副产物通常由气流产生和除去。在传统 CVD 技术中,整个衬底被加热,反应物气体在衬底表面流动、反应并最终生成薄膜沉积物,整个反应过程缓慢(薄膜沉积速率为 10 nm/min~100 nm/min)、能量利用率低,而且高温生长容易导致膜层质量下降。鉴于此,各类辅助化学气相沉积技术,如金属有机化合物化学气相沉积(metal-organic chemical vapor deposition, MOCVD)、等离子化学气相沉积(plasma chemical vapor deposition, PCVD)、热丝化学气相沉积(hot filament chemical vapor deposition, HFCVD)、燃烧化学气相沉积(combustion chemical vapor deposition, CCVD)、激光化学气相沉积(laser chemical vapor deposition, LCVD)等技术,被相继开发出来。各类化学气相沉积技术对比详见表 5.1.1。

表 5.1.1 各类化学气相沉积技术对比

技术类别	优点	缺点
MOCVD	大面积制备,高沉积精度	设备成本高,材料要求苛刻,沉积速度慢
PCVD	较低沉积温度,较快沉积速度,设备维护简单	反应过程复杂难以控制
HFCVD	大面积制备,适用于复杂形貌,操作系统简单	沉积速度慢
CCVD	大气环境下制备	沉积速度慢
LCVD	可局部制备,高沉积精度/效率/质量,成膜材料种类广泛	设备成本高,操作略复杂

以上薄膜制备工艺具有不同的特点,适用于不同类型的薄膜材料制备,薄膜材料的生产成本相对较低,有利于大规模应用。除此,薄膜还具有以下特点:薄膜材料厚度较小,相较于块体材料,可以大大降低原材料消耗;薄膜材料具有较低的密度,有利于减轻产品质

量,降低能耗;薄膜材料可以与多种基材(如金属、陶瓷、塑料等)良好地黏附,提高产品的可靠性和稳定性;薄膜材料便于与其他材料或器件集成,实现多功能、小型化、集成化;材料制备过程中,产生的废弃物较少,有利于环境保护。然而,薄膜材料也存在一定的局限性。如厚度较小,可能导致力学性能不足;表面缺陷、界面问题等可能影响其性能;制备过程中,工艺参数控制难度较大,对设备要求较高。薄膜材料具有可控的微观结构和组成。通过调整制备工艺参数,可以在一定程度上控制薄膜的晶态、非晶态、取向、缺陷等微观结构,从而实现对薄膜性能的调控。同时,薄膜材料可以通过掺杂、复合等手段实现多元化和多功能化。

5.1.2 薄膜生长的分形模型

薄膜生长过程中的分形模型主要用来描述薄膜表面形貌的形成和演化,这些模型通常能够捕捉到薄膜生长过程中的自相似性和尺度不变性等分形特征。随着计算机技术的发展,越来越多的研究者通过计算机来模拟薄膜生长的过程。因为通过模拟薄膜的动态生长过程能够从直观角度理解试验现象,能够解释外界环境因素对试验的影响,并且能够调控外界因素取得理想的试验结果。通过研究表面粗糙度,可以探索薄膜生长机制,在非平衡态下生长的薄膜预期是一个自仿射分形的表面,运用各种分形生长模型(DLA 模型、拉普拉斯、CCA 模型等),通过对其分形维数测算,分析薄膜的生长特征。

胡月等为深入了解薄膜生长的具体机理,采用有限扩散凝聚(DLA)模型,用 Matlab 模拟出了薄膜生长成核阶段的动态过程。结果以动画形式显示出了薄膜生长的成核阶段微粒先进行随机行走,当其与已成核的团簇相遇时,便加入凝聚团簇,呈现出成核团簇逐渐成长的过程。陆杭军研究了非均匀基底上亚单原子层薄膜与多层薄膜的生长行为,通过模拟非均匀四角与三角基底上薄膜 DLA 生长行为,得到了与均匀基底上完全不一样的薄膜扩散聚集图形,并用 Sandbox 方法计算了其分形维数。发现因为薄膜有多个生长中心,其行为与单个生长中心有区别的,模拟生长得到的岛的形貌与基底吸附能拓扑结构的关系,发现岛的成长过程受到基底吸附能的拓扑结构的控制。

Hwang 等观察到 Au 在 Ru(0001)表面的生长:在较低温度下,Au 膜的生长呈现出典型的分形模式。Brune 等在 Ag/Pt(111)体系中也观察到相似的分形生长图像,分形维数 $D=1:78$,分形维数为 1.66,与 DLA 的生长模式相似,表明覆盖膜的生长与 DLA 生长相似。之后,Zhang 等在 DLA 仿真的基础上,建立了二维、三维分形生长模型和海岛生长模型,研究了箱体尺寸和颗粒数对分形维数和形貌的影响,并且观察到二维分层到三维岛状的转变。在真实的薄膜生长过程中,首先形成分形形状,然后当分支的厚度大于一个原子时,晶格的几何形状受到影响,形成岛状和层状生长。首先,采用脉冲激光沉积法制备了 $BaTiO_3$ 薄膜,并用原子力显微镜对薄膜的形貌进行了表征,三维形貌显示,薄膜生长类似于岛状“山丘”。仿真结果表明,薄膜从二维分形生长到三维岛状生长的过程如图 5.1.4 所示,并且二维和三维生长的分形维数随颗粒数量的增加而增大;随着粒径的增大,二维分形生长的分形维数减小,三维分形生长的分形维数增大。

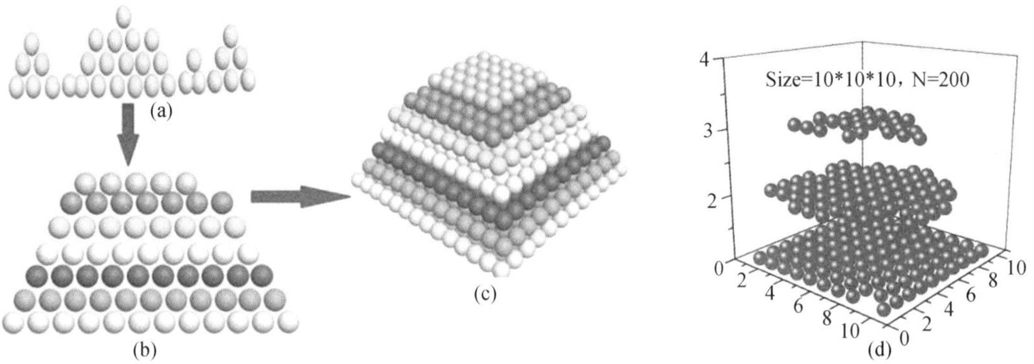

图 5.1.4 利用改进的 DLA 模型进行三维岛屿生长示意图及模拟结果

近年来,越来越多的学者把传统理论与人工智能技术相结合,对复杂系统进行智能化控制,李桂琴等提出一种用于太阳能电池薄膜生长的工艺建模方法,将神经网络与分形理论相结合,充分利用神经网络非线性映射、计算能力、自适应等优点,大大减少传统实数域分形维数的计算量,且能够取得更好的效果。模糊逻辑和神经网络结合建立的模糊神经网络,能够对输入值进行判断选择,如果所提供的输入变量是无效的,它就会在训练过程中自动被丢弃,同时在得到输出值的同时生成规则集。遗传算法能够对神经网络学习规则实现自动优化,从而提高学习效率;其全局优化及隐含并行性的特点能够提高权系数优化速度,解决杂系统中神经网络学习难的问题。当用遗传算法进行优化时,其最大的难题就是需要一个适应度函数来评估优化的结果,利用神经网络作为遗传算法的适应度函数进行处理,无须为遗传算法建立一个新的适应度函数,这种方法对于解决适应度函数难以获得的问题和提高计算效率非常有效。因此,将它们有机结合和集成,把分维和材料性能及制备工艺(如制备薄膜的温度和时间)相联系,即找到定量关系式,进而通过分形研究来改善材料性能,找到最佳制备工艺,以解决成膜质量和镀膜速率难以两全的问题。

图 5.1.5 为模型总体结构图,首先,以 PECVD 设备为主要试验手段,结合已有的等离子体反应、气体反应和表面化学反应生长机理,使用数据驱动与反应机理融合的混合模型作为逼近实际非线性过程的模型,以提高模型的预测性能。其次,采用玻璃衬底或不锈钢柔性衬底沉积纳米硅/微晶硅薄膜,分别选择相同和不同的试件重复薄膜生长试验;通过采用正交试验等方法改变主要工艺条件,确定薄膜生长的主要影响参量;测试和获得不同试验条件和不同试验阶段的分形图像及其性能参数(厚度、折射率等)。然后,通过试验结果的分析与比较,对分形与计算智能集成的理论和算法进行测试与验证;并将试验与模拟结果对比,若存在不一致情况,找出影响因素,修正计算模型。最后,建立新型的决策分析系统,将集成系统的输出结果进行自动分析、决策,并将结果用于指导太阳能电池薄膜生长过程控制。

在薄膜生长过程中,表面粗糙度的统计特性在不同尺度上具有不变性。这意味着,通过放大或缩小观察尺度,表面的粗糙度特征保持不变。这一特性使得分形模型能够很好地描述薄膜生长过程。分形模型在模拟薄膜生长过程时,能够模拟原子或分子在生长过程中的沉积、扩散、聚集等行为,从而得到具有分形特征的薄膜表面,并且薄膜生长领域有广泛的应用,如半导体薄膜、金属薄膜、氧化物薄膜等。通过研究薄膜生长的分形特征,可以优化生长工艺,提高薄膜性能。总之,薄膜生长的分形模型从自相似性、生长机制、标度不变性等方面描述了薄膜生长过程中的表面形态演化,为研究薄膜生长提供了有力的理论工具。通过分形模型,可以更好地理解薄膜生长的动力学过程,为实际应用提供指导。

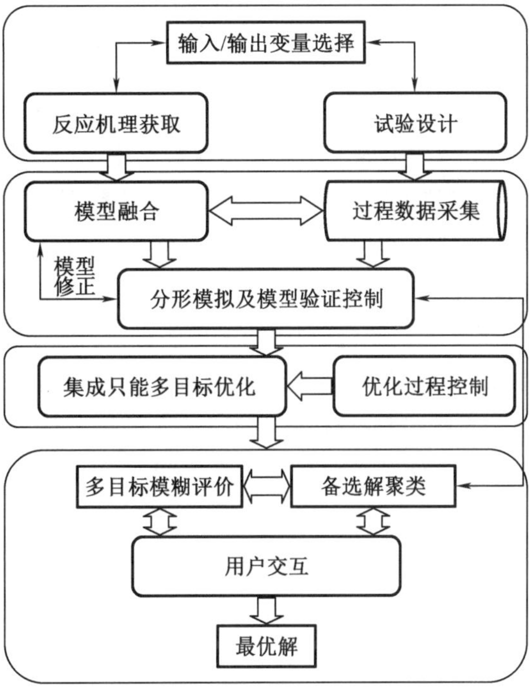

图 5.1.5　模型总体结构图

5.1.3　薄膜结构的分形特征

许多薄膜具有分形特征,统计研究表明,75%以上的各种固体在纳米范围内有分形结构。过去人们常常把薄膜看成二维形体,分形理论诞生以后,人们的认识发生了很大变化。事实上在大标度下看来比较光滑的表面(如薄膜表面),如果在小尺度下观察,就会发现其粗糙与起伏不平的复杂结构,分形维数在 2~3 范围内, 分形维数越大,表面的复杂程度越高,即表面有更多和更精细的凹凸、皱褶和缺陷。极限情况下,表面的分维可达到 3。粗糙度是影响表面的物理和化学性质的重要因素,对于生长形成的薄膜,其表面本身是生长的结果,因此,薄膜表面的特征必然能反映影响生长过程的因素。

在表面工程领域,Yehoda 等于 1985 年明确指出薄膜表面呈现分形特征,将各方向等尺度变换后的自相似视为局部不变量的整体,当用方向无关因子进行缩放时,即从整体到局部的不等尺度变换时,自仿射是不变的。对于在非平衡条件下沉积的薄膜,表面通常是自仿射的而不是自相似的,可能的原因是在扩散过程中,新吸收的原子层与其相邻的沉积表面相关。薄膜的沉积过程和最终形貌也受到阴影和扩散效应的影响,其中,产生阴影的原因是角表面形貌的较高部分遮挡了较低部分,导致在表面不同位置接收到的颗粒通量不同。膜呈柱状生长,最终在表面形成土丘。在斜入射通量和基底运动下,不同的沉积角度会影响阴影的沉积效果。当分形表面受到不同程度阴影的影响时,FD(分形维数)也会受到影响。其中,功率谱密度法也是计算分形图像表面分形维数的一种方法,因其对噪声不敏感等优点而被广泛采用。Gong 等利用功率谱分析了 AFM 图像的表面形貌,使得其空间相关长度得到增加;Ponomareva 等利用功率谱密度法研究了 PZT、TiO、PET 薄膜的分层表面形貌特征,指出分形分析是表征分层纳米结构恰当而简单的工具,并发现分形维数同 PZT 薄膜的工艺条件、TiO_2 相混合物的外观、PET 薄膜氧等离子处理的工艺参数相关;Solaymani 等采用傅里叶变换功率谱密度法研究了纳米颗粒 Cu-C 复合薄膜的表面特性,并指出分形维数随着碳含量的增加而增大;吕建国等采用傅里叶变换功率谱密度法研究了磁控溅射制备的 Au 膜的分形特征,发现功率谱曲线在高频段和低频段具有不同的斜率值,薄膜表面形貌存在多尺度行为;张磊等采用功率谱计算和表征了硅基板镀制单层 HfO_2 薄膜前后表面微观形貌的变化情况。林启敬等采用磁控溅射法制备了不同组分和厚度的 Cu /Ti 薄膜,采用原子力显微镜(AFM)测量了其表面形貌,利用功率谱法对 AFM 高度图像进行了分形表征。结果表明:Cu /Ti 薄膜表面形貌具有多尺度行为,表面演化在全域和局域呈现出不同的标度行为;AFM 图像功率谱的高频段直接体现了薄膜表面的细节信息,而低频段体现了薄膜表面背景区域的复杂程度;低频分形维数与粗糙度之间有着必然的联系,能够反应粗糙值 *Ra* 的变化趋势。

薄膜表面的结构和形貌特性与薄膜的生长机理以及许多表面现象如吸附、反射等密切相关,为了更好地掌握多样化的薄膜制备技术,我们必须深入研究薄膜生长时其表面微结构的变化规律和成型后的微结构特征。Pandey 等研究了在 Al、Si 和玻璃三种不同基底上制备的 BaF_2 薄膜,并计算了平均粗糙度、界面宽度和表面 FD。结果表明,玻璃基板上薄膜在水平方向和垂直方向上的 FD 值接近,显示出各向同性。BaF_2 薄膜在 Si 衬底上的 FD 高于其他薄膜,表明其表面形貌高度复杂。系统研究了不同基质上赫斯特指数和晶粒尺寸随厚度的变化规律,有助于理解生长机理。Yadav 等也研究了 BaF_2 薄膜,并通过粗糙度 *Ra*、界面宽度和 FD 分析了薄膜生长过程中的地形变化。其中,FD 多重分形方法主要用于表征离子辐照表面的几何和物理特征,是表征表面的良好工具。以上两位学者都研究发现分形结构确实存在于 EBE 薄膜中,FD 可以排除不同于粗糙度的尺度效应的影响。

薄膜的生长受制备参数的影响,这在分形维数分析中得到了体现。Li 等基于典型的分形理论模型构建了二维扩散限制聚集模型。通过该模型,可以精确地控制各种分形二维材料的 CVD 生长。Haniam 等利用 CVD 技术合成了分形的钴氧化物薄膜,其密度和结晶受到激光照射时间、气体流量比等多种因素的影响。这意味着在 CVD 过程中分形结构是可以控制的。用有限扩散聚集模型描述分形结构,并与箱形计数的生长模式 FD 进行比较。分形生长理论在 CVD 生长过程中的应用为制备参数提供了有利的预测。除此,Nasehnejad 等计算了不同厚度 Ag 薄膜的表面 FD,膜厚从 250 nm 增加到 750 nm, FD 从 2.57 增加到 2.64,说明在沉积过程中,随着沉积时间的增加,表面的不规则形状变得更加突出。Chandra 等研究了不同沉积电流密度和衬底旋转速度下获得的 Ag 薄膜,转速越高,FD 值越大,FD 值可以用来描述整体地形沿生长方向的变化。以上学者通过分形分析提供了表面特征的横向发展，它有助于理解薄膜在形成过程中的生长和结垢。王琛英等研究利用原子层沉积获得的小于 10 nm Al_2O_3薄膜表面形貌特点，采用该技术获得 4 nm 和 8 nm 的 Al_2O_3薄膜，利用原子力显微镜（atomic force microscope，AFM）和扫描电镜（scanning electron microscope，SEM）对薄膜表面形貌进行测量，通过最小二乘法和多重分形研究薄膜表面形貌，分析得出 ALD 加工厚度小于 10 nm 的 Al_2O_3薄膜，其表面形貌与生长方式有关。在不同的测量范围，尽管表面粗糙度值不同，8 nm 与 4 nm Al_2O_3薄膜处在同一生长阶段；利用多重分形谱得到的 $\Delta\alpha$（α 是概率子集的奇异指数）与扫描范围、薄膜厚度无关，仅仅和生长方式相关；在此阶段生长的薄膜波谷占主导。

近些年来，扫描探针显微镜、扫描电镜等表面精细观测仪器的快速发展，直接推动了纳米薄膜材料的研究。研究者可以从原子水平研究薄膜的生长、结晶和成膜过程，精确地表征其表面结构特征，分析薄膜分形生长。闫益等采用磁控溅射的方法分别在 NaCl 基片上制备了 ZnO 样品，通过 SEM、TEM 检测 ZnO 膜在不同基片上，都呈现分形生长的生长方式，采用数盒子法计算了薄膜的分形维数，发现随温度的升高，膜的晶体结构改变。曹冠英等利用溶液化学反应法，在 Ag-TCNQ 过饱和度较大的条件下，发现了 Ag-TCNQ 的分形生长现象。研究表明 Ag 膜厚度和与溶液反应的时间对样品的形貌有影响，Ag 膜薄生成的样品稀疏，分形维数小；反之样品致密，分形维数大，反应完全时样品最致密，分形维数最大。SEM 研究表明，这些分形生长主要是堆垛分形，分支堆积有序，表现出材料良好的自组织性。吕建国等采用溅射技术制备了 Au-MgF_2纳米金属介质复合薄膜，利用盒计数法计算 TEM 图像的分形维数，用分形理论研究 Au-MgF_2 薄膜中 Au 颗粒和半连续 Ag 膜 Ag 小岛的分布规律。结果表明：Au 颗粒的分维数随 Au 含量的增加而增加，表明复合薄膜中 Au 颗粒的平均尺寸随着 Au 含量的增加而增大；半连续 Ag 膜中 Ag 小岛的分维数随厚度的增加而增加，证明分形理论可以用来定量表征薄膜显微结构的演化规律。除此，雒向东等在不同温度下对 Cu 薄膜进行快速退火处理，然后用扫描电镜（SEM）与原子力显微镜（AFM）对样品进行观察，最后运用分形理论对 Cu 膜表面扩散、晶粒长大进行了分析，结果表明：沉积态 Cu 膜表面晶粒几何形态较为尖锐，形成大量孔洞，分形维数值较大，退火处理在一定范围内能够起到平滑表面的作用，但当温度增加至 773 K 时，薄膜晶粒异常长大，形成明显的凹凸，分形维数值显著增加至 4。

综上，薄膜结构的分形特征是指薄膜表面或界面在微观尺度上展现出的自相似性和尺度不变性，这些特征通常是由薄膜生长过程中的随机性和非线性动力学所导致的。分形特征在薄膜的表面形态、粗糙度以及电子性质等方面都有所体现，在薄膜生长过程中，原子或分子在基底上沉积并形成薄膜。由于沉积过程受到多种因素的影响，如温度、压力、沉积速率、基底性质等，薄膜表面往往不会是完全平坦的。相反，它可能会形成各种各样的形态，这些形态在多个长度尺度上展现出分形的特征。所以薄膜结构的分形特征主要体现在其表面的粗糙度和形貌上，这些特征通常是由沉积过程中原子或分子的随机沉积和生长机制导致的。

5.1.4 薄膜性能与分形

薄膜的性能与薄膜表面微结构是密切相关的，对于材料相同的薄膜，其表面微结构在很大程度上决定了薄膜的声、光、电、磁等性能。随着制备方法和工艺技术条件的改进,可以制备不同膜厚、不同微结构的薄膜材料,从而使得薄膜的性能多样化,以适应不同用途对薄膜材料的特殊要求。在薄膜平面上测量到的晶粒的平均直径随着薄膜厚度的增加而增加。平均晶粒直径及其分形几何形状是重要的微观结构特征,强烈影响薄膜的整体物理和化学性能。断裂应力和应变等力学性能也通常直接受到晶粒尺寸和几何形状的影响,晶界和三相点是裂纹形核和扩展的较好位置,同时,这些晶界的短周期性和弯曲的几何形状可以阻碍裂纹的扩展,从而提高断裂韧性。通过气相沉积方法合成的薄膜的晶粒尺寸和形状也影响其表面性能,如粗糙度和摩擦性能,并且滑动表面的分形维数对摩擦力的产生有重要影响。

早期,希腊物理化学研究所的 Xagas 等采用溶胶凝胶法和烧结法两种不同方法制备 TiO_2 薄膜,用原子力显微镜(AFM)和 XRD 定性表征薄膜的表面形貌及其微结构,对样品薄膜在不同区域计算它们的表面分形维数,发现其分形维数在 2.100 到 2.450 之间变化。并且把分形维数大小与光催化强弱直接联系起来,认为分形维数越大,薄膜有更大的表面积和更小的颗粒尺寸,即表面有效外延面积就越大,对光能的吸收也就越多,因此具有更强的光催化作用。薄膜的电学性能,如导电性、电阻率和载流子迁移率,也受到其表面形貌和分形结构的影响。分形维数较高的薄膜可能具有更多的缺陷和界面,这些会影响载流子的传输路径和散射机制。2006 年,付永忠、丁建宁等利用磁控溅射法以 Si 为基底制备了纳米 Al 薄膜,用原子力显微镜对薄膜进行了测量,对得到的显微图像根据高度相关函数法进行分形维数的计算,并用四点探针法测量了薄膜电阻,由此得到表面质量、薄膜电阻、制备工艺与分形维数的关系。

结果表明:传统的表面粗糙度参数不能够全面评价薄膜表面质量。而分形维数可以较好地描述薄膜表面形貌,分形维数越大,薄膜表面质量越高,分形维数越小,表面质量越差;溅射时间增加,薄膜表面质量相应提高,分形维数增大,电阻率也随着分形维数的增大而增大;随着退火温度的上升,薄膜表面质量下降,分形维数和电阻率也随之降低,分形维数与薄膜表面的导电性具有对应关系;溅射时间和退火温度等制备条件会直接影响薄膜表面形貌,在一定范围内延长溅射时间可以提高薄膜表面质量,而提高退火温度,能够降低表面粗糙度,对于薄膜表面质量的改善影响较小。Wang 等运用分形理论分析了 Cu-W 薄膜生长过程中的表面形貌,探讨了 FD 与薄膜电阻率的关系,发现薄膜表面粗糙度是由高频元件引起的。随着沉积时间的增加,膜的厚度和 FD 增大。此外,均匀相的薄膜表面电阻率与 FD 呈正相关。同样,Talu 等分析了 Ag-Cu 薄膜在不同沉积时间下的表面形貌,发现随着沉积时间从 4 分钟增加到 24 分钟,Ag-Cu 薄膜的粒径和 FD 都先增大后减小。然后发现电阻率与沉积时间呈负相关,这归因于颗粒之间接触的增加。在这些报告中,FD 不仅可以用于评估表面复杂性,还可以用于研究其与薄膜性能的相关性。

许多薄膜表面、机械加工表面和其他处理过的表面都显示出分形特性。在表面工程领域,表面具有不同程度的分形形貌,导致功能膜的性能不同。在薄膜领域,不同的衬底表面和制备方法导致不同的分形微观结构。在摩擦学领域,表面的分形特性影响摩擦磨损状态。许多理论和试验研究表明,各种薄膜结构具有分形特征。Fang 等分析了不同溅射功率下沉积的 ZnO 薄膜的纳米摩擦磨损特性。此外,溅射功率越高,表面越光滑,FDs 越低,优先取向越明显,纳米磨损率越大。

除磨损性能外,分形理论在其他性能表征上也有良好的效果。Singh 等研究了在 Si、STO 和蓝宝石基底上制备的多铁 $BiFeO_3$ 薄膜,他们分别计算了行、列形貌剖面的 FD。通过对 Hurst 指数的分形分析发现,所有样品都表现出抗持久性行为,并且 FD 值可以反映出不同基质上的各向异性水平。王海斗等通过直流磁控溅射方法制备出四个不同厚度的纳米 Ti 薄膜,并分别采用纳米压痕仪、电子薄膜应力分布测试仪研究了 Ti 薄膜的力学性能和残余应力大小,结合分形维数方法和原子力显微镜对薄膜表面粗糙度和表面形貌进行了分析。试验结果表明:随 Ti 薄膜厚度的增加,薄膜晶粒尺寸逐渐增大,表面粗糙度和残余应力值随厚度的增加先增大后减小,而 Ti 薄膜弹性模量和硬度随薄膜厚度增加呈现出先减小后增大的趋势。当薄膜厚度为 600 nm、2 400 nm、3 600 nm 时薄膜中存在残余压应力,厚度为 1 200 nm 时存在残余拉应力,薄膜中残余应力分布最为均匀,但此时薄膜具有较低的硬度和弹性模量值。分析得出 Ti 薄膜中存在残余拉应力会使薄膜硬度和弹性模量值变小,残余压应力反之。

王鸿博采用磁控溅射法在 PET 非织造布上制备了不同厚度的纳米结构 Ag 薄膜,用高度相关函数法对薄膜的原子力显微镜(AFM)图像进行分形维计算,用 AFM 分析不同厚度纳米结构 Ag 薄膜形貌及粒径的变化;用网络测试仪测试了不同厚度样品的电磁屏蔽效能。结果表明:随着薄膜厚度的增加,薄膜表面质量提高,分形维数增大;电磁屏蔽效能也随分形维数的增大而增加。可以认为分形维数能有效地表征薄膜的表面形貌,分形维数与导电及屏蔽效能存在明显的对应关系,并可以用分形维数优化磁控溅射的工艺条件。

付永忠等以不同溅射功率在 Si(111)基底上制备了 $GeSb_2Te_4$ 薄膜。用原子力显微镜和 X 射线衍射仪以及高度相关函数法分析了薄膜生长表面形貌的分形维数,并用纳米硬度计研究了薄膜表面的力学性能。结果表明:随着溅射功率增大,薄膜表面质量提高,分形维数增大,且硬度和弹性上升;但超过一定值后,薄膜表面质量又会降低,分形维数也随之减小,硬度和弹性下降,并指出借助分形维数可以优化溅射工艺参数,能够较好地表征薄膜表面力学性能。

综上,以上学者通过利用高分辨率的原子力显微镜能够测得薄膜表面精细的形貌特征和微结构信息,得到直观的表面高度分布图像,其分辨率达到原子量级,这些显微图像能够真实地反映薄膜表面形貌和微结构的变化规律,结合分形理论在描述精细的、无规则的、自相似的结构特征。研究发现,薄膜的表面特征符合分形理论描述对象的结构特征,故利用分形理论对薄膜表面的形貌特征和微结构信息进行精确描述,从而使得薄膜的性能多样化。

5.2 热喷涂涂层的分形特征

5.2.1 涂层的基本特点

在基底材料表面制备涂层可以实现特殊工况下设备的正常运作,在实际工程中起到耐腐蚀、耐高温和耐磨的表面保护作用,表面涂层技术因其技术特点在众多领域得到广泛的应用,其中热喷涂技术作为表面喷涂方法的一支,基于其有效改善机械表面特性的作用成为研究和应用的热点。热喷涂技术根据热源的不同,大致可以分为电弧喷涂、火焰喷涂、等离子喷涂、爆炸喷涂技术等四大类,图 5.2.1 为热喷涂原理和各类方法关系图。其工艺特点是利用不同热源将涂层材料加热至熔融或半熔融状态,以一定的喷涂方式将涂层材料制备到基底材料表面的一个过程。热喷涂技术对于节约资源、延长设备的使用寿命,提高机械运作效率和安全保障起到了十分有效的作用。

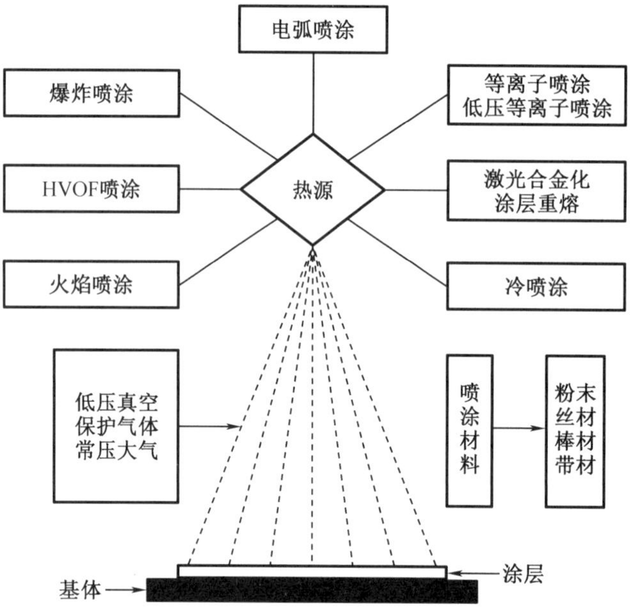

图 5.2.1 热喷涂原理和各类方法关系图

热喷涂技术是一种将涂层材料利用高速气流将其喷射到材料表面,用于提高设备或构件表面耐磨损、耐腐蚀、耐高温和隔热等性能,并对磨损、腐蚀或者加工引起的零件尺寸减小进行修复的一种表面处理工艺,其热喷涂工艺示意图如图 5.2.2 所示。因为热喷涂操作简单且运用广泛,所以利用热喷涂技术制备涂层得到广泛关注。李俊等通过氧乙炔热喷涂技术在 42CrMo 基体表面喷涂 Ni60/WC 涂层,通过电接触强化设备进行二次强化,结果表明增加涂层后其硬度增强,并且氧乙炔火焰喷涂技术可提供电接触,强化所需预制涂层的初始结合强度、电接触强化后,涂层与基体的结合方式由机械结合转化为具有一定区域扩散的冶金结合;相关研究利用热喷涂制备 WC-Ni 基合金复合涂层,结果表明,制备的涂层耐磨性和耐腐蚀性等性能增强,硬度提高将近 2 倍。Halar Memon 等用悬浮液改性碳化硅性能,再利用热喷涂技术制备 SiC/YAG 涂层,并且改变 SiC/YAG 的相对量来提高他们的组织密度和耐磨性能。利用热喷涂制备涂层,喷涂材料沉积到基体上要经历两个阶段,首先喷涂材料被加热至熔化呈雾化阶段,然后雾化的熔滴被气流或热源推动沉积在基体表面。涂层颗粒与基体结合机理一般分为冶金-化学结合、物理结合和机械结合。喷涂过程会影响涂层的组织结构,一般是由无数粒子相互交错堆叠呈波浪状的层状结构。热喷涂制备涂层的孔隙率一般不超过 20%,并且涂层一般含有未熔融的颗粒和夹杂的氧化物。

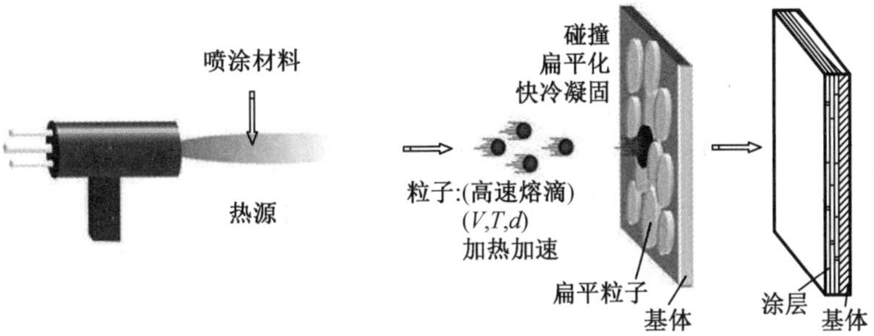

图 5.2.2　热喷涂工艺示意图

研究表明,在热喷涂工艺中的应用和研究中,超音速火焰喷涂技术和等离子喷涂、电弧喷涂由于制备涂层的优越性,占据重要地位。其中,超音速火焰喷涂(火焰粉末喷涂)是利用丙烷、丙烯等碳氢系燃气或航空煤油、酒精等液体燃料与高压氧气在燃烧室或特殊的喷嘴中燃烧产生高温高压焰流,其温度可达 3 200 ℃,速度高达 1 500 m/s 以上。将粉末沿轴向或径向送进火焰中,产生熔化或半熔化的粒子,其高速撞击在基体表面上沉积形成涂层。由于喷涂颗粒以超音速飞行而撞击到基体表面,所以喷涂涂层的结合强度、密度和硬度都非常高,其工艺原理如图 5.2.3 所示。在超音速火焰喷涂过程中,对涂层特征特性有决定性影响的因素是沉积过程中喷涂粒子的速度和温度,而喷涂粒子的速度和温度取决于喷涂工艺的选取,其中主要包含助燃剂种类、燃料类型等;在制备不同的涂层时,需要根据涂层材料和粉末粒径的区别,优化燃料和助燃剂的流量。

相对于其他热喷涂工艺,超音速火焰喷涂产生的温度较低;喷涂温度低可以避免粉末颗粒和基底材料产生脱碳的现象,超音速火焰喷涂根据助燃气体可以分为两种:氧气-燃料超音速火焰喷涂,即 HVOF;空气-燃料超音速火焰喷涂,即 HVAF。该技术特点如下:喷涂粉末粒子飞行速度极高,在沉积过程中可以产生压应力,涂层结合强度高;喷涂粉末颗粒在空气中飞行时间短,与空气接触时间少,涂层含氧量低;涂层显微硬度高;涂层内应力小,不易剥落;涂层材料广泛;操作工艺灵活,不受工件形状限制;避免粒子和基底材料的脱碳。

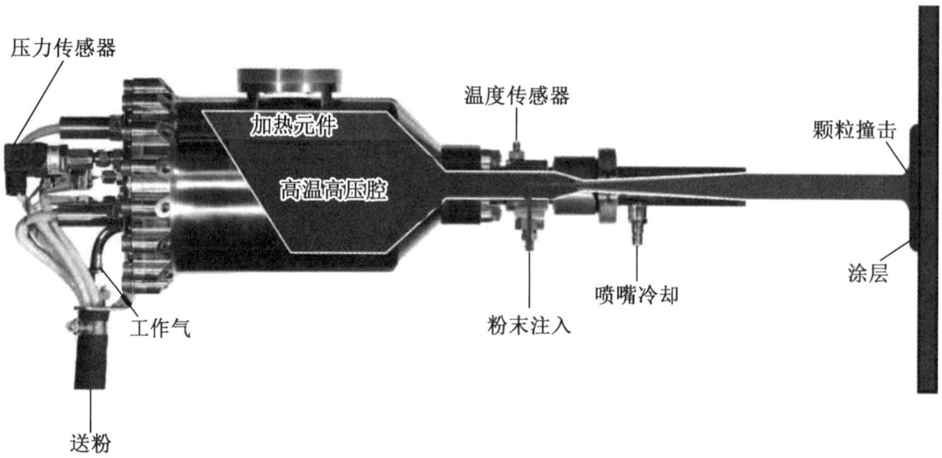

图 5.2.3 超音速火焰喷涂工艺原理

随着 ZnAl 材料的出现,电弧喷涂技术成为热喷涂技术中应用最广泛的技术,该技术应用于防腐、耐磨等领域,成功地解决了钢结构和船舶等的腐蚀、电厂锅炉水冷壁的热腐蚀以及大型贵重装备零件的修复问题。电弧喷涂技术是利用丝材端部产生电弧作为热源来熔化金属丝材,通过高速气流把高温熔化的金属丝材产生的液滴雾化,以高速喷射到基体材料表面而形成连续涂层的一种方法。在电弧喷涂中,由两个金属丝作为电极,在金属丝的两端产生电弧,由电弧加热融化金属,最后高速的空气流将其雾化后,加速喷射到基体材料表面形成涂层,如图 5.2.4 所示。

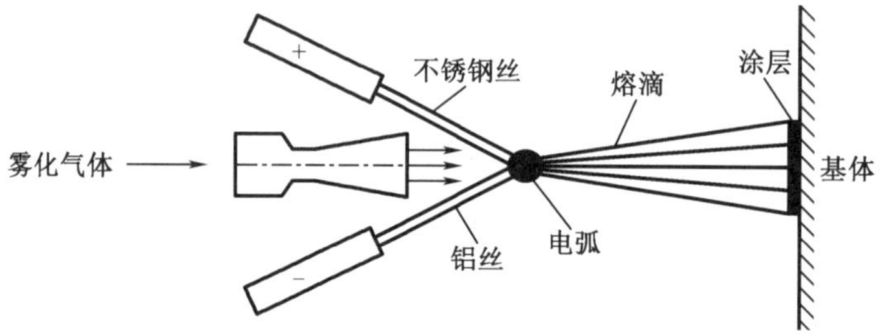

图 5.2.4 电弧喷涂工艺示意图

电弧喷涂的能源利用率可达 57%以上,并且其设备便宜,成本低,是最经济的方式。涂层喷涂过程中电弧的温度很高时,喷涂丝材能够充分熔融,涂层结合强度相较于普通火焰喷涂效果更好,并且电弧喷涂的效率也较高。但因为所使用热源为电弧,因此要求所选取的丝材必须导电,不适用于像硬质合金等难以拉成丝材的材料。

继火焰喷涂、电弧喷涂之后,出现了等离子喷涂技术,近年来等离子喷涂在我国有较快的发展和应用。等离子喷涂的基本原理是通过等离子体产生高温高速气流,将喷涂材料加热至熔融或半熔融状态,并高速喷射到基体材料表面形成涂层,如图 5.2.5 所示。等离子喷涂涂层的形成过程主要分成 4 个阶段:颗粒被加速加热,撞击基体,冷却固化和涂层形成。首先是喷涂材料在热源焰流和保护性压缩气体的共同作用下加速,以高速熔融状态撞击到基体表面,颗粒携带的热量和动能在与基体接触后转变,以热的形式消散,颗粒在与基体接触后发生变形,在基体表面润湿铺展,熔融颗粒在沉积表面接触撞击直至凝固的冷却时间非常短,陶瓷颗粒一般为 10^4~10^6℃·s^{-1},而金属颗粒的冷却时间一般为 10^6~10^{86}℃·s^{-1},因此一般熔融颗粒完全凝固的时间为 1~10 μs,而完成扁平化的时间为 0.5~1 μs,前后两颗粒撞击表面的时间间隔大约为 0.1 s。所以可以认为在喷涂过程中的每个金属颗粒是相互独立的,后一颗粒在撞击到基体表面之前,前一颗粒已经完成了铺展固化。涂层的形成是由无数个颗粒完成加速→撞击→铺展→固化过程后堆积而成的,所以在形成的喷涂涂层上能观察到明显的层状组织。

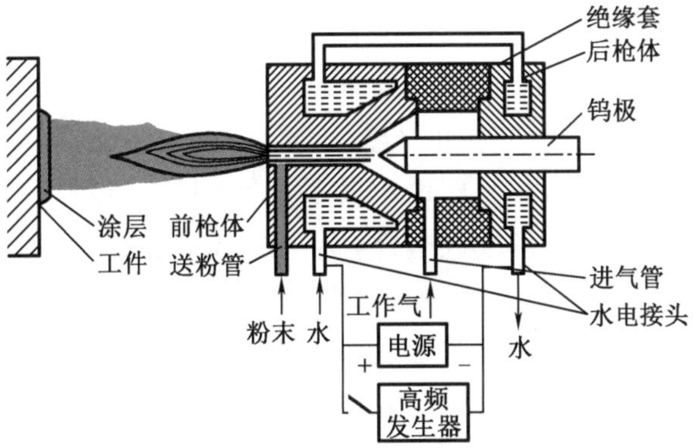

图 5.2.5　等离子喷涂原理图

作为一种常见的表面工程技术,等离子喷涂技术具有工艺简单快捷、能提升材料表面耐磨损、耐腐蚀及耐高温性能等特点。零件由于服役过程十分复杂,其表面会形成不同程度、形式的损伤,从而导致零件失效,因此可以采用喷涂技术在其表面喷涂涂层来进行强化处理。通常制备涂层所需的材料可以分为金属与合金粉末、陶瓷及金属陶瓷粉末、复合粉末等。通过使用等离子喷涂技术,涂层表面任何位置不会出现明显凹坑和凸起,并具备良好的结合能力,孔隙率低,且涂层厚度可精准控制。

涂层的基本特点是保护基底材料免受环境因素和外部影响的损害。这包括防止基底材料腐蚀、磨损、氧化、紫外线辐射、污染和其他形式的物理或化学损伤。涂层是相对较薄的材料层,厚度可以从几纳米到几毫米不等,具体取决于应用需求,通常要求均匀的厚度以提供一致的保护和外观;与基底材料具有良好的附着性,以确保在正常使用条件下不会脱落。其中,附着性取决于涂层与基底之间的化学键合力、机械锁合力以及涂层与基底之间的界面性质;具有足够的耐久性,能够在预期的使用寿命内保持其性能,包括耐磨损、耐刮擦、耐化学品、耐温变、耐光照等性能;涂层可以提供改善的机械性能,如硬度和柔韧性,以保护基底材料免受机械应力的影响。硬涂层可以抵抗磨损和刮擦,而柔韧的涂层可以吸收冲击和热膨胀;涂层应具有良好的化学稳定性,以防止与环境中的化学物质发生反应,从而保护基底材料;除了保护作用,涂层还可以提供功能性,如电绝缘、导电、热传导、防电磁干扰、光学性能(反射、透射、吸收)、自清洁、抗菌等。涂层的这些基本特点使其在许多工业和消费产品中发挥着关键作用,从建筑材料的防腐涂层、电子产品的功能性涂层到日常用品的装饰涂层，涂层的应用范围广泛且多样。

5.2.2 涂层表面微观形貌分形特征

分形表征已经成为涂层表面形貌表征研究中的一种有效手段，采用分形维数可以对涂层表面粗糙度、孔隙率以及不规则失效形貌进行定量表征，而这些因素又与涂层的质量密切相关，所以分形理论在涂层质量表征方面具有良好的应用前景。传统的涂层表面形貌表征大多基于表面粗糙度等统计平均值参数展开，反映的是表面的整体轮廓形貌，但是却无法表征其局部形貌的几何特性，不能准确地描述涂层表面形貌的复杂度。而使用分形理论来表征涂层表面形貌则可以同时表征出粗糙度这种整体形貌描述量和不规则性这种局部形貌描述量，因此，当前也存在很多基于分形理论分析涂层表面形貌的相关研究。

R Sayles 等通过观察经过加工的材料表面形貌，发现表面形貌中存在诸多微观结构，它们在统计学上具有自相似性，具有典型的分形特征。A Majumdar 等利用 W-M 函数对自相关函数进行了研究，基于功率谱相关理论对表面分形特性进行辨别，并研究了不锈钢表面的分形维数。大量研究发现，分形维数适合对不规则表面进行衡量，并与表面粗糙度参数存在一定的关联。目前常用的计算表面轮廓分形维数的方法主要有盒计数法、结构函数法、均方根法和功率谱法。分形几何的方法引入了表面分形维数对形貌进行定量表征，为研究涂层表面形貌及相关问题提供了新的方法。由数字显微镜得到的表面形貌图像各部分存在着显著的灰度差异，若将图像像素的灰度值视作物体表面的高度，则根据图像灰度值生成的表面能真实地反映出三维曲面高低不同的表面形貌，因此分形维数就可以通过分析涂层表面形貌的图像数据来获得。

王月等将制得涂层试样在 300 ℃加热不同时间，然后在金相显微镜、扫描电镜下观察其微观组织变化，并计算喷涂界面处的分形维数，通过微观观察及分形维数计算结果分析封严涂层失效原因，发现界面曲线的分形维数都是随保温时间的延长逐渐增大，这也就是说明界面曲线在随保温时间的延长变得越来越复杂，涂层失效的大多属于“层离”，即发生于面层与 Ni5Al 底层界面或 Ni5Al 底层与基体界面。根据分析，涂层失效的主要原因：采用等离子喷涂方法制备的涂层，结构疏松，呈层状堆叠，这样的结构使得涂层在制备后就存在着微裂纹、缺陷。

王洪娇等基于分形理论的盒子维法及涂层表面形貌图，利用 MATLAB 编程计算与尺度无关的分形维数对涂层表面形貌特征进行表征。研究发现，同尺度相关的表征表面形貌特征的表面粗糙度测量值较分散，而与尺度无关的分形维数的计算值则较稳定。因为涂层表面粗糙度值较小，受仪器分辨率的影响，每次测量时显示的数值变化较大，并且选择试样表面不同的区域也会对结果造成影响，但是分形维数是独立的，它不受仪器分辨率的影响，这体现了分形维数在表征涂层表面三维形貌方面的优势。

赵西江采用分形布朗随机场模型对仿生非光滑 SiC 涂层的摩擦磨损形貌进行研究，发现随着摩擦磨损的不断进行，涂层表面形貌的分形维数呈周期性变化。分形维数变化周期的大小反映了仿生涂层耐磨性能的优劣，变化周期越大，则涂层表面形貌的分形维数变化速率越慢，即涂层在摩擦磨损过程中形貌变化小，耐磨性能较好。反之则说明涂层表面形貌变化大,涂层的耐磨性能较差。

文雅娜选择 W-M 三维分形表面函数作为表面形貌模拟方法,发现分形维数 D 以及特征尺度系数 G 共同决定了涂层表面形貌的复杂度、随机度以及轮廓的起伏程度,同样会对接触载荷的大小产生一定的影响,从而引起材料去除率的变化,并且发现单颗磨粒的接触载荷与其下压深度成正比,基于磨粒的分布参数矩阵建立了砂轮与涂层表面的整体接触模型,确定加工过程中磨削力的影响因素除加工参数外,还与涂层及砂轮的表面形貌特征有关。

郝贠洪等通过分形分布理论求解涂层风沙冲蚀损伤表面分形维数,分析固体粒子冲蚀现象特点,试验结果发现风沙冲蚀是非线性的反馈的动力学系统,涂层冲蚀表面形貌具有迭代的损伤演化过程。基于此建立涂层风沙冲蚀损伤表面分形维数预测模型,可利用风沙流参数有效预测不同冲蚀时间下损伤表面分形维数、重构损伤表面形貌。

张帅采用不同喷涂工艺得到的封严涂层原始金相图和二值图,原始金相灰度图像需要转化成二值图计算分形维数,发现引入分形方法来表征封严涂层可磨耗相的形状、分布以及大小颗粒数目比例,同时选用盒计数法来计算相关参数。付倩倩等通过扫描电镜和图像分析技术表征微米级 YSZ 基热障涂层的微观结构,采用基于分形思想的面积-周长幂率定量表征两种工艺条件下孔隙不规则形态,并研究了分形维数对涂层断裂韧性的影响。研究发现,超音速等离子喷涂和普通大气等离子喷涂 YSZ 涂层孔隙都具有分形特征,并且超音速等离子喷涂 YSZ 涂层分形维数是普通等离子喷涂涂层的 1.12 倍,孔隙结构更复杂,涂层断裂韧性更高。

除此,Guessasma 等提出了基于分形理论来描述热喷涂层表面形貌的方法,并从自相似性和尺度无关性的角度验证了分形理论在仿真涂层表面形貌上的可行性,研究发现分形维数的大小与测量尺度和计算方法的选取有很大的相关性。Kwaśny 等同样采用分形理论来描述基于磁控溅射方法所制备涂层的表面形貌,并分析了沉积参数对于制备涂层的力学质量、结构以及分形维数的影响。研究发现硬度值越高,表面形貌的分形维数值就越高。

综上所述,热喷涂涂层表面微观形貌的分形特征主要源于熔融颗粒与基底或已沉积涂层表面碰撞时的行为。这些颗粒在撞击时会发生变形、铺展和快速凝固,形成不规则的微观结构。由于每个颗粒的行为都具有随机性,因此整个涂层表面呈现出分形的特征。通过 SEM、AFM 等高分辨率成像技术进行观察和分析,这些技术能够提供涂层表面的三维图像,从而揭示其分形结构。涂层表面微观形貌的分形特征是涂层制备过程中多种因素共同作用的结果,这些特征不仅影响了涂层的外观,还对其机械、物理和化学性能产生了重要影响。

5.2.3 涂层孔隙的分形特征

孔隙影响着涂层的耐蚀性、导电性、隔热性以及耐接触疲劳等性能,因此孔隙率是评价涂层质量的重要指标之一。一般认为,涂层孔隙的形成有以下几种原因:熔融粒子打在先前沉积粒子上面飞溅而导致的“屏蔽效应”,变形粒子间不完全重叠,气孔的形成和凝固收缩等。孔隙按其存在形式又可分为封闭孔隙和贯穿性孔隙。孔隙结构将对热喷涂涂层的使用性能和服役寿命造成影响,因此,对热喷涂涂层孔隙结构特征进行表征显得尤为重要。

孔隙结构的分形特性是材料科学领域中的一个重要概念,尤其在多孔材料的研究与开发中占据核心地位。分形孔隙结构指的是孔隙在空间中的分布和形状呈现出自相似性,即在不同的尺度上,孔隙的形态保持相似。这种自相似性意味着,无论将孔隙结构的哪个部分放大,其细节都将与整体结构呈现出惊人的相似。分形孔隙结构的主要特征包括自相似性、尺度不变性以及可以通过分形维数来量化的复杂程度,其中分形维数通常是一个介于2(代表平面)和3(代表体积)之间的分数。

计算孔隙结构的分形维数,常用的方法有盒计数法、截距法和面积-周长法。盒计数法涉及将不同大小的盒子覆盖在孔隙结构上,计算覆盖孔隙所需的盒子数量,并随着盒子尺寸的减小,观察盒子数量的增加情况来计算分形维数,公式与式(1.6.1)类似。截距法则是通过在不同尺度下测量孔隙结构的特定参数,绘制参数与尺度之间的关系图,并分析其斜率来确定分形维数。面积-周长法则通过测量孔隙的面积和周长,分析它们之间的关系来计算分形维数,公式为

$$S=kP^2/D$$

式中,S 是孔隙面积;P 是孔隙周长;k 是比例常数;D 是分形维数。

孔隙结构分形的应用广泛,它可以用于预测材料的物理和化学性能,如渗透性、热导率和电导率等。此外,通过控制孔隙结构的分形维数,可以设计出具有特定性能的多孔材料,从而满足不同的工业需求。在材料制备过程中,通过调整工艺参数来控制孔隙结构的分形特性,有助于优化材料的生产过程。

然而,测量孔隙结构的分形维数并非易事,尤其是在微观和纳米尺度上,精确测量往往充满挑战。此外,孔隙结构的分形特性可能因材料的不同而表现出极大的复杂性,这就要求研究人员针对具体材料进行详细的研究和分析。总的来说,孔隙结构的分形特性为理解和设计多孔材料提供了强有力的理论工具,同时也对测量技术和理论分析提出了更高的要求。

孔隙结构特征参数包括孔隙形状、孔隙间距、孔隙倾斜角、孔隙高宽比等。通过将概率统计方法、分形方法与数字图像分析技术相结合, 研究了孔隙数量、形态、尺寸及其分布等结构特征。Wang 等通过压汞试验获得的压力、孔径、累积压汞量、增量压汞量数据进行分析计算,确定涂层孔隙结构的分形维数。研究表明,随着氧化时间的增加,MAO 涂层的孔隙分维数在较窄的范围内逐渐扩大,从 2.57 最终稳定在 2.77,表明孔隙结构复杂性逐渐增加。丁坤英等利用扫描电镜和图像软件分析涂层的截面形貌,计算孔隙的分形维数,建立了基于分形维数的有效热导率计算方法。研究发现,较高的喷涂功率会形成扁平化的孔隙,孔隙分形维数的取值在 1~2,并且孔隙越扁平取值越大。孔隙含量越大,形态越趋近于扁平化,涂层有效热导率越小。Li 等采用相关密度函数法和面积周长法对激光辅助火焰喷涂制备的氧化铝涂层截面孔隙的分形维数进行计算,结果表明,随着激光辐照强度的增加,孔隙的数量不断减小,相关密度函数法计算的分形维数 DG 也随之减小,能够较好表征孔隙数量的变化规律;孔隙的形态趋于规则并且面积不断减小,面积周长法计算的分形维数 DP 同样随之减小,能够较好描述孔隙面积和不规则形态的变化规律。C. X. Ding 等采用面积周

长法计算了 Cr3C2-NiCr 涂层空隙(包括孔隙、微裂纹等)的分形维数,并研究了其与涂层断裂韧性之间的关系。结果表明,空隙边界越不规则,其分形维数越大,且涂层的断裂韧性随之线性增大。

热喷涂层复杂的成形过程使得涂层内部不可避免地产生一些不同于均质材料的原生性结构特征,如孔隙、层状结构等。在不同的服役条件下,涂层内部孔隙的数量、形态及分布会对涂层的性能产生不同的影响。对于高硬度的耐磨涂层,孔洞可以用于保存润滑剂、容纳服役过程中产生的磨屑,从而在一定程度上起到增强涂层耐磨性的效果。然而在腐蚀条件下,腐蚀介质会通过连通的孔隙浸入涂层内部,极大地降低涂层的耐蚀性。在耐疲劳、耐高温及其他条件下,涂层的孔隙形态均会对其服役性能产生不同程度的影响。因此,定量表征涂层原生性孔隙结构特征参数对优化涂层工艺参数以及探索涂层孔隙形态对其服役性能的微观影响机理具有重要意义。

在孔隙形貌获取方面,近年来基于扫描电子显微镜(SEM)技术的图像处理方法受到了广泛的关注。由于二次电子的能量较低,一般只有样品表面 5~10 nm 处的二次电子能逸出样品表面成为信号源,并且二次电子的激发数量与原子序数没有直接关系,但对样品表面微区的几何形状十分敏感。因此,选取二次电子信号所呈图像能够较为精确地呈现涂层截面的孔隙形态特征,结合数字图像分析处理方法,可以得到孔径、周长、面积等多种形式的孔隙结构参数,达到多方位定量表征涂层几何特征的目的。为了更加全面地从空间分布及几何形态角度对孔隙进行定量研究,一些学者尝试引入广泛用于研究非线性问题的分形理论。从孔隙尺寸分布的角度,蔡建超等根据孔隙尺寸的累积分布的分形特征,建立了基于分形几何的低渗透油藏渗吸机理判据模型。从孔隙空间分布的角度,Li 等采用相关密度函数法,探索了激光辐照强度对 Al_2O_3 涂层孔隙数量及密度分布的影响。而在涂层微观结构数值研究及表征方面,一些学者则通过概率统计模型以比较包括孔隙率、显微硬度等涂层基本参数之间的差异。例如,Zhang 等采用 Weibull 模型研究了 Ni 基合金涂层孔隙率的分布,并分别探讨了 H_2 气流量与送粉量对孔隙成形机理的影响。

孔隙是等离子喷涂涂层原生性结构,对涂层的耐磨损、耐腐蚀、耐高温等性能具有显著影响,是涂层参数优化的重要指标之一。因此,对涂层孔隙结构特征参数的全面表征对于更加精确地评价涂层质量具有重要意义。陈等利用概率统计方法、分形方法与数字图像分析技术相结合,研究了等离子喷涂涂层原生性孔隙数量、形态、尺寸及其分布等结构特征参数表征方法及孔隙的成形机理。首先通过改变喷涂功率得到不同孔隙状态的 Fe 基合金涂层,随后采用数字图像分析技术对涂层截面孔隙的扫描电子显微形貌图进行处理,最后通过 Weibull 统计模型分析了孔隙周长及面积的尺寸分布特征,并利用基于分形思想的面积-周长幂率研究了孔隙不规则形态的定量表征方法。

在试验过程中,为了分析涂层孔隙的成形机理,采用 Spraywatch 在线监测喷涂粒子的飞行状态。结果表明:分形维数能够表征孔隙的不规则形态,分形维数越大,孔隙面积越大或边界形态越复杂,并且其与孔隙的成形机理之间存在良好的映射关系;孔隙面积及周长的尺寸分布均服从明显的两项 Weibull 分布特征,孔隙尺寸较小时,形状参数较大,而孔隙尺寸较大时,则反之;喷涂功率对孔隙尺寸的聚集特点产生不同程度的影响,随着喷涂功率的增加,粒子的融化状态逐渐改善,孔隙的尺寸明显降低;而当孔隙面积(周长)小于特征值时,相同尺寸的孔隙概率密度值则越来越接近,说明孔隙功率的变化对小尺寸孔隙出现的概率影响较小。

总之,涂层孔隙的分形特征是涂层内部结构的一个重要方面,也是特有的微观特征之一。这些孔隙的形成与喷涂过程中熔融颗粒的撞击、铺展、凝固以及颗粒间的堆积方式有关。孔隙的分形特征表现在其分布、大小、形状和连通性等方面,在喷涂过程中,熔融或半熔融的颗粒撞击到基底或已沉积涂层表面,颗粒的不完全铺展和快速凝固会在涂层内部形成孔隙。这些孔隙可能是由于气体被困在凝固的颗粒之间,或者是由于颗粒间的缝隙未能完全闭合所造成的。孔隙在涂层中的分布通常是随机的,但它们在不同区域可能表现出不同的聚集程度。这种分布的分形特征可以通过统计方法进行分析,如计算孔隙面积与周长的关系,或者孔隙间距的分布。

5.2.4 涂层/基体界面的分形特征

喷涂微粒与基体碰撞沉积形成的界面是整个结合界面的最基本组成单元,其对结合界面的结构形成及涂层性能有本质的影响。涂层与基体的结合类型大致可以分为两大类:扩散/冶金结合以及机械/物理结合。涂层的制备参数及工艺、涂层材料以及基体的表面形貌等都会影响其结合界面形貌,由于结合界面处是材料结构、成分发生突变的区域,材料的各项物性也将发生突变,进而影响涂层的各项性能。涂层/基体之间的结合形貌是非线性的,界面曲线的不规则程度能够反映熔融粒子冲击基体时的动能大小,对于同一喷涂工艺和材料制备的涂层,其界面曲线的分形维数与涂层/基体的结合强度有着良好的映射关系。Shigeyasu 等通过改变喷砂压力和喷砂角度的方法设置了两组试验,制备了不同结合强度的涂层。结果表明,采用分形理论可以很好地反映出涂层/基体界面的不规则程度以及界面曲线形貌与结合强度之间对应关系。

界面是材料物理、化学性质发生空间突变的二维区域,对材料的各项性能都有重要的影响,且固体表/界面是一个非常混乱复杂、不规则的系统。喷涂工艺、基体表面形貌、基体温度以及喷涂后热处理等因素都会影响涂层结合界面处材料成分和界面形貌,进而影响涂层的各项性能,如结合强度、耐磨/耐蚀性、涂层应力状态等。例如,陶瓷涂层与基体的结合性能较差,断裂失效严重制约了陶瓷涂层的广泛应用,涂层的断裂多发生于涂层与基体的结合界面,是因为结合界面是材料物理、化学性质发生空间突变的二维区域,是涂层的最薄弱部位。当涂层的结合强度不高时,极易引发严重的分层失效。因此,涂层/基体结合强度的研究对评价涂层质量具有重要意义。Amada 等认为结合强度与界面分维之间存在较好的相关性,而 Bahbou 将结合强度与界面分维进行了线性拟合,却发现结合强度和分维的相关性较差。以上两位学者仅限于对结合强度和界面分维的数值计算,并没有从理论上分析两者之间的关系。实际上涂层结合强度与界面分维之间并不是简单的线性关系。为了探讨不同工艺参数对涂层结合强度和界面分维的影响规律,华绍春等应用分形维数对微弧等离子喷涂纳米 AT13 涂层的界面进行研究,结果表明,随喷涂电流的增加,纳米 AT13 涂层的界面分维不断增大,其结合强度也不断提高;随着氩气压力的增加,纳米 AT13 涂层的界面分维和结合强度都先增大后减小;界面分维 D 可用于表征涂层,结合强度 σ 随 D 的增大而增大,且 $\ln(\sigma)$ 与 D 之间呈近似线性关系。

除此,为研究超音速等离子喷涂层界面结合行为与其分形维数之间的关系,王瑞等采用对比试验研究喷涂距离、喷涂电流等工艺参数对涂层结合界面形貌和结合强度的影响,并引入分形理论对界面结合行为进行定量表征。研究发现,喷涂距离对分形维数的影响大于喷涂电流的影响,当喷涂距离为 80 mm 和 100 mm 时,随着喷涂电流增大,分形维数先减小后增大;当喷涂距离为 120 mm 时,随着电流增大,分形维数先增大后减小,并且在一定范围内随着分形维数的增大,嵌合型和锚合型的形貌增多,基体与涂层之间的接触面积增大,能够改善集中应力的分布,使其趋于均匀化,从而有利于提高结合强度。

汪刘应等采用分形理论研究了超音速电弧喷涂 PS45 涂层的结合强度与电压之间的关系,发现涂层/基体界面形貌越复杂,其分形维数越大,涂层/基体的结合强度越高,并且随喷涂电压的增加而先减小后增大。齐少华基于等离子喷涂陶瓷与环氧树脂结合界面的非线性、不规则性、自相似性特征,用分形维数来表征涂层与基体的结合强度,研究了打底层和工作层厚度的不同对涂层性能的影响,以及不同喷涂工艺条件对涂层与基体结合强度的影响。结果表明:界面形貌的分形维数值能够定量表征涂层结合强度,涂层与基体的结合界面形貌越复杂,分形维数越大,涂层与基体的结合强度越高。通过涂层厚度对性能的影响测试得出:当陶瓷层厚度确定时,打底层厚度越大,涂层的剪切结合强度、抗热震性能、抗冲击性能越差,结合实际应用情况,打底层厚度为 100 μm 最佳;当打底层厚度确定时,陶瓷层厚度越大,涂层的抗热震性能、抗冲击性能越差,隔热性能越好。

综上,涂层/基体界面是影响涂层性能的关键区域,其分形特征在很大程度上决定了涂层与基体之间的结合强度、应力分布及裂纹扩展等性能。分形特征的研究为理解和优化涂层/基体界面提供了新的视角,分形维数是描述界面复杂程度的一个重要参数。涂层/基体界面是涂层与基体材料之间的过渡区域,这一区域的微观结构通常具有高度的不均匀性和复杂性。分形理论认为,这种复杂性在不同尺度下表现出自相似性,即部分与整体在形态上相似。分形维数是描述这种自相似性和复杂性的一个参数,通常为非整数,反映了界面形貌的多尺度特征。在涂层/基体界面中,分形特征主要体现在界面形貌的粗糙度、微裂纹和微孔隙等结构上,通过分析界面的分形维数,可以更全面地理解和描述界面的复杂性。

5.2.5 涂层性能的分形特征

涂层的多种性能可以通过分形特征分析来评估和量化,这些性能主要包括涂层的力学性能、磨损特性、机械强度、断裂韧性等。吴小艳根据 Taber 磨损试验方法,制备 15 组涂层/基体试片进行摩擦磨损试验,得出当涂层表面分形维数在 2.05~2.46 范围内时,涂层材料的磨损质量随分形维数的变化近似满足指数规律。结合经典磨损理论,将试验结果与数值计算进行对比验证,发现其变化规律具有很好的一致性。汪明球等利用分形理论探索了纳米 TiO_2/玻璃微珠复合耐磨涂层的分形特性与耐磨性的关系,发现复合涂层磨损量的变化是复合颗粒与树脂基体间界面结合强度增强及其表面分形维数增加所致,分形维数表征涂层韧性与弹塑性涂层的韧性对涂层的失效形式也密切相关。KIM 等在观察了冲击载荷下涂层的失效形式后,发现其不仅与基体和涂层的结合强度有关,涂层材料的韧性也起着重要影响。Chen 等利用分形维数(FD)定量表征了涂层在不同试验阶段的磨损表面轮廓,并对涂层的失效机理进行了探讨。结果表明,Fe-Cr 合金涂层磨损表面的非线性形貌具有优异的分形特性。根据 FD 的取值和变化规律,将失效过程分为 4 个阶段,即:(1)磨合阶段,(2)稳定磨损阶段,(3)加速损伤阶段,(4)不稳定拆除阶段。

金属/陶瓷复合材料的抗弯强度反映了材料抵抗破坏的能力,也是保证涂层具有良好结合强度、抗热震性及隔热性能的基础。张彬利用等离子喷涂方法在 40Cr 钢表面制备出 Al_2O_3-TiO_2 陶瓷涂层,系统地研究了喷砂预处理工艺及喷涂工艺对涂层结合性能、摩擦学性能的影响规律。通过基体表面三维形貌参数与陶瓷涂层结合性能关系研究发现,利用三维表面形貌参数来表征基体表面特征更加合理,发现基体喷砂预处理表面轮廓算术平均偏差 Sa 范围为 7~13 μm 的等离子喷涂 Al_2O_3-TiO_2涂层结合性能最好,分形维数为 2.30~2.50。李雪利等通过数值拟合,建立了等离子喷涂制备的 ZrO_2/NiCrAl 系梯度材料的分形维数与涂层性能间的关系。结果表明,随 NiCrAl 含量的升高,分形维数呈曲线变化,分形维数与抗弯强度具有较好的对应关系,在 NiCrAl 为 20%~40%附近存在渗流区域,抗弯强度出现突变。吕广庶等发现等离子喷涂制备的 Al/Ni-PSZ 复合涂层的抗弯强度、断裂韧性均与分形维数呈二项式关系。当 Al/Ni 质量分数小于 40%时,Al/N-i YPSZ 材料呈现塑性材料特征,即随着分形维数的增大,材料的断裂韧性减小;当 Al/Ni 质量分数大于 40%时,Al/N-i YPSZ 材料呈现脆性材料特征,即随着分形维数的增大,材料的断裂韧性增大。

由于沉积涂层的表面形貌极其复杂,形貌的尺寸虽相差不大,但其形状不一、杂乱无章,因此不能形成相关表面形貌数学模型,进行疏水性能分析。进行实际表面积的估算,需利用分形几何理论,采用投影覆盖法对样品的灰度图进行分析估算,获得实际表面和分形维度,以分析其对疏水性能影响。马国佳基于分形几何理论,采用投影覆盖法,利用 Matlab 软件,对以 WC 涂层为底层微结构的样品进行实际表面积和分形维数模拟计算,并对样品的实测接触角和模拟接触角进行对比分析。基于 Wenzel 和 Cassie 理论,建立了周期性微盲孔的数学物理模型,用于实际表面积和接触角计算,模拟结果表明采用 WC 涂层为底层微结可以提高样品表面的实际表面积和分形维数,使其疏水性能得到进一步提高。林乃明等研究了表面分形维数与耐蚀性的对应关系,发现分形维数的变化与涂层的耐蚀性能呈现一定的正相关关系,通过涂层表面形貌分形维数的变化可以较好地预测其耐蚀性,并通过比较原始试样和腐蚀试样的表面分形维数可以快速、准确地实现耐蚀性估算。分形结构可以有效地放大固体表面的实际表面积,从而提高固体表面的润湿性,刘燕等利用分形理论计算纳米 Al_2O_3/Ni-Co 复合涂层的分形表面结构参数,运用 Cassie-Baxter 方程解释了润湿性与分形结构的关系,结果表明,涂层的分形维数为 1.301 3 时,接触角为最大值(105°),材料的润湿性随着分形维数的变化而变化,但是接触角的变化与分形维数的比率并不呈现线性关系。

分形理论作为一种新兴的表征研究手段,不仅弥补了传统涂层性能定量表征中如表面粗糙度参数等方式存在的部分不足,在涂层的其他性能的表征上也有良好的效果。Enrique 等采用分形理论对黑钼涂层表面形貌进行了表征,研究铜上黑色钼涂层的分形特征,并将分形参数与光学特性联系起来。研究发现,包括吸收率和发射率在内的光学特性是多重分形指数的递减函数,这表明具有高吸收率和发射率值的涂层表面与符合非线性结构的复杂涂层形态有关。Yuan 等发现微观结构的自相似性是影响涂层性能的关键特征,例如扁平颗粒形状、孔隙、吸收相和涂层厚度,用小波分形算法计算热喷涂吸收涂层的体积分数,并且通过分形理论评价了超高速火焰喷涂的 LBS-SiCβ 复合涂层的有效介电性能。王健基于图像处理技术提出了表征仿生涂层表面形貌的两个参数——表面凹坑分布率和表面分形维数。探究了表面分形维数的提取方法,和表面分形维数对仿生涂层耐磨性的影响。表面分形维数随摩擦次数的增加而增大。涂层所受载荷不相同,表面分形维数对涂层耐磨性能的表征也不相同:当 $F=9.8$ N 时,涂层耐磨性在表面分形维数为 2.452 左右,呈现出的耐磨性较好;当 $F=14.7$ N 时,涂层耐磨性在表面分形维数为 2.474 左右,具有较好的耐磨性;而当 $F=19.6$ N 时,表面分形维数为 2.456 左右,涂层磨损量少,耐磨性较好。

5.3 镀层的分形特征

5.3.1 镀层表面的分形特征

镀层是指通过物理或化学方法在基体材料表面覆盖一层具有特定性能的材料,以改善其表面性能,如耐磨性、耐腐蚀性、导电性、装饰性等。镀层在形成过程中,由于物质的沉积、生长以及其他物理化学过程的作用,常常会出现分形结构。镀层方法主要包括电镀、化学镀、热镀、真空镀、电刷镀、离子镀等。这些方法各有特点,适用于不同的材料和应用场景。电镀和化学镀通过化学反应在基体表面沉积金属,热镀和电刷镀适用于大型部件的快速镀覆,真空镀和离子镀则在真空中进行,适用于要求较高的精密镀层。每种方法都有其特定的工艺参数和适用范围,可以根据基体材料性质、镀层要求以及成本效益等因素进行选择。

其中,电沉积镀层的基本特点是将金属离子从其化合物中置换出来并附于金属基体表面的一种特种加工技术,具有工艺简单、制备成本低、易控制等优点。其原理是基于氧化还原反应,在电流的作用下,使镀液中的金属阳离子发生还原反应,在阴极基体表面结晶,形成镀层。通过电沉积工艺获得的金属镀层具有较好的性能,能够有效保护基体金属免受侵害。在电沉积过程中,金属离子在电极表面的还原反应使得金属原子逐渐堆积形成镀层,镀层的形态受电流密度、溶液浓度、温度等多种因素的影响,呈现出复杂的分形特征。这种分形特征不仅仅表现在表面形貌上,还可能存在于内部的晶粒结构中。

扫描电子显微镜(SEM)和原子力显微镜(AFM)是常用的表面形貌观测手段,可以通过这两种显微镜直接观察镀层的表面形态,借助图像处理技术,可以计算出表面分形维数。X射线衍射(XRD)和透射电子显微镜(TEM)则可以用来研究镀层的内部结构,通过分析晶粒的排列和尺寸分布,可以揭示镀层的内部分形特征。研究镀层的分形特征具有重要的理论和实际意义。一方面,分形理论为理解镀层的形成机制提供了新的视角。传统的镀层研究主要关注平均参数,如平均粗糙度、平均孔径等,而分形理论则强调复杂结构的多尺度特征,可以更全面地描述镀层的微观结构;另一方面,镀层的分形特征与其性能密切相关。例如,表面粗糙度的分形维数可以影响镀层的摩擦性能,内部结构的分形特征则可能影响镀层的力学性能和电学性能。因此,通过调控镀层的分形特征,可以优化其性能,满足不同应用的需求。

分形理论已广泛应用于包括电镀表面在内的表面形貌特征的定量表征。郑金玲基于投影覆盖法,对普通镀镍层、镍基 SiO_2 纳米复合镀层、镍基 SiO_2 微米复合镀层的表面形貌进行分形研究,测算结果表明:镀层的表面分形维数介于 2.7~2.9 之间,且其线性回归的相关系数达到 0.98 以上,证明了镀层具有明显的分形特征;复合镀层的表面分形维数与镀层显微硬度呈负相关关系,验证了镀层表面形貌分形维数定量表征镀层的显微硬度的可靠性,为研究镀层分形形貌与镀层性能提供了新的思路和方法。徐宝来采用像素点覆盖法,测算了 Ni-Fe-TiO_2 复合镀层和 Ni-Fe 合金镀层表面分形维数;采用投影覆盖法 PVC 空白镀件和 Ni-P 合金镀层的表面分形维数。研究发现,前者的表面分形维数值介于 1~2 之间,后者的表面分形维数值介于 2~3 之间;后者较接近于真实的分形维数值,即投影覆盖法比像素点覆盖法更准确。除此,用最小二乘法求解以上镀层表面分形维数时,相关系数均大于 0.99,表明镀层表面具有显著的分形特性,并且表面分形维数能定量地表征镀层表面形貌的复杂程度和粗糙度的差异,可为电镀工艺参数的优化提供一种新的定量依据。

吴成宝等评价了垂直界面法、尺码法、盒维数法、方差法、结构函数法(SFM)、协方差加权法、功率谱法和均方根法用于计算标准表面轮廓曲线的分形维数(D)时的准确性。从研究结果可以初步判断:在上述 8 种常用方法中,结构函数法最准确,但评价的对象是由具有相同的空间频率相关参数(λ)和特性参数(G)的标准分形函数生成的曲线,而真实的镀层表面形貌空间频率是随机的。因此,具有最高准确度的结构函数法是否适用于计算具有不同空间频率和不同特性参数值的曲线的分形维数还有待进一步验证。因此,魏静等通过利用 W-M 分形函数生成了空间频率相关参数(λ)和特性参数(G)不同,但理论分形维数(D)均为 1.5 的标准表面轮廓曲线,并用 SFM 测算了它们的 D。统计分析结果发现,较低的相对误差表明 SFM 在测算不同特性曲线的 D 时具有极强的适应性。汪雪梅采用 n-C/Ni 和 n-Cu/Ni 双层纳米复合电刷镀制备出了仿荷叶表面的微/纳米双重粗糙结构镀层表面,采用表面轮廓仪镀超疏水表面轮廓值进行采样,再采用结构函数法计算得出了超疏水镀层的表面分形维数约为 2.15,镀层表面的分形维数略小于荷叶表面的分形维数,相差不大。

电刷镀层的表面形貌反映着镀层的性能和稳定性,随着镀层表面厚度的不断减小,镀层表面与其体积之比不断增大。通常采用粗糙度参数对镀层的表面形貌进行量化描述,但粗糙度只能刻画表面形貌沿表面垂直方向的统计特征,难以完整描述表面形貌的随机特征与细节特征。同时,粗糙度是与测量尺度相关的参数,受到测量仪器的扫描范围、分辨率等的影响,测定的粗糙度值存在较大误差。分形集合复杂程度的量化描述不依赖于观察尺度,分形理论的提出对于表面形貌的分析研究提供了新的思路和方法。镀层表面形貌分形维数的大小,表示了表面形貌的复杂程度,而且分形维数是对表面形貌整体进行计算做出的评价,相对于粗糙度只考虑沿表面的垂直方向要全面。

何国良等采用电刷镀技术获得了 Ni-Co 合金电刷镀层，借助于扫描电子显微镜观察得到了镀层的表面形貌图。通过改变镀液中 Co 离子含量的比例，使镀层中 Co 元素含量发生变化，从而使镀层表面形貌发生变化。利用盒维数的计算方法，计算出了不同 Co 元素含量的表面形貌分形维数，发现镀层的表面形貌与镀层的性能有很紧密的联系。利用分形维数可以有效地反映出镀层表面形貌的性能，如上分析，当镀液中 Co 离子含量增大时，镀层晶胞变得光滑，镀层的分形维数变小，对应于镀层的硬度变大。由此可见表面形貌的分形维数与镀层的硬度性能存在着负相关的对应关系，可以利用量化镀层表面形貌的分形维数表征镀层硬度。

汪笑鹤等采用电刷镀技术，在 45 钢上制备了 n-Al_2O_3/Ni-Co 纳米复合电刷镀层。研究了镀液中纳米颗粒加入量对镀层的表面形貌和显微硬度的影响，并利用盒维数的计算方法，计算了表面形貌的分形维数，初步建立了表面形貌的分形维数与镀层显微硬度之间的关系。对比分析发现，镀层表面形貌的分形维数与其显微硬度有负相关的对应关系。

镀层表面的分形特征是指镀层在微观尺度上表现出的自相似性、尺度不变性以及复杂的几何形态，这些特征通常是由于镀层沉积过程中的随机性和非线性动力学所引起的。在镀层制备过程中，金属或其他材料通过电镀、化学镀等方法沉积到基底材料表面。这些过程涉及原子或分子的吸附、迁移、成核和生长等步骤，导致镀层表面形成独特的微观结构。镀层表面的分形特征体现在其自相似性上，即在放大或缩小观察尺度时，表面的形态呈现出相似的结构。例如，镀层表面的粗糙区域在更高放大倍数下可能由更小的粗糙结构组成，形成了一种层次化的形态。综上所述，镀层表面的分形特征是由镀层沉积过程中的复杂动力学所导致的，它们在镀层的微观结构和性能上都有所体现。通过深入理解镀层表面的分形特征，可以更好地制备满足特定应用需求的镀层材料。

5.3.2 镀层生长的分形模型

1991 年，Kuhn 等提出了电沉积分形生长过程理论模型，结果表明：沉积产物的豪斯多夫维数受到电解体系表面扩散效应的影响，提出分形生长形貌与电化学反应体系传质和反应的机理相关性的探究。分形维数依赖于每一个重组和平衡过程，表面扩散在某些位置促进优先生长，而不是由屏蔽效应和溶液扩散控制的随机生长。因此不可忽略的吸附原子扩散导致生长团簇分形维数的变化，且沉积团簇在较大 Hausdorff 维数下转变为多孔或致密的形貌。

1993 年，Ming 等在电化学沉积金属分形试验中，发现电沉积过程的电致对流现象可能会影响沉积金属分形生长过程的连续性，在这种情况下，沉积物的成核过程对分形生长过程起到了控制作用。由此，他们提出了成核限制聚集模型（nucleation-limited aggregation），简称 NLA 模型。NLA 模型与 DLA 模型的不同之处在于，DLA 模型描述的分形生长过程是直接连续的，而 NLA 模型认为电化学过程的分形是不连续的，是由系统自我维持的随机成核过程形成的。Hepel 研究了平面电极中表面粒子扩散对通过模拟金属电沉积枝晶形态的影响。其结果表明：沉积枝晶形态随着溶液粒子表面扩散平均速度的增加，更趋近于经典分形形态。另外，分形维数依赖于形成沉积物的每一个结构化和平衡过程，并且表面扩散速度可以使沉积物在特定位置优先生长,而不是随机生长。Fleury 等以 DLA 模型为指导基础,在研究中发现金属电沉积过程中,由于沉积物对电解质的屏蔽,电沉积金属枝晶的生长速度取决于电解质中阴离子迁移速度。

Sagués 等对准二维锌电沉积进行了分形自相似特性研究,其研究表明:在高硫酸锌浓度和低电位时,电化学沉积金属锌产物具有典型的自相似结构;当叠加电场控制电解体系流体流动方式时,锌沉积产物的对称性降低,枝晶生长路径弯曲与流动场运动方向一致。闵乃本等在 $CuSO_4$凝胶体系中电沉积金属铜的试验中发现,在沉积金属铜树枝状晶体生长初期形成的枝晶末端会发生:尖锐—钝化—分枝过程的交替变化。为了解释这一现象,作者对其进行了深入的研究,结果表明:枝晶出现此类末端往复交替过程,是在电解体系中沉积界面附近的离子交替消耗和聚集形成。Mhiochain 等对平面电化学电池中锌分形沉积的生长进行了全面研究,其结果表明:金属锌沉积分形受到重力和外加磁场的强烈影响,观察到各种各样的沉积形态,其中许多可以通过修改 DLA 模型来模拟电解体系的迁移和对流,得到了沉积锌的数值再现,进一步验证了金属沉积形貌与电化学电池中的物质迁移相关。Nakouzi 等采用 Pb/Zn 双金属进行电沉积枝晶生长研究,其结果表明:在恒定电压条件下,双金属沉积物形貌相似,当电解质浓度变化时,双金属沉积物形貌差异明显,随着电解体系 Pb2+由 0.018 mol/L 升高至 0.025 mol/L,沉积产物基部的主干变粗,接尖端分枝变细,整体形貌为密集灌木状。除此之外,Matsushita 等在 $ZnSO_4$电解液体系中,采用电解法电解得到金属锌二维分形沉积产物,发现电沉积锌产物形貌与在计算机上使用 DLA 模型模拟得到的图形相似,分枝的生长之间也具有屏蔽效应。

易小霞基于分形理论与 DLA 模型,采用电解法对矿浆电解资源化回收金属问题进行了探讨研究,初步总结了矿浆电解体系中金属沉积产物的分形生长特性。王桂峰针对 $NiSO_4$ 电解液体系喷射电沉积金属镍形貌孔隙的问题,使用 DLA 模型对二维镍金属电沉积过程中所生成的沉积产物进行了模拟,并对电沉积金属镍试验过程中电沉积因素变化对沉积镍产物形貌的影响进行了总结。吴娜结合分形理论与电化学沉积原理,进行了点电极电沉积铜试验,揭示了铜电化学沉积过程枝晶分形生长的规律及枝晶分形特性;根据电沉积试验结果,对扩散限制凝聚模型(DLA 模型)进行了优化,模拟了点电极和平板电极沉积过程,并对模拟结果进行了分形维数定量分析,研究发现:在点电极中,随着参与模拟粒子数的增加,生成的团簇物面积增大,分形维数从 1.452 增大至 1.503;随结合概率增大,粒子团簇物由致密结构逐渐向疏松、开放型转变,分形维数减小;平行板电极中,生成的沉积层厚度随释放粒子数的增加而增加,分形维数从 1.406 增大至 1.709;随粒子结合概率增大形成沉积层的厚度有一定程度减小,形貌由开放分枝变为致密沉积簇,分形维数在 1.627~1.665 小范围内波动。

分形理论的计算机模拟应用非常广泛,可以用来模拟任意不规则的自然世界数据,例如,在物理学领域,分形几何在模拟小颗粒粗糙表面对大气吸热的影响方面发挥了作用;在工程领域,分形建模已经成功地应用于图像压缩;在多媒体领域,分形建模可用于实时图像合成等。通过改进的 DLA 模型可以模拟复刻金属电沉积全过程,进而直观表述电沉积金属过程中电解体系中电解质离子的随机运动方式以及加入外加电源后,电解液体系中金属离子迁移到阴极附近得到电子并沉积到阴极或晶核的沉积凝聚过程。因此,国内外学者结合计算机模拟与 DLA 模型研究金属电沉积过程中的金属枝晶生长与分形规律,并取得了一些典型的成果。通过计算机科学模拟技术与分形理论的结合,可以妥善解决一些经典电化学理论不能分析的电解体系动力学问题,进而真实直观地探究金属电化学沉积枝晶生长过程特性,阐述出更为精准的结论,这对于深入研究金属枝晶的分形生长机制,无疑具有重要理论意义。

5.3.3　镀层材料性能分形

电镀层可改变固体材料的表面特性和外观,如提高耐腐蚀、抗磨损和减磨性能,提供光、电、热等特殊的物理性能等;因此,在工业上获得了广泛应用。现代电镀工艺产生了各种用以评价镀层性能的参数。在对电镀层质量评价的过程中,镀层表面形貌特征因其与镀层性能联系紧密而受到广泛关注。由于镀层表面形貌极其复杂和目前技术水平发展的局限,人们迄今都只能通过视觉系统来直接或间接观察镀层的表面形貌,故常常用粗糙、平整、光滑等术语来定性描述镀层的表面性能,认识水平处于定性和半定量的描述和表征阶段。通过光学显微镜和扫描电子显微镜来观察材料表面和断面的表面形貌特征时,随着放大倍数的增加,其结构表现更加精细,材料表面和断面具有分形结构。通过对表面分形维数的测定,表征分形维数与镀层表面形貌及镀层性能参数之间的关系。与其他常规方法相比,分形方法更能准确解析不同工艺方法对镀层性能的影响;与其他参数相比,分形维数更能准确表征镀层表面形貌特征及镀层性能;分形维数与镀层性能有相关的对应关系。

Kwasny等在 ASP-30 烧结高速钢上制备 Ti+TiC 双层涂层,发现涂层表面形貌的分形维数与其硬度之间有较好的对应关系。郑金玲等在 45 号钢上制得 $Ni-SiO_2$ 纳米复合镀层,镀层的表面分形维数介于 2.7~2.9 之间,相关系数在 0.9 以上,分形维数与显微硬度成负相关关系,进一步说明了用表面分形维数定量表征涂层显微硬度的可行性,发现涂层的磨损量与分形维数之间也有一定的线性关系,进而可以表征涂层的耐磨性能。翁星星等制备了 4 种不同含磷量的 Ni-P 合金镀层,用投影覆盖法计算了其表面分形维数,并考察了分形维数与柠檬酸钠浓度及镀层耐硝酸性能的关系。结果表明,镀层的表面分形维数介于 2.329 8~2.658 6 之间,与柠檬酸钠浓度具有良好的线性正比关系,而与镀层在硝酸中的腐蚀失质量呈良好的线性负相关。因此,表面分形维数可用于定量表征镀层的耐蚀性。

LU 等在其表面沉积了 Ni-W-P 三元镀层,利用扫描电子显微镜(SEM)和 MFT-4000 多功能材料表面性能仪分别对涂层表面形貌和基体粗糙度、附着强度、摩擦行为和力学性能进行了研究。结果表明:由于基体较粗糙,在基体表面方向上的应力减小,同时,Ni-W-P 涂层易于沉积,与基体的结合强度提高,化学镀 Ni-W-P 涂层的力学性能受分形特征的影响。除此,涂层的摩擦系数随涂层分形维数的增加而减小。

罗勋等利用高度相关函数法的原理,在 MATLAB 下运行程序,可得到材料的分形维数。在 3%NaCl 溶液中,添加稀土含量为 0.4g/L 后获得的镀层,较不添加稀土时分形维数更大,随着稀土元素序数的增大,分形维数呈现出先增大后减小的趋势;对于添加不同量的稀土 Ce,在 3%NaCl 溶液中,Ce 含量在 0.2~1.2 g/L 之间变化,获得的镀层较不添加稀土时分形维数更大,稀土 Ce 添加量为 0.6~0.8 g/L 时,镀层分形维数最高,耐腐蚀性能最好。

张红彦基于分形理论的方法对 Ni-P 合金镀层进行分形维数计算,研究热处理温度与耐蚀性关系。发现随着热处理温度的升高,分形维数先增大后减小,镀层的耐蚀性也呈现出先升高后又略微降低的情形,因此分形维数的变化情况与镀层的耐蚀性能呈现一定的正相关关系。分形维数的最大值出现在温度为 350 ℃,而镀层的耐蚀性能在 400 ℃和 450 ℃时较好,而此温度下的分形维数值有小幅度减小,说明分形维数是镀层表面的形貌结构和复杂程度的直观表征。

由此,镀层材料的性能分形是指镀层在宏观性能上表现出的与微观分形结构相关的性质。镀层材料的性能不仅取决于其化学成分和微观结构,还受到表面形貌的分形特征的影响。镀层的硬度、韧性、耐磨性等机械性能与其表面的分形特征密切相关。表面粗糙度的增加通常会提高镀层的摩擦系数,影响其耐磨性。同时,粗糙的表面可能会成为应力集中点,降低镀层的韧性和抗疲劳性能。分形维数可以作为一个参数来量化镀层表面的粗糙度,进而预测镀层的机械性能。除此,镀层与基底材料之间的附着力受镀层表面分形特征的影响。粗糙的表面可以提供更多的锚定点,增强镀层与基底之间的机械锁合力,从而提高附着力。然而,过度的粗糙度可能会导致镀层应力集中,降低附着力。总之,镀层材料的性能分形揭示了镀层微观结构与宏观性能之间的关系。通过研究镀层的分形特征,可以更好地设计和制备满足特定应用需求的镀层,从而提高其整体性能和可靠性。

第6章　分形与摩擦学

摩擦学，作为一门研究摩擦、磨损和润滑现象的学科，其研究成果在众多领域都有着广泛的应用。从机械设备的运行效率到能源消耗，从材料的设计到使用寿命的延长，摩擦学都扮演着至关重要的角色。然而，由于材料表面的微观结构极其复杂，传统的摩擦学理论在描述和预测材料表面相互作用时常常遇到瓶颈。正是在这样的背景下，分形几何学的引入为摩擦学的发展带来了新的生机。

分形几何，一种描述自然界和非线性系统中复杂形态和自相似性的数学工具，它的出现为摩擦学提供了一种新的视角。分形几何的核心概念，如自相似性、分数维度和尺度不变性，使得我们能够更加精确地描述材料表面的粗糙度和磨损过程中的复杂现象。在摩擦学研究中，材料表面的微观结构对摩擦系数和磨损速率有着决定性的影响，而分形几何正是揭示这一影响的钥匙。

通过对材料表面形貌的分形分析，我们发现表面粗糙度不再是简单的随机过程，而是一个具有统计自相似性的分形过程。这种自相似性不仅体现在宏观尺度上，而且在微观尺度上也表现得淋漓尽致。分形维数作为量化表面粗糙度的参数，它与摩擦系数之间的关系成为摩擦学研究的一个重要方向。研究表明，分形维数越高，表面粗糙度越大，摩擦系数也往往越高，这为通过表面处理技术来调控摩擦系数提供了理论依据。

在磨损过程中，材料表面的损伤和颗粒脱落同样展现出分形特征。磨损颗粒的形状、大小和分布往往不是随机的，而是遵循一定的分形规律。这种分形特性使得我们能够更深入地理解磨损机理，从而为设计更耐磨的材料提供指导。分形几何在摩擦学中的应用不仅限于描述现象，还包括预测模型的发展。传统的摩擦系数预测方法往往基于宏观试验数据，难以准确反映材料表面微观形貌对摩擦系数的影响。而分形几何方法，通过建立表面形貌与摩擦系数之间的定量关系，可以实现对摩擦系数的预测。这种基于分形的预测模型不仅提高了预测的准确性，还为材料设计和工艺优化提供了新的思路。

然而，摩擦学分形研究也面临着一系列挑战。首先，分形参数的测量需要高精度的仪器和方法，这在实际操作中可能存在困难。其次，分形模型的建立和应用需要大量的试验数据支持，这要求研究者进行更为细致和系统的试验研究。最后，分形理论在摩擦学中的应用还需要与其他学科如材料科学、力学和化学等领域的研究相结合，以形成更为全面的理论体系。尽管存在挑战，摩擦学分形研究的发展前景仍然十分广阔。随着科学技术的不断进步，尤其是高精度测量技术和计算能力的提升，分形几何在摩擦学中的应用将更加深入。我们已经看到了分形理论在揭示材料表面微观结构与宏观性能关系方面的巨大潜力，它不仅为摩擦学的发展提供了新的理论支撑，也为工程实践中的摩擦控制提供了新的技术途径。

在未来,摩擦学分形研究有望在以下几个方面取得突破:一是发展更为精确的分形参数测量技术,以获得更可靠的试验数据;二是建立更为完善的分形模型,以更好地预测和解释摩擦学现象;三是将分形理论与其他学科相结合,形成跨学科的研究方法,以解决更为复杂的摩擦学问题;四是将分形理论应用于实际工程中,通过优化材料设计和工艺流程,降低摩擦损耗,提高能源利用效率,为可持续发展做出贡献。

总之,摩擦学与分形的结合为摩擦学领域带来了革命性的变革。它不仅深化了我们对摩擦、磨损和润滑现象的理解,还为材料设计和摩擦控制技术的创新提供了强大的理论工具。随着研究的不断深入,摩擦学分形理论将在材料科学、机械工程乃至整个工业领域发挥越来越重要的作用,为人类社会的发展做出更大的贡献。

6.1 粗糙表面的分形特征

在数学的广阔领域中,欧几里得几何一直占据着重要地位,它以其简洁和有序的方式描述了一系列规则和有序的几何形状。从最基本的点(零维)到延伸的线(一维),再到广阔的面(二维)和立体的立方体(三维),欧几里得几何的世界是由清晰的整数维度所定义的。这种几何学为我们理解直线、平面和体积提供了一个坚实的基础,但它却无法捕捉到自然界中那些错综复杂、不规则的结构。

自然界中的景象,如海岸线的曲折多变、分形树的无穷嵌套、多孔介质的多层次结构以及粗糙表面的不规则纹理,这些都是欧几里得几何难以触及的领域。这些复杂形态不能用简单的整数维度来衡量,因为它们展现了一种更为细腻和深邃的层次结构。为了填补这一空白,Mandelbrot 开创了分形几何学,这是一种全新的数学框架,专门用于描述和量化这些自然界中的复杂结构。

分形几何学的核心在于分形维数这一概念,它是一种度量,用于量化物体或结构的复杂性和自相似性。与传统的整数维度不同,分形维数可以是分数,这使得它能够更加精确地描述那些在多个尺度上重复出现的模式。这种维数揭示了物体细节的丰富性,以及它们在不同尺度上的相似性,这是欧几里得几何所无法做到的。分形几何学的出现,不仅为我们提供了一种新的工具来探索和描述自然界中的复杂结构,而且还挑战了我们对维度和形状的传统认知。通过分形维数,我们能够更深入地理解海岸线的无穷蜿蜒、分形树的自我复制特性、多孔介质的空间复杂性以及粗糙表面的摩擦特性。分形几何学的应用,使得我们从新的角度审视世界,揭示了一个充满无限细节和自相似性的数学之美。分形维数,一种超越传统整数维度的度量,它以其独特的非整数值属性,为我们提供了一种更为精确的手段来揭示复杂结构的内在特性。研究发现,表面粗糙度的轮廓线并非随机无序,而是呈现出跨尺度的自仿射性质,这一性质表明,无论在何种尺度下观察,粗糙表面的几何形态都展现出一种惊人的相似性。如图 6.1.1 所揭示的,当我们将粗糙表面的轮廓曲线进行局部放大时,不难发现,放大的局部区域的几何特征与整体曲线保持着高度的一致,这种自相似性是分形几何学的核心特征之一。

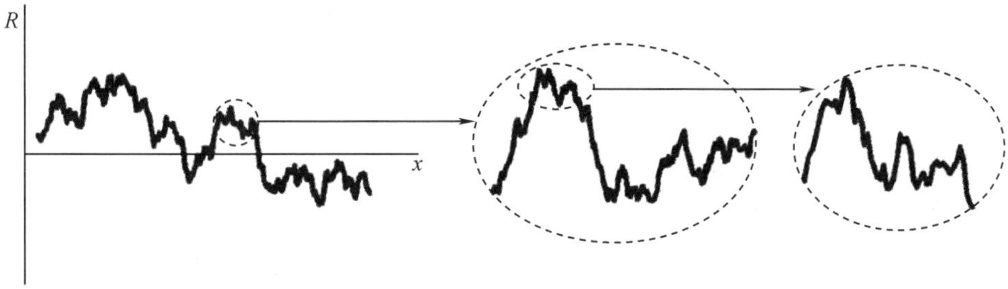

图 6.1.1　表面粗糙度轮廓曲线

为了准确地描述和模拟这种自仿射性的粗糙表面，Weierstrass–Mandelbrot（W–M）函数被广泛采用，成为表征粗糙表面轮廓曲线的重要工具。W–M 函数的强大之处在于它能够捕捉到粗糙表面在不同尺度上的几何特征，从而为我们提供一个全面理解表面粗糙度的窗口。通过 W–M 函数，我们可以通过分形维数这一参数来量化表面粗糙度的复杂性，分形维数越高，表面的粗糙度和复杂性通常也越显著。此外，W–M 函数还允许我们通过均方根粗糙度等参数来进一步量化粗糙表面的特性。均方根粗糙度是衡量表面粗糙度的一个重要指标，它与材料的摩擦学性能、光学性能乃至机械性能都有着密切的联系。因此，通过 W–M 函数对这些参数的精确计算，我们不仅能够更好地理解粗糙表面的微观结构，还能够预测和优化材料在实际应用中的性能表现。

分形理论阐述了分形结构的两个基本属性：多尺度性和自相似性。本书利用这两个特性，对带有粗糙度的试件表面进行了分形特性的深入分析与研究。传统加工技术，如机械加工、磨削和研磨，难以实现表面的绝对平滑，导致试件表面呈现出由微小凸起构成的复杂结构，这些凸起如同地形图上的山脉和山谷，展现出随机性、无序性和多尺度性特征。在原子力显微镜下，这种表面轮廓的随机性表现为不断放大时出现的更细微结构层次，揭示了表面的深度和复杂性。表面轮廓的非平滑性表现在其任何点上都无法找到切线，意味着轮廓函数处处不可微分。最关键的是，放大后的表面轮廓与原始表面的概率分布高度相似，显示出粗糙表面的自相似性或自仿射性。

这一自相似性是分形理论分析表面粗糙度的关键所在，它揭示了粗糙表面在不同尺度上的内在一致性。因此，分形特性的研究不仅为我们提供了理解表面微观结构的全新视角，也为改进加工技术和优化材料性能提供了科学依据。通过分形理论的应用，我们能够更深入地理解试件表面粗糙度的本质，以及它如何影响材料的宏观性能粗糙表面的无标度性即尺度无关性。我们以刨削表面轮廓为例进行研究，图 6.1.2(a)所示为经过标定的实际轮廓曲线，其 $Ra=3.6\ \mu m$；图 6.1.2(b)所示为对实际轮廓曲线的幅值放大一倍后得到的轮廓曲线，其 $Ra=6.12\ \mu m$。我们用均方根方法计算两条轮廓线的分形维数，其结果是相同的。这说明粗糙的表面无论经过放大还是缩小，都具有形态、复杂程度、不规则性等均不发生变化的特性，即尺度无关性。

$$R(y)=G^{(D-1)}\sum_{n=n_1}^{\infty}\frac{\cos(2\pi\gamma^{n}y)}{\gamma^{(2-D)}n}\quad(1<D<2,\gamma>1)$$

式中,G 是常数,D 是自仿射分形维数,G 和 D 皆独立于仪器精度和测量尺度。

对于粗糙表面 $\gamma=1\cdot5$,参数 n_1 则用来描述 W-M 函数下限截止频率,其值可由关系 $\gamma^{n1}=1/L_s$ 所给出,L_s 则是测量样本长度。

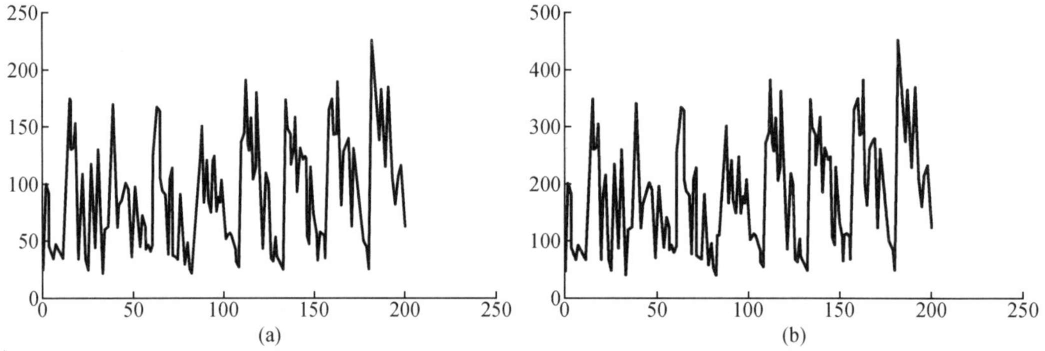

图 6.1.2 不同放大倍率下的轮廓曲线

6.1.1 功率谱密度法

表面形貌可以看作空间域中的一系列信号,功率谱密度可以从频率的角度描述表面形貌。改变表面形貌的测量尺度 L,等于改变信号视点处的截止频率 f_c。如果表面形貌是分形的,那么即使改变观测尺度,$f(l)$ 谱的形状也保持不变。则分形曲线 $S(f)$ 为

$$S(f)\propto f^{-\beta}$$

式中,$\beta=5-2D_s$,D_s 为轮廓的 FD。

Weierstrass-Mandelbrot 函数 $R(y)$ 是一个多尺度函数,其功率谱密度为

$$S(w)=\frac{G^{2(D-1)}}{2\ln\gamma}\cdot\frac{1}{w^{(5-2D)}}$$

功率谱密度法可以定量描述频谱,提供丰富的信息。但是,从前面的描述可以看出,计算过程是基于线性地形,而不是基于表面地形。为了计算整个曲面的 FD,在 PSD 方法中,通常将曲面分解成一系列的轮廓,并计算它们的 FD 值。将各剖面的平均 FD 加 1,即可得到 FD。这种计算过程大大降低了计算结果的可靠性。

6.1.2 结构函数法

在地表形貌中,具有分形特征的空间序列的结构函数为

$$\begin{aligned}S(\tau)&=\langle[R(y+\tau)-R(y)]^2\rangle\\&=\int_{-\infty}^{+\infty}S(w)(e^{jw\tau}-1)\,dw\\&=\varphi G^{2(D-1)}\tau^{4-2D}\end{aligned}$$

式中,φ 为常数。

$$\varphi=\frac{\Gamma(2D-3)\sin(2D-3)\cdot\frac{\pi}{2}}{2\ln\gamma(2-D)}$$

均方根粗糙度则为

$$\sigma=\langle R^2\rangle^{0.5}=\left[\int_{w_1}^{w_h}S(w)\,\mathrm{d}w\right]^{0.5}$$

$$=\left[\frac{G^{2(D-1)}}{2\ln\gamma}\frac{1}{4-2D}\left(\frac{1}{w_1^{(4-2D)}}-\frac{1}{w_h^{(4-2D)}}\right)\right]^{0.5}$$

式中，τ 为尺度，下限截止频率 ω_1 与样本长度 L_s 相关，$\omega_1=1/L_s$，上限截止频率 ω_h 则由测量仪器精度 L_r 决定：

$$\omega_h=1/L_r$$

对于地表形貌中的空间序列 $y(x)$，其分形特征空间序列的自相关函数为

$$R(\tau)=\langle y(x)y(x+\tau)\rangle$$

结构函数与自相关函数的关系如下：

$$S(\tau)=2[R(0)-R(\tau)]$$

因此，ACF 法可以转化为结构函数法进行计算。

6.1.3　高度相关函数法

Vicsek 等将空间尺度行为与时间联系起来，1985 年出现了动态尺度的概念。在膜生长过程中，界面宽度 w 如式(6.1.1)所示。AFM 的 $N\times N$ 高度矩阵可以用高度-高度相关函数 $H(r)$ 来分析。由于实际薄膜表面是连续的，因此原子力显微镜获得的高度是相关的而不是独立的。沿扫描方向，可得到式中的高度相关关系：

$$w=\frac{1}{N}\sqrt{\sum_{i,j=1}^{N}(h(i,j)-\langle h(i,j)\rangle)^2}\tag{6.1.1}$$

$$H(r=md)=\frac{1}{N(N-m)}\sum_{j}^{N}\sum_{i=1}^{N-m}[z(i+m,j)-z(i,j)]^2\tag{6.1.2}$$

式中，m 为计算中使用的像素点个数，d 为两个像素点之间的距离。

FD 通过拟合 $H(r)$ 和 r 的双对数曲线线性区域的幂律得到。如式(6.1.2)所示，r 值在一定范围内可以反映表面形貌，如自仿射和堆积薄膜表面。当 r 较小时，$H(r)$ 与 r 呈指数关系，$\mathrm{FD}=3-a$，其中 a 为粗糙度指数，取值范围为 0~1。对于丘形表面，r 较大，$H(r)$ 表现出振荡行为。因此，当 H 增加到 1-1e 时，r 的值定义为横向相关长度 z。横向相关随厚度的变化遵循幂律，如式(6.1.2)所示，其中 z 为动态指数。如果两点之间的横向距离大于 z，则两者的相关性很小。

$$H(r)=\begin{cases}2w^2,\text{for } r\gg\xi\\ r^{2a},\text{for } r\gg\xi\end{cases}\tag{6.1.3}$$

$$\zeta(l)\propto l^{\frac{1}{z}}\tag{6.1.4}$$

粗糙表面的分形特性可以通过分析功率谱密度是否满足特定方程(6.1.4)来判定，或

者通过计算结构函数来验证。通常,粗糙表面表现出多尺度和自仿射的特性,这意味着其粗糙度轮廓曲线可以用 Weierstrass-Mandelbrot(W-M)函数来模拟。对于特定的真实表面形貌,一旦确定了其自仿射分形维数 D,我们可以将仪器测量的均方根粗糙度 σ 代入相关方程中,从而对粗糙表面进行更精确的描述。为了深入理解自仿射分形粗糙度的特性,图 6.1.3 展示了通过 W-M 函数构建的表面轮廓曲线,这些曲线具有不同的分形维数但相同的统计高度。从图 6.1.3 中可以看出,尽管统计高度相同,但是分形维数的变化会导致粗糙度曲线的显著差异,分形维数 D 越大,曲线的不规则性和变化频率越显著,从而直观地展示了表面轮廓的不规则性。这还表明分形维数 D 和均方根粗糙度 σ 是两个相互独立的参数。本研究计算了 Pfund 等试验中使用的微通道表面的粗糙特性,其通道表面轮廓如图 6.1.4 所示,进一步阐释了分形维数在表征表面粗糙度方面的意义。

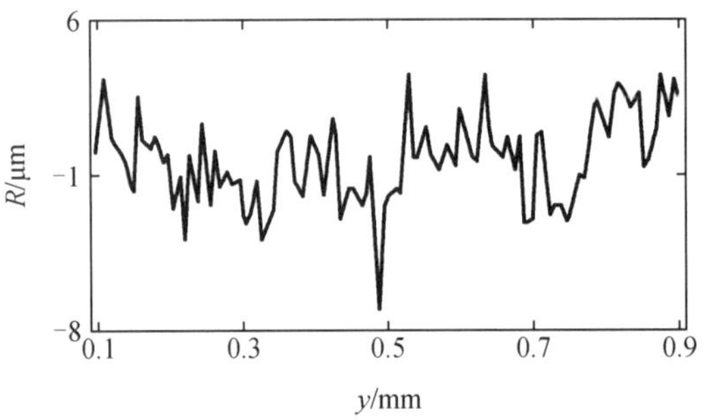

(a) $D=1\cdot 8$

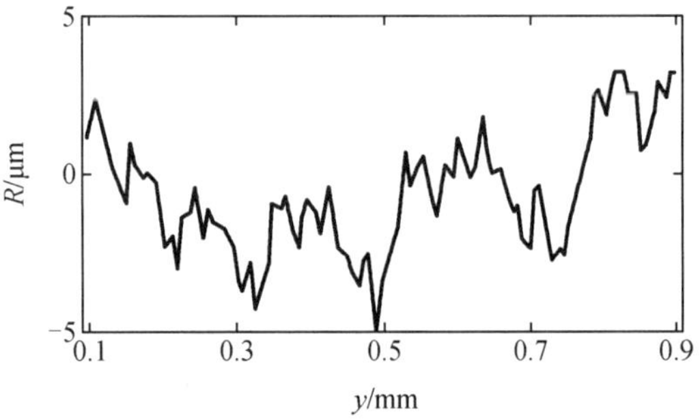

(b) $D=1\cdot 5$

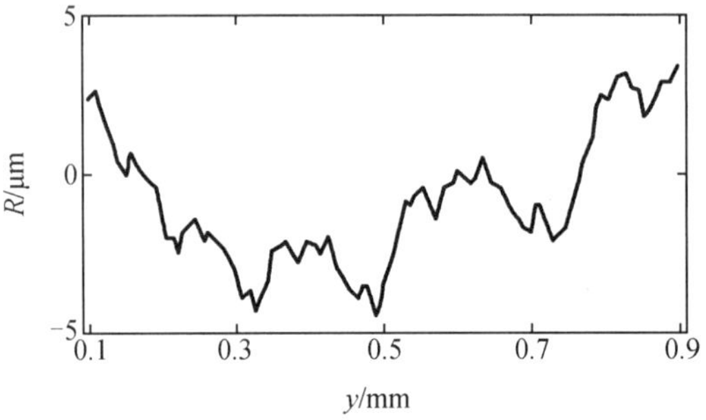

(c) $D=1\cdot 2$

图 6.1.3 W-M 函数构建的表面轮廓曲线($\sigma=2$ μm)

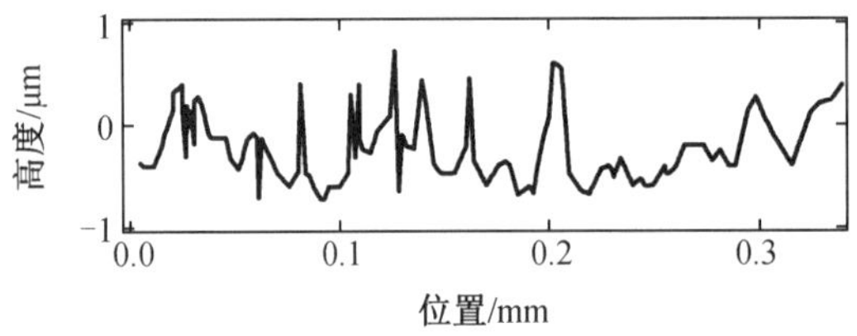

(a) 顶板

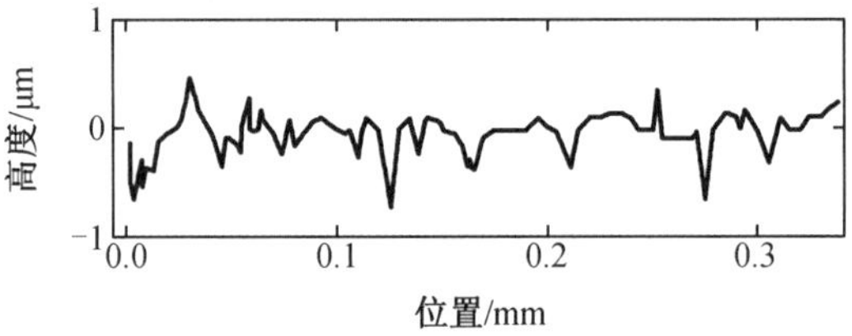

(b) 较光滑底板

图 6.1.4 通道顶板和底板的表面粗糙度高度轮廓图

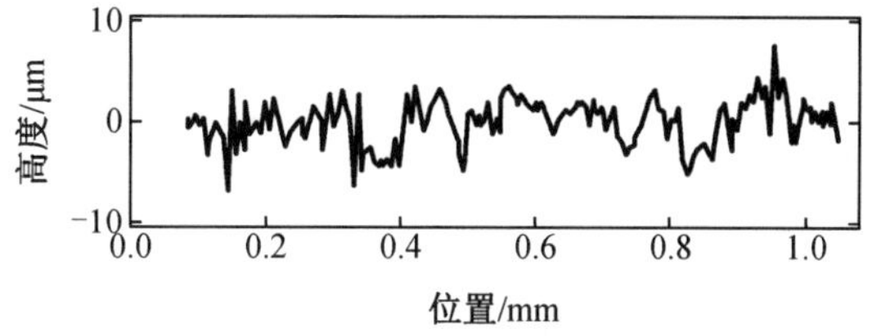

(c) 粗糙底板

图 6.1.4(续)

图 6.1.5 基于结构函数方法对粗糙度自仿射分形维数进行了计算,给出了各通道表面的分形维数。由对数图可见,结构函数与尺度的对数值很好地满足了线性关系,表明表面粗糙度结构函数与尺度之间符合幂律。也就是说,方程得到了很好的满足,这就验证了通道表面粗糙度具有分形特征,可通过方程进行描述。

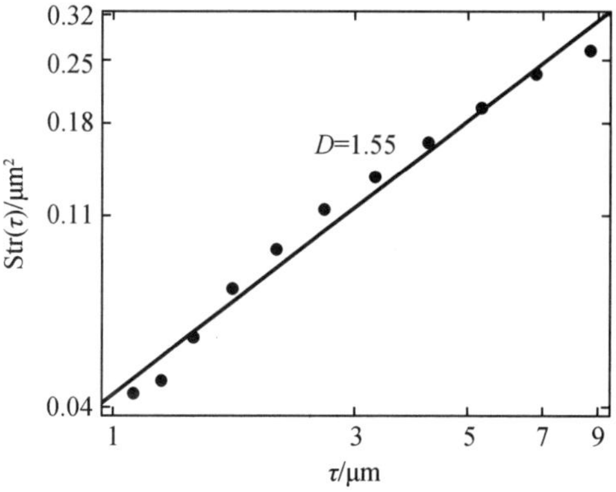

(a) 顶板

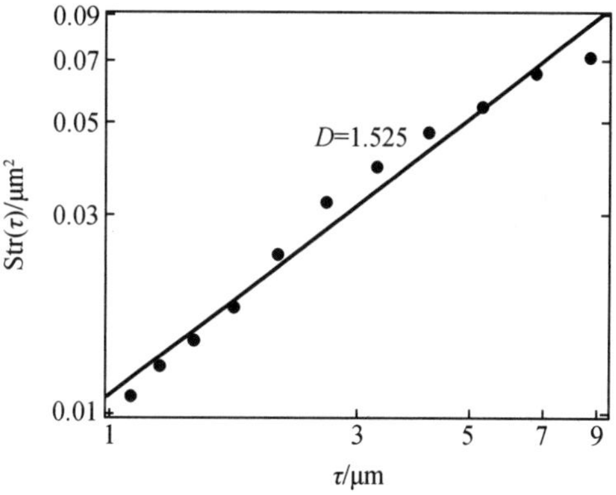

(b) 较光滑底板

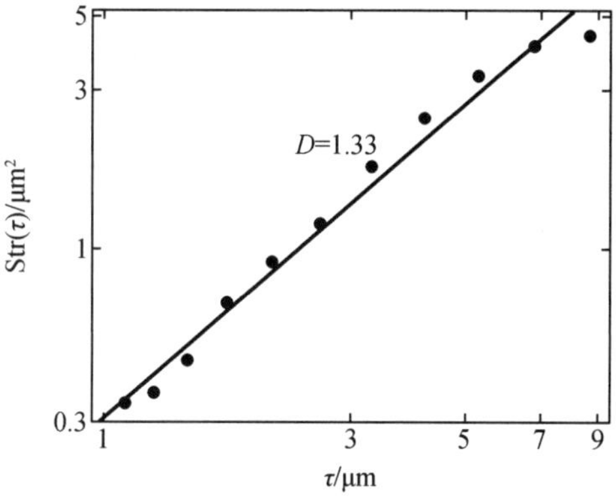

(c) 粗糙底板

图 6.1.5　结构函数 Str(τ)随尺度 τ 的变化

6.2 机加工表面的分形特征

机械加工表面形貌对于其机械性能尤其是磨损、摩擦、支撑和润滑性能等影响很大。改进机械加工表面形貌可以提高机械零件的耐磨性、可靠性和使用寿命,而准确地评价和表征表面形貌是其前提和基础。传统的评定方法是通过波度和粗糙度进行评定的。但这种方法所用的参数有着明显的缺点:参数值随取样长度和测量仪器分辨率变化,且参数较多,很难进行表面间的比较。因此,发展和完善机械加工表面形貌微观探测及表征技术和方法具有重要意义。现有的表面表征方法主要有 MOTIF 参数表征、化学成分表征、分形函数表征及表面色度表征等。微观探测技术和高分辨率视觉仪器的不断发展使人们在研究机械加工表面时能够发现越来越多的粗糙细节。研究发现,许多机械加工表面所有不同尺度上的局部与整体都具有自相似的结构。这表明,机械加工表面的微观形貌在结构上具有统计自相似性和统计自仿射性。此外,在所有尺度上观察,这些表面都具有足够多的粗糙细节,表面上任意一点都不存在其切线,具有处处连续而不可微的特性。因此,分形适用于描述机械加工表面的这些特性,成为表征机械加工表面的一种新的方法。伴随着飞速发展的计算机技术,分形在表征机械加工表面领域的应用日益成熟。1872 年,德国数学家维斯特拉斯创建的 Weierstrass 函数首次以数学的形式证明了处处连续而不可微几何形式的存在,数学家 Mandelbrot 在其所创立的分形几何学中以 Weierstrass 函数为基础上提出了进一步完善的分形函数,即 Weierstrass-Mandelbrot 函数。之后,Mandelbrot 和 Bhushan 在 W-M 函数基础上提出了适用于表征机械加工表面的分形函数 M-B 函数,并被广泛应用于表征机械加工表面的形貌和轮廓信息。

首先,对于机械加工表面轮廓分形特征分析,机械结合部的接触行为在很大程度上影响着机械系统的摩擦磨损、配合性质、传动精度、密封性、热传导、电传导、检测精度等性能,并直接影响机器的使用性能和寿命等特性。结合部位两表面的接触实际上是两个粗糙表面之间的接触,因而对粗糙表面轮廓进行精确描述就显得非常重要。学者们通过大量研究发现,机械加工表面和摩擦磨损表面等粗糙表面轮廓具有非平稳性、自相似性和多尺度特性,呈现出大尺度无规则性与小尺度自相似性的特征,分形理论能较好地对其进行描述,已在粗糙表面及其轮廓的表征与模拟方面得到广泛运用。MAJUMDAR 等在用光干涉法与扫描隧道显微镜测量带磁性薄膜的刚性磁盘表面时,发现表面具有自仿射分形特征,而对同一表面通常采用的传统的统计学描述参数如轮廓高度标准差、斜率标准差以及曲率标准差却随采样分辨率和采样长度的变化而不同,鉴于此,提出用 W-M 函数来从数学上对粗糙表面轮廓进行描述,这样使得描述分形粗糙表面轮廓的参数是尺度独立的,即分形维数 D、特征长度尺度参数 G 不依赖于采样间隔以及采样长度,具有客观唯一性。分形维数反映轮廓高度的奇异性、高频成分即轮廓所包含的细微结构,特征长度尺度要对分形粗糙表面轮廓进行准确的评价、描述,就需要准确地识别出轮廓的分形维数与分形特征长度尺度参数。目前,关于分形尺度参数 G 的计算方法主要有 4 种:

(1)功率谱密度法,经傅里叶变换求出轮廓的功率谱,由功率谱求出 D 与 G;

(2)结构函数法,由轮廓的结构函数求得 D 和 G;

(3)通过解轮廓的高度标准差与斜率标准差所组成的方程组解出分形维 D 与分形特征长度尺度参数 G,称为方程组法;

(4)db2 小波分解,W-M 函数模拟轮廓进行 db2 小波分解。

王余松等发现了小波分解系数呈现出明显的规律性这一重要特征,基于此,提出了由小波方法来识别粗糙表面轮廓特征长度尺度参数 G 的一种新方法;针对 W-M 函数模拟轮廓、分形布朗运动模拟轮廓以及实际机械加工表面轮廓,应用小波识别法和功率谱密度法、结构函数法、方程组法进行了特征长度尺度参数 G 的计算,计算结果对比表明,所采用计算方法不同,导致最后计算结果表现出极大的差异性,不在同一个数量级上。其中小波识别法计算结果最近于理论值,其余方法在数量级上不同于理论值,都有随分形维数减小误差增大的趋势。功率谱密度法计算误差最大,远超过理论值,方程组法次之,其次是结构函数法。对分形布朗运动模拟轮廓,小波分解法以及结构函数法计算结果接近。在识别 W-M 函数模拟轮廓的特征长度尺度参数 G 时小波识别法误差最小。可见,分形粗糙表面轮廓特征长度尺度参数小波识别是一种非常有效的方法。除此,小波分析方法是近十几年迅速发展起来的一种比较新的数学工具,它首先由法国地球物理学家 Morlet 在 20 世纪 80 年代分析地球物理信号时提出,后由 Meyer、Mallat 及 Daubeehies 等进一步完善。

王安良等分别利用 W-M 函数和 M-B 函数仿真粗糙表面轮廓,提出了小波变换评价机械加工表面形貌的方法,但没有给出小波基与小波分解层数的选择。杨红平等基于 MB 分形函数进行建模,通过计算两相邻分解尺度下分解系数方差的比值来求解分形维数,并选取了最佳小波基函数与分解层数,但其并未给出各小波基函数最大分解尺度的计算方法,不同分解层数下仿真得到的分形维数值波动也较大。温淑花等为了验证 $1/f$ 过程小波识别法计算结果的准确性,选择实际机械加工表面形貌来计算分形维数,研究的对象分别为一般机械零件摩擦学研究之中常见的车削、铣削和磨削加工后的用于机械结构动态特性研究的试件,基于 MB 函数模拟下的分形表面轮廓,计算出不同的小波基函数与不同分解尺度下的分形维数,通过对比挑选出了较为合适的小波基函数与分解尺度;将 $1/f$ 过程小波识别法的计算结果与计盒维数法、差方法、R/S 分析法、功率谱密度法(PSD)、均方根法(RMS)、结构函数法、方程组法等方法进行了对比,得出了 $1/f$ 过程小波识别法计算结果的准确性与计算上的简便性,进一步说明了该方法能很好地应用到分形表面的多尺度分析上;最后将 $1/f$ 过程小波识别法应用到了 3 种实际加工表面上,验证了其实用性,表 6.2.1 为分别采用功率谱密度法、结构函数法和小波识别法计算后的结果对比。

表 6.2.1　各加工表面轮廓分形维数计算结果

计算方法	分形维数		
	车削	铣削	磨削
功率谱法	2.152 0	1.695 9	1.142 3

表 6.2.1(续)

计算方法	分形维数		
	车削	铣削	磨削
结构函数法	1.817 1	1.334 8	1.284 3
小波识别法	1.927 4	1.328 3	1.341 5

机械加工表面表现出复杂的微观形貌,如果将轮廓反复放大,就能观察到越来越小的、在统计意义上基本相同的形貌细节,这种在尺度上表现出相同程度的粗糙性,意味着标度变换下的不变性,即无标度性。研究表明,机械加工表面和摩擦磨损表面等粗糙表面轮廓具有非平稳性、自相似性和多重尺度特性,用分形理论能较好地解决这一问题。传统的方法是基于统计学的参数研究,由于测量条件发生变化,不可能对其进行很好的描述。Mandelbort 等对表面形貌分形特征及其描述的研究引起了广泛的关注,分形理论的引入为解决难以处理和准确表达的复杂表面形貌问题提供了新的途径。加工表面分形维数表达了表面所具有的复杂结构的多少和结构的微细程度,以及微细结构在整个表面中所占能量的相对大小。分形维数越大,表面中非规则的结构就越多,结构越精细,而精细结构所具有的能量相对越大。对机械工件表面的形貌分析一般从表面形貌粗糙度的测量着手。国内外对表面形貌测量技术与方法的研究较多,按测量仪器的工作原理分为两类:一是接触式测量,即在测量过程中测量元件与被测工件表面接触,可以绘出工件表面轮廓曲线;二是非接触式测量。我国目前应用较多的主要有针描法、比较法、光切法、干涉法等,其中触针法是使用最多的测量方法。

确定表面分形维数和其他参数是表征表面形貌分形特征的关键。用于计算分形维数的方法主要有盒子法、尺码法、差方法、协方差法、结构函数法、功率谱法等。李小兵等对上述几种方法以 M-B 分形函数作为标准轮廓曲线进行计算结果比较和误差分析,结果表明,采用结构函数法表征粗糙工程表面分维的稳定性和准确性较高,有较好的效果。杨红平等为了表征机械加工表面形貌分形特征,介绍了用结构函数计算加工表面分形维数的方法,以车削加工和镗削加工作为算例,分别给出了粗糙度 Ra 为 1.6 μm 和 3.2 μm 的四种表面形貌图片和形貌曲线,应用结构函数法表征了表面形貌的分形维数。计算结果表明,同种加工方法在不同粗糙度下表面形貌具有较强相似性。分形参数具有尺度独立性,用分形参数表征机械加工表面能有效地反映表面的复杂性、不规则性和粗糙程度,当表面粗糙度较小时,计算的分形维数较大,表现出较强的自相似性。分形维数 D 与表面形貌的幅值变化剧烈程度有关,当 D 值大时,表面高频成分多,细节丰富;当 D 值小时,表面空间波长相对长,微观结构简单。

Li 等将分形理论应用到机加工表面,发现磨削表面具有随机性、自相似性和多尺度性等特点。磨损的初始表面是由机械加工得到的,则磨损初始表面形貌具有分形特征。同时,摩擦磨损过程中的磨损表面轮廓也具有分形特征。Izquierdo 等认为机加工表面和磨损表面具有自仿射性,采用分形理论可以表征磨损过程。其中,盒维数法是一种比较合理、公认的计算图形分形维数的方法,也是应用最广泛的一种方法,并取得了一定的成果。采用盒维数法计算刀具后刀面 SEM 形貌的分形维数,结果表明,刀具表面形貌的分形维数与刀具侧面形貌的纵向和横向参数有关。利用关联维数计算了滑动过程中摩擦力的分形特征。结果表明,摩擦力的时间序列值具有明显的分形特征,在滑动磨损过程中,摩擦力的关联维数逐渐减小。摩擦力的分形表征为确定摩擦副的稳定滑动磨损阶段提供了一种有效的手段,在揭示分形维数和监测磨损状态之间的关系中发挥了积极的作用。用分形理论分析了金刚石砂轮的形貌;砂轮表面刃口密度的增加导致了分形维数的增加,而晶粒的拨出和砂轮载荷的增大使分形维数降低。

在微纳米复合陶瓷的制备过程中,发现裂纹的分形维数随裂纹与压痕距离的增大而减小。断裂表面的结构越复杂,分形维数越大,利用压痕诱导裂纹的分形维数可以有效地评价材料的断裂抗力。用分形方法对铣削过程中加工表面的变化特征进行了表征。切削参数对分形维数的影响贡献率由大到小为切削速度、切削深度和进给量。分形参数可以用来描述信号的复杂性和不规则性。根据切削力的分形特征可以估计加工质量和刀具磨损的变化。利用新的评价参数——分形均方根偏差计算崩裂边缘轮廓,证明了崩裂边缘轮廓具有一定的自相似性。利用 W-M 函数和四种方法估计加工表面轮廓的分形维数,综合认为 TPS 方法是提取和测量粗糙表面轮廓分形维数的最有效方法,拟合误差小,标准偏差小且计算方便。功率谱法两阶段法和结构函数法两阶段法可以有效减小轮廓曲线分形维数的误差,提高粗糙表面轮廓曲线分形维数的计算精度。分形维数反映了加工表面轮廓曲线的复杂性,可用于评价加工面的质量。加工面的分形维数随时间的变化趋势与粗糙度的变化趋势相似。

自从 Mandelbrot 教授在几何学上创造性地发现了地表形貌的分形特征,分形理论给计算机、经济、生物、工程等许多科学领域都带来了极大的影响,特别是在摩擦学中应用广泛,并在分析机械系统的接触力学方面已被证明非常成功。近年来,众多学者发现机加工表面具有分形特征,因此分形维数作为分形特征的重要参数,可用于机加工表面的表征,也成为除表面粗糙度(这里特指算术平均偏差,Ra)之外的另一参数。然而关于这 2 个表征参数之间关联规律的结论目前仍不统一。

有学者认为分形维数与表面粗糙度成反比。Zhang 等研究了分形维数与表面粗糙度之间的关系,认为分形维数与表面粗糙度呈负指数关系。Zhu 等对磨损表面形貌的特征进行了试验探索,发现分形维数随着表面粗糙度的增加而减小。Jiang 等在对 3 种铸造金属试样进行铣削、磨削和刮削时,也得出了加工表面分形维数与表面粗糙度为负相关的结论。Deepak 等采用分形方法表征汽车气缸表面形貌,得到分形维数与气缸峰、心、谷区域的粗糙度等函数表面形貌参数呈负相关的关系。然而,其他学者认为它们成正比关系。Grzesik 等利用统计、分形和基于神经网络的方法来评估多级加工过程的质量,发现当表面粗糙度下降时,分形维数也会下降,所以二者正相关。Wei 等得到分形维数随表面粗糙度的增加而增加;同时还指出,这 2 个参数之间的相关性很弱。Bourebia 提出用分形维数代替传统的表面粗糙度来提高抛光表面光洁度的方法;在抛光铝合金表面的试验中,发现分形维数与表面粗糙度成正比。宋晖等为了厘清机加工表面的分形维数和粗糙度参数之间的关联规律,选定 6 种不同加工方式、不同粗糙度的标准样块,通过测量其表面形貌,并利用结构函数法获得其分形维数。

在与各表面的粗糙度参数对比研究后发现:对于车削和刨削的加工表面,其分数维数与表面粗糙度成反比关系;对于平面铣、端面铣、平面磨削和外圆磨削的加工表面,其分形维数与表面粗糙度大体成反比关系,但局部呈现非线性规律。因此,不能简单地将分形维数与表面粗糙度表达为固定的正比或反比关系,需要针对具体对象进行实际测定,有利于丰富机加工表面的表征方法,提高表面的评估精度,具有一定的工程意义和应用价值。

分形维数也能够反映加工表面形貌及粗糙度轮廓的复杂和波动程度,大量研究表明加工表面具有分形特征。运用盒维数法计算 CFRP 加工表面图像分形维数,结果表明,CFRP 加工表面具有很好的分形特征,可用来评价表面形貌粗糙度,其数值大小反映了表面形貌变化特征,而多重分形谱参数可反映局部形貌变化特征。使用结构函数法计算车削和磨削轮廓二维分形维数,分析结果表明分形维数随进给量增大而减小,随切深减小而增大,随转速增大而增大。表面粗糙度越小,分形维数大,表面高频成分多,细节丰富,相反则微观结构简单。采用剖面位形法计算轮廓曲线分形维数,发现分形维数随轮廓算术平均偏差值增大而增加,且轮廓算术平均偏差与分形维数相对应,可以用来定量描述粗糙表面轮廓曲线。采用多种计算方法计算表面分形维数,得出分形维数值与表面粗糙度成反比,分形维数越大,表面粗糙度小,工件表面工件表面纹理微细结构越密集,同时表面纹理高度低,纹理间距也小。

以上对分形维数的研究和应用皆是在二维轮廓领域,而分形维数在三维领域和表面形貌分析中同样适用,但相关的研究较少。Li 等建立了表面法向刚度的三维分形模型,研究了分形维数对法相接触刚度的影响。Yu 等建立了粗糙表面的弹塑性接触三维分形模型,分析了接触参数与分形参数之间的关系。Zhang 等利用数字图像处理和分形理论提取双谱图像的分形特征,结果表明分形维数可以作为故障诊断的特征值,也可以作为非高斯信号强度指标。蒋书文等基于分形理论和磨损表面扫描电子显微分析,计算了磨损表面的三维分形维数,并证明分形维数表征磨损表面形貌特征是可行的。何维军等采用分形维数来表征 CFRP 加工表面形貌,切削加工表面的形貌和其分形维数密切相关,表面越粗糙,分形维数值越大。赵林等应用分形几何学分析激光切割表面的三维形貌特征,并提出分形维数能够对整体表面形貌的复杂程度有着较稳定的表征。

工件表面形貌的研究在机械加工领域起着至关重要的作用,而三维分形维数可以有效对工件表面形貌特征进行表征。王亚东等为了对工件表面形貌特征进行表征,以 4 组机加工(车削、刨削、平铣、立铣)样块为研究对象,测得样件表面粗糙度和表面形貌,并应用盒子法和灰度法计算出其三维分形维数,分析对比三维分形维数与粗糙度以及表面形貌之间的关系。结果表明:三维分形维数与粗糙度基本成正比关系,随着粗糙度的增大而增加;粗糙度相同时,不同加工方式下的三维分形维数不同,分形维数越大,表面形貌越复杂,细节越多,划痕凹坑越明显,表面质量越差;与传统二维轮廓粗糙度表征方法相比,三维分形维数更能全面客观描述表面的整体形貌特征,这为后续的表面质量、摩擦润滑等研究奠定了理论基础。Sayles 等对加工表面三维形貌特征进行大量试验研究后,发现加工形成的表面三维形貌具有分形特性,当将材料表面形貌缩小至原子尺度时,精细的、统计自相似的结构在形貌特征中依然存在,从而验证了表面三维形貌具有分形的多尺度、自仿射等特点。

由此可见,工件表面形貌的研究在机械加工领域起着至关重要的作用,而二维、三维分形维数可以有效对工件表面形貌特征进行表征,分形已经广泛应用于切削加工的领域,对传统切削参数和试验结果进行评价,且取得了一定成果,为未来改善工件性能、提高加工质量提供了理论依据和指导作用。

6.3　微观接触的分形表征

微观接触的分形表征是一种运用分形几何学的原理来描绘和揭示微观接触表面形态的技术。分形,作为一种独特的几何形状,其最大的特点在于自相似性,即在不同的尺度上,分形都能展现出相似的结构特征。这一特性使得分形几何学在微观接触领域具有极高的应用价值。

在微观接触领域,表面粗糙度、形状不规则性等因素对接触界面的力学行为、摩擦和磨损等方面有着深远的影响。为了更好地理解和分析这些因素,人们引入了分形表征方法。通过分形表征,可以详细地描绘出微观接触表面的复杂形态,从而为研究接触界面的性能提供有力的理论依据。分形表征在描述表面粗糙度方面具有显著优势。它能够量化表面的粗糙程度,揭示粗糙表面的内在规律。在分析形状不规则性时,分形表征同样发挥着重要作用。它帮助我们识别出微观接触表面上的奇异点、裂纹、凹凸等不规则结构,为研究这些结构对接触性能的影响提供了可能。

总之,微观接触的分形表征是一种揭示微观接触表面形态特征的有效手段。它利用分形几何学的自相似性原理,对表面粗糙度、形状不规则性等特性进行深入分析,为理解接触界面的力学行为、摩擦、磨损等问题提供了重要参考。

分形表征的应用不仅限于理论分析,还包括试验测量和模拟。硬盘作为存储设备的核心部件,其存储密度和性能对现代计算机系统至关重要。然而,随着硬盘存储密度的不断提高,磁盘表面和磁头之间的飞行高度已经降至纳米级别,这使得磁头和磁盘的接触变得异常敏感,任何微小的形貌差异都可能导致接触失效,进而引发磁头损坏或数据丢失。因此,深入研究硬盘表面的微观形貌,并对其进行精确的模拟和分析,对于提高硬盘的耐用性和可靠性至关重要。

分形几何作为一种强大的数学工具,为分析硬盘表面的微观形貌提供了新的思路和方法。分形几何理论的核心是自相似性,即在不同尺度上,物体或表面的局部结构与整体结构保持相似。这种特性使得分形几何能够有效地捕捉表面形貌的复杂性和多尺度特性,从而为理解接触界面的力学行为、摩擦和磨损等提供重要的信息。

在硬盘表面形貌分析中,理论分析是至关重要的第一步。首先,需要选择合适的分形模型来描述硬盘表面的微观形貌。W-M函数模型是一种常用的分形模型,它能够根据分形维数和特征长度尺度系数,模拟出表面形貌的细节和结构,更准确地反映表面形貌的真实情况。其次,需要确定合适的分形参数计算方法,包括盒维数法、尺度法、功率谱法、结构函数法等。每种方法都有其优缺点,需要根据具体情况进行选择。例如,功率谱法通过分析表面轮廓的功率谱来计算分形维数,其优点是算法易于实现,但缺点是计算精度受限于功率谱函数的近似程度。结构函数法通过计算表面轮廓的结构函数来计算分形维数,其优点是计算精度高,且与自相关函数无关,避免了相约误差。

最后,需要建立表面形貌与接触状态之间的联系。分形几何可以用于描述接触界面的微观形貌,从而更准确地评估接触界面之间的相互作用,例如接触压力、摩擦系数等。通过分析这些相互作用,可以评估接触状态的稳定性和可靠性,并为优化接触设计提供理论指导。

试验测量是验证理论分析和模拟结果的必要步骤。常用的试验测量方法包括原子力显微镜(AFM)、扫描隧道显微镜(STM)和扫描电子显微镜(SEM)等。这些仪器可以提供高分辨率的三维图像,并测量表面形貌的细节特征,例如粗糙度、形状、高度分布等。试验测量数据需要经过预处理和分析,以便用于分形参数的计算和表面形貌的模拟。例如,需要去除数据中的噪声和异常值,并选择合适的采样间隔和数量。此外,还需要考虑试验条件对测量结果的影响,例如样品的表面状态、环境温度和湿度等。

模拟是分形几何应用的重要环节,它可以将理论分析和试验测量结果转化为可视化的形式,更直观地展示表面形貌的特征和接触状态的变化。常用的模拟方法包括二维和三维图形的绘制、表面轮廓的模拟和接触模型的建立等。二维图形的绘制可以用来展示表面形貌的细节特征,例如粗糙度分布、形状特征等。三维图形的绘制可以用来展示表面形貌的三维结构,更直观地展示表面形貌的特征和接触状态的变化。表面轮廓的模拟可以用来模拟不同表面处理工艺对表面形貌的影响,从而评估不同工艺的优缺点。接触模型的建立可以用来模拟接触界面之间的相互作用,例如接触压力、摩擦系数等,并评估接触状态的稳定性和可靠性。

此外,分形表征还涉及粗糙表面的统计学分析,探讨粗糙表面的分形参数和分形表征方法,这对于理解实际工程中接触表面的摩擦、磨损、润滑、密封和传热等行为具有重要意义。通过分形理论,可以推导出啮合面的整体接触刚度,建立包含微观形貌特征的时变啮合刚度和啮合阻尼系数模型,从而更准确地分析齿轮等机械部件的动态特性。

6.4 摩擦过程的分形行为

6.4.1 摩擦系数和摩擦力的分形预测模型

为了实现对机械系统的摩擦学性能的主动设计和控制,利用数学模型对摩擦学行为进行定量计算也是摩擦学工作者们长期研究的课题。目前,摩擦学模型的建立存在两大难题,一是表征摩擦磨损的不确定性,例如表面形貌、接触微凸体的相互干涉、磨损过程的随机性、磨粒的不规则形状和润滑油的物理化学作用等都是重要的影响因素;二是难以测量和表征得到较为全面、精确的摩擦磨损性能参数。为了解决这些重要的问题,很多学者进行了大量研究。

摩擦时间序列信号作为最为便于采集的信号，许多学者开展了对摩擦力、摩擦振动和摩擦系数等信号的预测模型建立研究。董云开等研究了形貌对摩擦力以及黏滑振动的影响，并结合棘轮模型和弹性接触模型建立了新的受力模型；Canudasde 等建立了 LuGre 摩擦力动力学模型描述大多数的摩擦行为，并进行仿真分析得到了摩擦力和相对滑移速度之间的变化关系；Dupont 等建立了 Elasto-Plastic 摩擦力模型，并提供了预滑动位移和静摩擦；张志明等根据 LuGre 模型建立了新的摩擦力模型；Freidovich 等假设扰动由动态 LuGre 摩擦模型充分描述，并通过仿真进行了具体工况条件下的摩擦力演化；Padthe 等使用 Dahl、LuGre 和 Maxwell 滑动摩擦模型对试验装置进行建模和模拟，通过试验结果和模拟结果的比较表明，LuGre 模型提供了试验台摩擦诱导滞后的最佳模型；Lampacrt 等提出了一种新的摩擦模型，称为广义麦克斯韦滑移（GMS）模型，适用于控制目的，该模型基于物理激励摩擦模型，即在粗糙度水平上模拟接触物理的通用摩擦模型，新模型不仅能够准确预测预滑移状态和斯特里贝克效应，而且能够准确预测摩擦滞后、过渡行为、脱离力和非漂移（“摩擦”）特性；柳霆等对磨合过程微凸体接触区的受力进行磨合过程摩擦振动的力学分析，得到了切向摩擦振动的切向接触力和法向摩擦振动的法向接触力。

此外，摩擦力的 Leuven 模型、Dankowicz 动摩擦模型和 BilmanSotine 模型等的建立也丰富了摩擦力的描述方法。陈国安等从微凸体的接触力学和运动学分析出发，基于分形理论，推导了滑动摩擦力分形预测模型，从理论上对该模型的正确性进行了分析，当表面粗糙程度较大即表面轮廓分形维数小于最佳分形维数值时，由于机械变形作用起主要作用，使得摩擦阻力随分形维数值的增大而减小；但当轮廓分形维数大于最佳值时，表面的分子黏着效应起主要作用，而使得摩擦阻力随表面粗糙程度的减小而增大。

众所周知，随着磨合的进行，摩擦副表面形貌、摩擦力、磨损率和润滑状态等均不断发生改变；在外界的干扰下，摩擦磨损的不同作用机理相互影响。从宏观摩擦理论出发，摩擦表面的作用可分为分子作用和机械作用。机械作用和分子作用产生的摩擦力又分别包括机械变形阻力、硬表面粗糙峰和磨粒产生的犁沟力和分子黏着阻力。由于磨粒产生的犁沟力和分子黏着力相对其他几种摩擦力较小，在本模型中忽略不计。

（1）库伦摩擦力 f_μ

库伦摩擦力模型：

$$f_\mu = \mu F_{\mathrm{n}}$$

式中，摩擦系数 μ 是随磨合过程的进行不断变化的系统参数。

由于初始磨合阶段表面形貌由粗糙过渡到平滑，结合方燕飞对磨合磨损过程中表面粗糙度和磨损率随时间的演化可得摩擦系数随时间 t 的变化方程为

$$f_\mu(t) = \mu_0 + \frac{\mu_0 - \mu_{\mathrm{s}}}{1 + \mathrm{e}^{(t - C_\mu)/\beta_\mu}}$$

式中　μ_0——初始摩擦系数；

μ_{s}——稳定磨损阶段的摩擦系数；

C_μ 和 B_μ——与时间相关的函数，根据试验结果确定。

由上两式可得经验库伦摩擦力模型：

$$f_{\mu}=\frac{[\mu_0+(\mu_0-\mu_s)]}{1+e^{(t-C_{\mu})/\beta_{\mu}}}F_n$$

(2)动摩擦 LuGre 模型的微凸体变形摩擦力 f_L

两个表面在载荷作用下，对于微凸体接触产生的机械变形力进行分析，根据 LuGre 模型，将微凸体的接触简化为微悬臂梁接触，其示意图如图 6.4.1 所示。

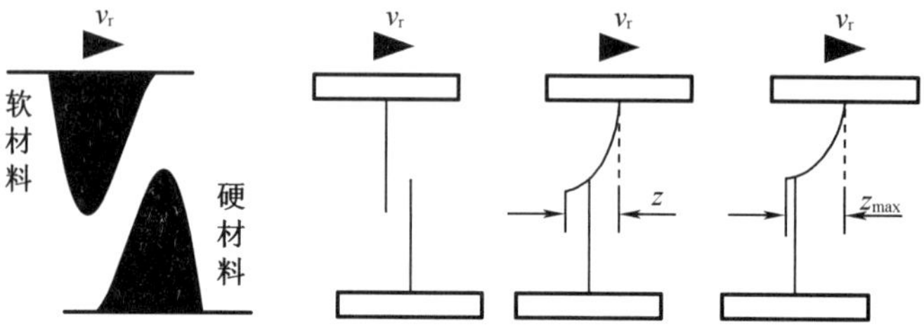

图 6.4.1 微凸体的接触简化为微悬臂梁接触

由图 6.4.1 可知，将微凸体的接触简化为微悬臂梁接触得到变形量 z，根据 LuGre 模型，机械变形产生的摩擦力为

$$f_L=\sigma_0 z+\sigma_1\frac{dz}{dt}+\sigma_2 v_r$$

式中 σ_0——表面微悬臂梁的当量刚度；

σ_1——表面微悬臂梁的当量阻尼；

σ_2——摩擦面间流体介质黏度；

v_r——两微凸体相对滑动速度。

变形量 z 和变形量 d_z/d_t 的变化率计算公式为

$$\frac{dz}{dt}=v_r\left[1-\operatorname{sign}(v_r)\frac{\sigma_0}{g(v_r)}z\right]^a$$

其中 $g(v_r)$ 为

$$g(v_r)=f_c+(f_s-f_c)e^{-(v_r/v_s)\beta}$$

式中 f_c 为滑动摩擦力；

v_s——稳定磨合阶段的相对运动速度；

f_s——Stribeck 摩擦力；

β——Stribeck 修正常数，$\beta=2$。

(3)黏着摩擦力 f_f

对于分子力作用形成的黏着点以及黏着点剪切作用产生的磨损，其微凸体接触状态示意图如图 6.4.2 所示。

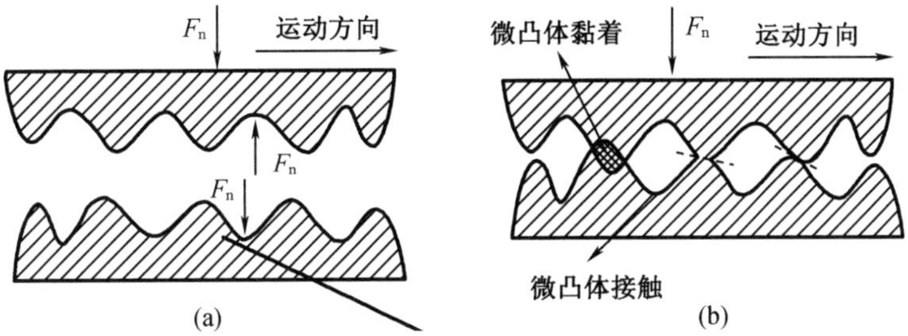

图 6.4.2　微凸体接触状态示意图

对于微凸体黏着产生的剪切力，Bowden 和 Tabor 等建立了较为完整的黏着摩擦理论。当黏着点发生剪切时形成切向阻力，即为由黏着效应产生的黏着阻力，这时的摩擦力为实际接触面积上所承受的剪切力，即

$$f_f=\tau_a A_{rp}$$

式中　A_{rp}——塑性变形下的真实接触面积；

τ_a——黏着剪切力。

真实接触面积的计算：对于摩擦副表面形貌的微凸体，其变形量随磨合过程的进行发生不同的变化，Komvopoulos 和 Wang 把微凸体的变形分为弹性、弹塑性和塑性变形三种。陈国安等研究得到微接触点发生塑性变形时的临界面积为

$$a_c=G^2\left[\frac{\pi e^2}{225\sigma_y^2}\right]^{1/(D_s-1)}$$

式中　D_s 和 G——表面轮廓的分形维数和尺度系数；

σ_y——较软材料的屈服强度；

E——复合弹性模量。

当微接触点面积 $a_L<a_c$ 时，接触点为塑性变形；当 $a_L>a_c$ 时，接触点为弹性变形。当最大微接触点面积 $a_L>a_c$ 时，弹性和塑性变形的接触面积同在，即 $a_L>a_c$ 时，弹性和塑性变形的接触面积 A_{rp} 和 A_{re} 分别为

$$A_{rp}=\int_0^{a_c}an(a)\,\mathrm{d}a=\frac{D_s}{2-D_s}\left(\frac{a_b}{a_L}\right)^{(2-D_s)/2}a_L^{D_s/2}a_c^{(2-D_s)/2}$$

$$A_{re}=\int_{a_c}^{a_l}an(a)\,\mathrm{d}a=\frac{D_s}{2-D_s}\left(\frac{a_b}{a_L}\right)^{(2-D_s)/2}\left[a_L-a_L^{D_s/2}a_c^{(2-D_s)/2}\right]$$

式中　a_b——接触点的面积，$a_b>a_L$；

a_L——最大微接触点面积。

摩擦副在滑动过程中，弹性接触和塑性接触同时存在，交替出现，因此可得总的真实接触面积为

$$A_r=A_{rp}+A_{re}=\frac{D_s}{2-D_s}\left(\frac{a_b}{a_L}\right)^{(2-D_s)/2}a_L$$

由此可得真实接触面积所对应的摩擦力为

$$f_f=\tau_a \frac{D_s}{2-D_s}\left(\frac{a_b}{a_L}\right)^{(2-D_s)/2} a_L$$

(4)犁沟力f_l

摩擦磨损过程中,硬表面粗糙峰对软表面产生的犁沟作用力如图 6.4.3 所示。

可得硬表面粗糙峰对软表面产生的犁沟力为

$$f_l=\tau_1 A_1$$

式中 τ_1——单位面积的犁沟力;

A_1——犁沟面积。

τ_1 的值取决于软材料性质,与润滑状态无关。

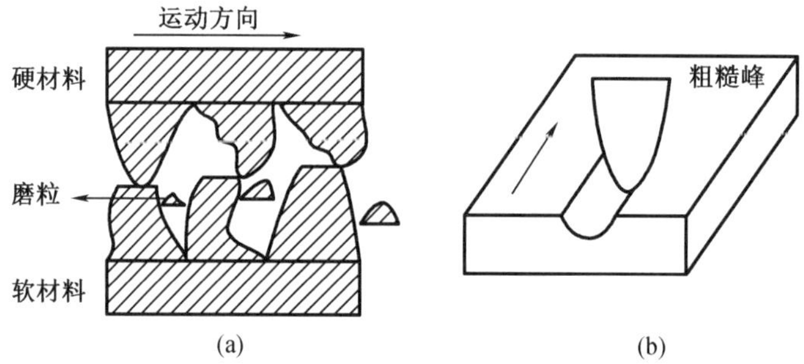

图 6.4.3 硬表面粗糙峰对软表面产生的犁沟力

(5)分形预测模型

由于一个实际的摩擦系统其磨损过程是相当复杂的,往往是多个磨损机理的相互作用,假设这些作用交互存在且相互独立,则总的摩擦力是库伦摩擦力 f_u、LuGre 动摩擦模型的微凸体变形摩擦力 f_L、黏着摩擦力 f_f 和犁沟力 f_l 之和。

因此,得到总的摩擦力为

$$f=f_u+f_L+f_f+f_l$$

代入 f_u、f_L、f_f、和 f_l 的上述计算公式可得总的摩擦力为

$$f=\sigma_0 z+\sigma_1 \frac{dz}{dt}+\sigma_2 v_r+\tau_a \frac{D_s}{2-D_s}\left(\frac{a_b}{a_L}\right)^{(2-D_s)/2} a_L+\tau_1 A_1+\mu(t) F_n$$

即为由磨损表面分形参数表达的摩擦力分形预测模型。

6.4.2 摩擦过程表面温度分布的分形模型

在机械密封的摩擦界面中,动环与静环之间的实际接触面积远小于名义接触面积,这种不充分的接触面积导致了局部热点和高应力的形成。当这些接触微凸体在高应力下进行相对运动时,它们会因为摩擦产生比周围表面更高的温度,形成所谓的“热点”。这些热点区域的温度升高会导致润滑膜汽化,进而增加泄漏量并加剧磨损。此外,局部温度的剧烈变化还会引起密封环的热膨胀,这种热膨胀会进一步影响接触条件,可能加剧摩擦和磨损,甚至导致密封环材料超过其使用温度极限,从而引发断裂、熔融或热裂等严重故障。这

些由温度引起的反馈变化，在某些情况下可能会导致热机械失稳，对密封系统的性能和寿命构成威胁。因此，正确表征机械密封摩擦界面中的温度分布，对于控制和设计机械密封至关重要。通过精确的温度分布分析，可以优化密封设计，减少摩擦和磨损，延长密封环的使用寿命，提高密封系统的整体性能和可靠性。

国内外学者就摩擦界面温升问题已做了许多研究，在理论研究上大都集中于两个方面，一方面就是在低应力接触状态时，摩擦界面微凸体相互作用导致的闪温；另一方面就是摩擦界面瞬态温度场的计算以及瞬态温度场的试验检测，对于机械密封摩擦界面间温度的研究则不多。1981 年，吴文林等从材料力学出发，推导并计算了矩形截面机械密封环的热变形和热应力。1992 年，Pascovici 等提出热传导角的概念，推导了全流体润滑状态机械密封界面温度分布的计算表达式。之后，Etsion 等对热传导角给出了明确定义。1995 年，朱孝平等分析了混合摩擦状态下双端面机械密封的传热特点，建立了界面温度分布的简化计算模型，需要有相应的能够准确描述粗糙表面的参数。粗糙表面的传统表征，其参数对采样长度以及仪器的分辨率具有强烈的依赖性，所以其计算结果也就具有较大偏差。随着人们对粗糙表面研究的不断深入，认识到粗糙表面具有分形行为，并且这一行为与尺度无关，其分形参数可以很好地描述粗糙表面的形貌信息。在国内，魏龙等运用分形理论对机械密封的接触、泄漏、磨合进行了许多研究。并用数值方法计算和分析了闭合力、锥度、表面纹理等因素对界面温度分布的影响。然而，从分形的角度对摩擦界面温度的研究在机械密封领域还鲜见报道。后来，陈利海等、程建辉等分别用有限元方法研究了转速和密封面宽度对密封环界面温度的影响。2006 年，周剑锋等对机械密封环的传热特性进行分析，研究了机械密封端面摩擦热在动环、静环、端面间液膜和密封介质组成的传热系统中的传递规律。2012 年，高杰等根据明确定义的热传导角，考虑热量在动、静环端面的分配，建立了混合摩擦状况及全液体润滑状况下机械密封摩擦界面温度计算模型。

在机械摩擦界面的研究中，目前大多数研究集中在宏观层面，探讨温度分布与传递的规律，并提供理论分析。然而，对于温度在摩擦界面上产生与分布的微观机制，尚缺乏深入的探讨。事实上，摩擦界面上液膜的相变、表层材料力学性能的改变等现象，都与微接触点处的局部高温密切相关。为了揭示这些微观界面的规律，首先需要有能够准确描述粗糙表面的参数。

传统的粗糙表面表征方法，其参数计算结果对采样长度和仪器分辨率具有较高的依赖性，这可能导致较大的偏差。随着对粗糙表面研究的深入，研究者们发现粗糙表面具有分形行为，这种行为与尺度无关，分形参数能够很好地描述粗糙表面的形貌信息。分形理论的引入为描述和分析粗糙表面提供了新的工具，使得对粗糙表面的表征更加准确和可靠。在国内，魏龙等研究者运用分形理论对机械密封的接触、泄漏、磨合等方面进行了大量的研究，取得了显著的成果。然而，从分形的角度对摩擦界面温度分布的研究在机械密封领域还相对较少。这可能是由于分形理论在温度研究领域中的应用还不够成熟，或者是因为研究者们尚未充分认识到分形理论在描述和分析摩擦界面温度分布方面的潜力。

分形理论的应用为机械密封端面形貌特性的描述提供了新的视角。通过使用具有尺度独立性的分形参数，可以更准确地表征机械密封端面的粗糙度、凹凸度等微观特征。这些参数不受采样长度和仪器分辨率的限制，因此可以更真实地反映端面的实际形貌。

在建立微凸体接触变形方式的基础上，结合热传导理论和概率理论，构建了机械密封摩擦端面最大温度以及温度分布的分形模型。这个模型能够预测和解释摩擦界面在不同工况下温度的变化规律，为密封性能的分析提供了重要的理论依据。

数值分析进一步揭示了机械密封摩擦界面温度分布的规律以及影响因素，如接触压力、滑动速度、润滑条件等。这些研究结果有助于深入理解密封界面由温度所导致的一系列问题，如磨损、泄漏、热变形等，从而为密封设计提供科学的指导。

6.4.2.1 机械密封摩擦表面微凸体受力分析

在机械密封摩擦副的设计中，动环与静环通常采用硬质与软质两种材料，并且由于端面宽度较小，接触情况可以简化为刚性理想光滑平面与粗糙表面的接触。这一简化模型与传统的 M-B 分形模型相似，假设粗糙表面是各向同性的，忽略了相邻微凸体之间的相互作用，以及在接触过程中由于弹性接触的强化作用以及材料硬度随表面深度的变化。然而，以往的分形接触模型在中高载荷条件下，其预测值与试验值之间存在较大的偏差。为了解决这一问题，本书提出了单微凸体基底长度 l_b 的概念。这个长度表示在载荷作用下，微凸体根部恰好未受变形影响处的长度。通过重新考虑单个微凸体的接触变形，如图 4.3.4 所示，我们可以更准确地描述微凸体在载荷作用下的变形情况，从而改进分形接触模型，使其预测结果更加接近试验数据。

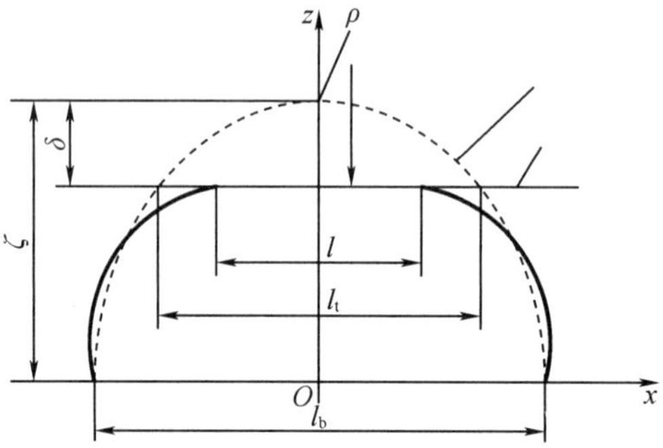

图 4.3.4 刚性平面引起的微凸体变形

由 W-M 函数可知，粗糙性是余弦波，变形前的微凸体可以定义为

$$z(x)=G^{D-1}l_b^{2-D}\cos\left(\frac{\pi}{l_b}x\right)\quad\left(-\frac{l_b}{2}<x<\frac{l_b}{2}\right)$$

式中 D——分形维数；

G——特征尺度；

l_b——基底长度。

由上式可得微凸体顶端曲率半径

$$\rho=\left|\frac{[1+(z')^2]^{\frac{3}{2}}}{|z''|}\right|_{x=0}=\frac{l_b^D}{\pi^2G^{D-1}}$$

微凸体顶端距基底之间的距离为

$$\zeta=z(0)=G^{D-1}l_{\mathrm{b}}^{2-D}$$

微凸体实际变形量为

$$\delta=\zeta-z\left(\frac{l_{\mathrm{t}}}{2}\right)=G^{D-1}l_{\mathrm{b}}^{2-D}\left[1-\cos\left(\frac{\pi l_{\mathrm{t}}}{2l_{\mathrm{b}}}\right)\right]$$

根据 Hertz 理论,作用于微凸体的最大接触压力为

$$\rho_0=\frac{2E}{\pi}\left(\frac{\delta}{\rho}\right)^{\frac{1}{2}}$$

式中,$E=\left[\dfrac{1-v_1^2}{E_1}+\dfrac{1-v_2^2}{E_2}\right]^{-1}$。

微凸体变形时,微凸体接触面积 a 为

$$a=\pi\rho\delta$$

最大接触压力为平均接触压力的 3/2 倍,则有

$$\rho_0=\frac{3}{2}p$$

由此得单个微凸体处在弹性变形下的平均接触压力为

$$p_{\mathrm{e}}=\frac{4E}{3\pi}\left(\frac{\delta}{\rho}\right)^{\frac{1}{2}}=\frac{4E\sqrt{\pi}\,G^{D-1}}{3l_{\mathrm{b}}^{D}}a^{\frac{1}{2}}$$

6.4.2.2　弹性接触表面滑动时最大温度

在接触式机械密封的应用中,由于其运转速度相对较低,且密封环的半径也相对较小,因此可以将这种接触方式视为慢速滑动表面的一种。在这种条件下,接触式机械密封便属于慢速滑动表面的弹塑性接触问题。对于这类问题,Wang 等研究者曾定义了一个微接触温升弹塑性修正因子 K_{t},其目的是反映弹塑性微接触处的最大温升与相同形状和受相同载荷的弹性微接触处的最大温升之间的比值。

通过对界面材料的应变和应变硬化指数的深入分析,发现对于弹塑性接触方式,Hertz 理论在估计接触压力时往往过高,而在估计接触面积时则偏低。这两种相反的影响作用使得 K_{t} 趋近于 1,因此,我们可以将弹性接触的温升分布结论近似地应用于弹塑性接触问题。这种近似分析的具体细节可参考相关文献。基于此,本书将专注于研究机械密封端面在弹性接触条件下的温度分布。

在慢速滑动的情况下,温度的扩散可以通过半无限固体表面的静止热源的温度扩散方式来描述。对于一个半径为 r 的圆形微接触体,在滑动过程中的摩擦温升可以遵循特定的函数关系。这种函数关系能够精确地描述微接触体在摩擦过程中产生的热量分布,进而影响密封端面的温度分布。

$$T_{\mathrm{f}}(r')=\frac{qr}{k}\int_0^{\infty}\mathrm{J}_0(\lambda r')\mathrm{J}_1(\lambda r)\,\frac{\mathrm{d}\lambda}{\lambda}$$

式中　r'——距微接触点半径;

q——传给表面热量；

k——热导率；

J_0——第一种零阶贝塞尔函数；

J_1——第一种一阶贝塞尔函数。

对上式进行积分后可得圆形微接触区的最小温度与最大温度分别为

$$T_{f,\min}=\frac{2}{\pi}\frac{qr}{k}r'=r$$

$$T_{f,\max}=\frac{qr}{k}r'=0$$

表面产生的总热量 q 为

$$q=\frac{\pi}{30}Rnfp_e$$

式中 R——当地半径；

n——转速；

f——摩擦因数。

设传递到表面 1、2(为相互接触的两个表面)的热量分别为 q_1、q_2，则由 $q_1+q_2=q$，以及接触表面温度相等的条件，可以获得热量在 1 表面的分配量为

$$q_1=\frac{k_1}{k_1+k_2}q$$

式中，k_1、k_2 分别为表面 1、2 的热导率。

再根据 $r=(a/\pi)1/2$，可得单个微凸体接触区的最大温度为

$$T_{f,\max}=\frac{2\pi ERnf}{45(k_1+k_2)}\frac{G^{D-1}}{l_b^D}a$$

通过分析可以发现，若在工况条件、材料以及密封结构一定的条件下，最大温度 $T_{f,\max}$，只与微接触面积有关，所以如果能够确定整个接触区内的最大微凸体接触面积，那么也就能够确定密封界面上的最大温度。为此引用 Wang 等分形模型中的面积分布函数：

$$n(a)=\frac{D}{2}\psi^{(2-D)/2}(a_1)^{D/2}(a)^{-(D+2)/2}$$

$$a_1=\frac{2-D}{D}\psi^{-(2-D)/2}A_r$$

$$\frac{\psi^{(2-D)/2}-(1+\psi^{-D/2})^{-(2-D)/D}}{(2-D)/D}=1$$

式中 a_1——最大微凸体接触面积；

A_r——真实接触面积；

ψ——区域扩展系数。

区域扩展系数 ψ 与分形维数 D 有关，可以通过公式解得，也可以从文献中的表中查得。为了获取 ψ 更为方便，通过对他们所给出的分形维数 D 与区域扩展系数 ψ 的值进行拟合，得出区域扩展系数 ψ 与分形维数 D 之间的函数关系为

$$\psi=5.453\exp\left(-\frac{D}{0.628}\right)+1.499(1<D<2)$$

可得整个密封界面上的最大温度为

$$T_{\max}=\frac{\pi ERnf}{(k_1+k_2)}\frac{2(2-D)}{45D}\psi^{-(2-D)/2}\frac{G^{D-1}}{l_b^D}A_r$$

将上式进一步改写为

$$T_{\max}=T_a\Theta_{\max}$$

$$T_a=\frac{\pi ERnfA_a^{\frac{1}{2}}}{k_1+k_2}$$

$$\Theta_{\max}=\frac{2(2-D)}{45D}\psi^{-(2-D)/2}\frac{(G^*)^{D-1}}{(l_b^*)^D}A_r^*$$

式中　T_a——名义最大接触温度；

$\Theta_{\max}$——量纲 1 最大接触温度；

$l_b^*=\dfrac{l_b}{\sqrt{A_a}}$；

$G^*=\dfrac{G}{\sqrt{A_a}}$；

$A_r^*=\dfrac{A_r}{A_a}$，其中 A_a 为名义接触面积。

6.4.2.3　真实接触面上温度分布密度函数

通过考虑所有微接触面积上的温度分布，就可以获得温度在某个范围内的那部分真实接触面积，这对研究温升所导致的一系列问题是必须的，所以在此引入真实接触面积上的温度分布密度函数。由概率论的知识可得，如果用 $T(T_f)$ 表示真实接触面积上的温度分布密度函数，则温度从 T_f 到 $T_f+\mathrm{d}Tf$ 的接触面积与真实接触面积 A_r 的比值为 $T(T_f)\mathrm{d}T_f$。由此可得 $T(T_f)$ 的表达式

$$\Gamma(T_f)=-\frac{1}{A}\frac{\mathrm{d}A'}{\mathrm{d}T_f}\quad(-\infty<T_f<+\infty)$$

由于单微凸体接触面积上的温度分布密度函数为

$$\Phi_f(T_f)=-\frac{1}{a}\frac{\mathrm{d}a'}{\mathrm{d}T_f}=\begin{cases}\dfrac{2C}{T_f} & T_{f,\min}\leqslant T_f\leqslant T_{f,\max}\\ 0 & T_f\leqslant T_{f,\min},T_f>T_{f,\max}\end{cases}$$

式中，$C=1/2\ln(\pi/2)$。

所以，可得量纲 1 微凸体接触面积上的温度分布密度函数：

$$\Gamma(T_f)=\frac{2-D}{D}\int_0^1\Phi_f(T_f)(a^*)^{-\frac{D}{2}}\mathrm{d}a^*$$

式中，$a*=a/a_1$。

在整个接触范围内，温度的取值范围为 $T_f\in[-\infty,+\infty]$，而单微凸体的量纲 1 接触面积的取值范围 $a^*\in[0,1]$。当 $\Phi_f(T_f)$ 取非零值时，$T_{f,min}\leqslant T_f\leqslant T_{f,max}$，所以 $\Phi_f(T_f)$ 带入 $\Gamma(T_f)$ 时需要确定满足条件 T_f 的 a^* 范围。

从上式可以看出 $T_{f,max}\propto a$，当 $T_{f,max}\to T_{max}$ 时，$a\to a_1$。所以

$$\frac{T_{f,max}}{T_{max}}=\frac{a}{a_1}=a^*$$

$$\frac{T_{f,min}}{T_{max}}=\frac{2}{\pi}\ \frac{T_{f,max}}{T_{max}}\ \frac{2}{\pi}a^*$$

由 $T_{f,min}\leqslant T_f\leqslant T_{f,max}$ 与上式可得 a^* 的取值范围：

$$\theta_1=\frac{T_f}{T_{max}}\leqslant a^*\leqslant\frac{\pi}{2}\ \frac{T_f}{T_{max}}=\theta_2$$

所以，当 $T_f\in[0,T_{max}]$ 时，要想满足 $a^*\in[0,1]$，分为如下两部分：

(1) 当 $0\leqslant T_f\leqslant\frac{2}{\pi}T_{max}$ 时，有

$$a^*\in[\theta_1,\theta_2]\subseteq[0,1]$$

(2) 当 $\frac{2}{\pi}T_{max}\leqslant T_f\leqslant T_{max}$ 时，有

$$a^*\in[\theta_1,1]\subseteq[0,1]$$

可得整个真实接触面积上的温度分布密度函为

$$\Gamma(T_f)=\begin{cases}\dfrac{2C}{T_f}\dfrac{T_f}{T_{max}}^{\frac{2-D}{2}}\left[\left(\dfrac{\pi}{2}\right)^{\frac{2-D}{2}}-1\right] & 0\leqslant T_f\leqslant\dfrac{2}{\pi}T_{max}\\ \dfrac{2C}{T_f}\left[1-\left(\dfrac{T_f}{T_{max}}\right)^{\frac{2-D}{2}}\right] & \dfrac{2}{\pi}T_{max}<T_f\leqslant T_{max}\\ 0 & T_f<0,T_f>T_{max}\end{cases}$$

这时可求出对于温度在 $[T_f^1,T_f^2]$ 内的那部分真实接触面

$$A=A_r\int_{T_f^1}^{T_f^2}T(T_f)\,\mathrm{d}T_f$$

6.4.2.4 密封界面最大温度计算及其影响因素分析

在混合摩擦状态下，摩擦热由两部分叠加组成，一部分是微凸体接触产生的摩擦热，另一部分是液体产生的摩擦热，其中前者起主要作用，故本书只计算微凸体接触产生的摩擦热，即端面比压 p_c 产生的摩擦热。通过 $p_c=p_s+(\beta-\alpha)p$ 可获得作用在密封面上的端面比压 p_c。通过端面比压 p_c 经由分形接触模型可获得真实接触面积 A_r，之后可得该密封界面的最大温度。

本书在计算密封界面微凸体接触产生的温度时，采用文献中的基础数据。密封介质为

清水,故取反压系数 $\alpha=0.5$。其工况参数分别为:弹簧比压 $p_s=0.3$ MPa,压力 $p=0.5$ MPa,转速 $n=2\ 900$ r · min^{-1},摩擦系数 $f=0.07$,分形维数 $D=1.561$,特征尺度 $G=1.146\ 2\times10^{-8}$ m。密封材料参数分别为:动环材料为硬质合金 YG8,弹性模量 $E_1=6\times105$ MPa,泊松比 $v_1=0.24$,热导率 $k_1=80$ W · m^{-1} · ℃$^{-1}$;

静环材料为碳石墨 M106K,弹性模量 $E_2=1.6\times104$ MPa,泊松比 $v_2=0.2$,热导率 $k_2=15$ W · m^{-1} · ℃$^{-1}$,抗压屈服强度 $\sigma_2 y=200$ MPa;密封面内径 $d_1=69$ mm,外径 $d_2=78$ mm,平衡直径 $d_b=70$ mm,名义接触面积 $A_a=1\ 039$ mm^2,平衡系数 $\beta=0.895$。

(1)分形维数、速度对最大温度的影响

采用这些数据求得该密封界面最大温度为 $T_{max}=61.22$ ℃。将如上基础数据带入公式,分析分形维数、速度对密封界面最大温度的影响,三者之间的关系如图。

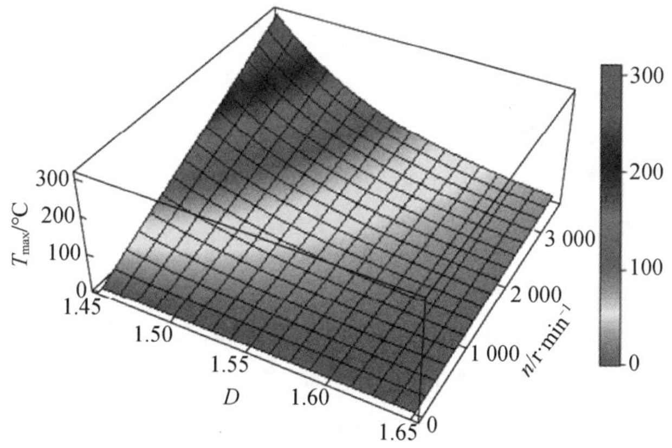

图 6.4.5　D,n 和 T_{max} 之间的关系

从图 6.4.5 可以得出以下结论。

①当分形维数 D 一定时,随着转速 n 的增大,密封界面最大温度呈线性增大。所以在实际的生产需要中,要想达到较低的温度,可以减小转速,尤其在低维数时较为显著。

②当转速 n 一定时,随着分形维数 D 的增大,密封界面最大温度呈非线性减小。这是因为在量纲 1 特征尺度 $G*$ 一定的情形下,分形维数越大,表面越光滑,也即表面越复杂,在同样的接触范围内拥有更多尺度更小的微凸体,这样一来,单个微凸体的接触面积将会减小,由于 $D_{f,max}\propto a$,故相应地温度也会减小。所以在工况一定时,要想达到较低的温度,提高分形维数即可。可是加工具有较高的分形维数的表面,需要有较高加工精度的工艺,相应的成本会提高,所以在实际的生产中需要两者兼顾。

(2)特征尺度对最大温度的影响

同样将如上基础数据代入公式,分析特征尺度对密封界面最大温度的影响。当密封环材料以及工况一定时,名义最大接触温度 T_a 为定值,所以直接分析量纲 1 最大接触温升 Θ_{max} 就可知道特征尺度 G 对最大温度的影响。当分形维数 $D=1.561$ 时,其关系如图 6.4.6 所示。

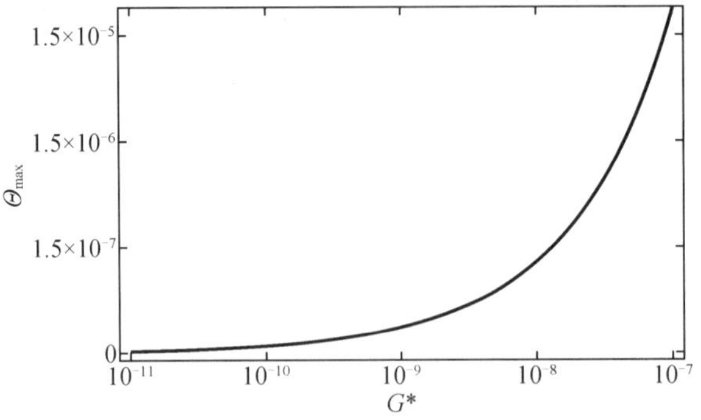

图 6.4.6　$G*$ 与 Θ_{max} 的关系曲线

从图 6.4.6 可以看出,随量纲 1 特征尺度 $G*$ 的增大,量纲 1 最大接触温度 Θ_{max} 也在增大,尤其是 $G*$ 越大,Θ_{max} 增大越显著,因为在分形维数一定时,$G*$ 越大,也即表面越粗糙,在同样的接触范围内拥有较少的微凸体,这样一来单个微凸体的接触面积将会增大,由于 $T_{f,max} \propto a$,所以相应地温度也会增大。要想降低温度,将特征尺度 G 减小也是可行的。

(3)温度分布密度函数分析

(1)中算得密封界面最大温度为 $T_{max}=61.22$ ℃,此时,可得密封界面相应的温度分布密度函数,如图 6.4.7 所示。

将 $\Gamma(T_f)$ 在$[0,T_{max}]$上进行积分后其值为 1,也就是说 $\Gamma(T_f)$ 所示曲线下的面积为 1,这就说明了温度分布密度函数的构建是正确的。从图 6.4.7 可以看出,随着温度的升高,温度分布密度函数 $\Gamma(T_f)$ 在递减,温度在[0,15]时,其变化率较大;温度在[15,61.22]时,变化率较小。这是因为当温度较低时,单个微凸体的接触面积较小,可是相应地,总的微凸体的数量却很大,所以在图中会出现变化率较大的部分;随着温度的升高,微凸体的接触面积增大,相应的总微凸体数量却在缓慢减小,当微凸体的接触面积增大到 a_l 时,温度达到 T_{max},其数量为 1,这也就解释了图中的变化率较小现象。从另一个角度也可以解释这一趋势,可以看出微凸体个数的分布函数是随着面积 a 呈负指数递减,而温度分布密度函数是建立在真实接触面积之上的,所以出现如图 6.4.7 所示的变化趋势是正确的。

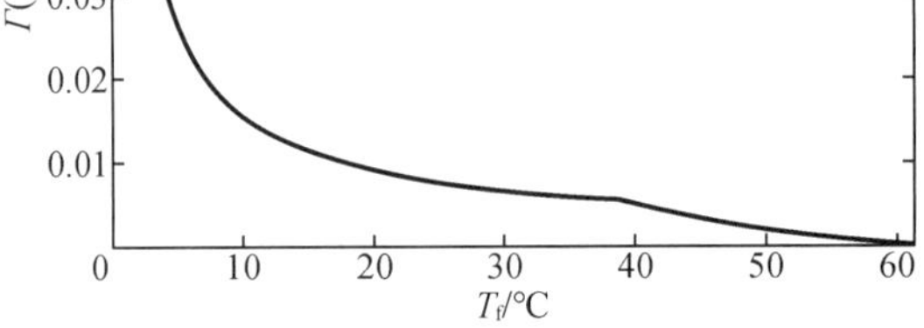

图 6.4.7　温度分布密度函数

温度在内的那部分真实接触面积所占实际接触面积 A_r 的概率，在图 6.4.7 中就是 $\Gamma(T_f)$ 所示曲线与两个温度界限以及横坐标围成的面积。可以看出温度范围越靠右，所围成面积越小，其概率越小，也就是说在实际接触面积中，温度在内的那部分真实接触面积所占比例越小。所以依据温度分布密度函数，且在润滑膜的汽化温度已知时，可计算出处于非正常润滑的那部分真实接触面积，为进一步研究磨损、热破坏提供依据。

6.4.3　摩擦信号的分形行为

在摩擦学和磨损工程领域，摩擦信号的分形行为是一种关键的研究方向，它揭示了摩擦力和摩擦振动信号在摩擦磨损过程中的复杂性和自相似性。这种分形特性不仅反映了摩擦磨损过程中复杂系统行为的本性和共性，而且与磨损表面形貌和磨损产物的分形特性有着紧密的联系。

摩擦信号的分形行为研究主要集中在以下几个关键方面：

(1)摩擦力和摩擦振动的分形特征。在不同的摩擦磨损试验机上提取的摩擦力和摩擦振动的时间序列信号，通过关联维数方法研究发现，这些信号具有分形特征。这意味着摩擦力和摩擦振动信号在时间和空间上的复杂性和自相似性，可以通过分形理论来描述和分析。这种描述和分析为我们提供了一种新的手段，以理解摩擦磨损过程中的复杂动力学行为。

(2)分形维数的变化规律。随着摩擦磨损过程的进行，信号分形维数的变化出现规律性的递增或递减。对于“收敛”或磨合磨损过程，不同阶段的摩擦信号的分形维数趋于增大；而对于“发散”的摩擦磨损过程，不同阶段的摩擦信号的分形维数趋于减小。这种变化规律与摩擦磨损过程中表面形貌分形维数的变化规律相似，反映了摩擦系统的复杂性和对初始条件的敏感依赖性。这种敏感依赖性使得摩擦磨损过程变得难以预测和控制，因此，研究分形维数的变化规律对于理解和优化摩擦磨损过程具有重要意义。

(3)摩擦力和摩擦振动是摩擦磨损过程中产生的现象。摩擦力和摩擦振动信号蕴涵着大量能够反映摩擦学系统特征和状态的信息。由于摩擦学系统的复杂性及其行为的相互依赖性，为了探讨摩擦力和摩擦振动信号是否也与摩擦表面、磨损产物一样具有分形行为，我们在通过试验提取摩擦力和摩擦振动信号的基础上，运用关联维数方法对摩擦力和摩擦振动信号进行了分形表征，进而研究了其分形维数同摩擦磨损过程的相关性和变化规律。

陈金林等计算了干气密封环在磨合过程中的摩擦振动信号的关联维数，关联维数值随着磨合过程的进行由小变大，当摩擦进行到正常磨损阶段后，关联维数值都保持在较小范围浮动，达到平稳。因此，混沌吸引子及关联维数皆可反映密封环端面间的磨合过程，可用于干气密封环端面间磨合状态的监测和识别。蒋宇针对不同运行状态下的齿轮箱振动信号计算了关联维数，发现关联维数可对齿轮箱不同运行状态进行有效的识别。李精明基于磨损试验的摩擦振动信号，应用对系统的时间过程反应敏感的关联维数表征摩擦磨损过程，实现了对摩擦副不同摩擦状态摩擦振动的定量描述。陈楠轩在销盘式摩擦学试验机上进行了四种销材料的摩擦磨损试验，采集四组磨损过程中的摩擦力信号和摩擦振动信号，对其计算了关联维数，结果表明不同材料摩擦副在摩擦磨损过程中都具有“倒浴盆曲线”的变化规律。张志刚等在湿式离合器试验台上提取了磨合试验的摩擦转矩信号,应用盒子维数和关联维数分别对摩擦转矩信号进行了分形研究,盒子维数和关联维数都能定量描述试验过程中摩擦转矩信号的分形特征,随着磨合次数的增加,摩擦转矩信号的盒子维数和关联维数的波动范围都逐渐减小,并且最终收敛于较小的波动范围。柳霆等基于混沌理论,针对摩擦振动信号定义了摩擦振动吸引子特征参数 K 定量表征磨合过程并实现磨合状态的识别;Li 等利用多重分形去趋势波动分析方法,对摩擦振动信号和摩擦系数信号进行了分析,得到了摩擦振动的多重分形谱,计算了这些信号的多重分形谱参数,实现了不同摩擦状态下摩擦振动特性的定量表征;朱华等提取了摩擦振动信号的 Kolmogorov 熵、Lyapunov 指数和分形维数等混沌特征参数,实现磨合过程的定量表征以及变化规律的研究。

6.5 磨损形貌的分形表征

材料的表面形貌指的是在加工制造过程中由于许多因素综合作用而形成残留在材料表面的各种不同形状和尺寸的微观几何形貌。磨损表面形貌就是在摩擦磨损过程中摩擦副零部件相互作用形成的微观表面形貌。磨损表面形貌可用表面二维轮廓和三维形貌来反映。表面二维轮廓是表面三维形貌在任意方向上与垂直截面的交线,对于各向同性表面,不同方向的轮廓曲线是相同的,对于各向异性表面,不同方向的轮廓曲线有显著差异。表面轮廓研究的是磨损表面在某一方向上高度和细节结构的变化,采集方便,计算简单。表面三维形貌侧重于研究磨损表面整体结构的变化,它能够反映磨损表面在不同区域形貌的变化,采集方法和计算公式相对复杂。现有的对摩擦磨损过程中表面特征的研究主要集中在表面二维轮廓和表面三维形貌两个方面。其中表面的灰度图也属于表面三维形貌的一种,它是具有三维高度值的二维平面。

摩擦系统是一个复杂的非线性动力系统,则磨损表面也具有非线性。分形是新兴的非线性学科,以空间为尺度,是研究非线性现象的有力工具。它的主要特征是自相似性和尺度不变性。自相似性主要体现为图形的外观、行为、方式、形态、功能、信息、性质、能量以及时空等特征的局部与整体的相似性。尺度不变性指的是分形对象无论放大还是缩小多少,它的形状、复杂程度以及不规则等特性都不会发生变化。分形是一种具有自相似性和自仿射性的现象,它没有特征尺度,并含有一切尺度的要素,在每一种尺度上都可以观察到其复杂的细节。这些优点使得分形理论成为表征磨损表面形貌的重要方法。因此,采用分形理论表征磨损表面,可以提供其在所有尺度范围内的全部表面形貌信息,结果具有确定性和唯一性。

Li 等将分形理论应用到机加工表面,发现磨削表面具有随机性、自相似性和多尺度性等特点。磨损的初始表面是由机械加工得到的,则磨损初始表面形貌具有分形特征。同时,摩擦磨损过程中的磨损表面轮廓也具有分形特征。Izquierdo 等认为机加工表面和磨损表面具有自仿射性,采用分形理论可以表征磨损过程。王建平等采用分形维数对缸套磨损表面轮廓进行研究,结果表明,分形维数能够反映磨损表面的粗糙度水平,表面越粗糙,分形维数越小,缸套止点位置磨损表面的分形维数小于中点位置磨损表面的分形维数。葛世荣等采用分形几何的方法研究了磨合过程中工程表面轮廓的变化过程,并与表面粗糙度进行比较,结果发现,表面粗糙度随分形维数的增大而减小,表面轮廓越光滑,分形维数越大。周超等使用离散傅里叶变换模拟分形粗糙表面轮廓,研究轮廓的分形维数和尺度系数与传统表征参数的关系,以及对轮廓空间几何形貌和轮廓滤波的影响,结果表明,分形维数相同时,尺度系数越大,轮廓的均方根偏差越大;分形维数影响轮廓高低频成分的能量比,随着分形维数的增加,轮廓高频成分的能量增加,轮廓空间几何形貌显得凹凸不平。

摩擦副在摩擦磨损过程中,接触表面形貌受到接触条件、交变载荷等随机因素的综合影响,使其表面三维形貌具有统计自相似性的特点。Sayles 等对加工表面三维形貌特征进行大量试验研究后,发现加工形成的表面三维形貌具有分形特性,当将材料表面形貌缩小至原子尺度时,精细的、统计自相似的结构在形貌特征中依然存在,从而验证了表面三维形貌具有分形的多尺度、自仿射等特点。蒋书文等采用盒维数法计算了磨损表面三维形貌扫描电镜照片的分形维数,结果表明,在计算尺度范围内,磨损表面三维形貌的分形维数与其表面粗糙度相关,表面粗糙度越小,分形维数越大。刘小君运用结构函数法计算了缸套表面三维形貌的分形维数,结果发现,分形维数能综合反映表面形貌的不规则形状和填充空间的能力;缸套内腔表面具有多重分形特征,其临界波长大小与珩磨时的磨粒直径相关。马军林等提出了一种基于小波变换和分形理论的表面灰度图像和三维形貌的分析方法,结果表明,分形维数能够反映不同尺度下表面三维形貌各方向细节图像的粗糙度特征,各级细节图像的分形维数反映了粗糙程度相似的表面形貌在细节上的不规则性和自相似性的差异,从而能够准确地对表面形貌进行表征。赵西江采用分数布朗随机场模型计算表面形貌的分形维数,研究了摩擦副相互作用过程中三维表面形貌变化与摩擦磨损性能的关系,结果发现,分形维数变化周期的长短可以反映材料表面形貌的耐磨性,周期越大表示分形维数变化速率越慢,摩擦磨损过程中形貌变化越小,表面形貌能够保持的时间越长,耐磨性能在所有尺度范围内的全部表面形貌信息,结果具有确定性和唯一性。

磨损过程具有时变性,不同磨损时间表面形貌的磨损行为不同,研究磨损过程中表面形貌的变化具有重要的意义。通过采集磨损表面的三维形貌可以直观地呈现磨损表面的变化,但由于磨损过程中摩擦副接触表面处于封闭状态,难以在线采集磨损表面的三维形貌。本章采用分阶段换试样的试验方法(第一次试验后,更换摩擦副和延长磨损时间进行第二次试验,依次类推)来研究磨损过程中盘试样和环试样(环/盘摩擦副)表面三维形貌及其分形维数的变化规律。采用自主研制的摩擦磨损试验机和自适应接触夹具进行分阶段换试样的磨损过程试验,采用三维激光共聚焦显微镜采集磨损过程中不同磨损时间后盘试样和环试样的表面三维形貌和粗糙度,然后采用 3D-RMS 方法计算盘试样和环试样表面三维形貌的分形维数,研究磨损过程中摩擦副磨损表面形貌的变化规律。

单重分形描述的是磨损表面的整体特性,磨损表面的内在特征信息采用多重分形来描述。在表面轮廓的多重分形表征方面,Han 等应用分形几何的方法对接触点焊中铝板和铜电极的表面轮廓进行了研究。结果发现,分形维数和尺度系数可以表征表面轮廓的特征。铜电极和具有油膜的铝板表面的轮廓具有双重分形的特征,去除油膜的表面具有三重分形的特征。陈辉等采用W-M函数对表面轮廓进行模拟，建立了分形维数与幂律谱的关系。结果发现，分形维数具有尺度独立性，单分形的幂律谱图为一个区段，而双分形表面的幂律谱呈现明显的两个区段。He使用结构函数法研究了研磨和巴氏合金表面轮廓的分形特征，并计算了表面轮廓的分形维数和尺度系数。结果表明，随机的研磨表面在无标度区间内具有单重分形和多重分形的特征，在不同方向上的分形维数值相同；而周期的巴氏合金表面在垂直机加工方向和平行机加工方向上的分形维数具有明显的区别。

在磨损表面三维形貌的多重分形研究方面，全书海采用多重分形谱和其特征参数，对磨损表面高度均一性和斜率均一性进行评定。结果发现，多重分形谱能够较好地描述磨损表面形貌的高度分布和斜率分布，为表面形貌的分析提供一种评价指标。表面高度的多重分形谱越窄，说明表面高度分布越均匀。奇异谱的峰值对应于由双毯法求出的表面分形维数，谱峰值可以用来描述表面的粗糙程度。王泽鹏等采用多重分形理论计算了橡胶复合材料磨损表面形貌灰度图像的多重分形谱以及谱宽和谱差。结果发现，多重分形可以定量地评价磨损表面的高度均一性和粗糙程度。Stach和Cybo使用多重分形方法研究断口表面形貌的变化规律，并提出一种描述材料特性的方法。Xie等采用多重分形理论研究了岩石断裂表面三维形貌的不均匀性和各向异性，并提出投影面积法计算断裂表面的分形维数。结果表明，多重分形谱可以表征表面的断裂机理和结构特性。张霞和吴自勤采用变分法计算了6个具有相同均方根粗糙度的规则表面的分形维数和多重分形谱。结果表明，分形维数可以定量表征表面的总体形貌，将具有相同均方根粗糙度的表面区分开来。多重分形谱可以全面反映表面概率的分布特征。多重分形谱的宽度可以定量表征表面的起伏程度，多重分形谱最大、最小概率子集维数的差可以统计表面最大、最小概率处的数目比例。

6.5.1 摩擦磨损试验

在环-盘摩擦磨损试验机上进行磨损全过程试验。环试样固定在环夹具上，采用定位销定位，锁紧螺栓锁紧，如图6.5.1所示，环夹具由电机带动做旋转运动。盘试样安装在盘夹具上，采用中心孔定位，楔形销防止周向旋转，在试验过程中盘试样静止。环试样的外径为34 mm，内径为24 mm，盘试样的外径为46 mm，则沿半径方向最大的采样长度为5 mm。采用砝码加载方式。

为解决摩擦副表面接触不良的问题，设计了具有自适应接触功能的环夹具，图6.5.1(a)为环夹具的照片，图6.5.1(b)为环夹具的原理图。从图中可以看出，环夹具主要由驱动件、关节轴承、夹持件和三个传动杆组成。驱动件由电机带动做旋转运动，关节轴承用于连接驱动件和夹持件，夹持件用于固定环试样，三个传动杆的一端处于夹持件的切槽中，槽的宽度大于传动杆的直径，槽的深度大于传动杆嵌入夹持件的深度，用于限制夹持件的周向运动。关节轴承的球副具有三个自由度，则与其连接的夹持件具有三个自由度，但由于传动杆的作用，环试样的自适应调节范围取决于槽的宽度和深度。加载后，通过自适应接触夹具，环试样可以自适应地调整与盘试样的接触情况，保证摩擦副表面接触良好。

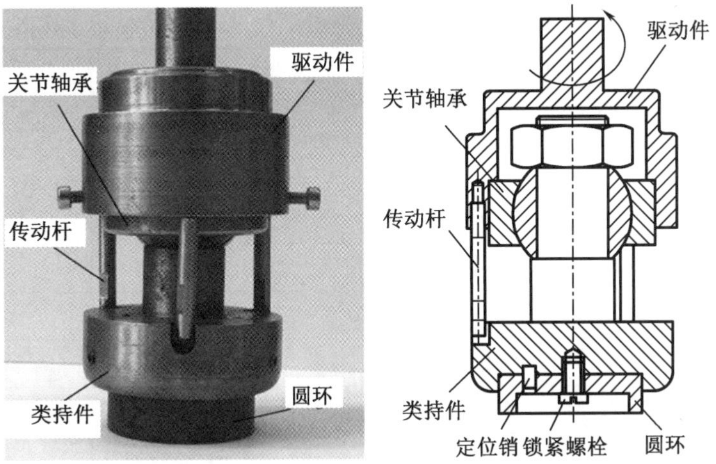

(a)环夹具照片　(b)环夹具原理图

图 6.5.1　具有自适应接触功能的环夹具

(1)试验设计

摩擦副初始表面粗糙度、接触载荷、相对运动速度和润滑剂是影响摩擦磨损过程的主要因素。采用环-盘摩擦副,环的材料为轴承钢 GCr15,材料经淬火处理后硬度为 685 HB;盘的材料为黄铜 H70,材料的硬度为 109 HB。环试样(轴承钢)的硬度大,表面粗糙度小,机加工难度高;盘试样(黄铜)的硬度小,表面粗糙度大,易加工成不同粗糙度的表面,则采用更换盘试样表面粗糙度的方法研究初始表面粗糙度对摩擦磨损过程的影响。

采用砝码加载方式,载荷大小由砝码的数量进行调节。采用变频调速方式选择相对运动速度。试验前,在环-盘接触区域加油 0.6 mL,试验过程中不再补给润滑油。润滑油的型号为 APICD15W-40,它在 40°C 时的运动黏度和黏度指数分别为 111 mm^2/s 和 140。采用正交表设计试验,各因素对应的水平如表 6.5.1 所示。每个因素均有三个水平,在不考虑各因素交互作用的情况下,选择正交表 $L^9(3^4)$。选取正交表第一列、第二列、第三列分别代表盘试样表面粗糙度、接触载荷和转速。试验总共进行 9 组,具体的试验设计方案如表 6.5.2 所示。

表 6.5.1　试验因素及其水平

因素	水平 1	水平 2	水平 3
盘的初始粗糙度 S_a/μm	1.5	3.4	5.5
载荷 P/Mpa	0.85	1.09	1.31
转速 V/(mm/s)	0.46	0.61	0.76

表 6.5.2　试验设计表

试验编号	盘的初始粗糙度 S_a/μm	载荷 P/MPa	转速 V/(mm/s)
1	1.5	0.85	0.46

表 6.5.2(续)

试验编号	盘的初始粗糙度 S_a/μm	载荷 P/MPa	转速 V/(mm/s)
2	1.5	1.09	0.61
3	1.5	1.31	0.76
4	3.4	0.85	0.61
5	3.4	1.09	0.76
6	3.4	1.31	0.46
7	5.5	0.85	0.76
8	5.5	1.09	0.46
9	5.5	1.31	0.61

(2)试验方法

为了研究磨损过程中摩擦副表面三维形貌的动态变化规律,在每种工况下,首先,采用一对新的摩擦副进行固定时间的磨损试验;然后,更换一对新的摩擦副,并延长磨损时间进行第二次试验;以此类推,直至最后一次试验的摩擦副表面发生剧烈磨损。每组试验结束后,依次采集每次试验后盘试样和环试样表面三维形貌可得整个磨损过程中摩擦副的表面三维形貌。图 6.5.2 为试验方法的示意图,试验是分段进行的,每种工况下进行 n 次试验,每次试验的磨损时间逐渐增加,同时每次试验前,均更换一对新的摩擦副,因此,称这种试验方法为分阶段换试样试验。采用分阶段换试样的方法进行磨损试验,不仅可以研究磨损过程中表面三维形貌的变化规律,而且可以同时研究盘试样和环试样表面三维形貌的变化。

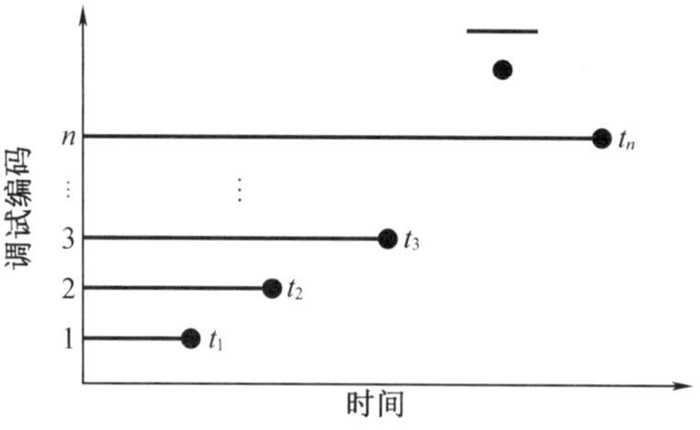

图 6.5.2 分阶段换试样试验方法示意图

在进行磨损试验时,表面接触情况和润滑油的分布对表面形貌和磨损寿命有重要影响。为了保证每次试验时摩擦副表面接触良好,采用自适应接触环夹具,保证了环试样和盘试样表面的良好接触。每次试验前,先在盘试样表面添加相同体积的润滑油,并在载荷为 0.08 MPa、转速为 100 r/min 的条件下开机旋转 2 min,然后调整为设定的工况参数进行摩擦磨损试验。通过上述操作能够使接触表面的润滑油分布均匀。通过改善表面的接触情况和润滑油的分布,可使每组工况下更换摩擦副的试验可重复性高,保证了试验条件的一致性和试验结果的准确性。为了能够真实反映磨损过程中表面三维形貌的变化,进行分阶段换试样试验时,需要合理选择每次试验的磨损时间,两次试验磨损时间的差值即为采集表面三维形貌的时间间隔。图6.5.3为磨损过程中表面磨损率的变化曲线。从图中可以看出,在磨合的初始阶段,表面的磨损率较大,则选择较小的时间间隔采集表面形貌,即试验的磨损时间较短;在磨合磨损阶段,表面的磨损率逐渐减小,则逐渐增大采集表面形貌的时间间隔;到稳定磨损阶段,表面磨损率维持稳定,则选择较大的时间间隔采集表面形貌;到剧烈磨损阶段,表面磨损率迅速增大,则选择较小的时间间隔采集表面形貌。

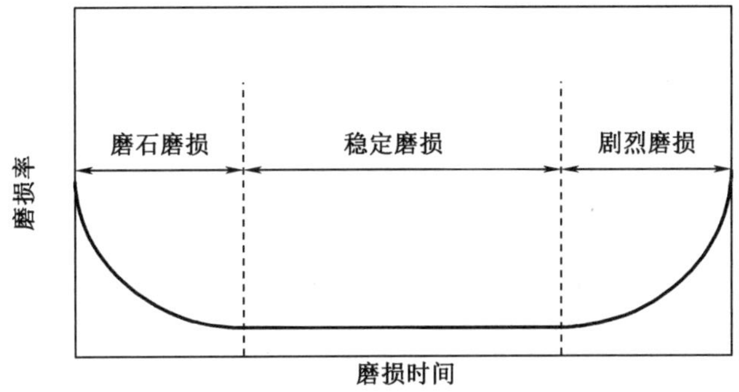

图6.5.3　磨损过程中表面磨损率的变化曲线

基于上述分析,每种工况下磨损时间的选择方法为:首先进行摩擦磨损全过程试验,并使用扭矩传感器采集摩擦扭矩信号,由摩擦扭矩与环平均半径的比可得摩擦力信号。对于同一摩擦系统,可以通过摩擦信号的变化趋势推断表面的磨损状态。当摩擦力信号逐渐减小时,表面处于磨合磨损阶段;当摩擦力信号维持稳定时,表面处于稳定磨损阶段;当摩擦力信号急剧增大时,表面处于剧烈磨损阶段。然后根据摩擦力信号变化的三个阶段的时间,选择每次试验的磨损时间。在磨合的初始阶段,选择3个时间点作为磨损时间;从磨合阶段到稳定阶段过渡时,选择1个时间点;在稳定磨损阶段,选择3个时间点;从稳定磨损阶段过渡到剧烈磨损阶段时,选择1个时间点;在剧烈磨损阶段,选择2个时间点。每种工况下,总共进行10次不同磨损时间的换试样试验,每次试验时添加相同体积的润滑油。摩擦磨损过程中摩擦力信号的变化曲线如图6.5.4所示。从0 min到380 min,摩擦力信号先波动增大再逐渐减小,处于磨合磨损阶段;从380 min到720 min,摩擦力信号稳定在较小值,处于稳定磨损阶段;从720 min到800 min,摩擦力信号迅速增大,处于剧烈磨损阶段。由于磨合的初始阶段,表面形貌变化明显,选择5 min、30 min、60 min作为磨损时间;从200 min到380 min,由摩擦力信号的变化推断表面处于由磨合磨损向稳定磨损过渡的阶段,选择240 min作为磨损时间;在稳定磨损阶段,选择420 min、540 min、660 min作为磨损时间点。从730 min开始,摩擦力信号逐渐升高,推断表面处于稳定磨损向剧烈磨损转变的阶段,选择720 min作为磨损时间。在剧烈磨损阶段,选择780 min、800 min作为磨损时间。

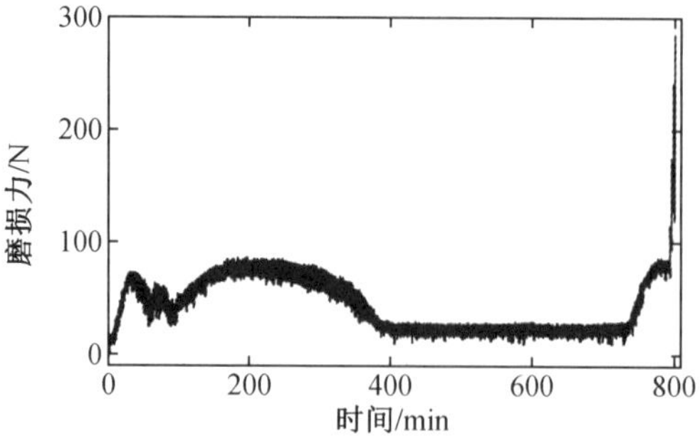

图 6.5.4 试验 2 摩擦磨损过程中的摩擦力信号

6.5.2 磨损表面三维形貌的采集

采用基恩士(KEYENCE)生产的三维激光共聚焦显微镜 VK-X250K 采集磨损表面的三维形貌,如图 6.5.5 所示。它主要采用针孔共聚焦光学系统,通过激光向 *XYZ* 方向超高速扫描表面,获取具有高水平分辨率的图像,并实现高度测量;同时采用白色光获取表面的颜色信息,可实现对磨损表面的低噪音、高分辨的非接触测量。测量用的激光光源为紫激光 408 nm,激光点半径为 0.2 μm,综合倍率范围为 60~28 800 倍。高度测量的显示分辨率为 0.5 nm,最大拍摄分辨率为 3 072×2 304。测量环和盘试样采用的物镜镜头为 20 倍,目镜镜头为 20 倍,综合倍率为 400 倍。测量时,每个盘试样表面均采集 3 次形貌,测量的视野范围为 2 596 μm×538 μm,磨损区域的径向长度为 3 mm。图 6.5.6 为采集得到的试验 3 中盘试样的初始表面三维形貌图和磨损 820 min 后的表面三维形貌图。

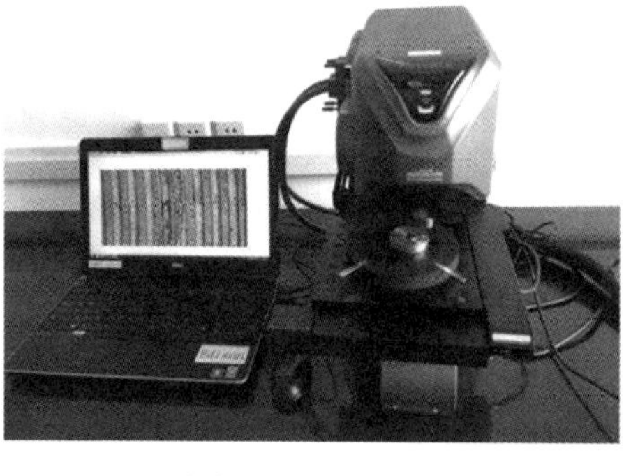

图 6.5.5 三维激光共聚焦显微镜 VK-X250K

图 6.5.7 为磨损过程中盘试样表面三维形貌分形维数的变化规律。从图中可以看出,9 组试验中,表面三维形貌分形维数的变化有相同的规律,均是先增大,然后在小范围内上下波动,最后减小。通过与图盘试样表面的三维形貌以及图盘试样表面粗糙度的变化规律对比发现,分形维数的增大、稳定和减小分别对应于盘试样表面的磨合磨损、稳定磨损和剧烈磨损阶段。以试验 8 为例,从 0 min 到 300 min,盘试样表面三维形貌的分形维数从 2.568 增加到 2.688,这个阶段对应于盘试样表面的磨合磨损阶段;从 420 min 到 720 min,盘试样表面三维形貌的分形维数在 2.702 附近波动,这个阶段对应于盘试样表面的稳定磨损阶段;

从 780 min 到 820 min,盘试样表面三维形貌的分形维数从 2. 639 减小为 2. 522,这个阶段对应于盘试样表面的剧烈磨损阶段。

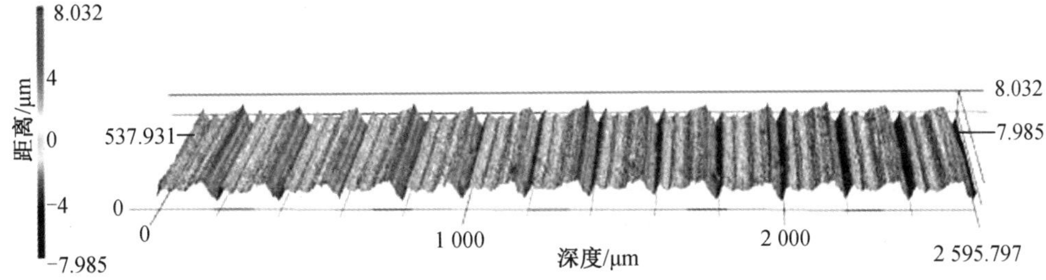

(a) 盘试样初始表面三维形貌

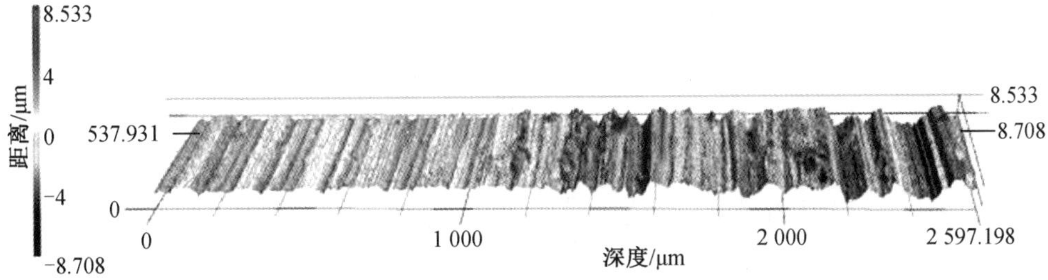

(b) 盘试样磨损 820 min 后表面三维形貌

图 6.5.6　盘试样表面形貌分形维数的变化

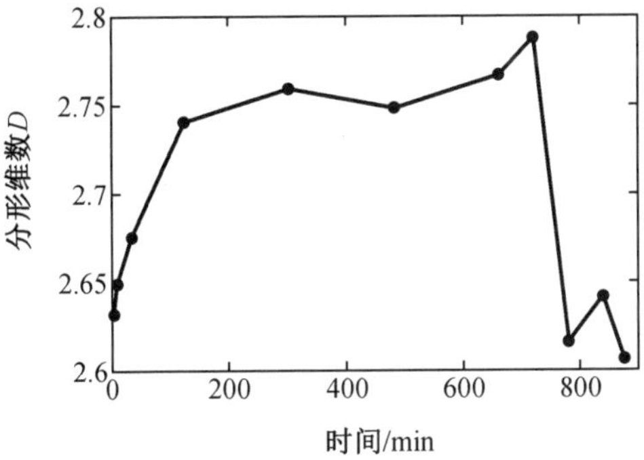

(a)试验1

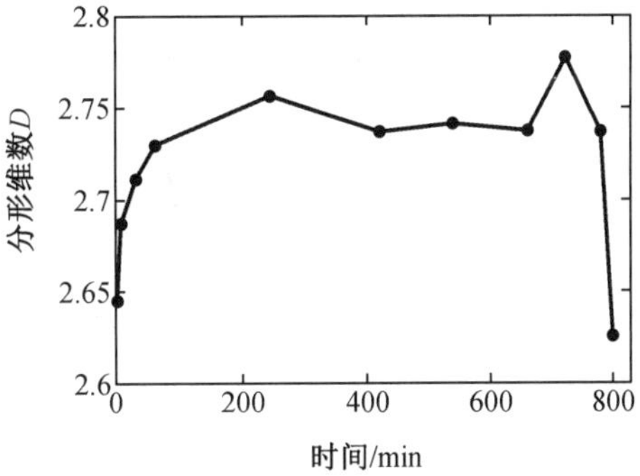

(b)试验2

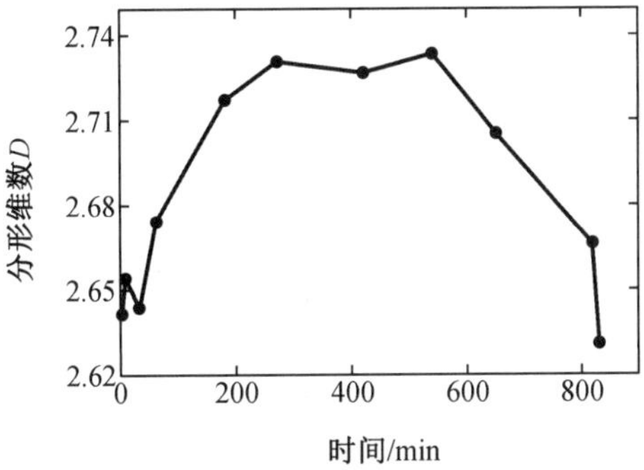

(c)试验3

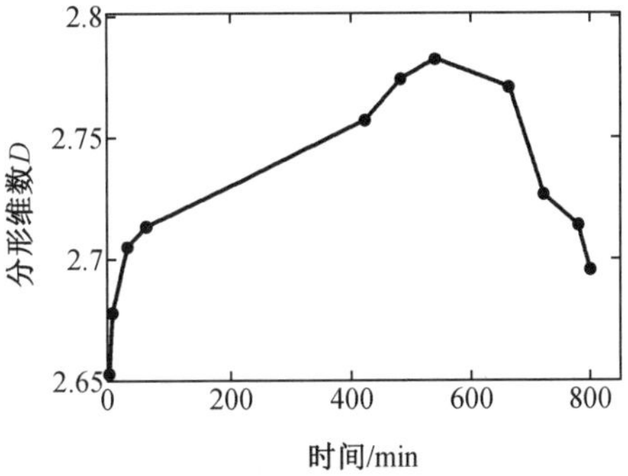

(d)试验4

图 6.5.7　不同工况下盘试样表面三维形貌分形维数变化规律

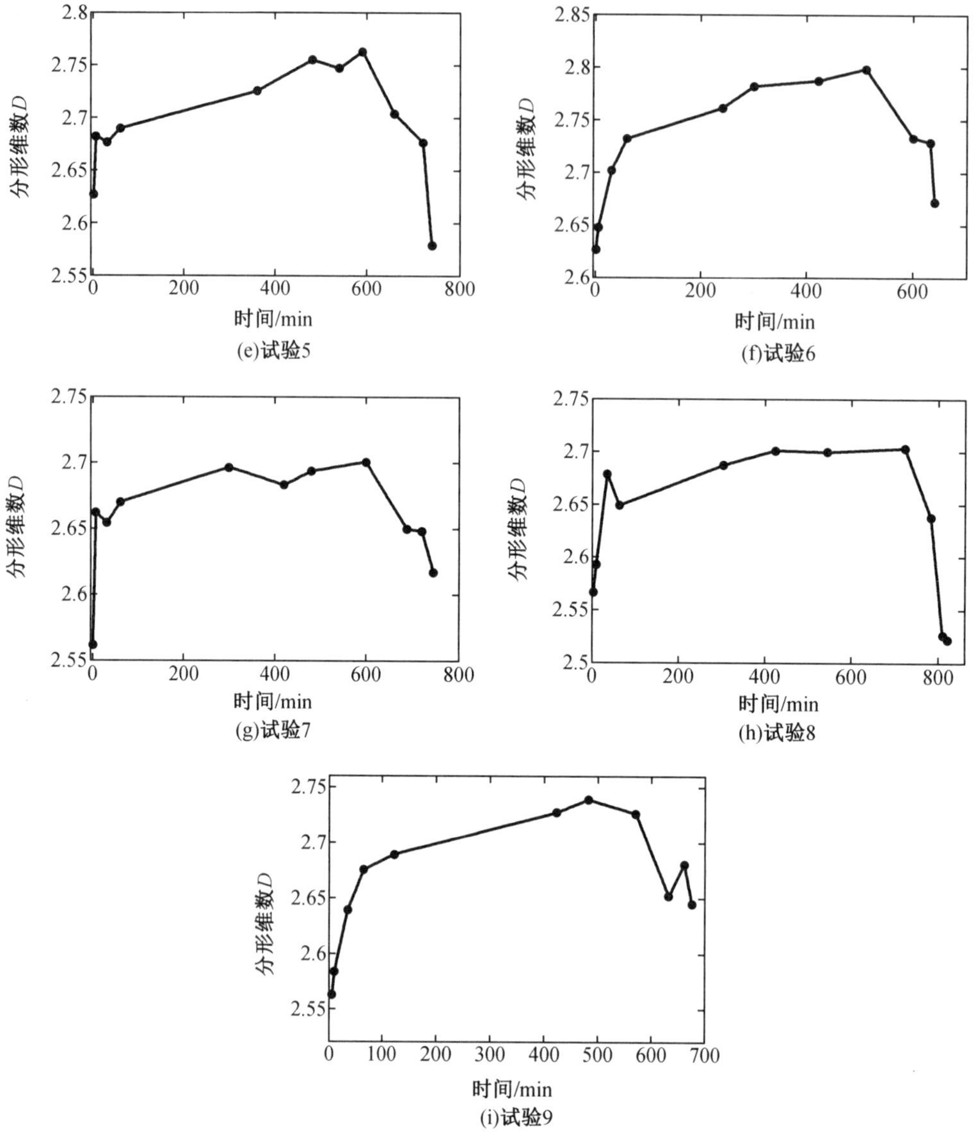

图 6.5.7(续)

6.6 磨屑的分形识别

简单来说,磨损是零部件失效的一种基本类型。通常意义上来讲,磨损使零部件几何尺寸(体积)变小,零部件失去原有设计所规定的功能称为失效。失效的主要形式有完全丧失原定功能、功能降低和有严重损伤或隐患等,继续使用会失去可靠性及安全性。近些年,由于摩擦磨损而引发的灾难性事故越来越严重,机器运作时由于各部件间的摩擦会缩短机器的使用寿命,造成能源浪费,也间接降低了机器本身的可靠性,并引发一系列重大事故。据统计,我国每年因磨损造成的经济损失几乎占到国民经济年产总值的 5%。大约 80%的零件失效是磨损造成的,因此对机器的磨损状态进行分析无论是对节约能源、减少污染,还是对提高机器安全系数、延缓设备老化都是一项很有意义的工作。其中磨粒磨损是最活跃的磨损研究领域之一,在工件运行过程中,摩擦副会产生从亚微米级到几毫米尺寸范围大小的磨损碎片或磨损颗粒,其形状、结构和物质组成是由产生它们的磨损过程情况决定的。因此,磨损过程中的磨粒包含着工件使用过程的磨损状态信息,而对机器而言,不同磨损时期的磨粒形态各有特点。研究表明,磨损过程具有典型的动力过程的特征,按照非线性动力系统原理,可以把磨损动力过程划分为三个阶段:自组织阶段、混沌阶段和系统失稳阶段,如图 6.6.1 所示。它们分别与机器磨损过程的磨合阶段、稳定磨损阶段和剧烈磨损阶段相对应。

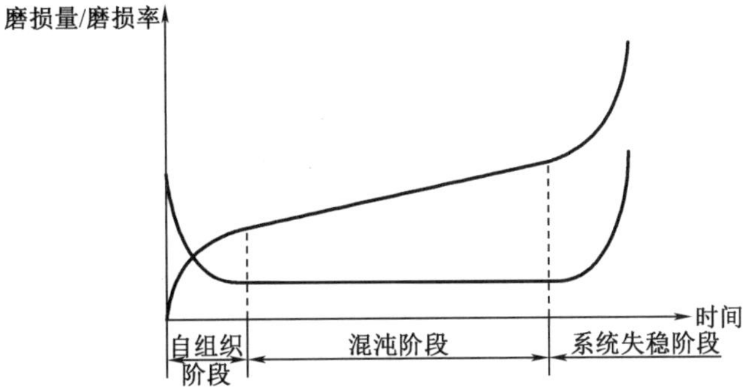

图 6.6.1　磨损过程的三个动力阶段

在磨合阶段,摩擦副间的条痕、凸棱在磨合中被压平、破碎形成条状细长型的片状磨粒,不仅如此,摩擦副间粗糙表面微凸体刺入相对较软表面产生粗大的切削磨粒;在稳定磨损阶段,摩擦副表面光滑化过程中,产生薄片状表面光滑的磨粒;在剧烈磨损阶段,受磨粒磨损、流体冲蚀磨损、黏附磨损、疲劳磨损和机械化学磨损的影响,机器被破坏。通过监测、测量和分析机械装置产生的磨损颗粒,可以得到工作表面的状态,以及是否可承受进一步的磨损等有用信息,而这些信息是充分发挥磨损部件的工作寿命的重要依据。其中,磨损颗粒的形态分析是用于机器状态监测和故障诊断的非常有效和通用的润滑剂分析手段。20 世纪 70 年代,专家对润滑油中磨损颗粒的浓度和形态进行分析的机器状态监测手段得到大家的认可。通过对颗粒的尺寸、形状、颜色和表面纹理等特征等进行显微检查,可以获得机器磨损过程的磨损状态和位置,从而得到零件失效的原因。然而,由于该方法的主观性质,磨损颗粒的形态分析没有被广泛使用。

磨损过程中的磨粒包含着工件使用过程的磨损状态信息,通过监测、测量和分析机械装置产生的磨损颗粒,可以得到机器的工作状态预测工件的使用寿命。磨损碎屑监测是一种无须拆卸就能揭示机器磨损状况的有效方法。磨粒检测技术就是利用光学、电学、磁场学等技术手段分析采集的机器润滑油或者工作介质的样品,获得其理化性指标、检测发动机润滑油中的磨损产物,从而获得机器的磨损状态信息,定性和定量地描述设备的磨损状态。目前磨粒检测技术可根据其检测原理分为基于光电的磨粒检测技术、基于磁电的磨粒检测技术、基于声学的磨粒检测技术、基于铁谱及其他磨粒分析技术等。

6.6.1 基于光、电的磨粒检测技术

基于光学的磨粒检测方法由来已久,早在20世纪40年代,美国的西部铁路公司首先成功地利用光谱分析技术对润滑油磨粒数量和种类做出了检测。光谱分析是利用光学显微镜光源的光强变化与背景的反差变化,观察微粒出现的色泽和透明程度等光学特性来判断磨粒情况。但是这种设备都属于大型仪器设备,体型巨大、使用不便。除了这一方法,还有基于光电的磨粒检测技术,光电检测示意图如图6.6.2所示。

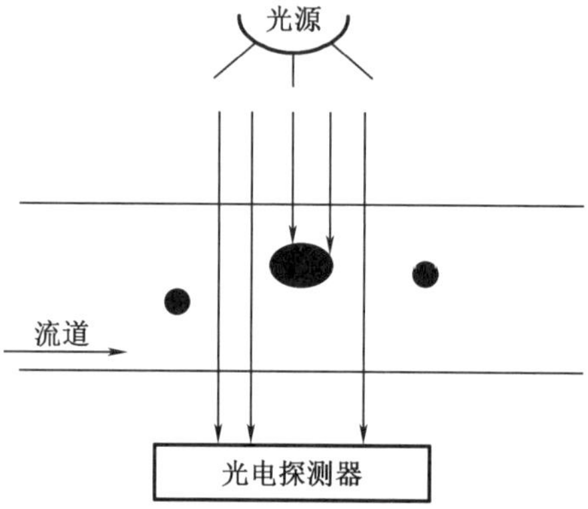

图6.6.2 光电检测示意图

当微流道带动磨粒流经探测区域,光源发射的光线被磨粒阻挡,使得光电探测器上方的光敏电阻光强突变时,电阻也发生变化。磨粒的体积越大,遮挡光线越多,电阻变化越明显,根据电阻的变化可判断磨粒的大小。根据这一原理所做的磨粒检测设备颇多,国外有美国HIAC/ROYCO公司生产的多通道自动磨粒计数器、TakusoSato与M. Linzer联合开发了新型光电在线磨粒监测传感器、美国贝克曼公司研制的HIAC8012高黏度油液颗粒度仪等,国内有西安交通大学开发的OLF-4、津天河品牌YKJ-B便携式油液颗粒计数器等。

这一技术因操作方便广为应用,但是其操作过程中无法控制大小磨粒同时叠加流经照射区,造成对小磨粒的忽略。不仅如此,对磨粒表面特征和磨粒材料性质的分析也不能通过此种方法,无法同时对多元素进行测量,相当一部分元素测定灵敏度较差,复杂式样干扰比较严重需要预处理。

6.6.2 基于电磁的磨粒检测技术

由于大部分磨粒是带磁性的金属颗粒,可以通过带磁性的磁头吸附磨粒,也可以用电磁原理来监测工作介质中的磨粒信息。磨粒流经磁场时,会对原有磁场的恒定电场、恒定磁场、涡流场、交变电磁场等物理能量产生影响,监测工作介质的电导率、磁导率的变化和检测探头的电感、电阻、电容等物理特性的变化就能达到监测设备工作状态的目的。现阶段电感式磨粒检测应用比较广泛,下面对电感式磨粒检测技术展开概述。

基于电感的磨粒检测技术国内外研究很多,以加拿大GasTops公司研发的MetalSCAN

监测系统为例，MetalSCAN 监测系统原理图如图 6.6.3 所示。金属颗粒通过引起的磁场扰动会导致传感线圈产生一个特征电压，根据此输出信号的振幅和相位可识别颗粒的尺寸和类型。Miller 等设计了一种可以远程实时监控 F22 战斗机的电感式传感器，该传感器可以监测铁磁性和非铁磁性金属磨粒的大小、类型和数量，实时提供机油的技术指标水平和飞机零部件的磨损状态，实现故障预警。Barraclough 等提出了一种带有双电磁传感器的自动磨粒成像系统，该系统集合磁性和粒子成像传感器的诊断优势，能对油中大于 25 μm 的铁磨损磨粒进行计数。牛泽等基于电磁感应原理建立了三线圈传感器的数学模型，通过仿真分析传感器最佳结构参数（内径、间隙、宽度等），利用相干解调模型提取磨粒信号，并分析磨粒信号产生原理。范辰等设计了一种添加高磁导率铁芯的电感式油液磨粒检测传感器，提升了电感式油液磨粒检测传感器对小尺寸磨损颗粒的检测能力。薄昭通过电感信号脉冲的方向识别金属磨粒的种类，再根据电感信号的脉冲数实现准确计数。

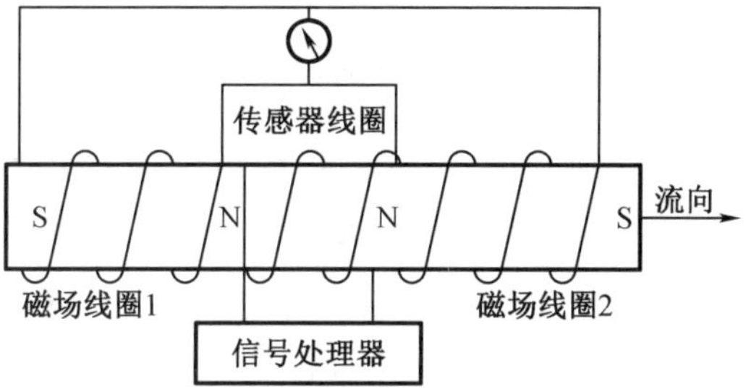

图 6.6.3　MetalSCAN 监测系统原理图

综上分析，现有的金属磨粒在线检测多集中于微米级微小管道，对于毫米级管道研究较少。通过磁电原理可以对金属磨粒的特性、尺寸、数量等进行获取，但是没有对磨粒具体形状、表面特征等信息有检测效果。

6.6.3　基于声学的磨粒检测技术

声学检测法通过对反射回的声波信号进行分析处理，通过声波信号的幅值对磨粒的大小进行判断，通过声波的波形对固体磨粒和气泡进行区分，声学检测法中最常用的方法为超声波检测法，该方法基于超声波在油液中传播，遇到磨粒时，超声波反弹回到超声波振子，系统根据脉冲反射-接收的循环次数的波形信息来分析磨粒的尺寸和数目。超声波检测法原理如图 6.6.4 所示。

根据这一原理所做的研究很多，吕纯等以超声磨粒散射为理论依据，设计了一套基于超声传感器的油液磨粒在线监测系统，在实装上搭建监测系统进行试验，结果表明该系统能够实时在线监测装备润滑油中的磨粒数量和大小。徐超等搭建测试试验系统对设计此新型超声磨粒传感器的磨粒检测能力进行试验分析，发现该传感器能够有效检测 45～220 μm 的磨粒，检测尺寸上限约为 220 μm，且具有检测更小磨粒的能力。受超声波波强能量冲击的影响，较大磨粒会被破坏，造成检测结果失误。不仅如此，该方法检测精度较低，很少被应用于微米级磨粒检测。

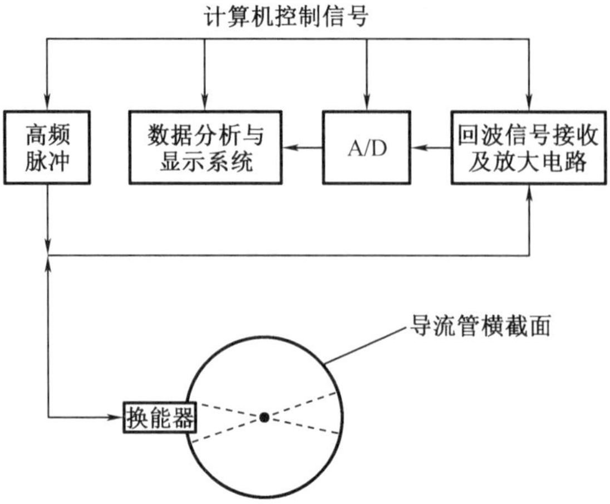

图 6.6.4　超声波检测法原理

6.6.4　基于铁谱及其他磨粒分析技术

根据以上对现阶段磨粒检测原理的分析,可以看出这些方法仅仅反映了磨损过程中磨粒的大小和数量,对磨粒的形状、颜色等的分析没有作用,无法分析出磨粒的类型。为了监测磨粒形态,铁谱分析法与计算机图像技术相结合的方法突出了其优势,研究者们很早就将光、热、电磁特性应用到润滑油的磨粒识别上。

Odi-Owei 结合扫描电镜,首次将数字图像分析技术引入铁谱分析中,有了图像处理这一有力工具,极大地促进了磨粒分析水平。铁谱技术是利用高梯度强磁场将机器润滑剂或工作介质中所含机械摩擦副产生的磨损微粒分离出来并按颗粒大小有序沉积在底片上,然后置于铁谱显微镜或扫描电子显微镜下进行观察,通过对磨粒形态、大小、成分、浓度和颗粒分布等方面进行定性定量分析,得到有关摩擦磨损状态的重要信息的技术。自铁谱技术产生以来,磨粒识别始终通过分析人员借助显微镜观察来实现,这一分析依赖于分析人员的知识、经验的多少乃至精神状态的好坏。因此铁谱分析专家系统还有各种基于人机交互的磨粒分析系统被开发出来,如 FAST、CASPA、CAVE、SYCLOPS 以及各种基于 3D 磨粒分析的专家系统。专家系统将图像中的磨粒形貌参数与磨粒数据库比对,经过知识推断实现磨损诊断,给出分析表单,辅助技术人员分析判断。1999 年,左洪福等研制出自动化程度更高、功能更强的 DMAS 磨粒分析系统,相关单位取得了可观的效益。2008 年,张勇提出的润滑油磨粒检测的图片是在润滑油和磨粒不分离状态下进行采集的检测系统,检测系统示意图如图 6.6.5 所示。

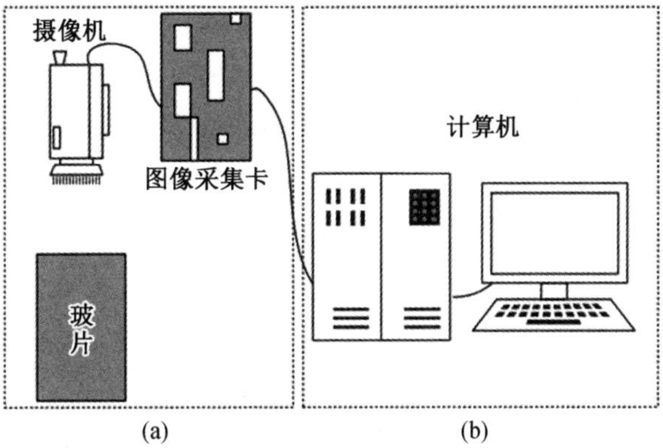

图 6.6.5　检测系统示意图

6.6.5　磨损过程中磨粒分形表征参数研究现状及分析

(1)单个磨粒的分形表征研究现状及分析

磨损磨粒的表征主要有形状表征、纹理表征、几何表征、结构特征表征、颜色表征和分形表征等。磨粒的形态极为复杂,采用简单的语言术语描述磨粒形态,方便实用,如根据磨粒的大致形状将磨粒描述成环形、椭圆形和多角形等,如图 6.6.6 所示。

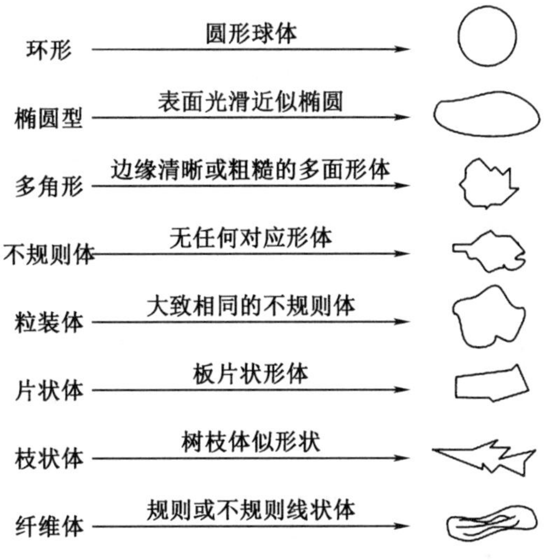

图 6.6.6　磨粒形状分类

按数量、大小、颜色、形貌及结构特征的其他描述,只能简单笼统地描述磨粒形态。为了更深入地探究摩擦磨损规律并精确识别磨损过程中的磨粒,就需要我们采用数学语言,用具体数值对磨粒进行定量分析。常用的方法有形状系数和形状指数法、傅立叶级数法、标记描述法、分形描述法。对于机械摩擦系统,显微镜放大倍数不同,磨粒的细节特征也会有所不同,细节的放大倍数越大其相应的表现特征则越突出,即表现出多尺度性,且不同尺度上的磨粒细节有自相似性,因此磨粒具有分形特征。采用分形理论表征磨粒相较于欧氏空间所计算出来的参数来表征磨粒更精确、客观。随着小波分析、傅立叶变换、分形等新的信息处理工具在磨粒分析中的应用,在简单的磨粒形状、粒度的基础上,研究人员努力挖掘磨粒的特征信息,提出了一些新的磨粒特征,包括磨粒的边缘分形维数、表面线维数和表面纹理分形特征等。Stachowiak 等在分形维数用于磨粒识别方面做了大量研究工作,他们的主要贡献在于提出了针对于磨粒的分形维数计算方法,他们还探讨了适合计算磨粒分形维数的尺度范围。Podsiadlo 等根据磨粒具有多尺度分形的特征,提出一种用分形来对磨粒形态进行表征的方法。该方法的主要思路是考虑到磨粒的分段自身可变换性,提出基于分块迭代函数系统的收敛仿射变换,描述了磨损颗粒表面形貌的不变性和一致性。Kirk 等先后提出了提取磨粒的边缘分形维数和表面线维数的想法,将磨粒的三维特征用一种分割迭代函数系统 PIFS 方法来表征;对于磨粒边缘通过改变测量步长的大小来计算其周长,不同的步长与周长之间的双对数拟合直线斜率即为磨粒边缘分形维数。

葛世荣等最早通过在磨损试验机上进行磨损试验,将磨粒制成分散的谱片,用自行开发的磨粒分形维数计算系统对磨粒特征进行分析。分析结果表明,磨粒外形轮廓具有分性特征;磨粒轮廓分形维数会随磨损过程的进行而发生变化。该项结论对研究磨粒边界分形维数及表面轮廓分形维数有着重要意义。姜建东提出用分形几何的方法描述砂轮表面轮廓形貌,综合应用分形维数和拓扑常量能有效地识别砂轮的磨粒大小、表面的磨损状态等。陆永耕对磨粒表面纹理特征进行了分析,求取特征值作为判断机械寿命的重要指标参数。周新聪将磨粒的边界特征用分形维度方法来表示,利用小波分析,提出了一种粒度参数的磨粒特征。蒋莉采用 FAENA 法计算磨粒轮廓的分形维数,提出用确定图像轮廓形状分形维数和表面灰度分维数的方法来区分磨粒的类型。刘洪涛等在磨屑轮廓分形表征中引入雷达图作为表征磨屑轮廓特征方法,其表征方法如图 6.6.7 所示。

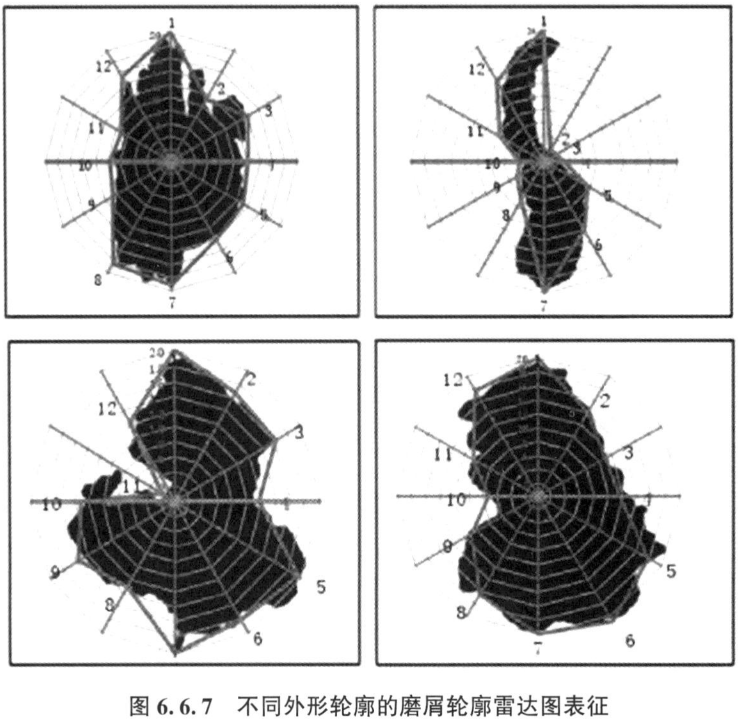

图 6.6.7 不同外形轮廓的磨屑轮廓雷达图表征

张怀亮选取计盒维数法作为计算磨粒轮廓分形维数方法,如图 6.6.8 所示,并针对磨粒群盒维数计算精度偏低的问题,提出盒维数计算过程中的参数优选法,研究结果可用于磨粒自动识别和磨损状态实时检测。齐福柱采用三维表面计盒法,根据五种典型磨粒的轮廓分形维数和三维表面分形维数的统计结果,得出分形维数可以作为磨粒识别的有效评价标准,并且在轮廓分形维数和三维表面分形维数相结合的前提下,可以完成五种典型磨粒的识别。

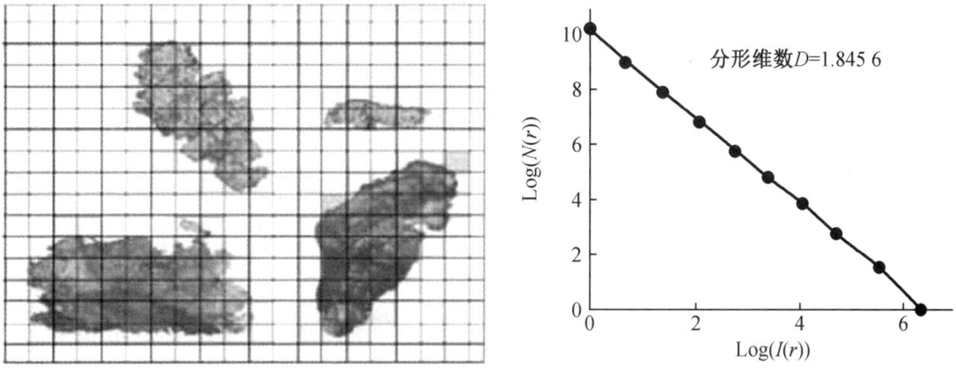

(a)盒子覆盖　　(b)磨粒群分形维数

图 6.6.8　磨粒轮廓分形维数计算方法

(2)磨粒群分形表征研究现状及分析

磨损是动态变化的过程,磨粒受设备运行时间、摩擦副界面接触条件和润滑条件等因素影响而变化,磨粒的演变行为能揭示材料磨损的机理,准确反映摩擦副磨损程度和发展趋势。针对磨损过程中单个磨粒的研究具有随机性和不确定性,所以对磨损过程的探讨更注重研究磨粒群的整体参数特性。Roylance 等提出了基于磨粒群体分布的特征参数,发现磨粒大小遵循累积性的韦伯分布函数所表达的数理统计规律。Kjer 建立了磨损碎片浓度和磨损率之间的微分关系,从磨合到稳定状态,用于未指定的大小碎片。Szymczyk 通过引入机器故障前的指数增长磨损率,改进了 Kjer 模型。随后 Fan 等对润滑系统中磨粒浓度与磨损率关系进行了建模与试验研究,提出了磨粒衰减函数,并用于量化磨损率与磨粒之间的关系。通过油润滑系统试验验证了磨粒浓度的变化与模型得到的结果一致。朱真才等以滑动磨损过程中产生的磨粒群体为研究对象,研究其数量与粒径间的分布特征及其与磨损状态间的耦合关系,磨粒分布曲线随磨损时间的变化规律与磨损率随磨损时间的变化规律有明显的对应关系。左洪福等根据对 WZ-6 航空发动机长时间过程的监测研究,提出了机械磨损磨屑尺寸的 Weibull 分布规律。研究证实 Weibull 函数的参数、磨粒分布的均值和方差等特征能够清楚地指示出发动机工作过程中的磨损类型和程度。以上对于磨粒群的表征都基于欧几里得几何和统计学,对从磨粒群中提取摩擦磨损信息具有重要意义,但大多试验烦琐且可重复性差,没有定量的数学模型。针对这些不足,黄传辉在销-盘式摩擦磨损试验机上用 45#钢-铜摩擦副进行摩擦磨损试验,结果证明了磨粒群体平均分形维数随磨损过程的进行而变化,这种变化同铜合金试销的磨损率存在一定的对应关系。研究结果有助于揭示磨粒轮廓分形特征及磨损状态的转变。葛世荣、朱华等在环-端面接触摩擦磨损试验机上试验,认为磨屑分形维数成正态分布。丁丛在旋转式摩擦磨损试验机上通过更换摩擦副的方法进行环-盘摩擦副摩擦磨损全过程试验,得到磨粒群分布分形维数的演化过程。磨粒群的分布分形维数演化如图 6.6.9 所示。

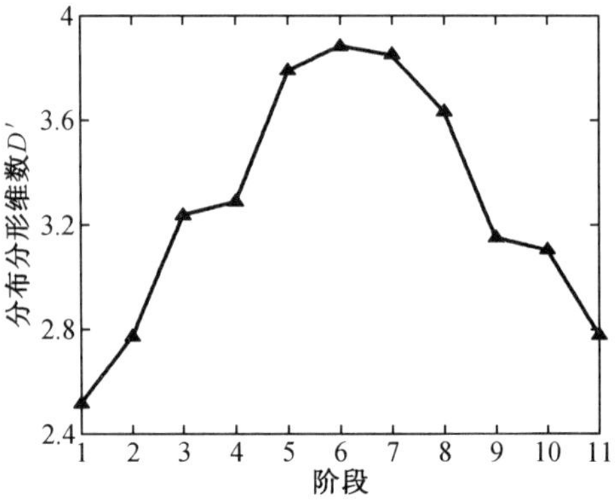

图 6.6.9 磨粒群的分布分形维数的演化

第 7 章　分形的其他典型应用

7.1　高分子的分形

高分子结构的分形特征是指高分子在聚集态或形态上表现出的自相似性和尺度不变性,这种现象在许多高分子材料和复杂体系中都有所体现。以下是高分子结构分形特征的一些内容。

高分子链形态:在溶液中,高分子链可以呈现出复杂的分形形态,如折叠、卷曲、串联等。高分子聚集态:在固体状态下,高分子材料(如聚合物薄膜、凝胶等)的微观结构往往具有分形特征,这些结构影响了材料的物理和化学性质。高分子表面特性:高分子的表面结构通常是不平整的,表面粗糙度可以用分形维数来描述。高分子加工过程:在熔融、流动、冷却等加工过程中,高分子的形态变化也表现出分形特征。

研究高分子结构的分形特征对于理解和设计新型高分子材料具有重要意义,例如性能预测:通过分析高分子的分形特征,可以预测其在不同条件下的性能,如强度、韧性、热稳定性等。结构优化:利用分形理论可以优化高分子材料的微观结构,从而改善其宏观性能。加工参数设计:在材料加工过程中,考虑高分子的分形特征有助于优化加工参数,提高产品质量。

高分子结构的分形特征是高分子科学中的一个重要研究领域,它有助于我们更深入地理解高分子材料的结构与性能之间的关系。

7.1.1　高分子的结构分形特征

在水处理和材料科学领域,胶体颗粒的凝聚行为是一个重要的研究课题。随着科学技术的进步,研究人员发现,胶体颗粒的扩散凝聚过程往往表现出复杂的分形特性。这种复杂的分形特性不仅影响絮凝体的形成和稳定性,还对絮凝效果产生直接影响。研究胶体颗粒的分形扩散凝聚行为,旨在提高絮凝技术的效率并为水处理和相关行业提供理论指导。

运用分形生长理论和随机网络模型对胶体颗粒在水处理中的扩散凝聚进行深入探讨。通过对不同模型的分析和仿真,揭示胶体颗粒在不同环境下的凝聚机理,以及网络参数和湍流对絮凝体结构的影响。

分形扩散凝聚模型的建立和优化:研究通过建立改进的扩散限制凝聚(diffusion-limited aggregation,DLA)模型来描述胶体颗粒在絮凝过程中的行为。重点在于通过引入长距离跳跃现象来优化传统的 DLA 模型,以更好地模拟实际环境中的胶体颗粒凝聚过程。

随机网络在絮凝过程中的应用:利用随机网络模型模拟胶体颗粒的随机运动和长距离跳跃,研究网络参数(如节点连接概率和连接范围)对絮凝体形态和结构的影响。通过调整这些参数,可以有效控制絮凝体的形成和致密性。

湍流对颗粒凝聚的影响:研究构建了均匀各向同性湍流模型,探讨湍流条件下胶体颗粒的碰撞和凝聚行为。湍流的影响对于优化水处理工艺中的絮凝效果具有重要意义。

絮凝体的破碎与再生长机制:模拟絮凝体在破碎后的再生长过程,分析破碎强度对絮凝体结构和性能的影响。研究表明,适当的破碎和再生长可以提高絮凝体的致密性和吸附能力。

分形生长理论的应用:运用分形生长理论来分析和描述絮凝体的结构特征,通过计算分形维数定量评估不同条件下絮凝体的复杂性和致密性,为优化絮凝技术提供了理论基础。

DLA 模型由 T. A. Witten 和 L. M. Sander 在 20 世纪 80 年代提出,用于研究悬浮在溶液或者大气中的金属粉末、烟尘颗粒和煤灰等微粒的无规则扩散凝聚过程,显然这对于空气污染以及水污染具有重要的研究意义。

DLA 模型生长过程具体步骤如下:

(1)选择一个 $L\times L$ 长度的正方形点阵,并且在欧式平面中心设置一个固定的中心粒子;

(2)在欧式平面的边缘上随机产生一个粒子,并使得该粒子模拟布朗运动的方式做无规则随机游走运动;

(3)当该粒子运动到中心粒子或者以中心粒子为中心的粒子簇上,则该粒子产生粘连,称为粒子簇的一部分,再次执行步骤(2);

(4)若该粒子运动至欧式平面边缘处,则视为该粒子逃离点阵,则淘汰出局,再次执行步骤(2);

(5)重复执行以上步骤,直到纸质粘连的粒子数目达到目标值粒子簇生长为一个树枝状的凝絮体。

在以上过程中因最终凝絮体的尺寸远远小于欧式平面点阵的尺寸,因此其产生的随机粒子均在最外层边缘的远处,当粒子进行无规则随机游走时大概率碰撞到伸展在外面的枝杈,即黏附与伸展的枝杈上,使得粒子较难进入凝絮体内部,产生枝端屏蔽现象。图 7.1.1 所示为 DLA 分形生长图形。

图 7.1.1　DLA 分形生长图形

分形维数是分析絮凝体分形特征的重要参数,不仅能反应絮凝体的紧密程度,还能体现絮凝体的填充程度。采用 Sandbox 法计算了不同参数控制下絮凝体的分形维数。

分形理论提供了一种数学框架,用于描述和量化絮凝体的复杂结构。在胶体颗粒的凝聚过程中,絮凝体常常形成复杂的自相似结构,这些结构不能用传统的几何形状来描述。分形维数作为分形理论中的一个重要概念,能够定量地描述絮凝体的复杂性和空间填充能力。

通过计算絮凝体的分形维数,研究者能够评估不同条件下絮凝体的致密性和稳定性。分形维数越高,表明絮凝体结构越复杂、致密性越好,这对提高絮凝效果和沉降性能具有重要意义。

在关于胶体颗粒分形扩散凝聚的研究中,使用分形理论获得了一系列重要的研究结果。这些结果不仅揭示了胶体颗粒在不同条件下的凝聚特性,还为优化絮凝技术提供了新的思路。研究获得了分形维数与絮凝体结构的关系。通过盒计数法和 Sandbox 法计算絮凝体的分形维数,研究发现分形维数可以有效地量化絮凝体的结构复杂性。试验结果表明,分形维数越高,絮凝体的致密性和稳定性越好。这一结果验证了分形维数作为评价絮凝体结构的重要指标的有效性。

分形生长理论在优化工艺中具有较好的应用前景。工艺参数的优化指导:利用分形理论,研究者能够识别出影响絮凝效果的关键参数,并通过调整这些参数来优化絮凝工艺。例如,通过改变絮凝剂的用量、湍流条件和网络参数,可以实现对絮凝体形态的优化控制。通过分形理论指导下的试验和模拟,研究为提高絮凝效率提供了新的思路和方法。这些成果有助于在水处理和其他应用中实现更高效的颗粒去除和分离。

7.1.2　高分子空间构象模型的分维

高分子空间构象模型的分维(fractal dimension)是用来描述高分子链在空间中占据形态的一种参数。分维是分形几何学中的一个基本概念,它量化了分形对象复杂度和粗糙度的程度。对于高分子链而言,分维可以提供关于其结构特征的信息,如链的卷曲、缠绕和聚集行为。以下是高分子空间构象模型的一些常见分维及其含义:

豪斯多夫分维(Hausdorff dimension):豪斯多夫分维是理论上定义最为严格的分维,它基于覆盖理论,即用大小相同的球体去覆盖高分子链,计算所需的球体数量的增长率与球体尺寸的减少率之间的关系。

盒计数分维(box-counting dimension):盒计数分维是通过将高分子链所在的空间划分成一系列边长为 ε 的小盒子,计算不同 ε 下非空盒子的数量 $N(\varepsilon)$,然后通过以下公式来估计分维:

$$D=\lim_{\varepsilon\to\infty}\frac{\log N(\varepsilon)}{\log(1/\varepsilon)}$$

如果高分子链是分形的,那么 $N(\varepsilon)$ 与 ε 的关系将满足幂律,且该极限存在。

关联维数(correlation dimension):关联维数是通过分析高分子链上两点之间的距离分布来计算的,它可以揭示链内各部分之间的相关性。

以聚丙烯腈(PAN)溶液在凝胶化和相分离过程中的行为为例。PAN 是制造碳纤维的主要前驱体,碳纤维因其优异的机械性能和耐高温性能而广泛应用于航空航天、国防和其他高科技领域。因此,深入研究 PAN 溶液在不同条件下的凝胶化和相分离行为,对于优化碳纤维的制备工艺、提高其性能具有重要意义。莫高明探讨了在 PAN/DMSO/H_2O 体系中,温度、聚合物浓度以及非溶剂(如水)的存在如何影响凝胶化和相分离过程。这些研究不仅为理解 PAN 基材料的形成机制提供了理论依据,还为实际生产过程中如何控制材料的微观结构和最终性能提供了参考。

分形理论在研究中发挥了重要作用,主要用于描述和分析凝胶化过程中形成的复杂结构。分形维数(df)作为一个关键参数,能够定量化地描述聚合物网络的致密程度和自相似性,进而理解不同条件下凝胶网络的结构特点。通过分析分形维数与松弛指数(n)之间的关系,揭示了在凝胶点附近,PAN 溶液中凝胶网络的形成如何受到分形行为的影响。分形理论的应用使得研究者能够更好地描述和预测 PAN 溶液的凝胶化和相分离行为,为优化材料的制备工艺提供了重要的理论支持。这一理论不仅帮助理解材料在微观层面的结构演化,还为控制宏观性能提供了指导。

研究过程中,分形理论被应用于分析和描述聚丙烯腈(PAN)溶液在凝胶化过程中的结构变化。研究者通过试验测量和流变学分析,确定了 PAN/DMSO/H_2O 体系在降温过程中的凝胶点和浊点。为了深入理解凝胶化过程中形成的网络结构,研究者引入了分形维数(df)作为定量指标,用以表征不同条件下形成的凝胶网络的致密程度和自相似性。

在试验中,莫高明利用分形维数分析了不同温度、聚合物浓度和水含量下的凝胶结构特征,发现这些因素显著影响凝胶网络的分形维数和松弛指数(n)。具体而言,当体系中发生相分离时,形成的凝胶网络显示出较高的分形维数,表明网络结构更为致密和坚固。而在没有相分离的情况下,凝胶化过程主要由 PAN 分子链之间的偶极-偶极相互作用驱动,形成的网络结构相对疏松,分形维数较低。

通过这些分析,莫高明能够更好地理解和预测 PAN 溶液的凝胶化行为,特别是不同工艺条件下形成的凝胶结构的性质。分形理论的应用不仅提供了对试验结果的解释,还为后续研究提供了理论依据,使得研究者能够优化 PAN 基材料的制备工艺,以实现对材料性能的精确控制。分形理论在这一研究过程中的关键作用在于,它帮助揭示了凝胶化和相分离过程中微观结构的演变规律,并为进一步改善材料性能提供了科学指导。

研究表明,凝胶网络的分形维数与松弛指数(n)之间存在明确的关系,分形维数越高,松弛指数越低,表明形成的凝胶网络更具有弹性和结构稳定性。分形理论的应用不仅帮助解释了不同条件下形成的凝胶结构差异,还为理解这些结构在不同温度和浓度下的演变提供了理论支持。

分形维数的变化反映了 PAN 溶液凝胶网络的致密程度和自相似性,这些变化是由体系中的温度、聚合物浓度和水含量等因素共同决定的。通过分形理论,研究者能够更准确地描述和预测 PAN 基材料的结构特性,为优化其制备工艺和最终性能提供了重要的理论依据。这一结论为进一步研究和应用分形理论在高分子材料中的作用奠定了基础。

7.2 非晶晶化和晶粒的分形

材料非晶晶化的分形研究主要涉及几个关键内容。首先,研究重点在于分析非晶材料在晶化过程中的微观结构变化,特别是通过分形几何的理论与方法来揭示这些变化的自相似性特征。具体来说,研究会通过试验和计算模拟的方法,观察和量化非晶材料在不同晶化阶段中孔隙结构的分形维数,探索其与晶体生长动力学之间的关系。此外,这些研究通常还包括对不同外部条件(如温度、压力、冷却速率等)对分形特征和晶化过程的影响进行深入探讨,以揭示非晶材料在晶化过程中所展现出的复杂性和多尺度特征。通过这些研究,不仅能够更好地理解非晶材料的晶化机理,还能为设计和优化材料的物理性能提供理论支持。

7.2.1 非晶晶化的分形结构

非晶晶化的分形结构指的是在非晶态材料的晶化过程中所形成的复杂、具有自相似性的几何图形。这些结构通常在显微镜下观测时呈现出一种类似于自然界中分形图案的形态,例如雪花、树木、河流网络等。非晶态材料在温度和时间的作用下,会逐渐形成微小的晶粒,这些晶粒相互作用并排列成一定的空间结构,从而形成分形结构。该过程受到材料内部缺陷、应力分布以及外界环境条件的影响,导致晶粒的生长路径呈现出不规则且复杂的特征。分形结构的形成不仅影响材料的机械性能和物理性质,还在许多实际应用中具有重要意义,如提高材料的强度、韧性以及导电性能等。因此,研究非晶晶化的分形结构有助于理解材料的基本性质,并为开发新型材料提供理论基础和技术支持。

在金属/非晶半导体薄膜晶化研究方面,分形理论具有重要的研究作用,研究人员提出了一些关于分形晶化的生长模型,在研究非晶晶化分形的物理机制方面做了大量的工作。

非晶晶化的分形结构可以用分形生长模型来表征,主要有受限扩散凝聚(diffusion-limited aggregation,DLA)模型、扩散限制集团凝聚(diffusion-limited cluster aggregation,DLCA)模型、随机逐次成核(random successive nucleation,RSN)模型和随机逐次成核生长(random successive nucleationGrowth,RSNG)模型。

1981 年,T. A. Witten 和 L. M. Sander 开创性地提出受限扩散凝聚模型,提出该模型的初衷是研究金属粉末、烟尘等的扩散凝聚问题,扩散是起主导作用的生长动力。该模型被广泛应用于各个学科领域。该模型的思想是:在二维网格平面中心固定一粒子(该粒子称为种子);然后,在远离该种子的位置随机释放出另一粒子,该粒子可以从初始位置沿着网格线任意一个方向随机运动,该粒子到达与固定粒子的邻近位置时便黏附于固定粒子上,即形成新的固定粒子;该粒子到达区域边界(逃逸边界)即消失;然后再释放第二个运动粒子,按照上述方法依次类推,便可形成具有分形特征的凝聚模型。图 7.2.1 所示是典型的 DLA 分形图。

图 7.2.1　典型的 DLA 图形

DLA 模型的物理背景是烟尘扩散，在解决具体问题时还需要对传统的 DLA 模型进行更深入的研究与改进。Meakin 对 DLA 模型做了修正，并认为，在 DLA 模型中有一个固定的种子不符合实际情况，提出令所有微粒同时进入点阵并做随机运动。当两个粒子相遇时就凝聚成集团，然后集团也进行随机运动，当与粒子或其他集团相遇时形成更大的集团。以此类推便形成分形结构，称为扩散限制集团凝聚。

D. M. Wang 通过对分形区域微观结构的研究，提出由温度控制的随机逐次成核模型，如图 7.2.2 所示。该模型强调晶化过程中上一代晶核对下一代晶核的触发作用。

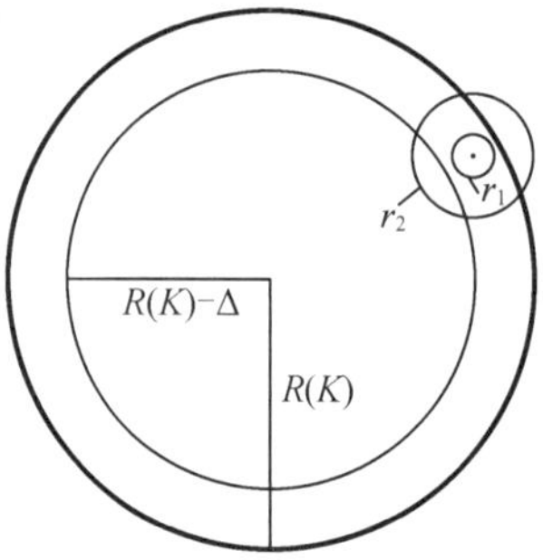

图 7.2.2　随机逐次成核 RSN 模型

该模型的思想是：

（1）经过 K 代生长后团簇的最大半径已长大到 $R(K)$ 时，在 $R(K)-\Delta$ 至 $R(K)$ 的圆环内可以随机地选取 K 代核为触发源（图 7.2.2 中的实心圆），被触发的核位于以触发源为中心、在半径为 r_1 的圆内，已有晶核数应小于等于给定值 n，n 太大意味着过于拥挤，此时应变能已释放完毕，仅靠晶化能不能成核；

（2）在较大的 r 为半径的圆内，已有晶核数应小于等于给定值 $N(n<N)$，过大的 N 表示相邻枝杈上成核引起的互扩散显著，从而无从成核，调整各参数后可以得到不同分维的分形。图 7.2.3 所示为 RSN 模型模拟得出的图形。

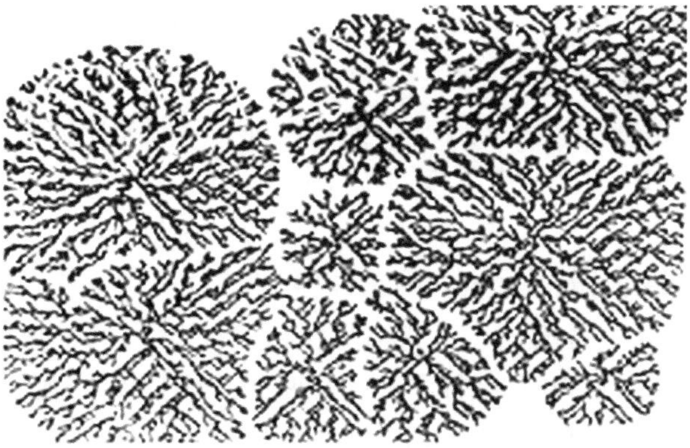

图 7.2.3　多中心 RSN 模型模拟得出的图形

卞波通过对晶化分形过程原位观测和晶化动力学研究,对 RSN 模型进行了补充,提出随机逐次成核生长模型。在随机逐次成核模型中考虑到晶核的长大(即晶核一经成核即长大成半径为 r 的晶粒)就可以得到随机逐次成核长大模型。图 7.2.4 是由随机逐次成核长大模型得到的图形。

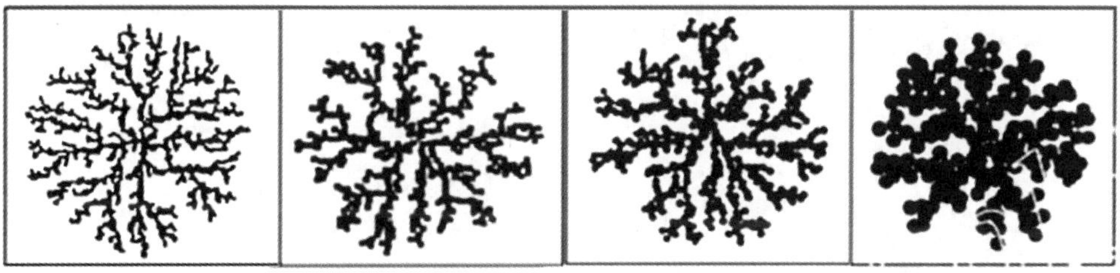

(a) $r_0=1$, $r_1=3$ 内 $n\le3$, $r=3$, $r_2=13$ 内 $N\le12$　(b) $r_0=1$, $r_1=4$ 内 $n\le4$, $r=4$, $r_2=16$ 内 $N\le20$　(c) $r_0=3$, $r_1=5$ 内 $n\le6$, $r=5$, $r_2=18$ 内 $N\le30$　(d) $r_0=6$, $r_1=12$ 内 $n\le10$, $r=10$, $r_2=22$ 内 $N\le33$

图 7.2.4　不同参数下 RSNG 模型得出的图形

在非晶态材料晶化研究中应用分形理论,是分形理论在材料科学研究领域中的重要组成部分。20 世纪 80 年代中期到 90 年代末主要工作集中在对金属/非晶半导体薄膜的分形晶化行为研究方面,人们关注的问题焦点是关于薄膜体系中晶化分形形成的物理机制,主要提出了以原子扩散为主导的 DLA 模型和以随机逐次成核机制为主导的 RSN 模型两种不同的分形生长机制。而这两种机制都具有合理性,需依据具体条件来决定哪种机制起主导作用。

目前大块非晶合金是材料领域的研究热点之一,而分形理论在大块非晶合金晶化领域的应用却鲜为报道,探索将分形理论应用于新材料的研究,可以取得一些有价值的开创性成果,此外能够对新型材料从传统的定性分析研究转变为定量研究,也可使得研究工作更加精确和科学。

7.2.2　非晶晶化图形的分维

随着信息功能材料的广泛研究,特别是在微电子器件、光电子元件及太阳能电池等领域,金属/半导体复合薄膜因其巨大的应用潜力而备受关注。薄膜技术作为实现器件微型化的关键,成为制备新型功能薄膜和器件的重要手段。近年来,纳米材料的快速发展使得金属诱导非晶半导体锗(Ge)的晶化行为以及金属/半导体锗薄膜的纳米结构特征成为研究的热点。这些纳米结构不仅在微电子领域具有重要意义,而且在未来的纳米器件设计中也展现出广阔的应用前景。

通过控制薄膜厚度、退火温度和时间,可以有效地在真空或氮气氛中制备出具有不同形貌特征的锗纳米团簇,这些特征包括锗纳米颗粒、纳米环及纳米分形结构。分形结构作为一种复杂的几何形态,具有自相似性和标度不变性,因此在多层膜、纳米结构材料的研究中引起了广泛关注。随着晶化过程中薄膜的非平衡生长,分形结构逐渐显现,并对薄膜的电学性能产生了重要影响。

然而,尽管对分形结构的形成机制已有大量的试验研究,但其宏观性质,特别是分形结构体系的电阻率和热电势(TEP)的研究相对较少。对 Au/Ge 双层薄膜中分形结构的形成进行深入研究,并探讨其电学行为的独特性,不仅为理解分形结构的物理性质提供了新的视角,也为未来的微纳米器件设计提供了潜在的材料基础。

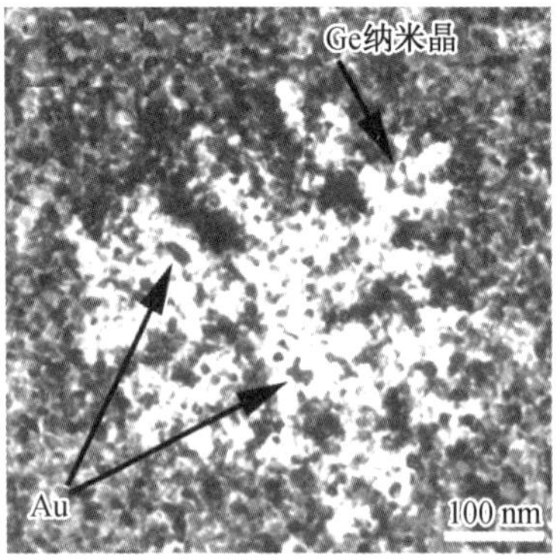

(a) 120 ℃

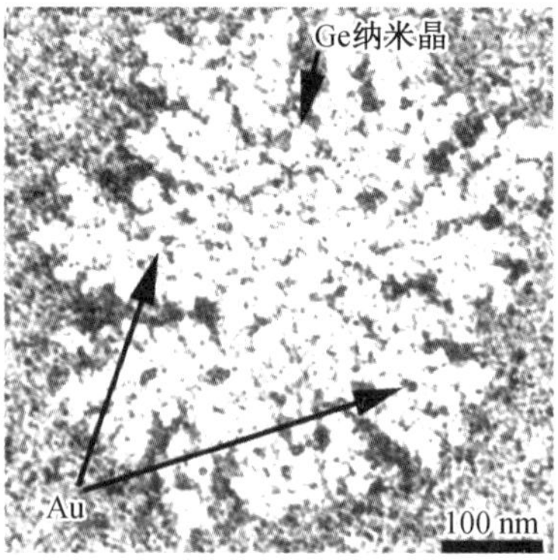

(b) 150 ℃

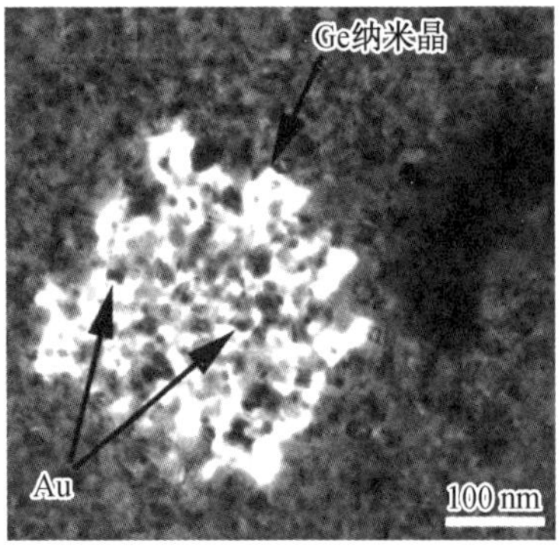

(c) 180 ℃

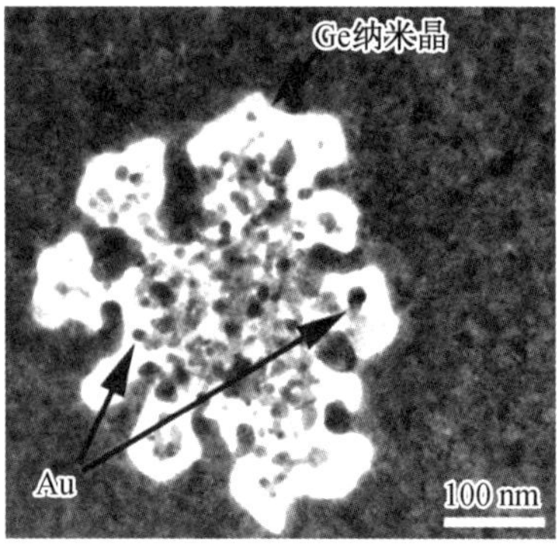

(d) 210 ℃

图 7.2.5　Au/Ge 双层薄膜不同退火温度下退火 30 min 的 TEM 图片

关于晶化图形的分形维数研究是一个关键部分,详细的研究流程如下:

首先,李全宝制备了 Au/Ge 双层薄膜样品,利用真空热蒸发技术在清洁的 NaCl 基底上分别沉积 Ge 和 Au 层。为了探索不同条件下的晶化行为,这些样品在真空或氮气氛中进行了不同温度和时间的热退火处理。退火温度范围从 50℃ 至 210℃ 不等,退火时间为 30~60 min。通过调整退火温度和时间,李全宝期望控制锗纳米颗粒的晶化过程,并促使其形成具有分形特征的复杂结构。

退火处理之后,李全宝使用透射电子显微镜(TEM)和高分辨透射电子显微镜(HRTEM)对样品进行微观结构表征。通过这些显微技术,李全宝观察到了在不同退火温度下形成的 Ge 纳米分形结构。TEM 图像显示出从开放的枝杈状结构到更加紧凑的分形形貌的变化,这种结构演变揭示了退火温度对 Ge 纳米晶体形态的显著影响。特别是在较高的退火温度下,Ge 纳米晶体趋于形成更复杂、更紧密的分形图形。

为了定量分析这些分形结构的复杂性,李全宝采用了盒子计数法来计算分形维数。这一方法的核心在于将 TEM 图像中的分形结构划分为一系列不同大小的网格,然后计算每个网格中被 Ge 纳米晶占据的数量。具体操作步骤包括:首先选定网格大小(L),然后计算出在此大小的网格下被纳米晶占据的盒子数量(N)。接着,通过绘制 $\ln(N)$ 对 $\ln(1/L)$ 的双对数图,并对其进行线性拟合,研究者从拟合的斜率中得出了各个样品的分形维数。

结果显示,随着退火温度的增加,分形维数逐渐增大,这表明较高温度下形成的 Ge 分形结构更为复杂和紧密。研究者发现,在低温退火条件下,Ge 纳米晶体形成的分形结构通常是开放的、松散的,这对应较低的分形维数;而在高温退火条件下,分形结构则更为紧密和复杂,对应更高的分形维数。特别是当退火温度达到 180 ℃ 和 210 ℃ 时,Ge 纳米晶体的分形维数分别达到了 1.781 和 1.878,反映出分形结构的显著复杂性。

除了计算分形维数,李全宝还将这些分形维数与薄膜的电学性能进行了关联分析。他们通过标准四探针法测量了不同退火温度下薄膜的电阻值,并分析了电阻与分形维数之间的关系。结果表明,随着分形维数的增加,薄膜的电阻逐渐降低,特别是在分形维数较大的样品中,这种趋势更加明显。这一现象可以通过隧道结网络模型(RTJN)来解释。Ge 分形结构由细小的晶粒组成,形成了许多微小的隧道结,这些隧道结的存在和分布直接影响了电子在薄膜中的传导路径,从而导致电阻的变化。

进一步的电学测试还揭示了这些分形结构的 Au/Ge 双层薄膜具有非线性的电流-电压(V-I)特性。这一发现表明,分形结构不仅影响了薄膜的电阻,还可能导致隧道结网络中的电压击穿现象,从而引起非线性的电学行为。

综合以上试验数据和分析,李全宝提出了一个基于随机逐次成核(RSN)模型的分形形成机制。在 Au/Ge 双层薄膜中,Ge 在 Au 晶粒的边界处优先成核,并通过热诱导效应迅速扩展形成分形枝杈结构。分形结构的复杂性(即分形维数)与退火温度直接相关,这一机制不仅有助于理解分形结构的形成过程,还揭示了分形结构对材料电学性能的重要影响。

分形结构的形成机制与金属诱导的晶化过程密切相关,而这种分形结构对材料的电学性能产生了显著影响。研究结果为进一步理解分形结构在微纳米器件中的潜在应用提供了重要的理论支持和试验依据。

7.2.3 晶界空间分布的分维

白铜 BFe10-1-1 合金因其优良的耐海水腐蚀性、导电性和导热性,被广泛应用于海洋工程中。然而,由于我国在新型大口径高强耐腐蚀白铜合金方面的研究力度不足,导致产品耐蚀性稍差、使用寿命偏短。因此,冯兴宇旨在通过优化晶界特征分布来提升白铜合金的耐蚀性能,为实际产业化生产提供理论支持。

分形分析作为一个重要的研究方法被详细讨论。分形这一概念最初由 Mandelbrot 于1984 年提出,用以刻画混沌运动中的随机性和复杂性,建立材料性能与分形维数之间的联系。分形分析为非线性系统的研究提供了一种新的思路,尤其在材料科学领域中,被用于分析微观结构的复杂随机现象。对多晶材料的研究表明,分形分析可以有效预测断裂韧性或断裂强度。通过计算最大随机晶界连通性(maximum random boundary connectivity, MRBC)的分形维数,该研究能够对晶界的微观结构进行定量描述,并进一步预测耐蚀性。图 7.2.6 所示为网格划分法的分形方法计算最大随机晶界连通性分形维数示意图。

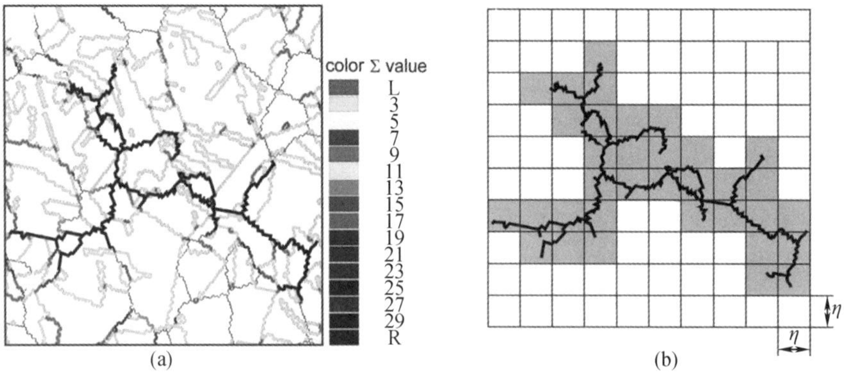

图 7.2.6 网格划分法的分形方法计算最大随机晶界连通性分形维数示意图

该研究利用分形分析方法来评价白铜 BFe10-1-1 合金的晶界特征分布对耐蚀性能的影响。通过盒子计数法对 MRBC 的分形维数进行分析,研究发现 MRBC 的分形维数与合金的耐蚀性能呈现出显著的相关性。试验证明,具有更高分形维数的晶界网络能够更有效地阻止沿晶界的腐蚀扩展,从而提升材料的耐蚀性能。分形分析为该研究提供了一种新颖的视角,使得晶界结构的定量分析与材料性能预测更加精准,推动了晶界工程在白铜合金中的应用。

分形分析在该研究中不仅作为一种理论工具,还提供了一个量化评估材料性能的新方法。它有效地连接了微观结构特征与宏观性能表现,揭示了晶界结构对材料耐蚀性能的深远影响。通过该研究,进一步丰富了晶界工程的应用,并为开发高性能和长寿命的白铜材料提供了新的理论和实践依据。

对白铜合金进行表面处理后,使用 EBSD 电子背散射衍射分析技术获取样品的晶界信息,之后使用 Matlab 对获得的 EBSD 数据进行图像处理和计算统计。研究结合晶粒团簇、渝渗理论、分形理论与MRBC晶界密度四个模型对处理后样品的晶界微观结构进行定性和定量分析。由于随机晶界网络的分形维数与腐蚀沿晶界传播的路径有关,故采用盒子计数法对MRBC的分形维数进行分析。图7.2.7显示了由大小为η的正方形框覆盖的MRBC的示例。在这种情况下,完全覆盖MRBC所需的阴影方框的数量为$N(\eta)=77$。

通过改变方框尺寸η,相应地可获得一系列$N(\eta)$值。当$N(\eta)$和η之间具有如下关系时,MRBC的轨迹具有自相似性:

$$N(\eta)\propto\eta^{-D_R}$$

即$N(\eta)$与η之间呈线性关系时,认为最大随机晶界网络具有自相似性,满足上述条件即可进行分形分析并求取分形维数。因此,MRBC的分形维数D_R可由$\log N(\eta)$和$\log\eta$之间的线性函数的斜率给出,即

$$D_R=-\frac{\log N(\eta)}{\log\eta}$$

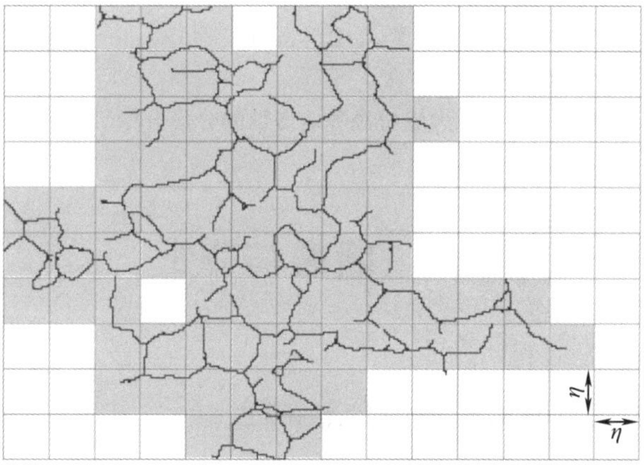

图7.2.7 分形分析中网格划分方法示意图

同时,分形理论是为处理复杂随机问题而发展起来的数学新领域,它具有尺度不变性和自相似性的特征。腐蚀过程属于统计分形体系范畴,可用分形方法研究其随机波动性及腐蚀发展规律,揭示腐蚀概率与白铜BFe10-1-1合金晶界结构之间的关系。晶间腐蚀是一种随机现象,腐蚀沿随机晶界扩展的概率取决于被腐蚀样品的晶界结构。采用Matlab进行图像分形处理的流程如下图所示:首先从晶界重构图中选出最大随机晶界连通网络(MRBC),然后对MRBC进行不同尺寸η的网格划分,并相应地统计MRBC所占网格数的数量$N(\eta)$。图7.2.8中选取了尺寸分别为1、10、100、800 μm的网格进行划分,网格的划分及$N(\eta)$的统计均通过Matlab计算完成。

该研究利用分形技术分析了白铜BFe10-1-1合金中随机晶界连通性对材料耐蚀性能的影响。研究表明,通过对最大随机晶界连通网络的分形维数和晶界密度进行定量分析,可以从图论的角度深入了解晶界结构对合金发生沿晶腐蚀的影响。分形分析模型揭示了随机晶界网络在特定条件下的连通性变化,能够准确预测材料的耐蚀性能,特别是在优化晶界特征分布后,材料更容易形成致密的保护性腐蚀产物膜,从而提高合金的耐蚀性。试

验结果验证了这一分形分析模型的预测能力,表明其可以作为评估和优化材料性能的有效工具。

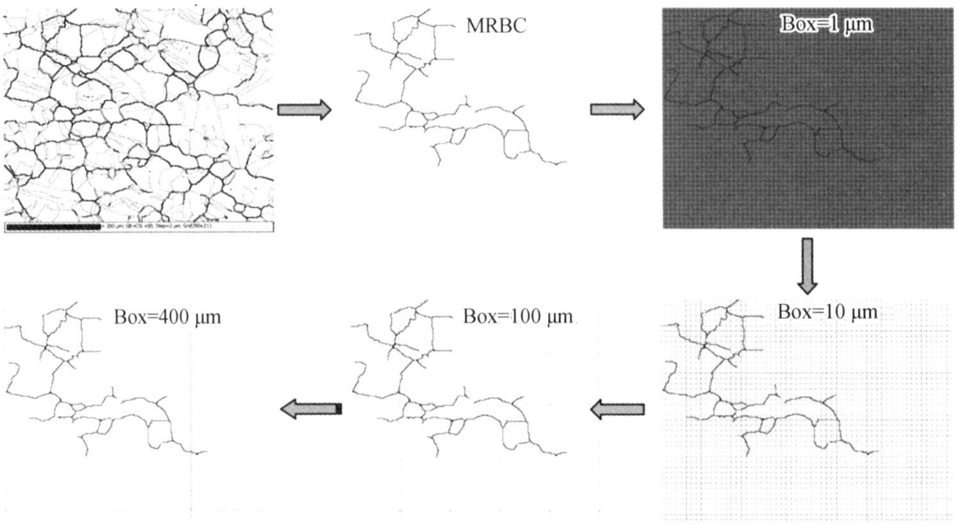

图 7.2.8 最大随机晶界连通性的分形分析示意图

7.3 断裂与分维

7.3.1 沿晶裂纹与断口形貌的分形特征

(1)沿晶裂纹

沿晶裂纹的分形特性是材料科学和断裂力学中的一个重要研究领域。分形理论在分析沿晶裂纹的复杂形态和结构方面发挥着重要作用。

沿晶裂纹主要是指在金属材料中,裂纹沿着晶界扩展的情况。这种裂纹的扩展路径通常是曲折的,具有分形特征。分形特征是指裂纹表面的不规则性和自相似性,即裂纹的局部放大后与整体具有相似的结构。这种自相似性使得分形理论成为研究沿晶裂纹的有力工具。

在金属沿晶断裂表面的研究中,分形维数是一个关键的参数。它可以帮助量化裂纹表面的复杂程度,进而理解材料的断裂机制。例如,通过分析断裂表面的分形维数,可以建立断裂表面与材料性质(如冲击能、撕裂能、回火脆性、断裂韧性、拉伸性能等)之间的关系。

沿晶断裂的裂纹扩展路径是沿晶界的折线(图 7.3.1),是分形的曲线,可以用 Koch 曲线近似描述。Koch 曲线是这样生成的:把直线三等分,然后用四等分的长度组成原来三等分的投影长度,一直进行下去。Koch 曲线是分形曲线,根据自相似维数的计算方式,其维数为 $\ln 4/\ln 3=1.262$。因此,沿晶断裂形貌的分形维数为 1.262,即 $D_{沿}=1.262$。

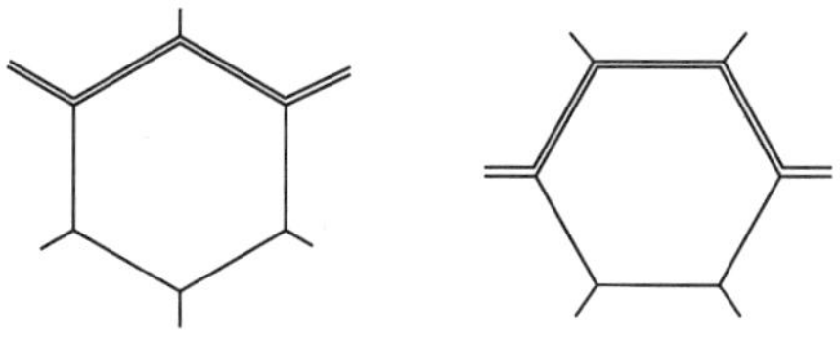

图 7.3.1　沿晶断裂的分形模型

(2)断口形貌

对于多数材料而言,断裂产生的断口形貌往往展现出分形特性。当垂直于断口进行剖面观察(即纵截面)时,断口呈现为一条曲线,在不同的放大倍数下观察,可以发现其自相似性,意味着断口纵截面的曲线具备分形特征。而平行于断口的剖面(横截面)则因表面起伏不平,凸起部分在机械抛光后形成孤立的小岛,每个小岛的形态同样展现出自相似性,从而证实了断口形貌的分形特性。

在材料科学和断裂力学领域,断口形貌的分形分析占据着至关重要的地位。分形几何方法在揭示断口形貌的复杂程度和自相似性方面起到了关键作用。近年来,分形几何理论广泛应用于材料断裂的分析工作,将断口形貌视为分形表面进行统计分析,进而对材料断裂行为进行定量研究。

在探讨材料断口分形维数的测量技术时,分形理论首先强调了材料断口定量研究的重要性。研究内容涉及分形的基本概念、特征图形、计算原理,以及分形维数的测量技术,如小岛法、垂直截面法、计盒维数法等。

计盒维数法是利用扫描电镜对断口表面进行拍摄,然后对拍摄的图像先后进行裁剪、灰度处理、二值化处理,得到二值化图片后利用 Matlab 软件编程提取分形曲线,再利用 Matlab 软件计算出分形维数。计盒维数法的计算过程是利用封闭的正方盒子覆盖被测物体表面的二维扫描电镜图片,正方盒子边长为$\left(\frac{1}{2}\right)^n$,计算出覆盖被测物体的盒子个数 M,被测物体的盒维数 D_b 为

$$D_b = -\lim_{n\to\infty} \frac{\log M}{\log\left(\frac{1}{2}\right)^n} \tag{7.3.1}$$

影响分形维数变化的试验变量可大致分为断口的产生条件、分形断口提取方式、断口分维计算方式 3 大类。所以在分形试验前,应先控制断口参数、拍摄方案、拍摄数据处理方式等试验变量,在此基础上进行分形试验,可避免部分偶然误差的产生。

进一步的研究利用扫描电镜立体成像技术和计算机视觉方法,实现了物体表面的三维重建,并结合数字散斑相关技术,对断口表面的三维形貌进行了定量分析。这种方法能够获取断口表面的高度云图和分形维数,为深入探讨材料断裂的微观机制、过程和性质提供了有效手段。

7.3.2　断口和裂纹的分维

混凝土是一种人工复合材料,是以水泥为主要的凝胶材料,与石子、砂、水,有时掺入外

加剂和掺合料,按照一定比例混合而成。由于混凝土裂纹的分布状态以及扩展路径往往具有很强的不规则性,呈现明显非线性特征,所以无法用传统的力学分析方法来准确、定量地描述。分形理论可以定量描述几何形体的复杂程度及空间填充能力,因此适用于表征混凝土的形状、尺寸及分布。

关于混凝土分形特征研究,由于组成材料的成分、性质和相互比例以及制备和施工工艺的不同,对混凝土的力学性能有不同程度的影响,又因混凝土存在抗拉强度低、浇筑过程受温湿度影响大等缺点,因此,在外载、温度与环境的作用下,混凝土内部粗骨料与水泥砂浆界面往往会产生微裂纹,甚至有宏观的缺陷如裂纹、夹渣、气泡、孔穴、偏析等,进而会引起混凝土的强度、刚性、韧性的下降及使用寿命的缩短,影响混凝土的耐久性,最终造成巨大的财产损失和严重的人员伤亡。

根据 Mandelbrot 给出的盒维数定义,混凝土试样表面裂纹分布单一分形维数可表示为

$$N(r)=C\cdot r^{-D}$$

对上式取对数,可得

$$\log N(r)=-D\log r+\log C$$

式中 r——覆盖混凝土试样表面的正方形网格边长;

$N(r)$——含有裂纹的正方形网格数目;

D——单一分形维数;

C——尺度系数。

图 7.3.2 所示为不同应力水平下典型混凝土试样 LFA01、LZA04 裂纹分布二值图像,图 7.3.3 所示为 $\log N(r)-\log r$ 曲线,主要使用分形理论对混凝土在单轴压缩条件下的表面裂纹分布进行分析,研究了混凝土裂纹的分形特征。首先通过试验和数值模拟相结合的方法,利用 MATLAB 程序计算了混凝土表面裂纹的单一分形维数、多重分形广义维数以及多重分形谱的特征参数。研究结果表明,混凝土表面裂纹的分布不仅具有单一分形特征,还具有多重分形特征。

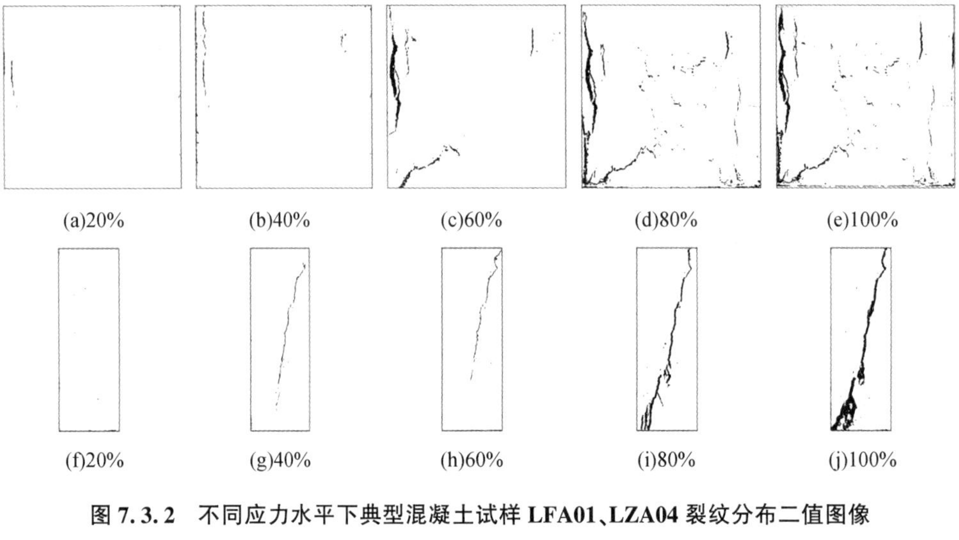

(a)20% (b)40% (c)60% (d)80% (e)100%

(f)20% (g)40% (h)60% (i)80% (j)100%

图 7.3.2 不同应力水平下典型混凝土试样 LFA01、LZA04 裂纹分布二值图像

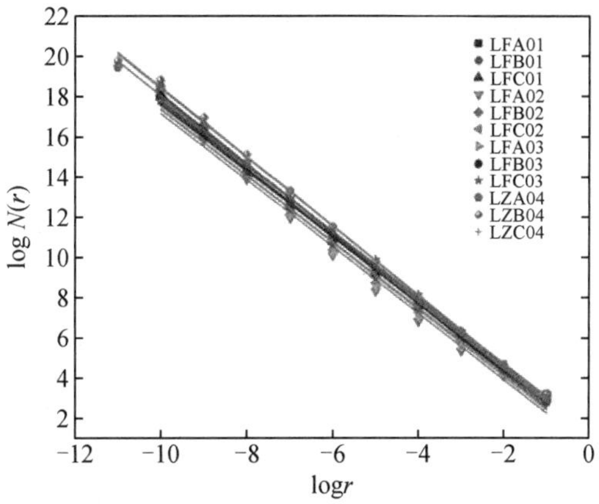

图 7.3.3 log $N(r)$-log r 曲线

具体而言,研究分析了粗骨料粒径、试样尺寸、峰值应力、峰值应变、单位体积吸收能、脆性指标及应力水平等因素对裂纹分布的单一分形维数、多重分形广义维数阈值宽度和多重分形谱特征参数的影响。结果显示,随着峰值应力、峰值应变、单位体积吸收能及应力水平的增加,裂纹分布的单一分形维数、多重分形广义维数阈值宽度及多重分形谱峰值都呈增加趋势;而随着粗骨料粒径、试样尺寸及脆性指标的增大,这些特征参数则呈现降低趋势。

基于这些分形参数,研究还建立了混凝土单轴压缩下表面裂纹分布的弹性分形损伤本构方程,从理论上揭示了裂纹分布的规律,为混凝土裂纹的发展及混凝土结构的损伤评估提供了新的方法和理论依据。

研究的总体结论是,混凝土在单轴压缩条件下的表面裂纹分布不仅可以用单一分形特征来描述,还需要多重分形理论的辅助描述,分形理论在定量研究混凝土裂纹复杂性和不规则性方面具有重要价值。

有机玻璃拥有高透明性、高机械强度、密度低、易于加工等优异的性能,在航空领域大量使用。有机玻璃常用作飞机驾驶舱盖、机舱、舷窗、风挡等有机透明结构材料,并且被称为航空有机玻璃。航空有机玻璃的失效会影响到飞行员的生命安全,并且近年来因航空有机玻璃受损而引发的事故时有发生。

为寻找有机玻璃失效的原因,可以从有机玻璃表面损伤痕迹、材料断口等多个方面进行分析,其中有机玻璃断口包含了大量信息,通过断口形貌能够了解到材料的断裂信息。

但是目前有机玻璃失效分析以断口形貌定性分析为主,所以寻找合适的有机玻璃断口定量分析方法以及探究断口形貌与断裂条件之间的关系对有机玻璃失效分析有着重要的意义。

因为观察得到非定向有机玻璃拉伸断口雾状区为许多抛物线状的花样特征,并且高倍放大观察抛物线形貌,可以发现其三维构象为礼花状,断口雾状区形貌符合统计意义上的自相似性,符合分形理论的定义。

首先将材料断口置于扫描电子显微镜下进行拍摄,拍摄材料断口表面的分形特征,然后对拍摄的图像进行 Matlab 处理,处理过程包括:裁剪图像、灰度处理、二值化处理;处理过后的图像利用编程计算公式算出材料断口的分形维数。编程计算公式的计算原理是利用正方形盒子覆盖被所拍摄处理后的二值化图像,盒子边长为$(1/2)n$,二值化图像中仅包含灰度值为0和255的像素点,整个图像显现的只有黑色和白色,统计覆盖有黑色像素点(灰度值为0)的正方形盒子个数M,则被测物体的盒维数D_b符合式

$$D_b = -\lim_{n\to\infty}\frac{\log M}{\log(1/2)^n}$$

计盒维数法拍摄材料断口平面,得到的是二维的断口图像,缺少材料断口的深度信息,所以测算出的断口分形维数值范围在1~2之间,但是材料断口是三维结构,真实维数值处于2~3之间,即扫描电镜-盒维数法测算出的材料断口维数值并非真实断口维数。

通过改变拉伸温度和拉伸速率,得到一系列有机玻璃断口;利用体视显微镜、三维激光扫描仪、扫描电镜观察断口形貌,并测量断口特征的尺寸、表面粗糙度、分形维数,分析其断口形貌参数与拉伸条件的关系;绘制断口雾状区的尺寸-分形维数、表面粗糙度-分形维数之间的关系曲线,分析不同拉伸变量下的曲线差异并探究断口形貌与分形维数的相关性,为航空有机玻璃构件的失效分析或合理选材提供依据。

通过曲线拟合分别得出尺寸-分形维数、表面粗糙度-分形维数的关系式,建立断口形貌参数与其分形维数的具体关系

以非定向有机玻璃拉伸断口为试验对象,基于分形理论探究其形貌与拉伸条件的关系,计算出断口的分形维数并利用分形维数联系断口形貌参数,建立分形维数与断口形貌参数之间的关系;一旦建立正确关系,可通过破坏之后的断口分形维数推测材料的断裂性质,这对于有机玻璃失效分析将有重要意义。

另外断口形貌与有机玻璃材质有关,有机玻璃是热塑性聚合材料,按照制造工艺大致分为定向和非定向2种。定向有机玻璃在浇铸制造中经过双轴定向拉伸,而非定向有机玻璃在工艺制作时未拉伸,其力学性能和断裂后的断口形貌都有差异。

通常情况下,拉伸断口分为3个区域:镜面区、雾状区和肋状区。镜面区宏观上平整且高度反光,高倍放大时可观察到许多从裂纹源出发沿裂纹扩展方向延伸的不连续线状条纹;雾状区宏观上平整但不反光,高倍放大后可以观察到许多抛物线花样,抛物线的轴线指向裂纹源;肋状区低倍放大时可见半圆形或弧形的肋状条带,在肋带区域的边缘呈现有粗糙的块状和台阶状分层,高倍放大时可见肋带上、肋带间或是肋带边缘的块状区域内呈现有“礼花状”的花样,非定向有机玻璃拉伸断口形貌如图7.3.4所示。

本研究利用盒维数的方法计算有机玻璃断口分形维数,在计算前需要对扫描电镜拍摄的图像进行处理,处理过程包括2个步骤:裁剪图像尺寸与修改图像类型。将扫描电子显微镜拍摄的图像导入Photoshop中进行裁剪处理,将图像裁截为正方形,因为盒维数法的计算原理需要符合分形理论的定义(分形理论的定义中提出部分与整体以某种形式相似的形称之为分形),即基本测量单位为正方形,研究对象范围也必须是正方形,裁剪后的图像分辨率为1 024×1 024。

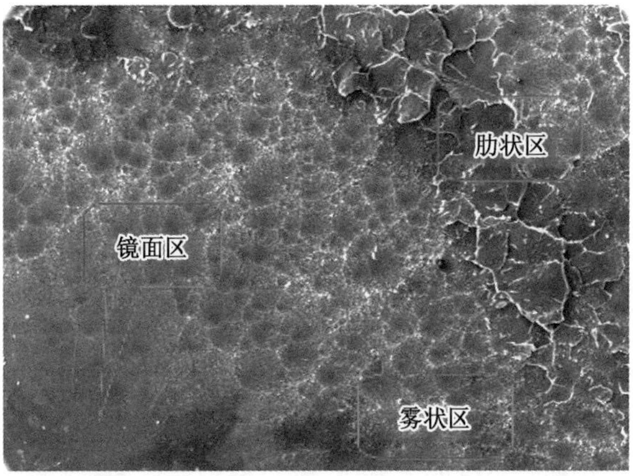

图 7.3.4　非定向有机玻璃拉伸断口形貌

首先将处理后的二值化图像导入 Matlab 程序，通过程序计算得出所导入图像的分形维数。而 Matlab 中的计算程序原理为：构造一些边长为 δ（当 δ 为 1 时，小盒的大小为 1×1 的像素点）的正方形小盒，对目标图像（即特征分明的二值化图像）进行覆盖，计算所有覆盖含有黑色像素点的小盒总数，计为 $M(\delta)$，多次改变小盒的边长 δ，小盒总数 $M(\delta)$ 也发生改变，再将多组 δ 和 $M(\delta)$ 的数据对置于双对数坐标系中，并利用线性回归得出一条在无标度区域内的直线，直线斜率即为有机玻璃断口雾状区分形维数 D，其拟合直线的计算关系为

$$D=\frac{\log M(\delta)}{\log \delta} \tag{7.3.2}$$

由于改变小盒边长 δ 后，小盒总数 $M(\delta)$ 的计数十分复杂，并且直线拟合也需要大量计算，所以利用编程，将数据导入 Matlab 中并通过计算程序得出有机玻璃断口雾状区的分形维数。

本章以不同拉伸条件下的有机玻璃断口雾状区扫描电镜图像为基础，首先利用 Photoshop 和 Matlab 等图像处理工具对断口图像进行裁截和阈值处理，然后采用盒维数法计算断口雾状区的分形维数；最后对分形维数与拉伸条件的关系进行了分析。所分析的 2 种厚度（2.5 mm、5 mm）有机玻璃试样有以下结论：

（1）通过分形刻画可以得出：有机玻璃断口雾状区和肋状区存在分形特征，并且断口雾状区图像属于随机分形图形。

（2）通过分析不同拉伸条件下断口雾状区分形维数值得出：有机玻璃拉伸断口的雾状区分形维数随拉伸温度的增加而增大，随拉伸速率的增加而减小。

7.3.3　断裂韧性与断口分维

2219 铝合金因其优异的机械性能，尤其是良好的焊接性能，广泛应用于航空航天领域，特别是作为运载火箭贮箱的主要材料。然而，随着运载火箭的发展和贮箱结构的不断增大，焊接接头的韧性成为影响其结构安全性的重要因素。传统的评估方法主要依赖于抗拉强度和延伸率，这些指标虽然能够反映材料的强度和延展性，但对于焊接接头韧性的科学评估却显得力不从心。

在工程实践中,焊接接头的断裂常常发生在最薄弱的区域,如熔合区。由于焊接过程中不可避免地存在冶金不均匀性和结构不完整性,使得焊接接头的断裂韧性成为一个复杂的问题,且目前主要依赖于定性的分析方法。尽管通过断口的宏观和微观分析可以对材料的断裂模式有一定的了解,但这些方法通常只能提供定性的结果,难以进行精确的量化描述。因此,如何建立科学、有效的焊接接头韧性评价方法,成为当前研究的重要课题。

分形理论在这个背景下被引入焊接接头的断口分析中。分形维数作为定量描述分形结构复杂度的一个重要参数,可以用于表征焊接接头断口的粗糙度和不规则性。这些断口特征往往与材料的断裂韧性密切相关。因此,通过计算断口的分形维数,可以更准确地评估焊接接头的韧性。

董吉凯等首先通过不同工艺条件下的静拉伸试验,获取2219铝合金焊接接头的应力应变曲线和常规力学性能参数,如屈服强度、抗拉强度、延伸率等。这些数据为后续的断口分析提供了基础。随后,使用扫描电子显微镜(SEM)对焊接接头的断口进行了宏观和微观形貌分析,并通过三维重建技术获取断口表面的三维数据信息。通过立方体覆盖法计算出断口的分形维数,这些分形维数能够定量描述断口的粗糙度和不规则性。

应力应变曲线的面积通常用来表征材料的韧性,即材料在断裂前所能吸收的能量。通过建立分形维数与应力应变曲线面积的关系模型,能够量化不同工艺条件下焊接接头的韧性表现。这种方法不仅提高了韧性评估的精度,也为工程实际应用提供了更为科学的指导。

此外,研究还探讨了不同焊接工艺对焊接接头韧性的影响规律。通过比较不同焊接方法(如搅拌摩擦焊、变极性等离子焊和真空电子束焊)的试验结果,发现了各工艺参数(如焊缝宽度、补焊次数、气孔缺陷等)对接头强度、延性和韧性等性能指标的影响。这些发现不仅丰富了分形理论在材料科学中的应用,也为未来的焊接工艺优化提供了理论依据。

总结来说,分形理论在该研究中的应用背景深刻反映了传统韧性评估方法的局限性。通过将分形理论与断口三维重构技术相结合,成功地建立了定量评价焊接接头韧性的新方法。这一方法不仅推动了韧性评估技术的发展,也为提升焊接结构的安全性和可靠性奠定了坚实的基础。

通过对焊接接头的静拉伸试验和断口分析,探索断口的分形维数与材料韧性之间的关系。研究首先进行了一系列的静拉伸试验,以获取焊接接头在不同工艺条件下的力学性能参数,如屈服强度、抗拉强度和延伸率等。随后,利用扫描电子显微镜(SEM)对拉伸断口进行了宏观和微观形貌分析,从而获得了焊接接头断裂的主要特征和类型。

接着,研究通过三维重建技术对SEM断口图像进行了三维重建,得到了断口表面的三维数值信息。在此基础上,使用立方体覆盖法计算出断口表面的分形维数。这一分形维数是定量描述断口表面复杂形貌特征的关键参数,它反映了断口的粗糙度和不规则性,与材料的韧性密切相关。

通过对比不同焊接工艺条件下的分形维数和应力应变曲线的面积,建立了分形维数与焊接接头韧性之间的关系模型。应力应变曲线的面积代表了材料在断裂前所能吸收的能量,通常用来表征材料的韧性。研究表明,不同焊接工艺条件下,断口的分形维数与韧性表现出一定的相关性,这一发现为科学评估焊接接头的韧性提供了新的方法。

此外,研究还分析了不同焊接工艺对分形维数和韧性的影响规律。例如,焊缝宽度、补焊次数和气孔缺陷等工艺参数如何影响断口的分形维数和材料的韧性。在这些分析的基础上,研究进一步探讨了分形维数在评估焊接接头综合力学性能中的应用潜力,为未来焊接工艺的优化和焊接结构的安全性提升提供了理论支持。

立方体覆盖法是一种用于测量复杂表面分形维数的常用方法,具体过程如下。

首先,研究团队利用扫描电子显微镜(SEM)获取焊接接头断口的高分辨率图像,并对这些图像进行三维重建。三维重建的过程包括图像的预处理、特征点的提取与匹配,最终生成断口表面的三维数值模型,这一模型包含了断口表面上各个点的高度信息。

在获得断口的三维模型后,立方体覆盖法的核心步骤开始。该方法的基本思想是通过在三维表面上放置不同尺寸的立方体,来测量这些立方体在不同尺度下覆盖表面的情况。立方体覆盖法示意图如图7.3.5所示,具体操作如下。

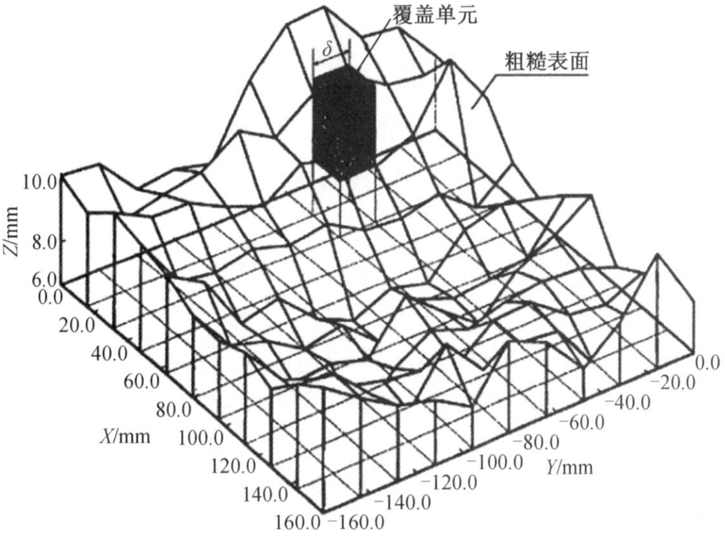

图7.3.5 立方体覆盖法示意图

选择初始尺度:首先选定一个立方体的初始边长(尺度)。这个立方体的尺寸应当足够小,以捕捉断口表面的微观特征。

覆盖断口表面:将选定尺寸的立方体逐步在断口的三维表面上覆盖,并计算完全覆盖整个断口表面所需的立方体数量。这个步骤会在不同的高度和位置上放置立方体,以确保表面的每个部分都被覆盖。

改变立方体尺寸:在初始立方体覆盖完成后,依次缩小或放大立方体的尺寸,再次进行覆盖和计数。这一步骤需要多次重复,以获得不同尺度下的覆盖数量数据。

记录数据并绘制对数曲线:将每次覆盖所需的立方体数量与立方体边长之间的关系进行记录,并以对数形式绘制曲线。通常情况下,横轴为立方体边长的对数值,纵轴为覆盖所需立方体数量的对数值。

计算分形维数：根据绘制的对数曲线，计算其斜率，斜率的绝对值即为断口表面的分形维数。分形维数反映了表面的复杂程度：如果表面越粗糙、越不规则，分形维数就会越高。

整个过程的精度依赖于立方体覆盖的准确性和选择的尺度范围。通过这种方式，能够量化描述断口的复杂形貌特征，并进一步探讨这些特征与焊接接头韧性之间的关系。这种方法为焊接接头的力学性能评估提供了新的视角，也为理解断裂行为提供了科学依据。

分形维数与材料韧性之间的关系被系统地探讨，并揭示出两者之间存在显著的负相关性。研究表明，分形维数可以作为描述焊接接头断口表面复杂程度的一个关键指标，而这个指标与材料的韧性密切相关。具体而言，分形维数越高，焊接接头的韧性通常越低。

分形维数是通过对断口表面的三维形貌进行定量分析得到的，反映了断口表面在微观层面的粗糙度和不规则性。一个较高的分形维数意味着断口表面更为复杂，包含更多的微裂纹、凹坑、台阶等不规则特征。这些特征通常是由于材料在断裂过程中发生了较为剧烈的微观变形和裂纹扩展所引起的。由于断口表面的复杂性增加，裂纹在扩展过程中需要克服的障碍和耗散的能量也相应增多。然而，这种耗散能量的增加并不意味着材料的韧性增强，相反，它往往导致材料表现出较差的韧性。

当焊接接头的断口分形维数较高时，通常意味着材料在受到应力作用时，其内部结构较不稳定，容易产生局部的微裂纹和断裂源。随着这些裂纹的扩展，材料在断裂前吸收的能量减少，表现出更低的韧性。这种情况下，材料更容易发生脆性断裂，即裂纹一旦形成，便会迅速扩展直至完全断裂，且伴随的塑性变形较少。因此，分形维数越高，材料越倾向于脆性断裂，其韧性也就越低。

通过研究，建立了分形维数与韧性之间的数学关系模型。这一模型为定量评估焊接接头的韧性提供了新的工具。具体来说，分形维数可以作为一种间接但有效的评估指标，通过测量断口的分形维数，能够预测材料在实际应用中的韧性表现。研究中还发现，不同的焊接工艺、焊接条件，以及焊接缺陷等因素都会影响断口的分形维数，从而进一步影响材料的韧性。这种分析方法为焊接接头的设计和质量控制提供了科学依据，特别是在高精度要求的工程领域中，分形维数与韧性的关系模型可以作为优化焊接工艺、提高材料性能的重要参考。

总之，分形维数与韧性之间的关系揭示了焊接接头在微观结构与宏观力学性能之间的内在联系。这一关系的建立，不仅为理解材料的断裂行为提供了新的视角，也为预测焊接接头的性能和改进焊接工艺提供了科学的理论支持。通过这一研究，工程师们能够更好地设计和评估焊接结构的可靠性，从而提高其在实际应用中的安全性和使用寿命。

7.3.4 裂纹形核扩展的分形特征

裂纹形核和扩展的分形特征在材料科学和力学研究中具有重要意义。裂纹在材料中的形核和扩展过程不仅决定了材料的强度和寿命，还与材料的微观结构和外部加载条件密切相关。分形特征通过分形维数来量化，描述了裂纹在不同尺度下的自相似性和复杂性。

在关于铁素体球墨铸铁低温冲击性能及断裂行为的研究中，分形理论的应用背景及其重要性得到了深入的探讨。研究通过系统的低温冲击试验，揭示了铁素体球墨铸铁在不同温度下的断裂行为的变化规律，特别是在极低温环境下（例如-40 ℃）材料容易发生脆性断裂的现象。

为了深入理解这些现象，张新宁引入了分形理论。分形理论是一种用来描述和分析复杂形状和结构的数学工具，尤其适用于具有自相似性和复杂性特征的物质。通过对铁素体球墨铸铁冲击断裂面进行激光共聚焦显微分析，研究者能够定量分析材料断裂面粗糙度的变化，并将这些变化与材料的冲击吸收功和分形维数联系起来。

具体而言，研究发现随着温度的降低，铁素体球墨铸铁的断裂面变得更加平滑，这可以通过断裂面粗糙度指数的减小来描述。同时，断裂面粗糙度指数的变化趋势与冲击吸收功的变化趋势密切相关，这表明在低温条件下，材料的能量吸收能力与其断裂面的几何特征有直接联系。通过对这些几何特征的分形维数进行计算，研究进一步发现冲击吸收功的对数值随分形维数的增加而单调下降。这一结果表明，分形维数不仅能够定量描述断裂面的几何复杂性，还能反映材料在低温冲击下的能量耗散特征。

此外，通过扫描电子显微镜（SEM）和透射电子显微镜（TEM）的观察，张新宁分析了铁素体晶粒和石墨球的尺寸及其分布对材料低温断裂行为的影响。结果表明，随着温度降低，铁素体晶粒的尺寸增大，导致材料解理断裂的难度增加。同时，石墨球的大小和分布对裂纹的萌生和扩展也有显著影响，特别是在低温下，这些微观结构的变化与分形维数之间存在紧密关联。

张新宁详细探讨了分形维数与铁素体球墨铸铁断裂表面之间的关系，并揭示了两者在低温冲击条件下的密切联系。分形维数是一种描述物体几何复杂性的指标，尤其适用于具有不规则形状和自相似结构的物质。在对铁素体球墨铸铁的低温冲击试验中，研究者通过激光共聚焦显微镜对材料的断裂表面进行了三维重构，量化了断裂表面的粗糙度，并计算出相应的分形维数。

研究结果表明，随着温度的降低，铁素体球墨铸铁的断裂表面变得更加平滑，这种变化通过断裂表面的粗糙度指数和分形维数的降低得以反映。特别是在初脆转变温度（DBTT）以下，材料的断裂表面表现出明显的解理断裂特征，此时断裂面趋于平滑，分形维数显著降低。这种断裂表面变平的现象意味着材料在断裂过程中吸收的能量减少，即冲击吸收功随分形维数的增加而下降。

具体来说，研究发现，冲击吸收功的对数值与分形维数之间存在线性关系，随着分形维数的增加，冲击吸收功呈现出单调下降的趋势。这一发现表明，分形维数不仅能够定量描述断裂表面的几何复杂性，还可以反映材料在低温冲击下能量耗散的能力。换句话说，分形维数越高，断裂表面越复杂，材料在冲击过程中的能量吸收能力越强；相反，当分形维数降低时，断裂表面变得平滑，材料表现出较低的能量吸收能力和更高的脆性。

此外，研究还表明，断裂表面粗糙度的变化趋势与冲击吸收功的变化趋势一致，这进一步支持了分形维数作为表征材料断裂行为的有效参数的观点。通过分形维数，研究者能够更好地理解铁素体球墨铸铁在不同温度下的断裂行为，尤其是在低温条件下的脆性断裂机制。

总之，分形维数在这项研究中被用作描述铁素体球墨铸铁断裂表面复杂性和冲击性能的关键参数。它不仅揭示了断裂表面几何特征与材料力学性能之间的密切关系,还为预测和改善材料的低温韧性提供了重要的理论依据和试验支持。

通过对铁素体球墨铸铁的低温冲击试验,得出了关于分形维数的几项关键研究结论。首先,研究表明,随着温度的降低,铁素体球墨铸铁的断裂面粗糙度指数和分形维数显著下降,这表明在低温条件下,材料的断裂表面变得更加平滑。这种现象反映了低温下材料发生脆性断裂的倾向更强,断裂表面的几何复杂性减少。

进一步分析显示,分形维数与冲击吸收功之间存在明确的线性关系:随着分形维数的增加,冲击吸收功呈现单调下降的趋势。这一结论表明,分形维数不仅能够量化断裂表面的几何复杂性,还可以作为预测材料在低温条件下能量吸收能力的重要指标。具体而言,较高的分形维数意味着断裂面更加复杂,材料能够吸收更多的冲击能量,表现出更好的韧性;而较低的分形维数则对应于材料更容易发生脆性断裂,吸收的能量较少。

研究的最终结论是,分形维数作为表征断裂面复杂性的重要参数,不仅为理解铁素体球墨铸铁的低温断裂行为提供了新的视角,还为优化材料在低温环境中的性能提供了科学依据。这些发现为材料科学领域特别是低温条件下的断裂行为研究提供了重要的理论支持,也为实际应用中铁素体球墨铸铁的设计和改进提供了有力的参考依据。

7.4 其他裂纹与分形

7.4.1 裂纹的表面形貌分形特征

裂纹的表面形貌分形特征主要关注裂纹表面的粗糙度和形貌特征,利用分形维数来描述表面微观结构的复杂性。通过对裂纹表面进行分形分析,可以揭示裂纹在扩展过程中的表面形貌变化和其与材料性能之间的关系。

随着基础设施建设的不断完善,混凝土结构在工程中的应用越来越广泛。然而,混凝土在长期服役过程中,由于环境和荷载的影响,其耐久性问题逐渐显现,尤其是在寒冷地区,冻融循环成为影响混凝土耐久性的主要因素之一。冻融循环会引起混凝土内部孔隙水分的反复冻结和融化,导致混凝土产生微裂纹和孔结构劣化,进而影响其整体性能。为了深入研究冻融循环对混凝土微观结构的影响,采用分形理论对冻融混凝土的孔结构及微裂纹扩展进行研究。通过分形维数表征混凝土内部孔隙的复杂程度,揭示冻融循环过程中孔隙结构和微裂纹的演化规律,并探讨其与宏观损伤之间的关系。该研究不仅有助于加深对混凝土冻融损伤机理的理解,还为提高混凝土的耐久性设计提供了理论依据。

丁文博对不同配比的混凝土在三种典型的冻融环境(包括水冻和盐冻环境)下进行了冻融循环试验,测定了混凝土的宏观损伤指标,如质量损失率、相对动弹性模量和抗蚀系数。这些指标用于评估冻融循环对混凝土力学性能的影响。研究发现,随着冻融循环次数的增加,混凝土的力学性能逐渐下降,尤其是在盐冻环境下,损伤更加显著。

接着,丁文博引入了分形理论,通过计算分形维数来定量表征混凝土内部孔隙的复杂程度。分形维数是一种描述孔隙结构复杂性的数学指标,反映了孔隙的分布和形状随冻融循环的变化规律。通过分析不同冻融循环次数下的分形维数,研究者发现,随着冻融循环次数的增加,分形维数逐渐减小,这表明混凝土孔隙结构逐渐劣化。

在此基础上,丁文博进一步分析了混凝土内部不同孔径的变化规律,以及孔比表面积、含气量和孔间距系数的变化情况。这些微观结构参数与宏观损伤指标之间的关系也得到了深入探讨,研究结果表明,分形维数的变化可以很好地反映混凝土冻融损伤的程度。

最后,丁文博运用微裂纹模型,探讨了分形维数与混凝土内部微裂纹密度之间的关系。通过对不同冻融环境下和混凝土材料自身因素的分析,研究了不同深度混凝土微裂纹密度的演化规律。研究发现,在冻融循环的初期,水冻环境下的微裂纹密度增加速度较快,而在中后期,盐冻环境下的微裂纹密度增加速度超过了水冻环境。此外,随着水灰比的减小,微裂纹密度增大的速率也随之增加。分形维数的减小与微裂纹密度的增加呈现出明显的相关性,这进一步揭示了混凝土在冻融循环作用下的损伤机制。

通过以上研究,不仅验证了分形维数作为微观结构表征的有效性,还通过分形理论的应用深入揭示了混凝土在冻融循环中的损伤演化过程,为改善混凝土抗冻性能提供了理论依据。

通过冻融循环试验,结合分形理论,对混凝土微观结构的变化规律进行了深入研究。研究结果表明,分形维数能够有效表征混凝土内部孔隙结构的复杂性,并且分形维数与冻融损伤之间存在显著的关联性。随着冻融循环次数的增加,混凝土内部孔隙的分形维数逐渐减小,表明孔隙结构越来越简单和均匀,这与混凝土宏观力学性能的下降趋势相一致。在冻融循环的初期,水冻环境下微裂纹密度增加较快,而在盐冻环境下,尽管初期裂纹密度增长缓慢,但随着冻融次数的增加,裂纹密度最终超过水冻环境。研究还发现,不同配比混凝土在相同冻融环境下,水灰比越小,微裂纹密度增加的速率越高。这表明分形维数的变化可以作为评估混凝土耐久性的一个重要指标。通过对微裂纹模型的分析,研究进一步揭示了混凝土在不同冻融环境下微裂纹扩展的演变规律,为混凝土抗冻性能的提升提供了理论支持。

7.4.2 裂纹时间演化的分形

裂纹时间演化的分形专注于裂纹随时间的演化过程,通过分形维数分析裂纹在不同时间尺度上的扩展行为。这种研究可以帮助理解裂纹的动态行为,特别是在疲劳加载和应力腐蚀等条件下裂纹的时间依赖性。

在研究钢筋混凝土梁裂缝扩展路径的过程中,分形理论为理解裂纹的复杂性提供了重要的理论基础。传统的断裂力学通常假设裂缝路径是平滑且规则的,但实际的裂缝扩展往往具有高度不规则性和复杂性。由于混凝土材料的非均质性及其内部结构的复杂性,裂缝的实际扩展路径表现出显著的分形特征。这种不规则的裂缝路径在传统的力学分析方法中难以精确描述,而分形几何学以其能够描述自然界中不规则、复杂形状的特性,成为研究裂缝扩展的一种有效工具。通过将分形维数引入裂缝的研究中,可以更好地理解裂缝的扩展规律,并将这种复杂的行为与相应的力学参数相结合,进一步推动了裂缝扩展问题的研究。该研究通过将分形几何与断裂力学相结合,提供了一种新的视角,不仅丰富了对钢筋混凝土梁裂缝扩展路径的理解,还为工程实践中的裂缝控制和预防提供了有力的理论支持。

孙叶冰详细运用了分形理论来探讨钢筋混凝土梁裂纹扩展的演变过程。研究的第一步是通过四点弯曲试验对钢筋混凝土梁进行了加载测试。在这一试验过程中,梁体在不同级别的外荷载作用下逐渐出现裂纹,孙叶冰详细记录了这些裂纹的形成和扩展路径,并收集了相应的力学数据,如裂缝宽度、裂缝扩展的长度以及梁体的变形情况。

为了捕捉这些裂纹路径的复杂性,孙叶冰引入了分形几何的概念。传统的断裂力学通常假设裂缝路径是规则和平滑的,但实际中,混凝土裂缝的扩展往往呈现出高度不规则和复杂的特征。分形几何学擅长描述这种不规则性,通过计算裂缝路径的分形维数,研究者能够量化这些复杂性。分形维数作为描述裂缝形态复杂度的重要指标,在此研究中被用来分析不同荷载下裂缝扩展的特征。

在获得试验数据后,孙叶冰使用扩展有限元法(XFEM)对钢筋混凝土梁的裂缝扩展路径进行了数值模拟。扩展有限元法通过引入特定的富集函数,能够更加精确地模拟裂缝在混凝土梁中的传播行为。孙叶冰将试验中获取的数据与模拟结果进行对比,发现数值模拟能够较好地再现裂缝扩展的实际情况,这表明分形维数在分析裂缝扩展路径中的应用是有效的。图 7.4.1 所示为载荷作用下钢筋混凝土构件裂纹开展路径。

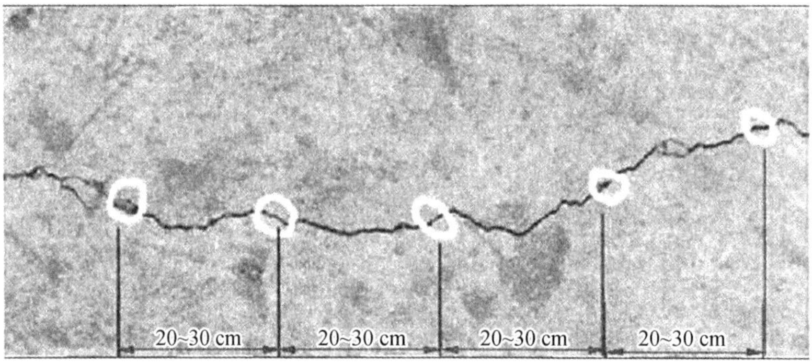

图 7.4.1　载荷作用下钢筋混凝土构件裂纹开展路径

进一步的分析表明,裂缝的分形维数不仅与裂缝的几何复杂性相关,还与力学性能密切关联。例如,研究发现裂缝路径的分形维数与裂缝宽度和混凝土材料的断裂能之间存在显著的相关性。分形维数越大,裂缝扩展所需的能量也越高,这意味着混凝土梁在高分形维数的裂缝处更容易发生断裂。通过将分形维数与这些力学参数结合,研究者能够更好地预测裂缝扩展的趋势,从而为工程结构的安全评估提供理论依据。

总的来说,通过试验、分形理论分析和数值模拟相结合的方式,揭示了钢筋混凝土梁裂缝扩展过程中的分形特性。研究表明,分形维数可以作为评价混凝土裂缝扩展特性的重要参数,这一发现为今后在工程实践中采用分形理论来控制和预防混凝土裂缝提供了重要的理论支持。

使用分形理论对钢筋混凝土梁裂纹演变的分析取得了显著的研究结果。首先,通过试验和数值模拟相结合的方法,研究发现裂缝的扩展路径具有明显的分形特征,即裂缝路径的复杂性和不规则性可以通过分形维数进行量化。研究结果表明,裂缝路径的分形维数与裂缝的力学特性(如裂缝宽度和断裂能)存在紧密联系。具体而言,分形维数越大,裂缝扩展的路径越复杂,这通常意味着裂缝所需的能量也越高,因此在分形维数较高的区域,混凝土梁更容易发生断裂。通过这些发现,可以得出结论:分形维数可以作为评估裂缝扩展趋势和裂缝危险性的关键参数。

分形理论在这一研究中发挥了重要作用,它提供了一种新颖的方法来描述和分析混凝土裂缝的复杂行为。传统的力学分析方法由于过于依赖于理想化的假设,无法准确描述裂缝的实际扩展过程,而分形理论则克服了这一局限性。通过引入分形维数,研究者能够更精确地描述裂缝路径的形态,揭示其与力学性能之间的内在关系。这不仅丰富了混凝土裂缝研究的理论基础,还为工程实践中的裂缝预防和结构安全评估提供了有力的工具。分形理论在此研究中的应用,拓展了对混凝土材料开裂行为的理解,推动了混凝土裂缝扩展分析方法的创新发展。

7.4.3　裂纹的多尺度分形研究

裂纹的多尺度分形研究从宏观到微观多个尺度上的裂纹行为,通过多尺度分形分析,研究裂纹在不同尺度下的自相似性及其对材料整体性能的影响。这种多尺度分析有助于揭示裂纹在不同观察尺度下的统一性和特异性,提供对材料破坏的全面认识。

自然界中的许多过程和现象都是随机的、非稳定的、非平衡的,并且存在大量的非线性过程。分形理论正是研究这些非线性过程中随机混乱现象及其无序形态的工具。通过分形理论,可以揭示这些现象中的确定性与随机性、有序与无序的统一,并用数学或统计学的方法定量描述这些现象的复杂性。在材料科学中,特别是在纤维材料的研究中,分形理论被广泛应用于分析材料的结构与性能之间的关系。纤维材料由于其多层次、多尺度的结构特点,非常适合利用分形理论来研究其力学性能,尤其是裂纹的形成与扩展。这种研究不仅可以帮助理解材料的内在机制,还可以指导材料的设计与优化,从而提高其在工程应用中的表现。

王栎涵利用扫描电子显微镜(SEM)和透射电子显微镜(TEM)等技术,对棕榈叶鞘纤维及其单纤维的形貌结构进行了深入观察。这一步的目的是获取纤维在不同尺度下的具体结构信息,包括纤维的长度、直径、孔径大小、表面形貌等。这些微观结构特征为后续的分形分析提供了基础数据。

接下来,王栎涵进行了棕榈叶鞘纤维及其单纤维的力学性能测试,特别是拉伸性能测试。通过这些测试,得到了不同尺度下纤维的应力-应变曲线、断裂强度、杨氏模量等关键力学性能指标。这些数据对于理解纤维在拉伸过程中的行为至关重要。

在获取了结构和力学性能数据后,研究者建立了一个基于分形理论的三圆分形模型,用于定量分析纤维的力学性能与其分形特征之间的关系。在模型中,通过计算不同尺度下的分形维数,研究了纤维在纳米尺度、微米尺度和宏观尺度下的应力分布、断裂能等力学性能特征，并讨论了这些分形维数对纤维整体拉伸性能的贡献。

此外，王栎涵还通过有限元分析模拟了单纤维在拉伸过程中的应力分布和断裂行为。在这一过程中，王栎涵构建了单纤维的理想有限元模型和损伤有限元模型。理想模型假设纤维为均匀的空心圆柱体，而损伤模型则引入了螺旋和纹孔结构，模拟了实际情况下纤维的复杂结构特征。通过对比两种模型的拉伸曲线和试验数据，验证了模型的有效性，并进一步分析了单纤维断裂面在不同拉伸速率下的分形特征。

最后，研究通过引入分形维数来定量表征单纤维断裂面的形貌特征。研究发现，单纤维的断裂面分形维数与纤维的拉伸速率和内部结构密切相关。通过对比试验结果和模型仿真，研究者揭示了纤维内部的螺旋结构是导致其螺旋撕裂断裂的主要原因，分形维数在此过程中起到了关键的表征作用。图 7.4.2 所示为模型与单纤维的分形维数。

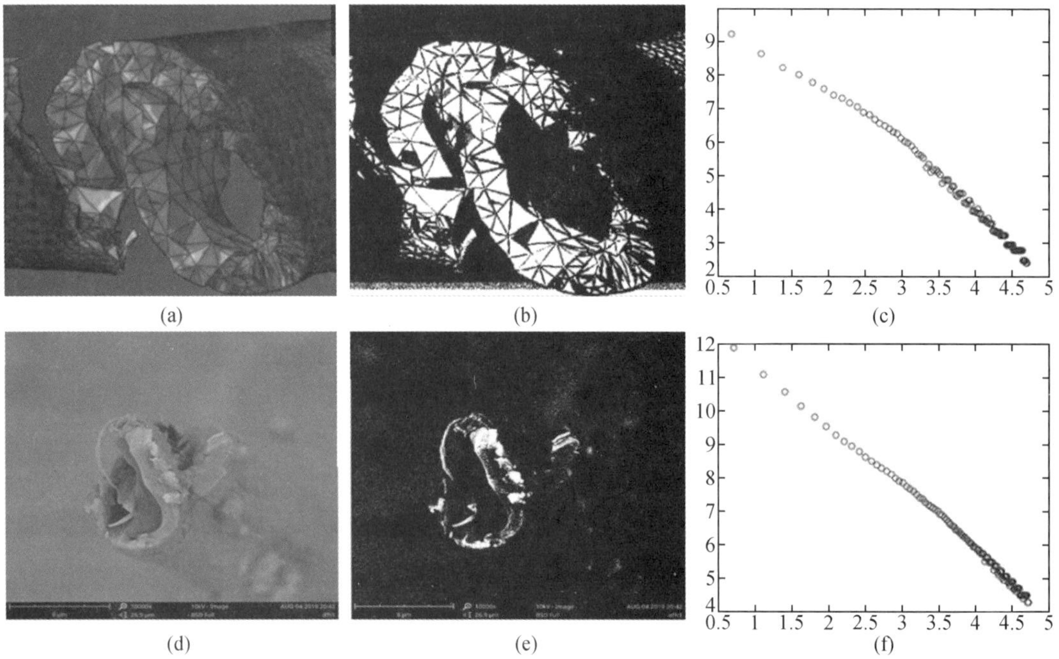

图 7.4.2　模型与单纤维的分形维数：(a)～(c)模型分形维数计算过程；(d)～(f)单纤维分形维数计算过程

综上所述，通过结合试验和理论模型，深入研究了棕榈叶鞘纤维及其单纤维在多尺度下的力学行为，尤其是裂纹形成与扩展的分形特征，为理解天然纤维的力学性能提供了新的视角。

基于分形理论的多尺度研究得出了一些关键的研究结果。首先，通过对棕榈叶鞘纤维和单纤维的形貌观察，发现其横截面的多孔结构具有明显的分形特征，孔隙分布较为均匀，平均孔径约为 5.33 μm。经脱木素处理后，单纤维的表面结构显示出独特的螺旋形态，这种螺旋结构的升角为 37.75°，并在拉伸过程中表现出螺旋撕裂的行为。

棕榈叶鞘纤维的各个层次组织对其整体拉伸性能有不同的贡献。在微观尺度上，纤维素分子链、原纤丝、微纤丝以及单纤维各自的分形维数对纤维的应力、断裂能和杨氏模量产生了显著影响。特别是，微纤丝层次在提高棕榈叶鞘纤维韧性方面起到了关键作用。

此外,研究还发现单纤维的断裂面分形维数与其拉伸速率密切相关。在较低的拉伸速率下,单纤维的断裂面分形维数较小,断裂面较规则;随着拉伸速率的增加,断裂面分形维数增大,断裂面变得更加不规则。这种现象表明,单纤维的螺旋撕裂行为与其螺旋结构之间存在直接联系。

综上所述,这些研究结果表明,分形理论可以有效地描述棕榈叶鞘纤维的多尺度结构特征及其力学性能,为进一步理解和优化天然纤维材料的力学行为提供了理论支持。

7.5　多孔材料的分形

7.5.1　多孔材料孔隙分布的分形特征

低渗储层油气资源开发的重要性及其复杂的微观孔隙结构特征。随着经济的发展和常规油气资源的日益枯竭,非常规油气资源,如致密油气、页岩油气、天然气水合物等,成为勘探开发的重点。低渗储层具有孔隙度低、渗透率差的特点,其复杂的微观孔隙结构导致流体在孔隙中的分布和流动规律复杂,难以通过简单的孔隙模型解释不同储层和样品之间的渗透率差异。因此,准确表征低渗储层的复杂微观孔隙结构并厘清其渗流特性,成为提高低渗储层生产开发效率的关键科学问题。

基于分形几何理论,通过分形结构参数表征多孔介质的孔隙结构特性,建立分形维数与孔径分布的关系,揭示多孔介质复杂微观结构与定量分形结构参数之间的关系。同时,开展致密砂岩储层样品的自发渗吸试验,揭示孔隙发育特征对渗吸动态特征的影响,并利用 LBM 模拟和室内试验获得渗透率,分析微观结构对渗透率的影响。最终,通过气体渗流物理模拟试验,厘清低渗储层气水流动规律,并对南海天然气水合物储层样品的微观结构进行研究,建立不同渗流压力下的蠕变渗透率模型,明确气体渗流特性的主控因素。研究的最终目的是通过分形结构参数准确表征低渗储层的复杂微观孔隙结构,并建立微观结构与宏观渗透率之间的定量关系,为低渗储层的勘探开发提供理论指导。

分形维数是描述分形系统的基本参数,它是反映复杂物体空间可用性和不规则性的指标。对于多孔介质,分形维数用于定量表征孔/粒径分布、孔表面粗糙度和流线曲率等。尽管不同的理论假设定义了不同的分形维数,最常用的分形维数是用以描述多孔介质图像中孔隙/颗粒大小分布。孔隙/颗粒累积数 $M(\varepsilon)$ 与孔隙/颗粒尺寸 ε 之间存在分形标度律的基本关系,表示为

$$M(\varepsilon) \propto \varepsilon^{D_f}$$

式中,D_f 为孔隙/颗粒分形维数。

该研究通过计盒法获得多孔结构的分形维数的主要步骤如下。

覆盖图像:首先,将具有不同长度尺度 r 的盒子用于覆盖整个二维或三维图像。二维图像中使用正方形 r_2,三维图像中使用立方体 r_3。

计算盒子:记录覆盖测量对象(例如孔隙)的盒子数 $N(r)$。随着盒子尺度 r 的变化,计

数盒子的数量会相应变化(图 7.5.1(a))。

计算分形维数:在分形自相似范围内,对数图下盒子数量 $N(r)$ 和盒子尺度 r 之间的关系满足 $N(r)\propto r^{-D_f}$,其中 D_f 为分形维数。通过对数图下的线性拟合,得到拟合斜率的负值,即为分形维数。

滑移计盒法:在滑移计盒法中,盒子每次移动的距离是图像像素的长度,而不是盒子边长的长度。这种方法更为精细,可以更准确地反映图像中的微观结构(图 7.5.1(b))。

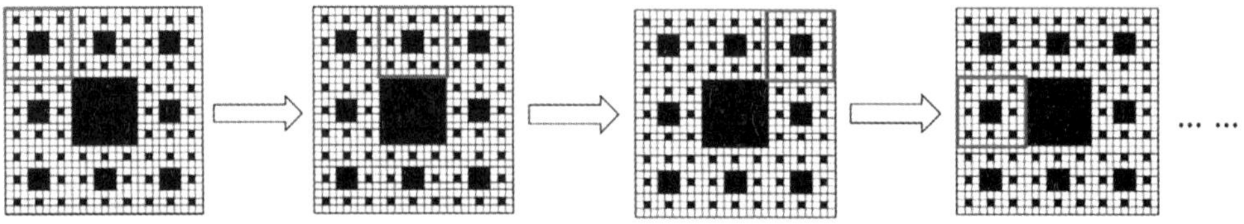

(a)计盒法

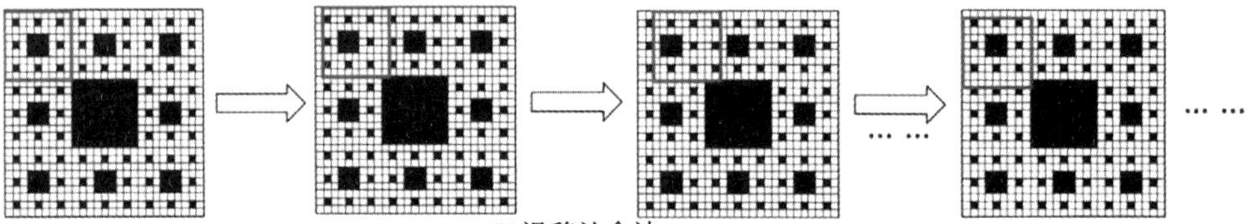

(b)滑移计盒法

图 7.5.1 计盒法和滑移计盒法的原理示意图

构建统计动差函数:构造一个统计动差函数 $Z(q,r)$,其中 q 为统计动差的阶数,r 为盒子尺度。统计动差函数可以表示为 $Z(q,r)=\sum_M M^q Q(M,r)$,其中 $Q(M,r)$ 为概率密度函数,表示测量对象 M 出现的频率。

计算缺项:缺项 $\Lambda(r)$ 反映了孔隙或裂缝的分布特征。通过计算统计动差函数的比值 $\Lambda(r)=Z(2,r)/[Z(1,r)]^2$,得到缺项的值。为了消除测量对象占有率的影响,需要对缺项值进行归一化。

计算进相:进相 Su 反映了多孔介质中流体流动的能力。进相的计算同样基于计盒法,通过模拟流体在图像中的流动过程,并计算不同方向上的压力覆盖值,得到进相的无量纲值。

单一的分形参数难以全面表征多孔介质的复杂孔隙结构。通过使用分形维数、缺项和进相这三个分形结构参数,可以更好地描述孔隙结构的复杂特征、非均质性及各向异性。研究结果显示,基于孔径分布计算的分形维数与计盒法计算的分形维数高度一致,证明了致密砂岩具有自相似的分形孔隙区间。

具体而言,不同致密砂岩样品的渗吸曲线在总渗吸质量和渗吸早期斜率方面存在差异,渗吸过程中核磁共振 T2 谱呈现双峰特征,这些特征反映了渗吸过程与微观孔隙发育特征之间的关系。孔隙发育的数量、复杂特征和连通性是致密砂岩自发渗吸的主要控制因素。

此外,致密砂岩孔隙的数量、非均质性及连通性是渗透率的主要控制因素。在气水两相的渗流过程中,存在启动压力梯度,含气饱和度变化先快后稳,早期气体主要驱替岩心中央大孔隙中的水,后期则主要驱替边缘小孔隙中的水。不同大小的孔喉对不同驱替压力下气体渗流的贡献差异较大,孔隙分布的非均质性对渗流过程中气水分布的动态变化具有重要影响。

总的来说,通过分形结构参数可以较好地表征低渗储层复杂的微观孔隙结构,并分析不同储层不同样品之间渗流特性的差异,进而建立微观孔隙结构与宏观渗透率之间的定量关系,厘清微观孔隙结构对宏观渗流特性的影响规律。

分形理论被广泛应用于研究多孔介质中的流动和传热特性。多孔介质是一种由固体骨架和大量孔隙组成的材料,广泛存在于自然界和工业应用中,例如岩石、土壤、泡沫金属、过滤材料等。这些材料中的孔隙结构往往具有高度的复杂性和不规则性,传统的连续介质力学模型难以准确描述其微观结构与宏观行为之间的关系。因此,引入了分形理论来描述和分析多孔介质中的复杂结构特征。

分形理论在这项研究中的运用背景可以追溯到自然界中普遍存在的自相似现象。对于多孔介质而言,其孔隙和通道的分布往往也表现出类似的分形特征,如图7.5.2所示。希望通过分形理论来揭示多孔介质中流体流动和热传导的规律,进而为实际工程应用提供理论支持。

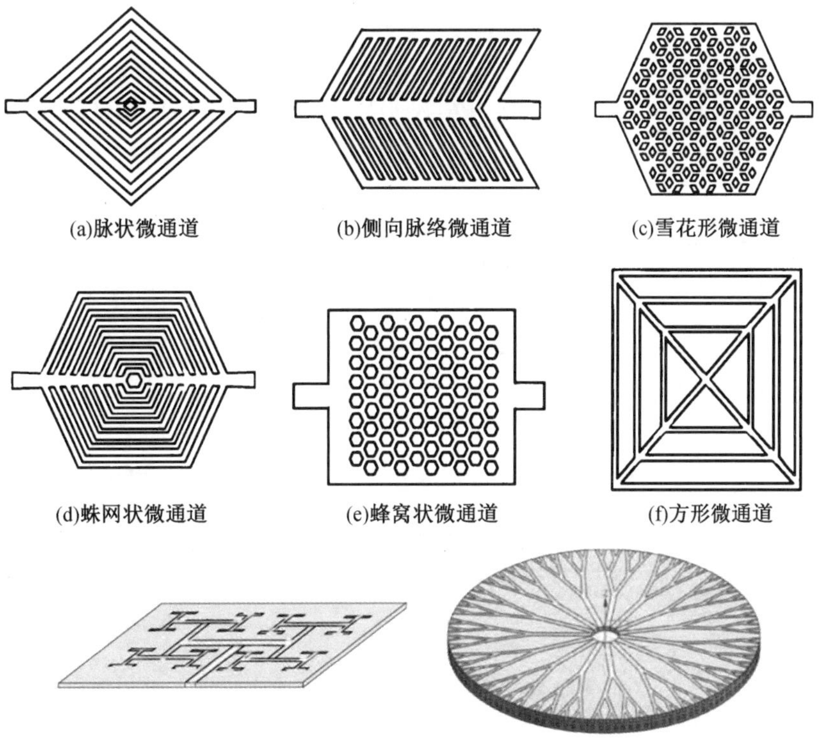

(a)脉状微通道　(b)侧向脉络微通道　(c)雪花形微通道

(d)蛛网状微通道　(e)蜂窝状微通道　(f)方形微通道

(g)H形分形微通道网络　(h)Y形分形微通道网络

图7.5.2

多孔介质含有大量几何形状和分布复杂的微孔网络,传统的经验方程不能很好地描述这些复杂的现象。大多数学者通过结合数值模拟和试验观察,获得了微流体和热力学的额外复杂性,而没有精确的数学表征。在描述这些问题时,经典的整数导数需要建立非线性方程,并且不能准确地描述具有历史记忆和空间全局相关性的复杂机械和物理过程。因此,建立非牛顿流体在分形多孔介质中渗透率和热导率的精确模型,研究微观孔隙结构中的流动和传热机理,对相关领域的成功设计和优化有着重要的科学意义。

采用分形树状微孔网络束模型描述多孔介质不同层次的复杂性是一种有效的解决方法,同时多孔通道内的流体通常表现出非牛顿流体特性,将分数阶非牛顿流体本构方程与多孔介质的分形属性相结合并建立耦合模型,重点研究了流动与传热过程中的渗透性和导热性,从理论上探究微结构参数对流动与热输送特性的影响,进而通过改变结构形态和参数实现流动阻力和传热性能的最佳平衡,为实际工程的应用提供理论依据。

在运用理论方面,采用了分形维数这一核心概念来描述多孔介质的几何复杂性。分形维数是衡量分形结构复杂程度的一个关键参数,它可以为非整数,通常介于其嵌入空间的整数维数之间。例如,在二维平面上,分形维数可能是 1.5,表示结构复杂程度介于线和面之间。通过引入分形维数来描述多孔介质中孔隙和通道的分布特性。研究中建立了一个树状分形模型,通过递归算法生成自相似的分支结构,以模拟多孔介质中的复杂通道和孔隙。每一级分支都保持与上一层相似,构成了一个完整的分形几何结构。分形模型的核心参数包括分形维数、分支角度和分支比,这些参数用于推导流体流动和热传导模型。分形维数反映了多孔介质的复杂程度,而分支角度和分支比则影响流体流动路径和热传导路径的形态。

1. 理论框架的构建

黄永平在构建理论框架时,将分形几何作为核心工具,用于描述多孔介质的复杂结构。分形几何的核心概念是分形维数,它能够描述不规则和复杂形状的细节,而这些形状在传统的欧几里得几何中无法得到有效刻画。研究者利用分形维数来量化多孔介质的复杂程度,认为多孔介质的孔隙和通道是分形几何结构的体现。通过树状分形模型来模拟多孔介质中的孔隙和通道分布,这一模型具有自相似性,能够在不同的尺度下呈现一致的几何特征。这种自相似结构是通过递归生成的,每一层的分支都是上一层的缩小版本,形成了一个整体的分形几何模型,如图 7.5.3 所示。

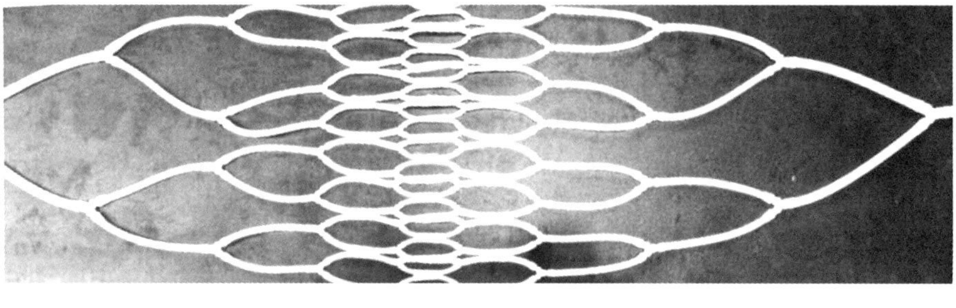

图 7.5.3 树状分形管网实物图

2. 流动模型的建立

在流体流动模型的建立中,黄永平采用分形理论来解释多孔介质中流体的复杂流动行为。为了量化流体在复杂分形通道中的流动,黄永平引入了一个分形渗透率模型。这个模

型通过分形维数和介质的几何参数，描述了流体在多孔介质中的流动阻力和渗透性。具体公式为

$$k=k_0\left(\frac{r}{R}\right)^{2-D_{\mathrm{f}}}$$

式中　k——渗透率，k_0 是一个常数，取决于流体和介质的性质；

r 和 R——孔隙的特征尺寸和介质的尺度；

D_{f}——分形维数。

通过该模型，研究者能够定量分析分形维数对流体流动的影响。随着分形维数的增加，结构复杂性增加，流动路径变得更加曲折，导致流动阻力增加，渗透率降低。

3. 热传导模型的构建

对于热传导模型，黄永平同样使用分形理论来解析多孔介质的热传导特性。分形导热率模型通过考虑分形结构对热量传输路径的影响，详细描述了热导率如何随分形维数和结构参数的变化而变化。研究表明，导热率与分形维数之间的关系是非线性的：较高的分形维数意味着结构的复杂性增加，热传导路径更长，热阻更大，从而降低了热传导效率。这种通过分形几何来模拟的热传导模型，为研究多孔介质中的热传递提供了新的视角。

4. 试验设计与验证

在理论模型建立之后，黄永平进行了严格的试验设计以验证分形模型的准确性。试验设置包括模拟不同分形参数下的流体流动和热传导过程，测量流动阻力、渗透率和导热率等关键物理量。通过控制试验条件，研究者能够精确地调整分形维数、分支角度和分支比等参数，以观察这些参数对流体和热传导性能的影响。

试验结果显示，分形模型的预测结果与试验数据高度一致，验证了分形模型在描述多孔介质特性方面的有效性。例如，试验表明随着分形维数的增加，流动阻力明显增加，渗透率降低，同时热传导效率也随之下降。这些试验结果不仅支持了分形模型的理论预测，还进一步证实了分形结构在多孔介质中的重要作用。

结果表明，分形结构显著影响多孔介质的流动和传热特性。具体来说，分形维数在流动和传热过程中的作用至关重要，它不仅影响流体流动路径的复杂性，也决定了热传导路径的长短。研究还指出，分支角度和分支比等微观结构参数也对流体动力学和传热性能有重要影响。调整这些参数可以显著改善多孔介质的性能，为实际工程应用提供了设计依据。尽管研究取得了显著进展，研究者也提出了一些未来研究的建议。首先，现有的分形模型在某些方面仍需改进，以更好地适应实际应用的复杂条件。例如，可以通过更复杂的分形模型来考虑更多的物理因素和边界条件，以提高模型的适用性和精确性。此外，黄永平建议将分形理论与其他现代科学方法相结合，如多尺度建模和机器学习，以解决更加复杂的工程和科学问题。这些结合可以为更加全面和深入的分析提供支持。此外，分形理论在环境科学、信息技术和生物医学工程等新兴领域中的应用潜力也值得进一步探索。

通过的研究，分形理论在多孔介质流动与传热特性研究中的应用得到了充分验证。分形模型为复杂系统的分析提供了一种新方法，使得研究者能够更加精确地描述多孔介质中的流体动力学和热传导特性。分形理论的应用不仅有助于优化多孔介质结构，提高工程系

统的效率，还为未来的研究指明了方向。总之，分形理论在多孔介质中的运用展现了其在解决复杂问题上的卓越能力，并为未来的研究提供了广泛的启示。

7.5.2 多孔材料孔隙结构的分形维数测定

在当前的研究背景下，多孔介质内部的流动与传热现象由于孔隙结构的随机性而变得极其复杂。这些现象广泛存在于自然界以及许多工程领域，尤其是在地质渗透、建筑墙体保温、相变蓄热等领域，具有广泛的应用前景。然而，尽管多孔介质的工程应用潜力巨大，其内部传热和传质的基本机理尚未得到充分揭示。特别是，多孔介质的孔隙结构通常具有随机性和统计自相似性，这使得传统的传热和传质模型难以准确描述其内部的复杂过程。因此，深入理解多孔介质的孔隙结构与其流动和传热特性之间的内在联系成为当前研究的关键问题之一。

为应对这一挑战，基于分形理论中的布朗运动模型，对多孔介质的孔隙结构进行了定量描述和几何重建。这一研究方法的独特之处在于，它能够真实地反映多孔介质的实际结构特性，从而为研究复杂的流动与传热现象提供了更为精确的几何模型。通过建立多孔介质内部的渗流、导热和固液相变的理论模型，并结合数值模拟方法，系统地研究了多孔介质的渗流特性、热传导行为以及固液相变过程中的传热特性。

黄永平详细分析了多孔介质的孔隙率、分形维数、固体骨架和流体相的热物性参数，以及外部工况对流动与传热特性的影响机制。例如，研究发现，由于孔隙结构的复杂性，多孔介质内部的流体速度分布不均匀，且在孔道宽度急剧变化处容易出现速度峰值。此外，随着孔隙率的增加，多孔介质的渗透率呈单调递增趋势，而分形维数的增加则有效地增强了其渗流输运能力。

在导热特性方面，研究表明，多孔介质的固体基质分布导致内部温度和热流呈现非均匀分布现象。有效导热系数随着孔隙率的增加而减小，但当孔隙率超过一定值时，减小的趋势逐渐减缓。同时，分形维数与多孔介质的有效导热系数呈负相关，分形维数的增加在一定程度上削弱了导热能力。固体相和流体相的导热系数比值对导热特性的影响存在一定限度，超过临界值后，导热系数基本保持不变。

还通过可视化试验平台对多孔介质内相变材料的融化和凝固过程进行了实时观测，验证了理论模型的正确性。这些研究结果不仅为理解多孔介质的传热传质行为提供了科学依据，同时也为未来相关领域的工程应用奠定了基础。

运用分形理论可探讨多孔介质孔隙结构的分形维数及其对流动与传热特性的影响。首先从理论模型的建立开始，采用分形布朗运动模型对多孔介质的孔隙结构进行了定量描述和几何重建。分形布朗运动模型的引入是为了更准确地捕捉多孔介质中孔隙的随机性和复杂性，从而为后续的流动和传热模拟提供一个精确的几何基础。这个几何模型能够反映多孔介质的实际结构特征，尤其是其自相似性和统计特性，这对于深入理解其内部的复杂物理过程至关重要。

在建立几何模型后，进一步构建了多孔介质内的渗流、导热以及固液相变的理论模型（图 7.5.4）。这些模型不仅考虑了孔隙结构的分形特性，还融合了多孔介质中不同相间的热物性参数及其相互作用。这些模型的建立为系统研究多孔介质的流动与传热行为奠定了理论基础。

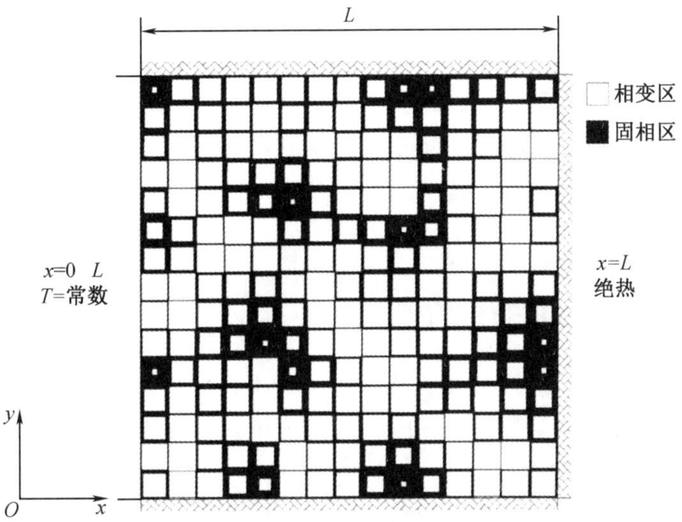

图 7.5.4　分形多孔介质的固液相变传热模型

接下来,对所建立的理论模型进行了数值模拟,重点分析了孔隙率和分形维数对多孔介质渗流特性和导热行为的影响。模拟结果显示,随着孔隙率的增加,多孔介质的渗透率呈现出单调递增的趋势,并且在孔隙率达到一定值后,这一趋势更加显著。同时,分形维数的增加显著增强了多孔介质的渗流输运能力,表明孔隙结构的复杂性对流体流动有着积极的促进作用。

在导热特性方面,研究发现分形维数与多孔介质的有效导热系数之间存在负相关关系。随着分形维数的增加,孔隙结构的复杂性削弱了导热能力,这表明分形结构不仅影响流体流动,也对热传导产生了重要作用。此外,固相和流体相的导热系数比值对导热特性的影响也得到了充分探讨,研究表明,当这一比值超过某个临界值后,多孔介质的有效导热系数趋于稳定。

为了验证理论模型的有效性,作者设计并实施了可视化试验,通过试验平台对多孔介质内部的相变材料(如 PCM)的融化和凝固过程进行了实时观测。试验结果显示,在纯 PCM 中,固液相界面的移动较为缓慢,且逐渐从直线演变为曲线;而在多孔介质中,由于孔隙结构的限制,固液相界面形成了多个独立的局部相界面,并且演化速率明显加快。试验结果与数值模拟的预测高度一致,这不仅验证了模型的准确性,也进一步确认了分形理论在描述多孔介质传热传质行为中的适用性。

通过这些深入的研究过程,揭示了孔隙结构的分形维数对多孔介质流动与传热行为的深远影响。分形维数的变化不仅影响了渗流特性和导热能力,还对相变材料的传热特性产生了重要作用。这些研究成果为后续相关领域的研究提供了丰富的理论和试验支持,同时也为工程应用中的多孔介质设计和优化提供了新的思路。

利用分形理论深入研究了多孔介质的孔隙结构及其分形维数的影响。研究首先采用分形布朗运动模型对多孔介质的孔隙结构进行了精确的几何重建，以捕捉其复杂的自相似特性。接着，基于重建的几何模型，建立了多孔介质内的渗流、导热和固液相变的理论模型，并通过数值模拟分析了孔隙率和分形维数对这些过程的影响。研究发现，随着孔隙率的增加，多孔介质的渗透率显著提升，而分形维数的增加则进一步增强了渗流输运能力。同时，分形维数与有效导热系数呈负相关，表明分形维数的增加会削弱多孔介质的导热能力。为了验证模型的准确性，还通过可视化试验观测了多孔介质内相变材料的融化和凝固过程，试验结果与数值模拟高度一致，进一步证明了分形理论在描述多孔介质结构及其传热特性中的有效性。

7.5.3 渗透率与分形特征的关系

随着我国经济的快速发展，粉煤灰作为火力发电厂燃煤产生的副产品，其排放量和累积堆存量逐年增加，已经成为工业固体废物的最大单一污染源，对环境的影响引起了广泛关注。由于粉煤灰的大量排放和堆积，如何合理、有效地进行粉煤灰的综合利用变得刻不容缓。在此背景下，近年来我国在高速公路建设中逐渐增多了对粉煤灰的应用，尤其是将粉煤灰用作路基填料，以期缓解取土与占地的矛盾，并发挥其轻质填料的优势。然而，粉煤灰路基的压实度和稳定性与其自身的渗透率密切相关，而现有研究大多局限于试验阶段，理论研究较为缺乏。

粉煤灰的渗透性是评价其工程特性的关键指标，传统的研究方法无法全面揭示其微观孔隙结构与渗透性的关系。因此，提出使用数字图像处理技术结合分形理论，对粉煤灰的孔隙结构进行定量研究，并通过修正的 Hagen-Poiseulle 方程和达西定律建立了基于分形理论的粉煤灰渗透率计算模型。该研究旨在为粉煤灰的工程应用提供理论依据，促进粉煤灰的综合利用，减轻其对环境的影响，并为未来的研究提供新的方法和视角。

从制备的不同干密度条件下的粉煤灰试样入手，利用数码体视显微镜进行微观孔隙结构的图像采集。为了确保分析的准确性，图像采集前进行了尺寸标定，确定每个像素所代表的实际物理尺寸。在图像采集完成后，戴杰等使用数字图像处理技术对获得的图像进行了预处理。这些预处理步骤包括背景平滑和图像锐化，旨在消除采集过程中产生的噪音，并突出图像中的孔隙特征。经过处理的图像被转换为灰度图像，研究者从中提取了粉煤灰的孔隙数量、当量圆直径、孔隙面积和孔隙率等关键参数。这些参数为后续的分形分析提供了基础数据。

接着，戴杰等引入了分形理论，构建了粉煤灰孔隙半径分布的分形模型。通过将图像处理得到的孔隙当量半径与累积数量的关系数据在双对数坐标系中进行表示，研究者进行了数据拟合，得出了粉煤灰孔隙结构的分维数。分维数是分形理论中的一个重要指标，它能够量化孔隙结构的复杂性和分布特征。在不同干密度条件下，研究者分别计算了这些分维数，以探讨干密度对孔隙结构分布的影响。

在获得分维数后，研究者进一步建立了粉煤灰渗透率的理论模型。基于分形理论，并结合修正的 Hagen-Poiseuille 方程和达西定律，研究者推导出粉煤灰渗透率的理论计算公式。这个公式考虑了粉煤灰孔隙结构的分形特征,将其渗透性与孔隙分布的复杂性直接关联起来。随后,戴杰等利用该公式计算了不同干密度下粉煤灰的渗透率,并分析了模型中的各个参数(如孔隙半径分布分维数、孔隙迂曲度、最大孔隙直径等)对渗透率的影响。这些分析有助于理解粉煤灰渗透性的内在机制。

最后,戴杰等进行了试验验证,以评估所建立的理论模型的准确性。通过室内变水头渗透试验,测定了不同干密度条件下粉煤灰试样的渗透系数。为了将试验结果与理论计算进行对比,戴杰等将试验得到的渗透系数转换为渗透率,并将这些试验值与理论模型计算的渗透率进行对比分析。对比结果表明,理论计算值与试验值在一定程度上存在差异,研究者进一步探讨了这些差异的可能原因,指出试验条件、粉煤灰试样的实际孔隙结构等因素可能导致了这种差异。这些分析验证了分形理论在粉煤灰孔隙结构研究中的适用性,并为后续的研究提供了参考。

分形理论课被用来揭示粉煤灰孔隙结构与渗透率特征之间的内在关系。孔隙结构的复杂性和不规则性在传统几何学中难以准确描述,而分形理论通过引入分维数这一概念,可以有效地量化这些复杂特征。粉煤灰的孔隙结构通常表现为多尺度和不均匀分布,这些特征直接影响其渗透性能。通过构建分形模型,探讨了孔隙半径分布的分形维数与渗透率之间的联系(图 7.5.5)。具体而言,孔隙的分维数越高,表明孔隙结构越复杂、分布越不均匀,这通常会导致渗透路径的迂回度增加,从而影响流体在孔隙介质中的流动性。分形理论提供的分维数可以用来描述孔隙分布的整体特征,而这些特征又直接反映在粉煤灰的渗透率上。通过分形模型计算出的渗透率理论值与试验值进行对比,验证了分形理论能够较好地解释孔隙结构与渗透率特征之间的关系,证明了分形维数作为一种有效的参数,可以用于预测和评估粉煤灰的渗透性能。这种基于分形理论的分析方法,不仅深化了对粉煤灰渗透特性的理解,也为优化粉煤灰在工程中的应用提供了理论依据。

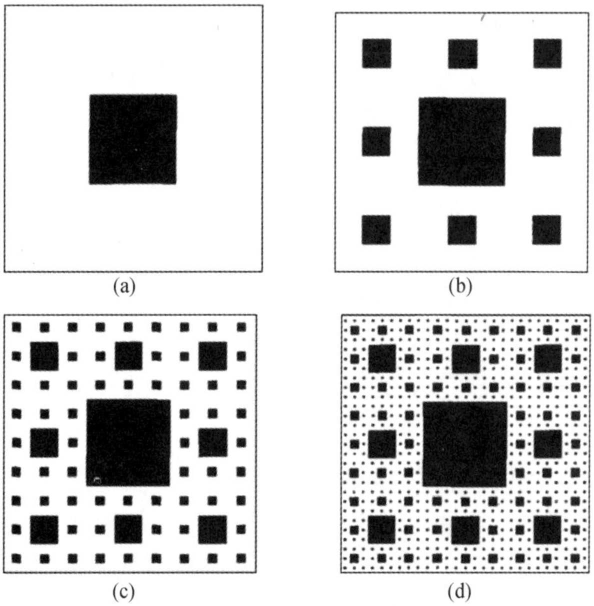

图 7.5.5　Sierpinski 地毯模型

7.6 其他材料的分形

7.6.1 马氏体的分形与分维

马氏体的分形维度是研究其微观结构的重要参数。马氏体是一种在快速冷却过程中形成的硬而脆的结构,在钢铁材料中尤其常见。分维是用来描述这些复杂结构的几何特性和粗糙度的一个数学概念,通常用于表征材料表面的不规则性和复杂性。

在材料科学中,通过分维可以量化马氏体微观结构的复杂度。例如,在光学显微镜或电子显微镜下观察到的马氏体微观图像,往往呈现出分形特征。通过图像分析技术,可以计算出这些图像的分维,进而反映出马氏体组织的复杂性。

分维值的大小通常与马氏体的形成条件有关,如冷却速度、碳含量等。较高的分维值通常表明马氏体组织更加复杂,可能与材料的力学性能如硬度、强度等相关。因此,研究马氏体的分维可以帮助理解材料的性能,并为材料设计和加工提供理论依据。

具体的计算方法可能包括盒子计数法、基于图像处理的分形维度计算等,这些方法可以有效地提取微观结构的分形特征并进行定量分析。

在高碳钢材料中,随着淬火加热温度的逐步升高,淬火后形成的残余奥氏体数量增加,而片状马氏体的数量则减少(图 7.6.1)。尽管已有大量研究探讨了马氏体的相变过程、数量变化及其影响因素,但很少有研究关注马氏体的几何特征,特别是其几何特征如何随着温度的变化而演变。

近些年来,随着分形几何学的引入,分形理论逐渐成为研究材料断裂和相变过程的有效工具,特别是在材料科学领域,如离子束作用下薄膜的相变、合金的共晶生长及非平衡偏聚现象的研究中,分形理论已经取得了显著进展。这些研究表明,分形几何能够揭示出复杂结构的自相似性和尺度不变性,这对于理解材料内部微观结构的演变过程具有重要意义。

基于此,苗丕峰尝试采用分形几何的方法,研究在不同淬火加热温度下,高碳钢中片状马氏体的分形特征。研究表明,在一个奥氏体晶粒内部,片状马氏体的分布呈现出分形结构,其分形维数随着淬火加热温度的升高而增加,尤其是在某些特定的相区,分形维数发生了显著变化(图 7.6.2)。这种变化可能与淬火温度对马氏体形成和生长的影响密切相关,因此,分形维数不仅是描述片状马氏体形态的重要几何参数,也反映了其在不同温度条件下的相变和生长过程的复杂性。

详细探讨了分形理论在分析高碳钢片状马氏体结构中的应用。通过显微镜观测和图像分析技术,对淬火后样品中的片状马氏体进行了详细的结构观察,发现这些片状马氏体在不同温度下表现出明显的几何变化。计算了不同温度下马氏体片的分形维数。随着淬火加热温度的升高,片状马氏体的分形维数逐渐增加,这意味着马氏体结构变得更加复杂,具有更高的自相似性。

图 7.6.1　1 020 ℃+60 min 淬火所得组织

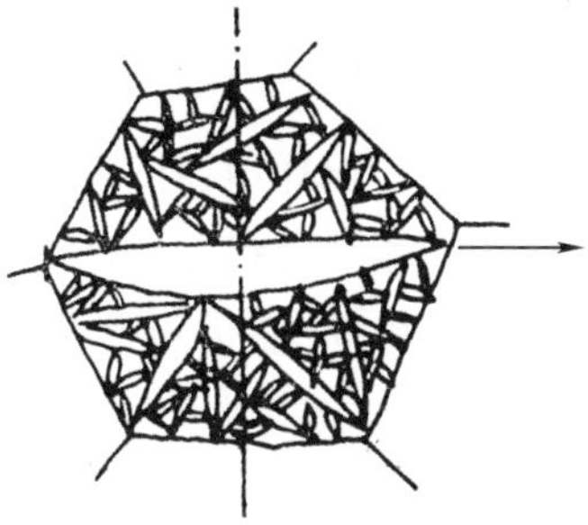

图 7.6.2　在一个原奥氏体晶粒内片状马氏体示意图

特别是在某些关键温度区间,分形维数表现出显著的变化,这与相区的转变密切相关。研究发现,当温度接近某些临界点时,由于相变的发生,马氏体的形成和生长过程受到显著影响,导致分形维数发生较大变化。这表明片状马氏体的形成不仅仅受到温度的影响,还与材料的相变过程密切相关。

通过这些试验和分析,研究证明了分形理论是一种有效的方法,可以用来描述片状马氏体的复杂几何结构及其随温度变化的行为,为理解高碳钢材料在热处理过程中的微观结构演变提供了新的视角。

在奥氏体晶粒内部,所有的片状马氏体构成了一个分形结构。这意味着片状马氏体的分布呈现出自相似性特征,即在不同尺度下,马氏体片的几何形态具有相似的形态特征。这个发现强调了马氏体形成过程中的几何复杂性,并表明分形理论是理解这种复杂结构的有效工具。随着淬火加热温度的增加,片状马氏体的分形维数也随之增加。这一变化反映了淬火加热温度对马氏体形成和生长的显著影响。尤其是在某些特定的温度区间,例如从两相区向单相区的转变过程中,分形维数发生了急剧的变化。这表明在这些温度区间内,马氏体的相变和形态变化尤为显著。此外,尽管片状马氏体的分形维数与淬火加热温度之间存在明显的关系,但这一几何参数不能直接用来确定淬火后组织的硬度。硬度的变化主要由马氏体的数量和残余奥氏体的量决定,而分形维数仅能反映几何形态的变化,而非直接影响硬度的物理量。分形维数作为描述片状马氏体形态的重要几何参数,不仅能够揭示材料结构的复杂性,还可以通过其变化反映出不同淬火加热温度下相变过程的微观机制。这为今后在材料科学领域应用分形理论提供了新的视角,并为进一步研究高碳钢的热处理工艺和微观结构演变奠定了基础。

马氏体相变是一种复杂的固态相变现象,在金属材料科学领域中具有重要意义。随着研究的深入,科学家们逐渐发现,许多复杂的自然现象可以通过分形几何来描述,而马氏体相变过程中所展现的复杂形态和结构,也可以利用分形理论来解释。

马氏体是一种具有强烈方向性的金属组织,它通常在快速冷却过程中由奥氏体直接转变而成。在这一过程中,马氏体的形成受诸多因素影响,如冷却速度、合金成分、初始组织状态等。因此,马氏体的形态具有很强的多样性和复杂性。传统的金相分析方法往往难以全面捕捉其复杂的几何形态特征,而分形几何学则为研究这类复杂结构提供了新的工具和方法。

分形几何学是一种研究自相似结构的数学方法,它能够描述传统欧几里得几何无法涵盖的复杂结构。这种方法在研究自然界的诸多现象,如地形、云朵、海岸线等方面,已经取得了显著的成果。同样地,在金属材料的微观组织结构中,分形几何也展现出了广泛的应用前景。马氏体相变过程中的微观结构,因其多层次、多尺度的自相似特征,符合分形几何学的描述特点。因此,通过建立分形模型来研究马氏体相变,能够更深入地揭示其内在的几何结构规律(图 7.6.3)。

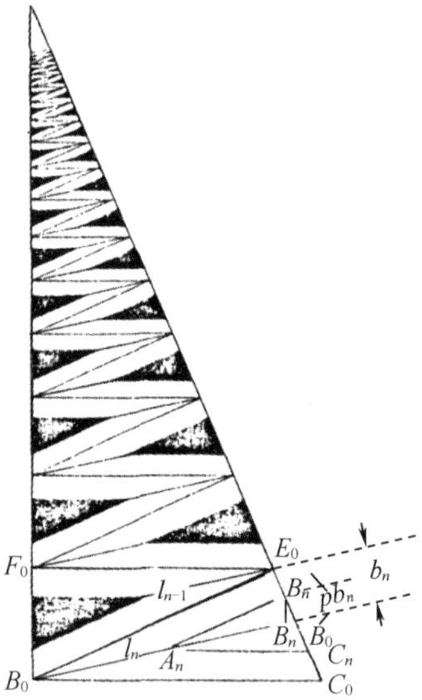

(a) 分形的第一代

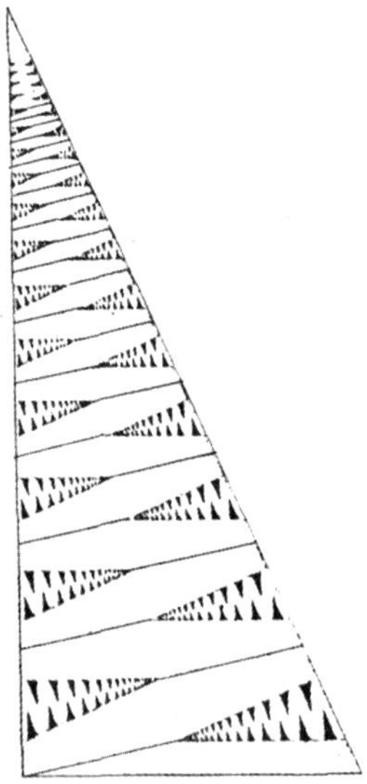

(b) 分形的第二代

图 7.6.3 马氏体相变的分形模型

邓洁提出了一种非均匀的分形模型,用以描述合金冷却过程中马氏体的形态变化。首先,通过对现有文献和试验数据的分析,确认了在合金冷却过程中确实存在某种分形规律,这为模型的建立提供了理论依据。接下来,详细阐述了构建分形模型的几何方法。

模型的构建基于直角三角形的几何图形。具体来说,邓洁等首先在奥氏体区内构造了一个直角三角形,并通过逐次分形的方法,在每一个三角形内继续分割,生成下一代的分形图形。通过这一操作,可以得到一个完整的分形图形。这一过程不仅是一个简单的几何构造,还融入了物理上的考量,例如各部分的相似比、三角形的宽度和残余奥氏体的体积分数等。

在模型的建立过程中,邓洁等重点考虑了分形的非均匀性。传统的分形模型通常假设整个结构具有相同的相似比,即各部分的自相似性是一致的。然而,在实际的马氏体相变过程中,各区域的形态变化速度和程度并不完全相同,这导致了不同区域之间的相似比存在差异。因此,作者引入了非均匀分形的概念,通过不同的相似比来描述各部分的形态变化,这一改进使得模型更贴近实际情况。

通过对不同冷却条件下合金试样的显微组织进行观测,测量了分形模型中的关键参数,如残余奥氏体的体积分数、各代数的面积变化等。这些试验数据与模型预测的结果进行了对比分析,结果显示,试验数据与模型预测的趋势基本吻合,验证了模型的合理性和有效性。

通过这一研究发现,马氏体相变过程中的形态变化确实遵循某种分形规律。具体来说,残余奥氏体的体积分数随着分形代数的增加而逐渐减小,这一趋势在模型中通过分维数的变化得到描述。分维数的大小反映了奥氏体面积减小的速度:分维数越大,奥氏体面积减小的趋势越慢,反之亦然。这一发现不仅为马氏体相变的研究提供了新的视角,也为未来的材料设计和工程应用提供了有价值的参考。

此外,研究还表明,分形模型在描述马氏体形态变化方面具有一定的普适性。尽管本研究主要针对特定类型的合金进行了分析,但邓洁等认为,所提出的分形模型同样适用于其他类型的合金,只需根据具体材料的物理特性调整模型参数即可。这一普适性使得分形模型在材料科学中的应用前景更加广阔。

值得注意的是,分形模型不仅可以用来描述马氏体的形态变化,还可以进一步用于预测合金的机械性能。例如,残余奥氏体的体积分数与材料的硬度和韧性密切相关,通过分形模型计算出的分维数,可以间接推测合金的某些机械性能指标。这为未来通过微观组织设计优化合金性能提供了新的方法和思路。

7.6.2　纳米颗粒的分形研究

纳米材料由于其小尺寸效应、量子尺寸效应、表面效应和界面效应,展现出比传统材料更加优异的性能。然而,由于纳米复合材料形态的复杂性,传统方法难以定量分析其形态与性能之间的关系。分形理论的出现,为定量分析纳米复合材料的形态提供了新的可能性。通过引入分形维数,可以更好地理解纳米材料的微观形态与宏观性能之间的关系。

(1)纳米颗粒的形态分析

在纳米颗粒的研究中,分形理论用于分析颗粒在生长过程中的形态特征。纳米材料由于其小尺寸效应、量子尺寸效应、表面效应和界面效应,展现出比基体聚合物更加优良的特性。然而,纳米复合材料的形态往往复杂,难以用传统方法定量分析其形态与性能的关系。分形理论的引入为此类研究提供了可能性。例如,通过分形维数对纳米颗粒的形态进行定量分析,从而揭示出其微观结构与宏观性能之间的关系。通过计算纳米颗粒的分形维数,可以定量描述颗粒的自相似性特征及其在不同尺度下的形态,从而更准确地理解颗粒的生长机制及其对材料性能的影响。

(2)纳米颗粒的分散性评价

在聚合物纳米复合材料中,纳米颗粒的分散性对材料的整体性能具有决定性影响。分形理论提供了一种有效的工具,通过计算分形维数来定量评估纳米颗粒在基体中的分布和分散效果。例如,分形维数可以作为衡量填充粒子在基体中分散质量的参数,通过显微检测及图像处理技术,可以将纳米颗粒的分散性转化为分形维数,从而量化其分布特性。不同分散状态的颗粒会表现出不同的分形维数,这为优化纳米复合材料的制备工艺、提高材料性能提供了指导。例如,分形维数越低,颗粒的分散越均匀,进而材料的物理和化学特性也会得到改善。

(3)材料性能的预测

分形理论还被广泛应用于预测纳米复合材料的宏观力学性能。传统的材料性能分析方法往往仅侧重于对纳米颗粒填充量或颗粒种类对材料性能的影响,缺乏对纳米颗粒分布及其在基体中分散情况的定量分析。分形理论通过量化纳米颗粒在基体中的分布和分散情况,进一步研究其对复合材料性能的影响。例如,通过计算颗粒分布的分形维数,可以有效地预测材料的力学性能变化。不同的分形维数与材料的抗冲击强度、拉伸断口等宏观性能之间存在显著的相关性,这使得分形理论成为优化复合材料性能的重要工具。

张文博使用分形理论研究纳米颗粒的背景基于纳米复合材料在提高物理和机械性能上的应用。在纳米复合材料的研究中,向高分子、金属或陶瓷等基体材料中添加纳米级颗粒可以显著提升材料的性能。然而,纳米颗粒因其高比表面积和表面极性,与大部分基体材料兼容性差,容易团聚形成较大的颗粒团聚体,难以在基体中均匀分散,进而影响最终制品的性能(图 7.6.4)。因此,如何提高纳米颗粒在基体材料中的分散均匀性和分散程度,成为纳米材料加工领域的一个关键研究课题。尽管试验手段能够观测颗粒团聚体的剥蚀、破碎和重组行为,但由于纳米颗粒团聚体在流场中的运动过程受到多种因素的影响,试验难以准确表征其动态行为。为此,结合分形理论和计算机模拟技术,研究纳米颗粒团聚体的分形结构及其在流场中的分散行为,为揭示纳米颗粒在聚合物基体中的分散机理,提供了新的研究方法和技术支持。

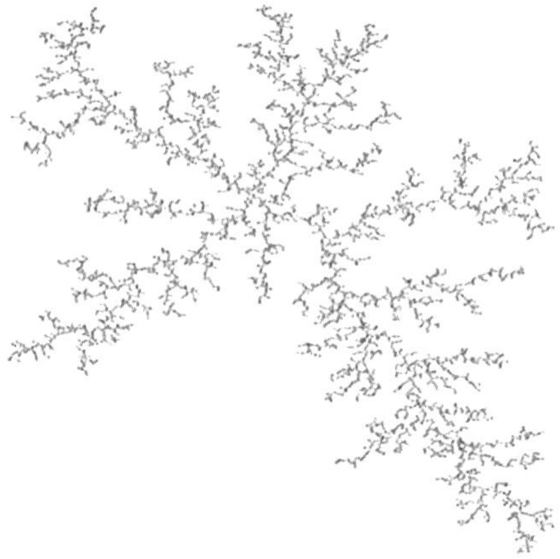

图 7.6.4　二维无网格体系 DLA 模型生成的颗粒团聚体

首先,张文博开发了用于模拟纳米颗粒团聚体分形凝聚与分散行为的数值模拟软件 DEMix3D。该软件基于 C++编程语言和 OpenGL 技术,旨在通过计算机模拟纳米颗粒在不同流场中的分散行为。这一工具的开发为后续研究提供了一个强大的计算平台,使得复杂的分形结构和颗粒动力学行为能够通过数值方法进行精确模拟。

接着,张文博使用了 DLA(扩散限制单体凝聚)和 DLCA(扩散限制团簇凝聚)两种分形凝聚模型,来生成与实际颗粒团聚体结构相似的分形结构团聚体。DLA 模型模拟了单颗粒从外部边界向中心团簇扩散凝聚的过程,通过随机游走的方式形成分支状结构;DLCA 模型则模拟了多个颗粒或团簇之间的相互碰撞和凝聚,逐渐形成更大规模的团聚体。通过这两种模型,研究再现了实际纳米颗粒团聚体可能形成的复杂分形结构。

在生成了这些分形结构团聚体后,进一步结合离散元法(DEM),模拟了这些团聚体在剪切流场和单轴拉伸流场中的分散行为。离散元法使得研究能够详细跟踪每个颗粒的运动轨迹和受力情况,从而获取颗粒在流场中受力、运动和相互作用的动态信息。研究观察到,随着流场强度的增加,纳米颗粒团聚体经历了形态变化、局部剥蚀、链状结构破裂及重新组合的过程。张文博还重点分析了在分散过程中,力链网络的演变如何影响分散效率和效果。研究发现,力链的分布和密度在一定程度上决定了团聚体的分散效率,并且最终分散后的颗粒碎片数量与流场强度呈幂函数关系。

最后,对这些模拟结果的深入分析揭示了不同分形结构的团聚体在不同流场下的分散机制。这一研究不仅深化了对纳米颗粒在流场中分散行为的理解,也为实际应用中优化纳米材料的加工工艺提供了重要的理论依据。

研究深入分析了分形凝聚团聚体在流场中的分散过程,揭示了团聚体在变形、破碎和重组后形成稳定碎片流的动态过程。通过观察分散过程中力链网络的演变,研究发现链状力链的密度对分散效率和效果具有决定性作用。DLCA 团聚体在同一流场类型和强度下,链状力链的密度较 DLA 团聚体更高,因而具有更好的分散效果。此外,在单轴拉伸流场中,链状力链的密度要高于剪切流场。

研究表明,分散效果与流场强度呈现幂函数关系,流场强度越高,分散效率和效果越好。这一结论对于理解和优化纳米颗粒的分散过程,特别是在实际应用中,具有重要的指导意义。

7.6.3　复合材料界面的分形特性

分形理论在复合材料界面的研究中具有重要的背景和应用价值。随着复合材料的广泛应用,尤其是在摩擦学研究中,研究人员越来越关注材料表面形貌的复杂性及其对摩擦性能的影响。传统的欧几里得几何学在处理复杂、非线性表面形貌方面具有一定的局限性,而分形理论的引入弥补了这一不足。分形几何通过分形维数来定量地刻画表面形貌的复杂程度,为理解和预测材料的摩擦磨损行为提供了一个强有力的工具。

在复合材料界面的研究中,分形理论的应用主要体现在两个方面。首先,通过分形维数的计算和分析,可以更准确地描述材料表面的粗糙度和不规则性。这对于理解材料在摩擦过程中表面形貌的演变至关重要。其次,分形理论还被用来建立磨损表面形貌与材料摩擦学性能之间的定量关系。研究表明,磨损表面形貌的分形维数越大,表面轮廓的复杂性越高,进而可能导致更高的磨损量。因此,分形维数不仅是表征材料表面质量的一个重要参数,也是预测材料耐磨性能的有效指标。

综上所述,分形理论为复合材料界面的研究提供了一个全新的视角,通过定量描述表面形貌的复杂性和不规则性,揭示了材料在摩擦磨损过程中表现出的独特特性。这一理论的应用,不仅深化了对材料界面行为的理解,也为新型耐磨材料的开发提供了理论依据。

在戈晓岚的研究中,分形理论被系统地应用于研究复合材料界面的微观形貌及其对材料性能的影响,研究重点在于揭示复合材料界面的复杂性以及其对摩擦磨损特性的影响。研究过程中,首先利用非接触光学轮廓仪和表面粗糙度仪对复合材料的摩擦磨损表面进行详细的三维形貌测量,并将采集到的表面数据作为分形分析的原始数据。这些数据为后续的分形特征提取提供了基础。

在具体的研究步骤中,戈晓岚通过对现有多种分形维数测定方法进行深入探讨和比较,最终选择了结构函数法作为研究材料磨损表面分形特性的主要方法。结构函数法被证明能够较为精确地描述磨损表面轮廓的复杂性,并有效计算其分形维数。通过这一方法,研究揭示了复合材料界面表面的微观形貌具有典型的分形特征,分形维数能够直观地反映出表面轮廓的复杂度、粗糙度以及材料表面特征的精细程度。

研究进一步表明,分形维数与传统的粗糙度参数之间存在一定的对应关系,但其与摩擦学性能的联系更加显著。随着分形维数的增加,磨损表面轮廓的复杂性和不规则性增加,这通常伴随着更大的磨损量。通过这一分析,戈晓岚发现分形维数可以作为一种有效的表征参数,反映材料在实际使用过程中的性能变化,特别是在高应力和高摩擦环境下的表现。

此外,研究还探讨了不同增强体粒径、体积分数和颗粒分布对界面分形特性的影响。结果表明,较小粒径的增强体在复合材料界面中形成的分形特征更为显著,具有更高的分形维数,同时展现出更好的耐磨性。通过对这些关系的深入分析,研究不仅展示了分形理论在复合材料界面研究中的强大适用性,还提供了优化材料设计和提升其应用性能的具体理论指导。

整体来看,这一研究过程展示了分形理论在描述复合材料界面微观结构方面的独特优势。通过计算界面的分形维数,研究者能够更加准确地预测材料的摩擦磨损性能,并在材料制备和工程应用中提出有效的优化方案。这为材料科学领域中的界面设计和性能提升提供了全新的研究路径,具有重要的理论和实践意义。

分形理论被成功应用于研究复合材料界面的微观结构特征,研究结果揭示了复合材料磨损表面具有明显的分形特性。通过结构函数法计算得到的分形维数,作者发现该参数能够有效地表征界面的粗糙度和复杂性。具体来说,研究结果表明,分形维数越大,磨损表面轮廓的复杂度越高,表面的微观不规则性越强。此外,分形维数与传统的粗糙度参数如算术平均偏差、最大高度等存在一定的对应关系,但它们之间的线性关系并不显著,因此分形维数提供了更为丰富的信息,能够更全面地描述界面表面的形貌特征。

研究还发现,不同粒径、含量和分布的增强颗粒在界面上形成的分形特征各有差异。较小粒径的增强体(尤其是亚微米级颗粒)在复合材料中形成更高的分形维数,表现出更好的摩擦学性能和耐磨性。同时,分形维数与磨损量之间存在一定的正相关关系,即分形维数增大时,磨损量也随之增加。这一发现为预测和控制复合材料的磨损行为提供了重要参考。

此外,研究结果还表明,随着磨损时间的延长,复合材料界面表面的分形特征逐渐显现,分形维数趋于稳定,这表明界面在经历初期快速变化后逐渐达到稳定状态。这一稳定的分形特性为界面的耐久性和使用寿命预测提供了有力依据。

总体而言,研究结果证实了分形理论在复合材料界面研究中的适用性和有效性。通过分形维数这一新型参数,研究不仅能够更精确地量化和表征界面微观形貌,还能够揭示复合材料在实际使用条件下的性能表现。这为未来复合材料设计与优化提供了新的理论支持,有助于提升复合材料在工程领域中的应用效果。

参 考 文 献

[1] 王悦勇. 表面织构滚动轴承摩擦磨损及接触疲劳可靠性研究[D]. 沈阳:沈阳工业大学,2023.

[2] 宋晖,王雨,吴焱明,等. 机加工表面的分形维数与粗糙度之间的关联规律研究[J]. 应用力学学报,2022,39(05):895-900.

[3] 宋泽章,吕明阳,赵力彬,等. 基于分形理论的致密砂岩渗透率预测模型[J]. 沉积学报,2023,41(06):1847-1858.

[4] 孙宝财. 基于分形理论的干气密封摩擦振动理论分析与实验研究[D]. 兰州:兰州理工大学,2020.

[5] 王丰. 基于建筑类型学的欧几里得几何空间秩序研究[D]. 天津:河北工业大学,2015.

[6] MANDELBROT B ,王继振 . 分形——自然界的几何学[J]. 世界科学,1991,(11):1-4.

[7] 刘宇,邓宏盛,张生芳,等. 基于 W-M 分形函数的三维粗糙表面摩擦生热研究[J]. 中国工程机械学报,2018,16(03):194-201.

[8] 董云开. 微尺度形貌修饰硅表面的摩擦特性研究[D]. 北京:清华大学, 2007.

[9] CANUDAS W C, OLSSON H, ASTROM K J, et al. A new model for control of systems with friction[J]. IEEE Transactions on Automatic Control, 1995, 40(3): 419-425.

[10] DUPONT P, ARMSTRONG B. Elastic-plastic friction model: contact compliance and stiction [C]// American Control Conference, Chicago, Illinois, USA, 2000, 2: 1072-1077.

[11] 张志明. 规则微凸体表面有向摩擦建模及应用研究[D]. 上海:华东理工大学, 2012.

[12] FREIDOVICH L, ROBERTSSON A, SHIRIAEV A, et al. LuGre-model-based friction compensation[J]. IEEE Transactions on Control Systems Technology, 2009, 18(1): 194-200.

[13] PADTHE A K, OH J H, BERNSTEIN D S. On the LuGre model and friction-induced hysteresis[C]// American Control Conference. IEEE, 2006, 3247-3252.

[14] LAMPAERT V, AL-BENDER F, SWEVERS J. A generalized Maxwell-slip friction model appropriate for control purposes[C]// International Conference on Physics & Control. IEEE Computer Society, 2003:1170-1177.

[15] 柳霆. 滑动磨合磨损过程摩擦振动检测与能量特征提取方法研究[D]. 大连:大连海事大学, 2017.

[16] SWEVER J, AL-BENDER F. An integrated friction model structure with improved presliding behavior for accurate friction compensation[J]. IEEE Transactions on Automatic Control, 2000, 45(4): 675-686.

[17] SAHA A, WAHI P. Delayed feedback for controlling the nature of bifurcations in friction-induced vibrations[J]. Journal of Sound and Vibration, 2011, 330(25): 6070-6087.

[18] 陈国安,葛世荣. 基于分形理论的磨合磨损预测模型[J]. 机械工程学报, 2000, 36(02): 29-33.

[19] LEINE R I, WOUW N. Stability and convergence of mechanical systems with unilateral constraints[M]. Berlin: Springer, 2007: 87-190.

[20] 方燕飞,马丽然. 磨合过程中液体润滑实现超低摩擦的混合模型研究[J]. 摩擦学学报, 2022, 42(06): 1138-1147.

[21] CANUDAS W C, OLSSON H, ASTROM K J, et al. A new model for control of systems with friction[J]. IEEE Transactions on Automatic Control, 1995, 40(3): 419-425.

[22] BOWDEN F D, TABOR D. The friction and lubrication of solids, Parts Ⅱ[M]. Oxford: Clarendon Press, 1973.

[23] KOMVOPOULOS K, YE N. Three-Dimensional contact analysis of elastic-plastic layered media with fractal surface topographies[J]. Journal of Tribology, 2001, 123: 632-640.

[24] WANG S P, CUI Y, SUN G, et al. Stability and boundedness analysis of the extended Lü system[J]. New Industrialization, 2021, 11(03): 92-94.

[25] 陈国安,葛世荣,刘金龙. 滑动摩擦力分形预测模型[J]. 中国矿业大学学报, 2000, 29(05): 50-53.

[26] HAM M, POWERS B M. Roughness parameter selection for novel manufacturing processes [J]. Scanning, 2014, 36(1): 21-29.

[27] 葛世荣,朱华. 摩擦学复杂系统及其问题的量化研究方法[J]. 摩擦学学报, 2002, 22(5): 405-408.

[28] 刘广,宋光辉. 分形:非线性科学理论、创新与实践[J]. 系统科学学报, 2013, 21(2): 4.

[29] KANG M C, KIM J S, KIM K H. Fractal dimension analysis of machined surface depending on coated tool wear [J]. Surface and Coatings Technology, 2005, 193(1): 259-265.

[30] JIANG Z, WANG H, FEI B. Research into the application of fractal geometry in characterizing machined surfaces [J]. International Journal of Machine Tools and Manufacture, 2001, 41(13): 2179-2185.

[31] ZHANG Y, LUO Y, WANG J F, Li Z. Research on the fractal of surface topography of grinding [J]. International Journal of Machine Tools & Manufacture, 2001, 41(13): 2045-2049.

[32] PODSIADLO P, STACHOWIAK G W. Fractal-wavelet based classification of tribological

surfaces [J]. Wear, 2003, 254(11): 1189-1198.

[33] IZQUIERDO S, LOPEZ C I, VALDÉS J R, et al. Multiscale characterization of computational rough surfaces and their wear using self-affine principal profiles [J]. Wear, 2012, 274(3): 1-7.

[34] 王建平,刘烨,李建新,等. 基于分形理论的气缸套磨损表面特征形貌表征 [J]. 车用发动机, 2012(1): 81-83.

[35] 葛世荣,TONDER K. 粗糙表面的分形特征与分形表达研究 [J]. 摩擦学学报, 1997, 17(1): 73-80.

[36] 周超,高诚辉. 基于离散傅里叶变换的分形粗糙表面轮廓合成与研究 [J]. 机械工程学报, 2011, 47(17): 5.

[37] SAYLES R S, THOMAS T R. Surface topography as a nonstationary random process [J]. Nature, 1978, 271(5644): 431-434.

[38] 蒋书文,姜斌,李燕,等. 磨损表面形貌的三维分形维数计算 [J]. 摩擦学学报, 2003, 23(6): 533-536.

[39] 刘小君. 表面形貌的分形特征研究 [J]. 合肥工业大学学报:自然科学版, 2000, 23(2): 236-239.

[40] 马军林,炊明伟,王崴,等. 基于小波变换和分形维数的表面微观形貌分析 [J]. 机械设计与制造, 2012, (6): 220-222.

[41] 赵西江. 基于分形的仿生涂层表面摩擦磨损形貌研究 [D]. 大连: 大连理工大学, 2012.

[42] HAN J H, PING S, SHENGSUN H. Fractal characterization and simulation of surface profiles of copper electrodes and aluminum sheets [J]. Materials Science and Engineering: A, 2005, 403(1):174-181.

[43] 陈辉,胡元中,王慧,等. 粗糙表面分形特征的模拟及其表征 [J]. 机械工程学报, 2006, 42(9): 219-223.

[44] HE L, ZHU J. The fractal character of processed metal surfaces [J]. Wear, 1997, 208(1): 17-24.

[45] 全书海. 基于表面灰度图像的加工表面形貌分形特征研究 [D]. 武汉: 武汉理工大学, 2002.

[46] 王泽鹏,李珂,张义. 基于多重分形的橡胶复合材料磨耗表面形貌特征研究 [J]. 北京化工大学学报:自然科学版, 2015, 42(1): 87-91.

[47] STACH S, CYBO J. Multifractal description of fracture morphology: theoretical basis [J]. Materials Characterization, 2003, 51(1): 79-86.

[48] XIE H, WANG J, KWA NIEWSKI M A. Multifractal characterization of rock fracture surfaces [J]. International Journal of Rock Mechanics and Mining Sciences, 1999, 36(1): 19-27.

[49] 孙霞,吴自勤. 规则表面形貌的分形和多重分形描述 [J]. 物理学报, 2001, 50

(11): 2126-2131.

[50] 王振廷, 孟君晟. 摩擦磨损与耐磨材料[M]. 哈尔滨: 哈尔滨工业大学出版社, 2013.

[51] ASCHAN C, HIRVONEN M, RAJAMÄKI E, et al. Slip resistance of oil resistant and non-oil resistant footwear outsoles in winter conditions[J]. Safety Science, 2005, 43(7):373-389.

[52] 谢仕芳, 张林伟, 王武荣, 等. 45 钢与 DC53 钢的干滑动摩擦学行为[J]. 材料热处理学报, 2015, 36(06): 222-227.

[53] COURTNEY T K, SOROCK G S, MANNING D P, et al. Occupational slip, trip, and fall-related injuries can the contribution of slipperiness be isolated? [J]. Ergonomics, 2001, 44(13): 1118-1137.

[54] 温诗铸. 我国摩擦学研究的现状与发展[J]. 机械工程学报, 2004,40(12):1-6.

[55] 魏世忠, 徐流杰. 钢铁耐磨材料研究进展[J]. 金属学报, 2020, 56(04):523-538.

[56] 吴兆宏, 朱华, 李刚. 摩擦信号分形维数与载荷和速度的关系研究[J]. 摩擦学学报, 2007, 27(2):161-165.

[57] 周元凯. 磨合吸引子的演化规律及其系统依赖性研究[D]. 徐州:中国矿业大学, 2016.

[58] 范梓良, 梁国星, 宋金鹏, 等. 干摩擦下速度与载荷对 AISI 1045 钢磨损行为的影响[J]. 润滑与密封, 2018, 43(10):73-80.

[59] RAADNUI S, ROYLANCE B J. Classification of wear particle shape[J]. Lubrication Engineering, 1995, 51(5): 432-437.

[60] 耿珊. 油液监测在风机故障诊断中的应用[J]. 甘肃科技, 2020, 36(12):50-54.

[61] SEIFERT W W, WESTCOTT V C. A method for the study of wear particles in lubricating oil[J]. Wear, 1972, 21(1): 27-42.

[62] 丁雪兴, 张正棠, 任琪琛, 等. 基于分形理论的磨粒磨损预测模型[J]. 甘肃科学学报, 2016, 28(05):84-88.

[63] YUAN W , DONG G , CHIN K S, et al. Tribological assessment of sliding pairs under damped harmonic excitation loading based on on-line monitoring methods[J]. Tribology International,2016, 96:225-236.

[64] CAO W, DONG G, CHEN W, et al. Correction strategies of debris concentration for engine wear monitoring via online visual ferrograph[J]. Proceedings of the Institution of Mechanical Engineers, Part J: Journal of Engineering Tribology, 2015, 229(11): 1319-1329.

[65] HENNEBERG M J, RGENSEN B, ERIKSEN R L. Oil condition monitoring of gears onboard ships using a regression approach for multivariate T2 control charts[J]. Journal of Process Control, 2016, 46: 1-10.

[66] 吴晓. 基于油液分析的航空发动机磨损状态智能监测研究[D]. 南京:南京航空航

天大学, 2012.
[67] 马雪皓. 电感式油液磨粒检测传感器的研究[D]. 天津:天津工业大学, 2019.
[68] 靳晨聪. 油液中磨粒在线监测系统的设计和研究[D]. 秦皇岛:燕山大学, 2015.
[69] 傅舰艇. 油路磨粒检测方法与电路研究[D]. 成都:电子科技大学, 2012.
[70] 郭璞. 高光谱油液检测系统设计与实现[D]. 西安:西安石油大学, 2021.
[71] YON-SANG C H O, HEUNG-SIK P. Optimization of image capturing method of wear particles for condition diagnosis of machine parts[J]. Transactions of Nonferrous Metals Society of China, 2009, 19: s215-s219.
[72] 刘洁. 电磁型油液磨粒在线监测传感系统的研究[D]. 新乡:河南师范大学, 2018.
[73] 牛泽. 基于电磁感应的油液磨粒传感器设计[D]. 太原:中北大学, 2021.
[74] 姜旭峰, 费逸伟, 李华强, 等. 航空发动机滑油综合监测技术研究[J]. 润滑与密封, 2005(02):120-122+125.
[75] MILLER J L, KITALJEVICH D. In-line oil debris monitor for aircraft engine condition assessment[C]//2000 IEEE Aerospace Conference. Proceedings(Cat. No. 00TH8484). IEEE, 2000(6): 49-56.
[76] 牛泽, 李凯, 白文斌, 等. 电感式油液磨粒传感器系统设计[J]. 机械工程学报, 2021, 57(12):126-135.
[77] 范辰, 王立勇, 陈涛, 等. 基于高磁导率铁芯的磨粒传感器性能提高方法[J]. 广西大学学报(自然科学版), 2021, 46(02):353-361.
[78] 薄昭. 基于微流体的油液金属磨粒区分检测实验研究[D]. 大连:大连海事大学, 2015.
[79] DU L, ZHE J. An integrated ultrasonic - inductive pulse sensor for wear debris detection [J]. Smart materials and structures, 2012, 22(2): 025003.
[80] EDMONDS J, RESNER M S, SHKARLET K. Detection of precursor wear debris in lubrication systems[C]//Proceedings of AerospaceConference, 2000: 73-77.
[81] 明廷锋, 朴甲哲, 张永祥, 等. 超声波磨粒监测方法的研究[J]. 内燃机学报, 2004, 22(04):357-362.
[82] 吕纯, 张培林, 吴定海, 等. 基于超声传感器的油液磨粒在线监测系统的研究[J]. 机床与液压, 2016, 44(07):73-75.
[83] 徐超, 张连武, 马振书, 等. 新型超声磨粒传感器检测能力实验研究[J]. 润滑与密封, 2016, 41(01):21-25.
[84] 陈为平, 高诚辉, 任志英. 磨粒表征研究进展及发展趋势[J]. 中国工程机械学报, 2015 13(04):283-288+311.
[85] 萧汉梁, 铁谱技术及其在机械监测诊断中的应用[M]. 北京: 人民交通出版社, 1993.
[86] ROYLANCE B J, ALBIDEWI I A, LUXMOORE A R, et al. The development of a computer - aided systematic particle analysis procedure - CASPA [J]. Lubrication

Engineering, 1992, 48 (12): 940-946.

[87] ROYLANCE B J, ALBIDEWI I A, LAGHARI M S, et al. Computer-aided vision engineering (CAVE): quantification of wear particle morphology [J]. Lubrication Engineering, 1994, 50(2): 121-126.

[88] SPERRING T P, NOWELL T J. SYCLOPS—a qualitative debris classification system developed for RAF early failure detection centres [J]. Tribology International, 2005, 38(10): 898-903.

[89] PENG Z, KIRK T B. Wear particle classification in a fuzzy grey system [J]. Wear, 1999, 225: 1238-1247.

[90] 左洪福, 吴振锋, 陆海琴,等. DMAS 智能化铁谱分析系统及其应用[J]. 江苏航空, 1999(1):60-64.

[91] 陈为平, 高诚辉, 任志英. 磨粒表征研究进展及发展趋势[J]. 中国工程机械学报, 2015, 13(04): 283-288+312.

[92] HICYILMAZ C, ULUSOY U, YEKELER M. Effects of the shape properties of talc and quartz particles on the wettability based separation processes [J]. Applied Surface Science, 2004, 233(1/4): 204-212.

[93] 方亮, 高义民, 周庆德. 磨粒磨损中磨粒几何外形参数的分析方法[J]. 摩擦学学报, 1995,15(04):348-354.

[94] 王伟华, 殷勇辉, 王成焘. 磨粒形状特征提取及神经网络识别[J]. 中国矿业大学学报, 2003,32(02):97-100.

[95] 陆永耕. 磨粒图象纹理分形特征的研究[J]. 微型电脑应用, 2000,16(12):3.

[96] MYSHKIN N K, GRIGORIEV A Y. Morphology: exture, shape, and color of friction surfaces and wear debris in tribodiagnostics problems [J]. Journal of Friction & Wear, 2008, 29(3): 192-199.

[97] STACHOWIAK G W, PODSIADLO P. Characterization and classification of wear particles and surfaces [J]. Wear, 2001, 249(3): 194-200.

[98] PODSIADLO P, STACHOWIAK G W. Scale-invariant analysis of wear particle surface morphology I: Theoretical background, computer implementation and technique testing [J]. Wear, 2000, 242(1-2): 160-179.

[99] KIRK T B, STACHOWIAK G W, BATCHELOR W. Fractal parameters and computer image analysis applied to wear particles isolated by ferrography [J]. Wear, 1991, 145(2): 347-365.

[100] 黄传辉, 朱华, 葛世荣. 磨粒轮廓分形维数与磨损状态的关联性研究[J]. 摩擦学学报, 2003,23(04):336-339.

[101] 姜建东, 陈进, 屈梁生. 砂轮表面轮廓的分形探索[J]. 机械科学与技术, 1998(06): 132-134+137.

[102] 周新聪, 萧汉梁, 严新平,等. 一种新的磨粒图像特征参数[J]. 摩擦学学报,

2002, 22(2):138-141.

[103] 刘洪涛, 葛世荣. 磨屑轮廓的雷达图分形表征[J]. 科学通报, 2007(13):1586-1590.

[104] 张怀亮, 孙栓辉. 片状磨粒、块状磨粒和层状磨粒轮廓分形维数研究[J]. 润滑与密封, 2009, 34(12):37-40.

[105] 张怀亮, 肖雷, 邹佰文. 磨粒群盒维数计算过程中的参数优选法[J]. 润滑与密封, 2013, 38(05):13-18.

[106] 齐福柱. 基于分形维数的磨粒识别方法研究[D]. 大连:大连海事大学, 2014.

[107] FENG S, FAN B, MAO J, et al. Prediction on wear of a spur gearbox by on-line wear debris concentration monitoring[J]. Wear, 2015,336-337(000): 1-8.

[108] ROYLANCE B J, RAADNUI S. The morphological attributes of wear particles-their role in identifying wear mechanisms[J]. Wear, 1994, 175(1-2): 115-121.

[109] KJER T. Wear rate and concentration of wear particles in lubricating oil[J]. Wear, 1981, 67(2): 217-226.

[110] SZYMCZYK W. Variations in wear particle concentration in lubricating oil[J]. Wear, 1982, 80(1): 121-124.

[111] FAN B, LI B, FENG S, et al. Modeling and experimental investigations on the relationship between wear debris concentration and wear rate in lubrication systems [J]. Tribology International,2017,109:114-123.

[112] 朱真才, 戴兴国, 陈国安. 滑动磨损磨粒群的分布规律[J]. 中南工业大学学报:自然科学版, 2003,34(03):4.

[113] 左洪福, 刘玉平, 李力, 等. 发动机磨屑尺寸的分布模型及其应用[J]. 南京航空航天大学学报, 1995,27(06):7.

[114] 葛世荣, 朱华. 摩擦学的分形[M]. 北京: 机械工业出版社, 2005.

[115] 丁丛. 摩擦系统磨合吸引子的动力学特性研究[D]. 徐州:中国矿业大学, 2019.

[116] 陈卓. 活塞环-缸套系统表面形貌的分形表征与减摩性能研究[D]. 西安:西安理工大学,2023.

[117] 张永芳,刘成,强程,等. 基于分块迭代函数系统的缸套表面织构的分形表征[J]. 中国表面工程,2022,35(01):220-230.

[118] 夏雅兵. 基于分形几何的表面织构设计及摩擦学性能研究[D]. 新乡:河南科技学院,2023.

[119] 李龙飞,周思柱,李美求,等. 基于分形理论的圆柱面接触密封特性分析[J]. 机床与液压,2023,51(14):33-38.

[120] 王洪涛,李艳,朱华. 具有分形特征的织构表面的润滑减摩性能研究[J]. 表面技术,2016,45(09):182-187.

[121] 林守强. 仿生甲虫鞘翅状分形结构吸能特性研究及优化[D]. 福州:福建工程学院,2023.

[122] 张晨.蜂窝分形结构超材料带隙特性研究[D].北京:北京建筑大学,2023.
[123] 吴斌,李伟伟,张继鹏,等.仿生树状分形薄壁结构的耐撞性研究[J].山东理工大学学报:自然科学版,2024,38(02):35-41+55.
[124] 侯玉波.谢尔宾斯基三角形分形梯度结构的力学性能研究[D].泉州:华侨大学,2021.
[125] 王铭,宋海燕,王立军.科赫分形结构塑料托盘的力学性能分析[J].塑料,2023,52(03):57-61.
[126] 王瑀琎,岳新智,刘坤鹏,等.一种新型分形王莲叶脉仿生的海上风力机防护装置[J].哈尔滨工业大学学报,2023,56(12):124.
[127] 徐灏.分形结构换热器中 PCM 熔化传热特性研究[D].苏州:苏州科技大学,2019.
[128] 孙帅政.射流结合仿生分形通道的平面电机散热结构设计[D].成都:电子科技大学,2023.
[129] 刘瑞华.基于 Sierpinski 分形结构的小型宽带振动换能器的设计与制作[D].南京:南京邮电大学,2016.
[130] 冯孟丽. 基于几何分形理论的制冷用换热模块性能优化研究[D]. 江苏:南京师范大学,2022.
[131] 徐阳,李伟浩,邱昊,等.基于 CPV 电池散热的射流冲击分形微通道换热器的结构优化[J].低温物理学报,2022,44(03):219-228.
[132] 陈真真,陈洪强,黄磊,等.分形微通道换热过程强化研究进展[J].工程科学学报,2022,44(11):1966-1977.
[133] 朱德进.一种新型微带分形天线的研究与设计[D].成都:四川大学,2006.
[134] 刘禹墨.基于分形结构的天线设计和性能分析[D].成都:电子科技大学,2023.
[135] 曾宪峰,张晨新,谢聪,等.新型树状分形天线多频特性分析[J].电讯技术,2010,50(10):78-81.
[136] 周文平,张卫,刘金梅,等.两种新型树状结构的分形天线研究[J].科学技术与工程,2012,12(20):5031-5034.
[137] 田楚.基于分形单元的微带反射阵列天线的设计研究[D].太原:山西大学,2019.
[138] 姚娜.分形天线在多频无线通信中的研究与应用[D].西安:西安电子科技大学,2006.
[139] 张泳.方向图可重构平面分形天线设计[D].成都:电子科技大学,2006.
[140] 刘承韬.分形盘绕型声学超材料的吸声特性研究[D].大连:大连理工大学,2022.
[141] 吴光华,柯艺波,张林,等.基于 Peano 分形的亚波长尺度声学超材料[J].振动与冲击,2022,41(23):230-240.
[142] 曹宇杰.基于 H 分形声学超材料研究的声聚焦透镜设计[D].哈尔滨:哈尔滨工业大学,2018.
[143] 倪方文.基于分形的模块化木质扩散体设计及评价[D].哈尔滨:哈尔滨工业大学,2019.

[144] 徐洪澎,谭令舸,吴健梅,等.谢宾斯基分形结构声散射特性与视觉偏好评价[J].应用声学,2024,43(02):321-329.
[145] 吴光华.亚波长尺度声学超材料引导中低频声波传播的研究[D].贵阳:贵州大学,2023.
[146] 邓念斌.基于分形理论的人体骨二维微观结构仿生设计[D].武汉:武汉理工大学,2002.
[147] 郭弯弯.类分形结构微纳复合电极制备及其应用研究[D].重庆:重庆大学,2017.
[148] 王凯.声子晶体带隙的分级分形结构调控及优化设计[D].北京:北京交通大学,2019.
[149] 吴运兵.分形理论在计算机图形设计中的研究与应用[D].西安:西安科技大学,2004.
[150] 李珂.基于分形理论的计算机图案设计研究[D].成都:西南交通大学,2011.
[151] 田民波. 薄膜技术与薄膜材料[M]. 北京:清华大学出版社, 2006.
[152] 木子. 金属表面处理技术 [J]. 全球科技经济瞭望, 1995 (1): 27-30.
[153] 刘爱华. PVD 氮化物涂层的高温摩擦磨损特性及机理研究 [D]. 济南:山东大学, 2012.
[154] 邵涛. 磁控溅镀 PVD 涂层磨蚀行为及机制研究 [D]. 重庆:重庆大学, 2018.
[155] 苗景国, 徐振宇, 王新颖.《金属表面处理技术》课程产学研融合型教学模式研究与实践 [J].铸造技术, 2018, 39 (1): 256-258.
[156] 李学龙,徐兴文,徐斌骁.磁控溅射的发展和工艺参数的探讨[J]. 新型工业化, 2021,11(09):9-10.
[157] 王岚.氧乙炔热喷涂与物理气相沉积制备涂层组织与性能研究[D].兰州:兰州理工大学,2023.
[158] MOORE C A, YU Z Q, THOMPSON L R, et al. Laser and electron beam assisted processing [M]//Seshan K. Handbook of Thin Film Deposition Processes and Techniques: Principles, Methods, Equipment and Applicatios. Norwich: William Andrew Publishing,2001.
[159] MAZUMDER J, KAR A. Theory and Application of Laser Chemical Vapor Deposition [M]. New York: Plenum Press, 1995.
[160] TAN S T, CHEN B J, SUN X W, et al. Blueshift of optical band gap in ZnO thin films grown by metal-organic chemical-vapor deposition [J]. J Appl Phys, 2005, 98 (1): 013505.
[161] CHHOWALLA M, TEO K B K, DUCATI C, et al. Growth process conditions of vertically aligned carbon nanotubes using plasma enhanced chemical vapor deposition [J]. J Appl Phys, 2001, 90 (10): 5308-5317.
[162] HAWALDAR R, MERINO P, CORREIA M R, et al. Large-area highthroughput synthesis of monolayer graphene sheet by Hot Filament Thermal Chemical Vapor

Deposition[J]. Sci Rep, 2012(2): 682.

[163] LIU Y,KOEP E,LIU M L. Highly sensitive and fast-responding SnO2 sensor fabricated by combustion chemical vapor deposition[J]. Chem Mater, 2005,17(15): 3997-4000.

[164] GOTO T. A review: structural oxide coatings by laser chemical vapor deposition[J]. Wuhan Univ Technol-Mater Sci Ed,2016,31(1): 1-5.

[165] 范丽莎,刘帆,吴国龙,等. 激光辅助化学气相沉积研究进展[J]. 光电工程,2022,49(02):7-35.

[166] 高睿,谢淑云,陶继东. MATLAB 平台下实现 DLA 分形聚集生长的模拟[J]. 西南师范大学学报:自然科学版,2005,30 (1) : 83-86.

[167] 胡月,王治丹. DLA 模型模拟薄膜生长成核阶段的动态过程[J]. 西部皮革,2019,41(02):6.

[168] 陆杭军. 非均匀基底上薄膜生长的计算机模拟[D]. 金华:浙江师范大学,2005.

[169] ZHANG M ,ZHOU X ,DENG C . Study on fractal and island growth processes of thin films with a modified DLA model[J]. Modern Physics Letters B,2019,33(35):14.

[170] 李桂琴,陆利新,叶晓军,等. 高效太阳能电池薄膜生长工艺优化模型的研究及其意义[J]. 制造业自动化,2011,33(05):43-46.

[171] 张勤俭,吴春丽,李敏,等. 人工神经网络—遗传算法优化激光—等离子体化学气相沉积 Si3N4 薄膜制备工艺[J]. 陶瓷学报,2002,23(2):116-118.

[172] PARITOSH, SROLOVITZ D J. Shadowing effects on the microstructure of obliquely deposited films. [J]. Appl. Phys, 2002,91:1963-1972.

[173] GONG Y X,MISTURE S T,GAO P,et al. Surface roughness measurements using power spectrum density analysis with enhanced spatial correlation length [J]. Journal of Physical Chemistry C,2016,120(39) : 22358-22364.

[174] PONOMAREVA A A, MOSHNIKOV V A, SUCHANECK G, et al. Microstructural Characterization of Hierarchical Structured Surfaces by Atomic Force Microscopy [C]//2nd International Conference on Competitive Materials and Technological Processes (Ic-Cmtp2). Miskolc Lillafüred,Hungary,2013: 47.

[175] SOLAYMANI S, ELAHI S M, NEZAFAT N B, et al. Characterization of microroughness parameters in Cu-C nanocomposite prepared by co-deposition of RFsputtering and RF-PECVD [J]. European Physical Journal-Applied Physics,2013,64 (1) : 11301.

[176] 吕建国,宋学萍,孙兆奇. 溅射超薄 Au 膜表面形貌 的分形表征[J]. 功能材料,2010,41 (7) : 1261-1264.

[177] 张磊,程鑫彬,张锦龙,等. 光学表面功率谱密度的表征[J]. 红外与激光工程,2015(12) : 3707-3712.

[178] 林启敬,吴昊,张福政,等. Cu/Ti 纳米薄膜表面形貌的分形表征研究[J]. 计量学报,2018,39(05):593-597.

[179] KUMAR C ,SHRIVASTAV M ,ESCRIG J, et al. The investigation of thickness-

dependent mono-fractal, optical and optoelectronics properties of sputtered silver thin film for silicon solar cell [J]. 2024, 225. DOI: 10. 1016/j. vacuum. 2024. 113247.

[180] 王琛英,杨树明,李常胜,等.基于原子层沉积的 Al_2O_3 薄膜微观形貌研究[J].稀有金属材料与工程,2015,44(12):3078-3082.

[181] 闫益,诸葛兰剑,吴雪梅. ZnO 薄膜的分形生长以及退火对 ZnO 薄膜结构和性质的影响[J].苏州大学学报:自然科学版,2007(04):62-66.

[182] 曹冠英,方方,徐华华,等. Ag-TCNQ 分形生长现象研究[J].真空科学与技术学报,2007(02):97-100.

[183] 吕建国,蔡琪,宋学萍,等.分形理论及其在薄膜微结构研究中的应用[J].安 徽教育学院学报,2007,25(3): 24-27.

[184] 雒向东,罗崇泰.退火态 Cu 膜表面形貌的分形特征[J]. 电子显微学报,2009,28(3):209-212.

[185] XAGAS A P,ANDROULAKI E,HISKIA A, et al. Preparation fractal surface morphology and photocatalytic properties of TiO_2 films [J]. Thin Solid Film, 1999(357): 173-178.

[186] 付永忠,丁建宁,解国新,等.纳米 Al 薄膜表面形貌与导电性的分形表征[J]. 传感技术学报. 2006, 19(5): 2304-2306.

[187] WANG Y,XU K W. Characterization of surface morphology of copper tungsten thin film by surface fractal geometry and resistivity[J]. Thin Solid Film,2004,468:310-315.

[188] TALU S, YADAV R P, MITTAL A K, et al. Application of Mie theory and fractal models to determine the optical and surface roughness of Ag-Cu thin films. Opt. QuantumElectron[J]. Physical Review Letters, 2011, 107(23):233902.

[189] SAYLES R S, THOMAS T R. The spatial representation of surface roughness by means of the structure function: A practical alternative to correlation[J]. Wear,1977, 42(2): 263-276.

[190] WANG Y, XU K W. Characterization of surface morphology of copper tungsten thin film by surface fractal geometry and resistivity[J]. Thin Solid Film,2004,468:310-315.

[191] TIAN F, JIANG A,YANG T,et al. Application of fractal geometry in gas sensor: A review[J]. IEEE Sensors Journal, 2021, PP(99):1-1.

[192] ZHENG G M, ZHAO J , LI Z Y, et al. Fractal characterization of the friction forces of a graded ceramic tool material[J]. The International Journal of Advanced Manufacturing Technology, 2014. DOI:10. 1007/s00170-014-6030-1.

[193] KANG M C,KIM J S,KIM K H. Fractal dimension analysis of machined surface depending on coated tool wear[J]. Surface & Coatings Technology, 2005, 193(1-3):259-265.

[194] FANG T H, JIAN S R,CHUU D S. Nanotribology and fractal analysis of ZnO thin films using scanning probe microscopy[J]. Journal of Physics D Applied Physics, 2003,

36(7):878-883.

[195] SINGH G, YADAV R P, BHASKER H P, et al. Investigation of fractal feature of multiferroic BiFeO3 thin films deposited on different substrates[J]. Mater. Res. Express,2018,5(12):126405.

[196] 王海斗,董美伶,崔秀芳,等. 不同厚度纳米 Ti 薄膜的力学性能[J]. 材料工程,2015,43(11):50-56.

[197] 王鸿博,赵晓燕,魏取福,等. PET 基纳米 Ag 薄膜形貌与导电及电磁屏蔽性能的分形表征[J]. 高分子材料科学与工程,2008(11):119-121+125.

[198] 付永忠,丁建宁,杨继昌,等. GeSb_2Te_4 薄膜表面形貌及力学性能的分形表征[J]. 真空科学与技术学报,2006,26(04):282-285.

[199] 李长久. 热喷涂技术应用及研究进展与挑战[J]. 热喷涂技术, 2018, 10(04): 22.

[200] 李文锦,石小轩,谢亚青. 表面喷涂对不锈钢零件耐磨性能的影响[J]. 铸造技术,2018,39(11): 2611-2614.

[201] 张伟,郭永明,陈永雄. 热喷涂技术在产品再制造领域的应用及发展趋势[J]. 中国表面工程,2011,24(6): 1-8.

[202] BAO Y,GAWNE D T,GAO J, et al. Thermal-spray deposition of enamel on aluminium alloys[J]. Elsevier B V,2013,232(10): 150-158.

[203] FREIBURG D, BIEEMANN D, PEUKER A, et al. Development and Analysis of Microstructures for the Transplantation of Thermally Sprayed Coatings[J]. Elsevier B V, 2014,14(4):245-250.

[204] 刘正卫. 电弧喷涂锌铝涂层工艺参数优化及性能研究[D]. 广州:广东工业大学,2019.

[205] 表面技术-热喷涂简介[J]. 热处理技术与装备,2022,43(04):62+66.

[206] 李俊. 基于复合表面强化技术的 Ni60/WC 涂层组织与性能研究[D]. 上海:东华大学, 2016.

[207] 刘保福. 不锈钢表面喷涂 WC-Ni 基合金涂层研究 [D]. 昆明: 昆明理工大学, 2007.

[208] MEMON H, ROMERO A R, DERELIZADE K, et al. A new hybrid suspension and solution precursor thermal spray for wear-resistant silicon carbide composite coatings[J]. Materials & Design,2022,224: 111382.

[209] 唐斌. 超音速火焰喷涂技术的研究与应用[J]. 工程技术研究,2018(10): 35-37.

[210] LASHMI P G, ANANTHAPADMANABHAN P V, UNNIKRISHNAN G, et al. Present status and future prospects of plasma sprayed multilayered thermal barrier coating systems[J]. Elsevier Ltd,2020,40(8): 2731-2745.

[211] ZHANG H, ZENG J, YUAN J, et al. Spray power-governed microstructure and composition, and their effects on properties of lanthanum-cerium-tantalum-oxide thermal barrier coating[J]. Elsevier Ltd, 2020,46(11): 18114-18122.

[212] 俞伟元,董鹏飞,吴保磊. 超音速火焰喷涂氧燃比对铁基非晶涂层性能的影响[J]. 材料导报,2024,38(12):152-157.

[213] 袁轩,刘伟,魏鑫,等. 超音速火焰喷涂 WC 基抗空蚀涂层研究进展[J]. 材料导报,2024,38(S1):572-577.

[214] SILVEIRA L L, PUKASIEWICZ A G M, AGUIAR D J M, et al. Study of the corrosion and cavitation resistance of HVOF and HVAF FeCrMnSiNi and FeCrMnSiB coatings[J]. Surface & Coatings Technology,2019,374: 910-922.

[215] 渠彬,朱世根,顾伟生,等. 电弧喷涂技术及进展[J]. 机械设计与制造, 2004(6): 86-88.

[216] CHU J P, HUANG J C, JANG J S C, et al. Thin film metallic glasses: preparations, properties, and applications [J]. JOM,2010,62(4): 19-24.

[217] TILLMANN W, VOGLI E, ABDULGADER M. The Correlation between the Coating Quality and the Moving Direction of the Twin Wire Arc Spraying Gun[J]. Journal of Thermal Spray Technology, 2010,19(1): 409-421.

[218] 李少伟,李疆,田煜,等. 等离子喷涂制备超疏水表面研究进展[J]. 材料工程,2023,51(02):67-79.

[219] KUN Y, LING G A O, MASAHIRO F, et al. 粒子扁平现象研究现状及发展[J]. 表面技术,2008,37(2):22-26.

[220] KING A H, PERRAM J W. Applications of computer simulation techniques to problems encountered in conventional plasma spraying[J]. Materials Science and Engineering, 1985, 70(1-2): 211-216.

[221] 曾晓雁, 吴懿平. 表面工程学[M]. 北京:机械工业出版社,2001.

[222] 陈丽梅, 李强. 等离子喷涂技术现状及发展[J]. 热处理技术与装备, 2006, 27(1): 1-5.

[223] 高玉魁,郑翔元,龚思婕. 等离子喷涂制备吸波涂层及等离子渗碳技术研究现状[J]. 中国表面工程,2023,36(06):1-15.

[224] 杨家志, 刘钟阳. 电爆喷涂技术在材料表面制备涂层的研究进展[J]. 材料导报, 2008,22(2): 82-85.

[225] 龚志强,吴子健,吕艳红,等. 等离子喷涂纳米 Al_2O_3-13%TiO_2 涂层的研究现状和展望[J]. 热喷涂技术, 2010 (2): 1-6.

[226] 陈书赢, 王海斗, 徐滨士, 等. 分形表征涂层质量评价参数的研究现状[C]//第十一届全国摩擦学大会. 中国甘肃兰州, 2013.

[227] Sayles R. Surface topography as a nonstationary random process [J]. Nature, 1978, 271(5644):431-434.

[228] MAJUMDAR A, BHUSHAN B. Role of fractal geometry in roughness characterization and contact mechanics of surfaces [J]. ASME Journal of Tribology, 1990, 112: 205-206.

[229] 王月. 铝硅封严涂层热稳失效机理分析[D]. 天津:天津大学,2009.
[230] 王洪娇,秦襄培. 涂层表面形貌的分形表征研究[J]. 机械,2020,47(11):71-75.
[231] 赵西江. 基于分形的仿生涂层表面摩擦磨损形貌研究[D]. 大连:大连理工大学,2012.
[232] 文雅娜. 等离子体喷涂陶瓷涂层超声振动辅助磨削加工机理及工艺研究[D]. 成都:四川大学,2023.
[233] 郝贠洪,张飞龙,宣姣羽,等. 涂层风沙冲蚀损伤表面分形维数预测模型[J]. 表面技术,2022,51(04):127-138,156.
[234] 张帅. 航空发动机中低温封严涂层形貌表征及可磨耗性分析[D]. 天津:中国民航大学,2020.
[235] 付倩倩,通雁鹏. 等离子喷涂氧化钇稳定氧化锆涂层的分形特征与断裂韧性[J]. 粉末冶金技术,2021,39(02):122-126.
[236] GUESSASMA S, MONTAVON G, CODDET C. On the implementation of the fractal concept to quantify thermal spray deposit surface characteristics [J]. Surface and Coatings Technology. 2003,173(1):24-38.
[237] KWAŚNY W,DOBRZAŃSKI LA,PAWLYTA M,et al. Fractal nature of surface topography and physical properties of the coatings obtained using magnetron sputtering [J]. Mater Process Tech. 2004,157:188-93.
[238] 王震林,韩勇. 金属热喷涂技术及其应用[M]. 北京:纺织工业出版社,1992.
[239] 富伟,陈清宇,徐明晗,等. 等离子喷涂 WC-Ni 涂层的组织结构及力学性能[J]. 金属热处理,2019,44(04):211-215.
[240] WANG X F,ZHANG T,YA L L,et al. Study on characterization technology of porosity and fractal dimension of micro-arc oxidation coating[J]. Materials Research Express,2023,10(7):075003.
[241] 丁坤英,李志远,王者,等. 基于分形方法的 YSZ 热障涂层有效热导率分析[J]. 中国表面工程,2020,33(03):104-110.
[242] 王海军. 热喷涂技术问答[M]. 北京:国防工业出版社,2006.
[243] 周玉. 材料分析方法. [M]. 北京:机械工业出版社, 2010.
[244] 陈书赢,王海斗,马国政,等. 等离子喷涂层原生性孔隙几何结构的分形及统计特性[J]. 物理学报,2015,64(24):101-108.
[245] WANG Z,KULKAMI A,DESHPANDE S,et al. Effects of pores and interfaces on effective properties of plasma sprayed zirconia coatings[J]. Acta Materialia,2003,51(18): 5319-5334.
[246] 孔德军,闫保旭. 电弧喷涂铝涂层阳极氧化后表面-截面结构分析[J]. 中南大学学报:自然科学版,2017,48(5): 7.
[247] BROSSARD S,MUNROE P R ,TRAN A,et al. Study of the splat-substrate interface for a NiCr coating plasma sprayed onto polished aluminum and stainless steel substrates[J].

Journal of Thermal Spray Technology,2010,19(1-2): 24-30.
[248] 琚正挺,宣天鹏. 分形计算方法及在材料表界面中的应用[J]. 稀有金属快报,2006,25(3):1-5.
[249] 李权,刘贵才. 热喷涂界面的观察与分析[J]. 电子显微学报,2004,23(4):488-488.
[250] 王文昌,盛天原,孔德军,等. 等离子喷涂 WC-12Co 涂层表面-界面性能[J]. 材料热处理学报,2015,36(12):190-196.
[251] 陈亚军,王志平,纪朝辉,等. 等离子与电弧喷涂 Ni-Cr-Al 涂层结合强度和磨粒磨损性能[J]. 材料热处理学报,2011,32(2):119-123.
[252] 张忠礼,丁勇,杨国强,等. 热喷涂涂层与电镀层的结合与界面[J]. 沈阳工业大学学报,2011,33(4):361-366.
[253] 黄伟九,李兆峰,刘明,等. 热扩散对镁合金锌铝涂层 界面组织和性能的影响[J]. 材料热处理学报,2007,28(2):106-109.
[254] VARDELLE,MOREAU C,LI C J,et al. The 2016 thermal spray roadmap[J]. Journal of Thermal Spray Technology,2016,25(8): 1376-1440.
[255] 华绍春,王汉功,汪刘应,等. 纳米 AT13 陶瓷喷涂层结合强度的分形维数表征[J]. 物理学报,2008(02): 1241-1245.
[256] 王瑞,李嘉杞,王海斗,等.不同工艺参数下超音速等离子喷涂层界面结合行为及其分形特性[J].中国表面工程,2023,36(06):117-125.
[257] 齐少华.树脂基复合材料防护涂层的制备及界面分形维数研究[D].哈尔滨:哈尔滨理工大学,2012.
[258] 吴小艳.粗糙涂层表面分形特征与其耐磨性能的研究[D].大连:大连理工大学, 2012.
[259] 汪明球,杜仕国,闫军,等. 纳米 TiO_2/玻璃微珠复合耐磨涂层的制备及其分形特征[J]. 硅酸盐学报,2011,39(11): 1850-1856.
[260] KIM G S, LEE S Y, HAHN J H, et al. Effects of the thickness of Ti buffer layer on the mechanical properties of TiN coatings[J]. Surface & Coatings Technology, 2002, 171(1-3):83-90.
[261] 张彬.等离子喷涂 Al_2O_3-TiO_2 涂层工艺与摩擦学性能研究[D].北京:机械科学研究总院,2013.
[262] 李雪利,王鲁,王富耻,等. 表面分形表征在功能梯度材料中的应用[J]. 中国体视学与图像分析,2001(02): 90-94,89.
[263] 吕广庶,王富耻,成志芳,等. Al/Ni-YPSZ 复合涂层力学性能与分形维数的关系[J]. 新技术新工艺,2002(05): 29-31.
[264] 马国佳.钛合金表面疏水的等离子体改性及其机理研究[D].大连:大连理工大学,2013.
[265] 林乃明,刘强,谢瑞珍,等. 采用表面分形维数评价 Ni-P 化学镀层的耐蚀性[J].

太原理工大学学报,2017,48(04):518-523.

[266] LIN N,GUO J,XIE F,et al. Comparison of surface fractal dimensions of chromizing coating and P110 steel for corrosion resistance estimation[J]. Applied Surface Science, 2014,311: 330-338.

[267] ONDA T, SHIBUICHI S,SATOH N, et al. Super-Water-Repellent Fractal Surfaces [J]. Langmuir,1996,12(9): 2125-2127.

[268] 刘燕,李亮,卢国龙,等. 电沉积 Nano-Al_2O_3/Ni-Co 复合涂层的分形特征及润湿性(英文)[J]. Transactions of Nonferrous Metals Society of China, 2011,21(S2): 380-383.

[269] YUAN X,ZHA B,WANG H. Fractal Evaluation on Effective Dielectric Properties for High-Velocity Oxygen Fuel Sprayed LBS-SiCβ Composite Absorber Coatings[J]. Journal of Thermal Spray Technology,2013,22(5): 723-733.

[270] 王健. 仿生非光滑涂层耐磨性及其摩擦表面形貌研究[D]. 大连:大连理工大学,2013.

[271] VICSEK T. Fractal growth phenomena[M]. Singapore:World scientific, 1992.

[272] 范宗波. 准一维金属分形生长及其在超级电容器上的应用研究[D]. 重庆:重庆大学,2015.

[273] PIASECKI R. Detecting self-similarity in surface microstructures [J]. Surface Science, 2000,454/455/456: 1058-1062.

[274] 王亚玲, 陈范才, 张小华, 等. Ni-Fe-TiO_2复合镀层制备工艺研究[J]. 电镀与涂饰,2008,27 (5): 6-8.

[275] 徐金来,吴成宝,刘钧泉. 镀层表面形貌的分形维数定量表征[J]. 电镀与涂饰, 2009,28 (5): 31-34.

[276] 吴成宝,田巨,刘传生,等. 镀层表面轮廓曲线分形维数计算方法的评价[J]. 电镀与涂饰,2017,36 (8): 403-408.

[277] 魏静,吴成宝,田巨,等. 结构函数法计算镀层表面轮廓曲线分形维数的适应性研究[J]. 电镀与涂饰,2017,36(17):911-914.

[278] 汪雪梅. 镍基复合电刷镀超疏水表面的制备及性能研究[D]. 徐州:中国矿业大学,2014.

[279] 蒋书文,姜斌,李燕等. 磨损表面形貌的三维分形维数计算[J]. 摩擦学学报,2003, 23(6):533-536.

[280] 何国良,董玉才,史宏涛,等. 基于分形维数的 Ni-Co 电刷镀层表面形貌分析研究[J]. 数学的实践与认识,2010,40(20):64-68.

[281] KUHN A,ARGOUL F. Diffusion-limited kinetics in thin-gap electroless deposition [J]. Journal of Electroanalytical Chemistry,1995,397(1-2):93-104.

[282] MING N B, WANG M, PENG R W. Nucleation-limited aggregation in fractal growth [J]. Physical Review E,1993,48(1):621.

[283] 胡卫华,喻敬贤.二维锌枝晶生长行为研究[J].武汉大学学报;理学版,2004,50(4):431-435.

[284] HEPEL T. Effect of surface diffusion in electrodeposition of fractal structures[J]. Journal of The Electrochemical Society,1987,134(11):2685-2690.

[285] FLEURY V,CHAZALVIEL J N,ROSSO M,et al. The role of the anions in the growth speed of fractal electrodeposits[J]. Journal of Electroanalytical Chemistry and Interfacial Electrochemistry,1990,290(1-2):249-255.

[286] SAGUÉS F,LÓPEZ - TOMÃS L,MACH J,et al. Disordered grown systems: Generation and fractal analysis. Electrodeposition[J]. International Journal of Quantum Chemistry,1994,52(2): 375-394.

[287] 闵乃本.探索新晶体[M].长沙:湖南科学技术出版社,1998.

[288] MHIOCHAIN T R N,HINDS G,MARTIN A, et al, Influence of magnetic field and gravity on the morphology of zinc fractal electrodeposits[J]. Electrochimica Acta,2004,49(27): 4813-4828.

[289] NAKOUZI E,SULTAN R. Fractal structures in two-metal electrodeposition systems I: Pb and Zn[J]. Chaos: An Interdisciplinary Journal of Nonlinear Science,2011,21(4):043133.

[290] MATSUSHITA M, SANO M, SAWADA Y, et al. Fractal Structures of Zinc Metal Leaves Grown by Electrodeposition[J]. Physical Review Letters,1984,53: 286-289.

[291] 易小霞.废线路板矿浆电解资源化过程分形生长机理研究[D].四川:西南科技大学,2020.

[292] 王桂峰.金属镍电沉积过程中枝晶生长的分形研究[D].江苏:南京航空航天大学,2007.

[293] 吴娜.电化学沉积铜枝晶分形生长及形貌调控研究[D].重庆:重庆科技学院,2023.

[294] BARNSLEY M,VINCE A. Developments in fractal geometry[J]. Bulletin of Mathematical Sciences,2013,3(2):299-348.

[295] 熊晋,徐献芝,李芬,等,电解锌分形生长的计算机模拟[J].电子技术,2011,38(12): 23-24.

[296] 高睿,谢淑云,陶继东. 在 MATLAB 平台下实现 DLA 分形聚集生长的模拟[J].西南师范大学学报:自然科学版,2005, 30(1):83-86.

[297] 吴建章,徐昌业. DLA 模型与分形生长研究综述[J].山东工业大学学报,1996,26(A09):8.

[298] 朱金兆,朱清科. 分形维数计算方法研究进展[J].北京林业大学学报,2002,24(2):8.

[299] 汪笑鹤,徐滨士,胡振峰,等. n-Al_2O_3/Ni-Co 纳米复合电刷镀层表面形貌的分形维数研究[J]. 电镀与涂饰,2010,29(11): 33-36.

[300] 王红艳. PVC 材料表面金属化镀层的组成和形态分析[J]. 现代塑料加工应用,

2007,19 (6): 47-48.

[301] 田华, 赵程, 付平, 等. SiC 颗粒对镀铁层表面形貌和结构的影响[J]. 电镀与精饰, 2006, 28 (4): 44-46.

[302] 高福宝, 王宁, 曹晓明, 等. 预镀工艺对钢丝热镀 Galfan 合金镀层表面 质量的影响[J]. 电镀与涂饰, 2005,24 (4): 7-9.

[303] 朱诚意,姚华新, 倪红卫. 钨酸钠加入量对铜基镍 - 钨 - 磷合金镀层性能的影响[J]. 电镀与涂饰,2003,22 (2): 1-3.

[304] 吴玉程. 添加聚四氟乙烯对化学沉积复合镀层性能的影响[J]. 电镀与涂饰, 2000, 19 (1): 1-4,17.

[305] 白力静, 蒋百灵, 文晓斌, 等. 热氧化温度对磁控溅射 CrTiAlN 梯度镀层表面形貌与组织结构的影响[J]. 材料热处理学报, 2005, 26 (4): 111-114.

[306] 李云东, 崔岩, 吴风华, 等. 金刚石复合镀层表面缺陷的形成原因[J]. 电镀与精饰, 2008, 30 (1): 8-11, 15.

[307] NAJJAR D, BIGERELLE M, HENNEBELLE F, et al. Contribution of statistical methods to the study of worn paint coatings surface topography[J]. Surface and Coatings Technology, 2006,200(20 - 21): 6088-6100.

[308] AMADA S, YAMADA H. Introduction of fractal dimension to adhesive strength evaluation of plasma-sprayed coatings[J]. Surface and Coatings Technology, 1996,78(1-3): 50-55.

[309] KWAŚNY W, DOBRZNSKI L A. Structure, physical properties and fractal character of surface topography of the Ti + TiC coatings on sintered high speed steel[J]. Journal of Materials Processing Technology, 2005, 164(none): 1519-1523.

[310] 郑金玲, 胡小芳. 镍-二氧化硅纳米复合镀层表面分形维数与显微硬度的关系[J]. 电镀与涂饰, 2011, 30(09): 8-11.

[311] 翁星星, 朱贤博. 化学镀非晶镍-磷合金分形分析[J]. 电镀与涂饰, 2012, 31 (11): 28-31.

[312] REN L ,CHENG Y ,HAN Z , et al. Investigation on the mechanical performance of the electroless Ni-W-P coating based on fractal theory[J]. Surface Topography: Metrology and Properties,2019,7(2):234-243.

[313] 罗勋. 化学沉积 Co-Fe-B-RE 合金镀层电化学性能和分形的研究[D]. 合肥:合肥工业大学,2007.

[314] 张红彦. 支护锚杆表面化学镀层的制备与性能研究[D]. 太原:太原理工大学,2015.

[315] LIN T Y , BLUNT L , STOUT K J . Determination of proper frequency bandwidth for 3D topography measurement using spectral analysis. Part I: isotropic surfaces[J]. Wear, 1993, 166(2):221-232.

[316] SAYLES R S,THOMAS T R. Surface topography as a nonstationary random process[J]. Nature,1978,271(2):431-434.

[317] MAJUMDAR A,TIEN C L. Fractal characterization and simulation of rough surfaces [J]. Wear,1990,136(2):313-327.

[318] MAJUMDAR A , BHUSHAN B. Fractal model of elastic-plastic contact between rough surfaces[J]. Journal of Tribology,1991,113(1):1-11.

[319] MAJUMDAR A,BHUSHAN B. Role of fractal geometry in roughness characterization and contact mechanics of surfaces[J]. Journal of Tribology,1990,112(2):205-216.

[320] 田红亮. 机械结构固定结合部动力学建模[D]. 武汉:华中科技大学,2011.

[321] 陈辉,胡元中,王慧,等. 粗糙表面分形特征的模拟及其表征[J]. 机械工程学报,2006,42(9):219-223.

[322] BUCZKOWSKI R,KLEIBER M,STARZYNSKI G. Normal contact stiffness of fractal rough surfaces [J]. Archive of Mechanics,2014,66(6):411-428.

[323] 朱华,葛世荣. 结构函数与均方根分形表征效果的比较[J]. 中国矿业大学学报,2004,33(4):396-399.

[324] 贺林,张长军,朱均. 金属摩擦磨损表面的分形特性[J]. 西安公路交通大学学报,1997,17(3):93-96.

[325] 温淑花,张宗阳,张学良,等. 固定结合面刚度分形模型[J]. 农业机械学报,2013,44(2):255-260.

[326] 王余松,张学良,温淑花,等. 分形粗糙表面特征长度尺度参数小波识别法[J]. 机械工程学报,2018,54(05):185-192.

[327] 杨建国,小波分析及其工程应用[M]. 北京:机械工业出版社,2005.

[328] 王安良,杨春信. 小波变换方法评价曲线的分形特征[J]. 机械工程学报,2002,38(5) :80-85.

[329] 杨红平 ,傅卫平,王雯,等. 小波系数表征机械加工表面分形特征的计算方法[J] . 仪器仪表学报,2010, 31(7): 1454-1459.

[330] 温淑花,赵越,张学良,等. 机械加工表面形貌分形维数的 1/f 过程小波识别法[J]. 机械强度,2019,41(04):777-784.

[331] GAGNEPAIN J J. ROQUES C C. Fractal approach to two - dimensional and three dimensional surface rough- ness[J]. Wear,1986, 109(1):119-126.

[332] MANDELBROT B B. The fractal geometry of nature[M]. New York:W H Freeman,1982.

[333] ZHOU G Y,LEU M C. Fractal geometry model for wear prediction[J]. Wear, 1993, 170(1):1-14.

[334] HASEGAWA M,LIN J. C,OKUDA K,et al. Calculation of the fractal dimensions of machined surface profiles [J]. Wear,1996, 192(4):40-45.

[335] MAJUMDAR A,TIEN C. L. Fractal characterization and si- mulation of rough surfaces [J]. Wear,1990,136(2):313-327.

[336] 朱华,葛世荣. 结构函数与均方根分形表征效果的比较[J]. 中国科技大学学报,2004,33(4):396-399.

[337] 李小兵,刘莹. 表面形貌分形表征方法的比较[J]. 南昌大学学报,2006,30(1):84-86.

[338] 杨红平,王斌. 机械加工表面形貌的分形特性表征[J]. 天水师范学院学报,2011,31(02):109-111.

[339] ZHANG Y, LUO Y, WANG J F, et al. Research on the fractal of surface topography of grinding [J]. International Journal of Machine Tools & Manufacture, 2001, 41(13): 2045-2049.

[340] PODSIADLO P, STACHOWIAK G W. Fractal-wavelet based classification of tribological surfaces [J]. Wear, 2003, 254(11): 1189-1198.

[341] IZQUIERDO S, LÓPEZ C I, VALDÉS J R, et al. Multiscale characterization of computational rough surfaces and their wear using self-affine principal profiles [J]. Wear, 2012, 274(3): 1-7.

[342] MANDELBROT B B. The fractal geometry of nature [M]. New York: WH Freeman, 1982.

[343] MAJUMDAR A, BHUSHAN B. Fractal model of elastic-plastic contact between rough surfaces [J]. Journal of Tribology, 1991, 113(1): 141.

[344] MORAG Y, ETSION I. Resolving the contradiction of asperities plastic to elastic mode transition in current contact models of fractal rough surfaces DI[J]. Wear, 2007, 262(5/6): 624-629.

[345] ZHENG W, ZHOU M, ZHOU L. Influence of process parameters on surface topography in ultrasonic vibration - assisted end grinding of SiCp/ Al composites [J]. The International Journal of Advanced Manufacturing Technology, 2017, 91(8): 2347-2358.

[346] NIU Z, JIAO L, CHEN S, et al. Surface quality evaluation in orthogonal turn-milling based on box - counting method for image fractal dimension estimation [J]. Nanomanufacturing and Metrology, 2018, 1(2): 125430.

[347] ZHANG Y, LUO Y, WANG J F, et al. Research on the fractal of surface topography of grinding[J]. International journal of machine tools and manufacture, 2001, 41(13/14): 2045-2049.

[348] ZHU H, GE S, HUANG X, et al. Experimental study on the characterization of worn surface topography with characteristic roughness parameter[J]. Wear, 2003, 255(6): 309-314.

[349] JIANG S, ZHENG Y, ZHU H. A contact stiffness model of machined plane joint based on fractal theory[J]. Journal of Tribology, 2010, 132(1): 0114011-0114017.

[350] DEEPAK L K, RAMAMOORTHYB. Surface topography characterization of automotive cylinder liner surfaces using fractal methods [J]. Applied Surface Science, 2013, 280: 332-342.

[351] GRZESIK W, BROL S. Hybrid approach to surface roughness evaluation in multistage machining processes[J]. Journal of Materials Processing Technology, 2003, 134(2): 265-272.

[352] WEI S, ZHAO H, JING J. Investigation on three-dimensional surface roughness evaluation of engineering ceramic for rotary ultrason- ic grinding machining[J]. Applied Surface Science, 2015, 357: 139-146.

[353] BOUREBIA M, LAOUAR L, HAMADACHE H, et al. Improvement of surface finish by ball burnishing: Approach by fractal dimension [J]. Surface Engineering, 2017,

33(4):255-262.

[354] 宋晖,王雨,吴焱明,等.机加工表面的分形维数与粗糙度之间的关联规律研究[J].应用力学学报,2022,39(05):895-900.

[355] 何维军.基于分形、小波理论的碳纤维复合材料加工表面形貌研究[D].大连:大连理工大学,2008.

[356] 刘宪芳.超精密加工表面的功率谱密度与分形表征技术研究[D].哈尔滨:哈尔滨工业大学,2007.

[357] 杨红平,王斌.机械加工表面形貌的分形特性表征[J].天水师范学院学报,2011,31(02):109-111.

[358] 许志倩,闫相祯,杨秀娟,等.粗糙表面几何形貌特征的分形参数描述[J].润滑与密封,2015,40(09):1-9.

[359] 段宗玉.基于分形理论的车铣加工表面纹理的研究[D].沈阳:沈阳理工大学,2011.

[360] LI X P,WANG X, YUN H M,et al. Investigation into normal contact stiffness of fixed joint surface with three dimensional fractal[J]. Journal of South China University of Technology ,2016 ,44(1):115-122.

[361] YU R F,CHEN W. Fractal modeling of elastic plastic contact between three-dimensional rough surfaces[J]. Industrial Lubrication and Tribology ,2018,70(2) :290-300.

[362] ZHANG X H,XU Y,JACKSON R L. An analysis of generated fractal and measured rough surfaces in regards to their multi-scale structure and fractal dimension[J]. Tribology International, 2017,105:94-101.

[363] 蒋书文,姜斌,李燕,等.磨损表面形貌的三维分形维数计算[J].摩擦学学报,2003,23(6) :533-536.

[364] 何维军,王渊,赵福令.基于分形维数的 CFRP 切削加工表面三维形貌评定方法[J].计量学报,2009,30(4):297-301.

[365] 赵林,耿雷,钟华燕,等.激光切割表面三维形貌的分形特征[J].黑龙江科技大学学报,2013,23(5):440-443.

[366] 王亚东,王雨.四种粗加工表面三维分形维数的测定与比较[J].太原学院学报:自然科学版,2024,42(03):48-53.

[367] SAYLES R S, THOMAS T R. Surface topography as a nonstationary random process [J]. Nature, 1978, 271(5644): 431-434.

[368] 武影.胶体颗粒的分形扩散凝聚研究[D].济南:山东大学,2023.

[369] 莫高明.聚丙烯腈溶液的凝胶化和相分离行为研究[D].宁波:中国科学院宁波材料技术与工程研究所,2016.

[370] 刘平.分形生长模型及其在非晶晶化研究中的应用[J].现代制造工程,2007(10):125-129.

[371] 李全宝.锗纳米团簇的金属诱导合成及其微结构与性能特征[D].上海:上海大学,2012.

[372] 冯兴宇.白铜 BFe10-1-1 合金晶界特征分布优化及耐蚀性能研究[D].赣州:江西

理工大学,2018.

[373] 李赫赫. 混凝土单轴压缩表面裂纹分布分形特征研究[D]. 大庆:东北石油大学,2023.

[374] 关慧亭. 钢纤维碱矿渣混凝土梁裂纹分形特征试验研究[D]. 信阳:信阳师范学院,2023.

[375] 董吉凯. 2219 铝合金焊接接头韧性评估方法研究[D]. 南京:南京航空航天大学,2014.

[376] 张新宁. 铁素体球墨铸铁低温冲击性能影响因素及断裂行为研究[D]. 沈阳:沈阳工业大学,2015.

[377] 丁文博. 基于分形维数的冻融混凝土孔结构及微裂纹扩展研究[D]. 西安:长安大学,2022.

[378] 孙叶冰. 钢筋混凝土梁裂缝扩展路径的分形模拟分析[D]. 青岛:青岛理工大学,2016.

[379] 王栎涵. 基于分形理论的棕榈叶鞘纤维及其单纤维拉伸力学行为研究[D]. 西南大学,2021.

[380] 夏宇轩. 低渗储层微观孔隙结构分形表征及渗流特性研究[D]. 武汉:中国地质大学,2022.

[381] 黄永平. 多孔介质的分形描述及其流动与传热特性研究[D]. 重庆:东南大学,2016.

[382] 戴杰. 基于分形理论的粉煤灰孔隙结构及渗透率研究[D]. 长沙:湖南大学,2013.

[383] 苗丕峰. 高碳钢中片状马氏体的分形(Fractal)特征[J]. 四川:四川工业学院学报,1991,010(003):173-177.

[384] 邓洁 ,龙起易 ,姜健 ,等. 马氏体相变的分形模型 [J]. 科学通报, 1996(06):489-491.

[385] 张文博. 纳米颗粒团聚体的分形凝聚和分散行为数值模拟研究[D]. 广州:华南理工大学,2018.

[386] 戈晓岚. SiCp/Al 复合材料摩擦学特性及其分形研究[D]. 镇江:江苏大学,2010.